高等职业教育“十四五”规划畜牧兽医宠物大类新形态纸数融合教材

新形态教材

动物外科与产科

DONG WU WAI KE YU CHAN KE

主　编　谭胜国　莫胜军　加春生

副主编　周启扉　尹泽东　葛兰云　郭志凯　刘本君　赵福庆

编　者　（以姓氏笔画为序）

王　旭　哈尔滨圣亚旅游产业发展有限公司
毛泽明　哈尔滨市南岗区宠福爱动物门诊部
尹泽东　贵州农业职业学院
付贵花　重庆三峡职业学院
白　玲　怀化职业技术学院
加春生　黑龙江农业工程职业学院
向金梅　湖北生物科技职业学院
向琼昊　湖南生物机电职业技术学院
刘　潇　哈尔滨市南岗区爱佳宠物医院
刘本君　黑龙江职业学院
刘恩琪　哈尔滨家畜防治动物门诊
陈彦如　黑龙江农业经济职业学院
范雅芬　贵州农业职业学院
周启扉　黑龙江农业工程职业学院
赵福庆　辽宁农业职业技术学院
秦宏宇　吉林农业科技学院
莫胜军　黑龙江农业工程职业学院
高　亮　伊犁职业技术学院
郭志凯　内蒙古农业大学职业技术学院
葛兰云　黑龙江农业工程职业学院
谭胜国　湖南生物机电职业技术学院

主　审　曹随忠　四川农业大学

華中科技大學出版社
http://press.hust.edu.cn
中国·武汉

内 容 简 介

本书是高等职业教育"十四五"规划畜牧兽医宠物大类新形态纸数融合教材。

本书分为九个项目，内容包括动物外科手术操作技术基础，创伤的处理，外科感染的处理，头颈部、腹部疾病的诊断与治疗，四肢疾病的诊断与治疗，常见外科手术技术，常见骨科手术，产科疾病诊治，新生仔畜疾病的诊断与治疗。

本书既可作为高职高专院校动物医学(兽医)、畜牧兽医、动物防疫与检疫、宠物养护、宠物诊疗等专业学生的教材，也可作为兽医临床工作者、企业技术人员以及动物检疫与动物性食品卫生检验人员的参考用书。

图书在版编目(CIP)数据

动物外科与产科/谭胜国，莫胜军，加春生主编. —武汉：华中科技大学出版社，2023.1(2024.1 重印)
ISBN 978-7-5680-8546-5

Ⅰ. ①动… Ⅱ. ①谭… ②莫… ③加… Ⅲ. ①家畜外科-高等职业教育-教材 ②家畜产科-高等职业教育-教材 Ⅳ. ①S857.1 ②S857.2

中国版本图书馆 CIP 数据核字(2022)第 256930 号

动物外科与产科　　谭胜国　莫胜军　加春生　主编
Dongwu Waike yu Chanke

策划编辑：罗　伟
责任编辑：丁　平　张　琴　方寒玉
封面设计：廖亚萍
责任校对：曾　婷
责任监印：周治超
出版发行：华中科技大学出版社(中国·武汉)　电话：(027)81321913
武汉市东湖新技术开发区华工科技园　邮编：430223
录　排：华中科技大学惠友文印中心
印　刷：武汉市洪林印务有限公司
开　本：889mm×1194mm　1/16
印　张：22.5
字　数：677 千字
版　次：2024 年 1 月第 1 版第 2 次印刷
定　价：69.80 元

华中出版

高等职业教育“十四五”规划
畜牧兽医宠物大类新形态纸数融合教材

编审委员会

网络增值服务

使用说明

欢迎使用华中科技大学出版社医学资源网 yixue.hustp.com

1 教师使用流程

（1）登录网址：http://yixue.hustp.com（注册时请选择教师用户）

注册 → 登录 → 完善个人信息 → 等待审核

（2）审核通过后，您可以在网站使用以下功能：

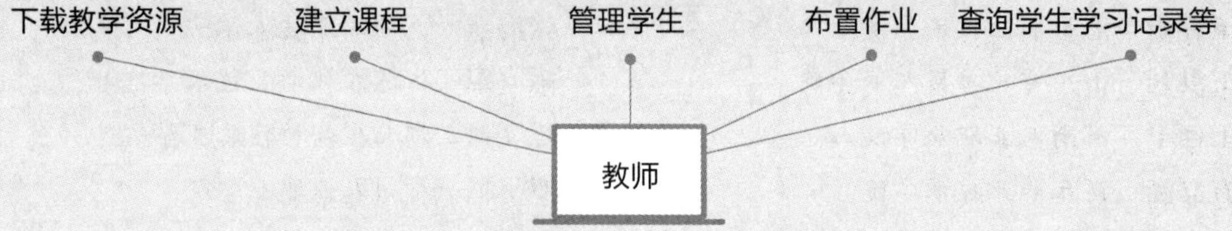

2 学员使用流程

（建议学员在PC端完成注册、登录、完善个人信息的操作）

（1）PC 端操作步骤

①登录网址：http://yixue.hustp.com（注册时请选择普通用户）

注册 → 登录 → 完善个人信息

②查看课程资源：（如有学习码，请在个人中心－学习码验证中先验证，再进行操作）

（2）手机端扫码操作步骤

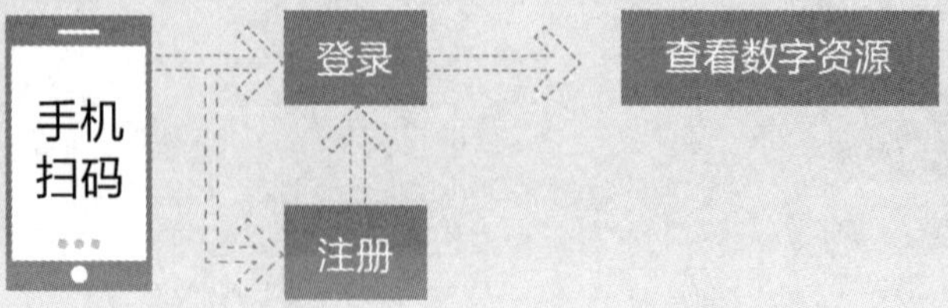

出版说明

随着我国经济的持续发展和教育体系、结构的重大调整，尤其是 2022 年 4 月 20 日新修订的《中华人民共和国职业教育法》出台，高等职业教育成为与普通高等教育具有同等重要地位的教育类型，人们对职业教育的认识发生了本质性转变。作为高等职业教育重要组成部分的农林牧渔类高等职业教育也取得了长足的发展，为国家输送了大批“三农”发展所需要的高素质技术技能型人才。

为了贯彻落实《国家职业教育改革实施方案》《“十四五”职业教育规划教材建设实施方案》《高等学校课程思政建设指导纲要》和新修订的《中华人民共和国职业教育法》等文件精神，深化职业教育“三教”改革，培养适应行业企业需求的“知识、素养、能力、技术技能等级标准”四位一体的发展型实用人才，实践“双证融合、理实一体”的人才培养模式，切实做到专业设置与行业需求对接、课程内容与职业标准对接、教学过程与生产过程对接、毕业证书与职业资格证书对接、职业教育与终身学习对接，特组织全国高等职业院校编写了这套高等职业教育“十四五”规划畜牧兽医宠物大类新形态纸数融合教材。

本套教材充分体现新一轮数字化专业建设的特色，强调以就业为导向、以能力为本位、以岗位需求为标准的原则，本着高等职业教育培养学生职业技术技能这一重要核心，以满足对高层次技术技能型人才培养的需求，坚持“五性”和“三基”，同时以“符合人才培养需求，体现教育改革成果，确保教材质量，形式新颖创新”为指导思想，努力打造具有时代特色的多媒体纸数融合创新型教材。本教材具有以下特点。

(1)紧扣最新专业目录、专业简介、专业教学标准，科学、规范，具有鲜明的高等职业教育特色，体现教材的先进性，实施统编精品战略。

(2)密切结合最新高等职业教育畜牧兽医宠物大类专业课程标准，内容体系整体优化，注重相关教材内容的联系，紧密围绕执业资格标准和工作岗位需要，与执业资格考试相衔接。

(3)突出体现“理实一体”的人才培养模式，探索案例式教学方法，倡导主动学习，紧密联系教学标准、职业标准及职业技能等级标准的要求，展示课程建设与教学改革的最新成果。

(4)在教材内容上以工作过程为导向，以真实工作项目、典型工作任务、具体工作案例等为载体组织教学单元，注重吸收行业新技术、新工艺、新规范，突出实践性，重点体现“双证融合、理实一体”的教材编写模式，同时加强课程思政元素的深度挖掘，教材中有机融入思政教育内容，对学生进行价值引导与人文精神滋养。

(5)采用“互联网+”思维的教材编写理念，增加大量数字资源，构建信息量丰富、学习手段灵活、学习方式多元的新形态一体化教材，实现纸媒教材与富媒体资源的融合。

(6)编写团队权威，汇集了一线骨干专业教师、行业企业专家，打造一批内容设计科学严谨、深入浅出、图文并茂、生动活泼且多维、立体的新型活页式、工作手册式、“岗课赛证融通”的新形态纸数融合教材，以满足日新月异的教与学的需求。

本套教材得到了各相关院校、企业的大力支持和高度关注，它将为新时期农林牧渔类高等职业教育的发展做出贡献。我们衷心希望这套教材能在相关课程的教学中发挥积极作用，并得到读者的青睐。我们也相信这套教材在使用过程中，通过教学实践的检验和实践问题的解决，能不断得到改进、完善和提高。

高等职业教育“十四五”规划畜牧兽医宠物大类
新形态纸数融合教材编审委员会

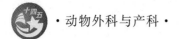

前言

动物外科与产科是动物医学、动物防疫与检疫、畜牧兽医等专业必修的专业核心课。为了贯彻落实《国家职业教育改革实施方案》(即“职教 20 条”)、《国务院关于加快发展现代职业教育的决定》《关于加强高职高专教育教材建设的若干意见》等文件精神和国家示范骨干高职院校畜牧兽医专业建设规划,切实做到专业设置与行业需求对接、课程内容与职业标准对接、教学过程与生产过程对接、毕业证书与职业资格证书对接、职业教育与终身学习对接,本教材在编写时以培养高等职业学生的职业能力为核心,围绕职业需要对教材内容进行系统化设计,以“符合人才培养需求,体现教育改革成果,确保教材质量,形式新颖创新”为指导思想,组织国家级和省级示范院校的具有省级以上精品课程建设经验的教学团队,努力打造具有时代特色的多媒体纸数融合创新型教材。

本教材的内容体系分为项目、任务、技能三级,每个任务设“案例导入”“学习目标”“展示与评价”学习内容。另外每个项目中的教学课件、视频等可通过扫描二维码来获取,从形式和内容上达到了纸数融合,为广大读者的学习提供了丰富的形式和内容。本教材以生产指导性、实用性及知识结构的完整性为内容选取原则,结合城市伴侣宠物诊疗行业日新月异的发展趋势,增加了宠物常见外科及骨科手术等内容。为贯彻落实习近平总书记在全国高校思想政治工作会议上的重要讲话精神,本教材在编写时在内容上尽量突显思政元素,帮助学生在学习专业知识的同时塑造正确的世界观、人生观和价值观。

本教材的编写分工如下:湖南生物机电职业技术学院谭胜国老师负责全书的统稿、修订,与湖南生物机电职业技术学院向琼昊老师共同编写项目八中任务三至任务五和项目九;黑龙江农业工程职业学院莫胜军老师与辽宁农业职业技术学院赵福庆老师共同编写项目七;黑龙江农业工程职业学院加春生老师编写项目六;重庆三峡职业学院付贵花老师编写项目一中任务一、任务五、任务六;贵州农业职业学院范雅芬老师编写项目一中任务二至任务四;贵州农业职业学院尹泽东老师编写项目二、项目三和项目四中任务一;内蒙古农业大学职业技术学院郭志凯老师编写项目四中任务二和任务三,项目五中任务一;怀化职业技术学院白玲老师编写项目五中任务二和任务三,项目八中任务十二和任务十三;伊犁职业技术学院高亮老师编写项目八中任务一、任务二和任务六;黑龙江职业学院刘本君老师编写项目八中任务七至任务十一;黑龙江农业工程职业学院周启扉老师、黑龙江农业工程职业学院葛兰云老师、吉林农业科技学院秦宏宇老师、湖北生物科技职业学院向金梅老师、黑龙江农业经济职业学院陈彦如老师、哈尔滨圣亚旅游产业发展有限公司王旭老师、哈尔滨市南岗区爱佳宠物医院刘潇老师、哈尔滨家畜防治动物门诊刘恩琪、哈尔滨市南岗区宠福爱动物门诊部毛泽明老师参与本书的部分编写与提供数字化资源,一并表示感谢!

华中科技大学出版社对本教材的编写给予了全方位指导和帮助,提出诸多修改意见,在此表示感谢!由于编写新型态教材尚属首次尝试,加之编者水平能力有限,教材难免有诸多不足之处,敬请广大读者提出宝贵意见,以便再版时修订。

谭胜国

目录

项目一　动物外科手术操作技术基础　/1
任务一　无菌术的操作　/1
任务二　麻醉的操作　/8
技能一　全身麻醉　/9
技能二　局部麻醉　/13
任务三　组织分离的操作　/19
技能一　组织分离　/19
技能二　止血　/22
任务四　缝合技术　/28
技能一　打结　/29
技能二　缝合　/30
技能三　拆线　/35
任务五　绷带包扎　/44
任务六　手术前的准备和术后措施　/50
项目二　创伤的处理　/55
任务一　创伤的诊断与治疗　/55
任务二　软组织非开放性损伤的诊断与治疗　/62
任务三　损伤并发症的诊断与治疗　/66
项目三　外科感染的处理　/72
任务一　外科局部感染的诊断与治疗　/72
任务二　败血症的诊断与治疗　/79
项目四　头颈部、腹部疾病的诊断与治疗　/84
任务一　头颈部疾病的诊断与治疗　/84
任务二　疝的诊断与治疗　/91
任务三　风湿病的诊断与治疗　/98
项目五　四肢疾病的诊断与治疗　/104
任务一　跛行的诊断与治疗　/104
任务二　关节疾病的诊断与治疗　/115
技能一　关节扭伤　/116
技能二　关节挫伤　/116
技能三　关节创伤　/117

技能四　关节脱位　/117
技能五　髋部发育异常　/118
任务三　肌腱黏液囊疾病的诊断与治疗　/121
技能一　肌炎　/121
技能二　腱炎　/122
技能三　黏液囊炎　/123
项目六　常见外科手术技术　/127
任务一　导尿术　/127
技能一　母犬导尿法　/128
技能二　公犬导尿法　/129
技能三　公猫导尿　/130
任务二　立耳术　/133
任务三　断尾术　/137
任务四　眼球摘除术　/140
任务五　公猫尿道口再造术　/144
任务六　阉割术　/149
技能一　公猪的阉割术　/150
技能二　母猪卵巢摘除术　/151
技能三　公牛、公羊去势术　/152
技能四　母羊阉割术　/153
技能五　犬、猫的阉割术　/153
技能六　公鸡阉割术　/154
技能七　母猫绝育术　/155
任务七　声带切除术　/159
任务八　腹腔切开与探查术　/163
任务九　气管切开术　/168
任务十　食管切开术　/172
任务十一　肠管切开吻合术　/175
任务十二　瘤胃切开术　/180
任务十三　真胃移位复位术　/183
任务十四　犬胃切开术　/187
任务十五　膀胱切开术　/190
项目七　常见骨科手术　/195
任务一　骨科器械的识别　/195
任务二　骨裂的诊断与治疗　/210
任务三　头部骨折的诊断与治疗　/213
任务四　脊柱骨折的诊断与治疗　/219
任务五　肋骨骨折的诊断与治疗　/225
任务六　胸骨骨折的诊断与治疗　/229

任务七 骨盆骨折的诊断与治疗 /232
任务八 股骨头骨折的诊断与治疗 /240
任务九 大转子撕脱的诊断与治疗 /245
任务十 四肢骨长骨骨折的诊断与治疗 /249
任务十一 四肢骨短骨骨折的诊断与治疗 /264
项目八 产科疾病的诊断与治疗 /269
任务一 子宫内膜炎的诊断与治疗 /269
任务二 卵巢囊肿的诊断与治疗 /274
任务三 持久黄体的诊断与治疗 /279
任务四 卵巢机能减退的诊断与治疗 /283
任务五 产前截瘫的诊断与治疗 /288
任务六 胎衣不下的诊断与治疗 /291
任务七 生产瘫痪的诊断与治疗 /296
任务八 阴道脱出、子宫脱出的诊断与治疗 /300
技能一 阴道脱出 /300
技能二 子宫脱出 /302
任务九 流产的诊断与治疗 /306
任务十 剖宫产术 /311
任务十一 难产的诊断与治疗 /315
任务十二 产后感染及脐炎的诊断与治疗 /323
技能一 产后阴门炎及阴道炎 /323
技能二 产后子宫内膜炎 /323
技能三 产后败血症及脓毒血症 /324
技能四 脐炎 /325
任务十三 乳房疾病的诊断与治疗 /328
项目九 新生仔畜疾病的诊断与治疗 /333
任务一 新生仔畜窒息的诊断与治疗 /333
任务二 胎便停滞的诊断与治疗 /337
任务三 新生仔畜脐炎的诊断与治疗 /340
任务四 新生仔畜直肠及肛门闭锁的诊断与治疗 /344
参考文献 /348

项目一　动物外科手术操作技术基础

扫码学课件
项目一

项目简介

常见动物外科手术操作技术主要包括无菌术的操作、麻醉的操作、组织分离的操作、缝合技术、绷带包扎、手术前的准备和术后措施。在教学中注意发挥学生的主观能动性，并将各种无菌等操作示教训练方法应用于教学过程中，使学生建立严格的无菌观念，学会正确的绷带包扎方法，熟练地掌握外科基本操作，了解临床常见手术前的准备工作和术后措施，为学生今后进入宠物医学临床工作打下良好的基础。

项目目标

知识目标：本项目主要介绍灭菌与消毒的方法、各组织分离的方法、绷带包扎的方法、手术前的准备和术后措施。

能力目标：掌握手术器械、场地、人员、术部的准备与消毒方法，麻醉的方法与注意事项，各种止血的基本方法，各种缝合方法与选择，各种手术前的设备使用方法以及术后措施等。通过对各类防腐消毒药的临床应用方法，外科手术中无菌操作的学习，了解消毒的重要性，做好个人防护。通过对各类手术器械特点和应用注意事项、各类外科手术结的打结和注意事项、组织分离的原则和注意事项的学习，掌握组织切开原理和步骤，掌握手术出血的止血原理和止血材料的应用原则，掌握基本的抢救知识。学会通过不同途径和渠道云学习。

素质目标：培养学生良好学习兴趣和爱心，引导学生敬佑生命、救死扶伤、大爱无疆、医者仁心等医者精神，培养学生知农爱农、乡村振兴、服务“三农”的理念。通过对动物保定方法、外科手术中动物准备与消毒方法的学习，强化学生对生物安全的进一步认识，牢固树立唯物主义世界观。通过学习麻醉的基本知识、分类、应用方法与注意事项，培养学生的安全意识和使用麻醉药物时的法律意识。

任务一　无菌术的操作

扫码学课件
1.1

案例导入

人类对微生物感染和创伤发展规律的认识，以及对防腐和无菌等技术的掌握都曾经历过不断实践和认识的漫长过程。

1867 年，李斯特首先创用“化学防腐法”，使原来认为不可避免的伤口感染、化脓等现象得到很好的控制。但化学防腐法的缺点也是明显存在的，因此其也不是一种完善的方法。首先，化学防腐法的防腐作用很不彻底，对许多细菌芽孢并不能杀灭，对有些细菌本身也仅起到抑制作用。故从

Note

1888年起，"灭菌法"开始逐渐代替"防腐法"而被用于外科实践中，此后得到广泛应用和不断改进。

无菌技术临床应用非常广泛，只要操作中有无菌物品存在，就有无菌术操作，如手术、注射、输液、输血、导尿、穿刺、抽血等。

学习目标

掌握无菌的概念；认识物理灭菌和化学消毒的基本原理与作用；掌握物理灭菌和化学消毒的标准操作步骤；无菌操作能够有效地防止感染，使手术创口在较短的时间内良好愈合。在课堂以及操作中，培养无菌意识。公共卫生中离不开无菌技术，要形成健康的生活习惯、公共卫生习惯与个人卫生习惯。我国各地都在用各种方式进行消毒，这与本任务的消毒知识相对应，同学们要学习各种人畜消毒方法。

一、无菌术

外科手术过程中要求严格无菌操作，无菌操作可以保证手术区域和手术过程无菌，有效地防止感染的发生，使手术创口在较短的时间内良好愈合。外科无菌术是指在外科范围内防止伤口（包括手术创）发生感染的综合预防性技术。

二、灭菌与消毒

无菌术主要通过灭菌和消毒两种方法来防止伤口受微生物的感染。灭菌是指临床上应用适宜的物理学方法来杀灭微生物的措施。消毒是指临床上应用适宜的化学方法来杀灭或抑制微生物活动的措施。

（一）灭菌方法

1. 高压蒸汽灭菌法 本法可杀灭包括芽孢在内的所有微生物，是灭菌效果中最好的。适用于普通培养基、手术器械、玻璃容器及注射器、敷料等物品的灭菌。灭菌所需的温度、压力和时间根据灭菌器类型、物品性质、包装大小而有所差别。当压力为102.97～137.30 kPa时，温度达121～126 ℃，15～30 min可达到灭菌目的，可以杀死一切细菌，且能杀灭有顽强抵抗力的细菌芽孢，达到一定的灭菌目的。

高压蒸汽锅应定期由专人保养，以免因使用不当，造成人员及财产上的损失。其注意事项如下。

（1）灭菌包不宜过大过紧（体积不应大于30 cm×30 cm×30 cm），灭菌器内物品的放置总量不应超过灭菌器柜室体积的85%。各包之间留一定空隙，以便于蒸汽流通、渗入包裹中央，排气时蒸汽迅速排出，保持物品干燥。

（2）盛装物品的容器应有孔，若无孔，应将容器盖打开。

（3）布类物品放在金属、搪瓷类物品之上。

（4）被灭菌物品应待干燥后再取出备用。

（5）灭菌锅密闭前，应将冷空气充分排空。

（6）随时观察压力及温度。

（7）注意安全操作，每次灭菌前，应检查"高压蒸汽锅"是否处于良好的工作状态。

（8）灭菌完毕后减压不要过猛，压力表回归零位后才可打开盖或门。

2. 煮沸灭菌法 本法是指将待灭菌物置于沸水中灭菌的方法。煮沸时间通常为15～20 min。可将一般的细菌杀灭，但不能杀灭具有顽强抵抗力的细菌芽孢，杀灭具有顽强抵抗力的细菌芽孢必须煮沸90 min以上。可在水中加入$NaHCO_3$使其成为2%的碱性溶液，以提高沸点至105 ℃。

3. 火焰灭菌法 本法为利用火焰加热杀灭微生物的一种方法。常用于磁制与金属制及在火焰中不会破损的物品。

（二）消毒方法

Note

常用消毒剂有以下几种。

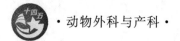

1. 新洁尔灭 新洁尔灭是应用最多、最普遍的一种消毒剂，其毒性较低，刺激性小，消毒能力较强。使用的浓度为0.1%，常用于手术器械的浸泡消毒，消毒时间为30 min。主要用于皮肤、黏膜、伤口、物品表面和室内环境消毒。不能用于对医疗器械的灭菌处理，或长期浸泡保存无菌器材。此消毒剂具有以下特点：

(1)此液易溶于水或酒精，有芳香味，味极苦。

(2)强力振摇时产生大量泡沫。

(3)具有典型阳离子表面活性剂的性质，其水溶液搅拌时能产生大量泡沫。

(4)性质稳定，耐光，耐热，无挥发性，可长期存放。可长期浸泡器械，但浸泡器械时必须按比例加入0.5%亚硝酸钠，即每1000 ml的0.1%新洁尔灭溶液中加入医用亚硝酸钠5 g，配成防锈新洁尔灭溶液。

(5)禁与碱、肥皂、碘酊、酒精等多种物质接触。

2. 酒精 酒精的常用浓度为70%～75%，可用于浸泡器械，浸泡时间不低于30 min。在外科手术中，常用于皮肤的消毒，并具有脱碘的作用。70%～75%酒精可用于手臂消毒，消毒后需用无菌生理盐水冲洗一下。酒精浓度过低时，不足以使蛋白质变性，杀菌作用减弱；酒精浓度过高时，会使细菌蛋白凝固太快，达不到杀菌效果。因此，需定期对酒精浓度进行核对检查。

3. 甲醛溶液 10%的甲醛溶液用于金属器械、塑料薄膜、橡胶制品及各种导管的消毒，浸泡时间为30 min。40%的甲醛溶液(福尔马林)可以作为熏蒸消毒剂。在任何抗腐蚀的密闭大容器中都可以进行熏蒸消毒。较大的玻璃制干燥器可用作熏蒸器具。但采用甲醛熏蒸消毒的器物，在使用前须用灭菌生理盐水充分清洗，以除去其刺激性。

4. 煤酚皂溶液 煤酚皂溶液即来苏尔，是常用的消毒剂，多用于环境消毒。在没有较好消毒剂的情况下，亦可选用本品。5%溶液浸泡器械30 min可达消毒目的，因其有刺激性，故在使用前应将黏附于器械表面的药液冲洗干净。不可以使用粗制产品，因为粗酚会使器械表面不洁，且对活组织的损伤较重。在手术方面，它并不是理想的消毒剂。

5. 聚乙烯酮碘 聚乙烯酮碘又名聚乙烯吡酮碘或聚乙烯吡咯烷酮碘，是聚乙烯吡咯烷酮和碘的有机复合物，可溶于水和醇中，使用时按所需浓度配制。0.75%溶液用于消毒皮肤。0.1%溶液可用于口腔、阴道消毒。0.5%溶液以喷雾方式用于腔洞(鼻腔、咽、阴道等)黏膜防腐。本品刺激性小，毒性也低，比碘酊和碘溶液的作用要弱，是一种新型的外科消毒剂。

三、手术器械和物品的准备与消毒

手术时，手术器械、敷料以及其他物品都有可能对手术创口造成直接或间接的接触感染。手术中所使用的器械和其他物品种类繁多，性质各异，有金属制品、玻璃制品、搪瓷制品、棉织品、塑料制品、橡胶制品等。而灭菌和消毒的方法也很多，且各种方法都有其特点。所以，应根据手术性质和缓急、物品的特性(是否可耐受高压、高温)以及当时可能的条件等，合理地选择灭菌和消毒方法。

(一)金属器械的准备与消毒

手术器械最常用的灭菌方法是高压蒸汽灭菌法，其次是煮沸灭菌法，也可采用化学药物浸泡消毒。

(1)器械、物品应有数量清单，按清单准备好，先刷洗干净，然后进行消毒或灭菌。

(2)器械、物品经不同方法消毒或灭菌后，在严格的无菌操作下，先在器械台上铺好两层无菌白布单，再放上灭菌的器械和物品包，由器械助手按器械、敷料分别排列待用。

(3)金属器械用后应及时刷洗血凝块，特别注意止血钳、手术剪的活动轴及其齿槽。刷洗后将器械放在干燥箱内烘干。

为保证手术过程的流畅，器械使用的长久性，应加强器械的维护。器械使用后应做以下处理：

①手术结束后，应清点器械、敷料，如有缺少，应查明原因。

②金属器械用后应及时刷洗血凝块，特别注意止血钳、手术剪的活动轴及其齿槽。刷洗后将器

Note

械放在干燥箱内烘干。

③金属器械、玻璃、橡胶类物品等，如接触过脓液或胃肠内容物，必须在使用后置入2%煤酚皂溶液中浸泡1 h，进行初步消毒。然后用清水刷洗，再煮沸15 min，晾干或擦干后保存。如果接触过破伤风或气性坏疽案例，则应置入2%煤酚皂溶液中浸泡数小时，然后刷洗并煮沸1 h，擦干或晾干后保存。

（二）敷料、手术巾、手术衣帽及口罩

一次性使用的止血纱布、手术巾、手术衣帽及口罩等均已广泛使用。一般采用高压蒸汽灭菌法，也可以采用流动蒸汽灭菌法，可以使用普通蒸锅（1～2 h）。回收的用品经过洗涤处理（如血液浸污的敷料，直接用肥皂在凉水内洗净；碘酊沾染的敷料，可放入沸水中煮，脱碘后洗净），整理，折叠，用布单包好，灭菌。需消毒的物品包裹不宜过大过紧，以免影响灭菌效果。敷料可装入贮槽后灭菌，灭菌后立刻将底窗和侧窗关闭，可保证1周内无菌。

（三）橡胶、乳胶和塑料类用品

本类物品包括各种插管和导管、手套、橡胶布、围裙及各种塑料制品。有些不耐高压，有些更不能耐受高热（高热会使其熔化变形而损坏）。可采用化学消毒剂浸泡法消毒。目前这类用品很多都是一次性用品。用环氧乙烷气体灭菌。

（四）玻璃、瓷和搪瓷类器皿

可采用高压蒸汽灭菌法、煮沸灭菌法或化学消毒剂浸泡消毒；大件的器物如大方盘、搪瓷盆等，可以使用酒精火焰烧灼灭菌法。

（五）手术区域的准备与消毒

1. 紫外灯照射消毒　有效地净化空气，减少空气中细菌的数量，同时杀灭物体表面附着的微生物。紫外线的杀菌范围广，可以杀死一切微生物（细菌、结核杆菌、病毒、芽孢和真菌）。

一般在非手术时间开灯照射2 h，有明显杀菌作用，但光线照射不到之处则无杀菌作用。照射距离以1 m之内最好，超过1 m则效果减弱。活动支架的消毒灯有很大的优越性。

2. 化学药品熏蒸消毒　40%甲醛溶液加氧化剂法：按计算量准备好所需的40%甲醛溶液，放于耐腐蚀容器中，按其体积的一半称取高锰酸钾粉（每立方米2 ml+1 g）。使用时，将高锰酸钾粉直接小心地加入甲醛溶液中，产生大量烟雾状的甲醛蒸气，消毒持续4 h。此外，还有乳酸熏蒸法、过氧化物熏蒸法等。

（六）临时手术场所的选择及消毒

尽可能在室内进行；选择避风雨、避烈日、避尘埃的场所；对场地进行清洁消毒；在场地铺以垫草等。

（七）手术人员的准备与消毒

手术人员在任何情况下，都必须遵循无菌操作的基本原则。

四、一般准备

进手术室要换穿手术室准备的清洁鞋和衣裤，戴好口罩及帽子。口罩要盖住鼻孔，帽子要盖住全部头发。剪短指甲，并除去甲缘下积垢。手臂皮肤破损有化脓感染者，不能参加手术。

五、手臂消毒

1. 手臂消毒法　在皮肤皱纹内和皮肤深部（如毛囊、皮脂腺等）都藏有细菌。手臂消毒法仅能清除皮肤表面的细菌，并不能完全消灭藏在皮肤深部的细菌。在手术过程中，这些细菌会逐渐移到皮肤表面，故在手臂消毒后，还要戴上消毒橡胶手套和穿手术衣，以防止这些细菌污染手术伤口。

2. 肥皂刷手法

（1）参加手术者先用肥皂做一般的洗手，再用无菌毛刷蘸煮过的肥皂水刷洗手和臂，从手指尖到肘上 10 cm 处，两臂交替刷洗，特别注意甲缘、甲沟、指蹼等处的刷洗。一次刷完后，手指朝上肘朝下，用清水冲洗手臂上的肥皂水。反复刷洗三遍，共约 10 min。用无菌毛巾从手到肘部擦干手臂，擦过肘部的毛巾不可再擦手部。

(2)将手和前臂浸泡在 70%酒精内 5 min。浸泡范围达肘上 6 cm 处。

如用新洁尔灭代替酒精，则刷手时间可减为 5 min。在彻底冲净手臂上肥皂和擦干后，将手臂浸入 0.1%新洁尔灭溶液中，用桶内的小毛巾轻轻擦洗 5 min 后取出，待其自然晾干。手臂上的肥皂必须冲净，因新洁尔灭是一种阳离子除污剂，肥皂是阴离子除污剂，带入肥皂将明显影响新洁尔灭的杀菌效力。配制的 0.1%新洁尔灭溶液一般在使用 40 次后，不再继续使用。

(3)洗手消毒完毕，保持拱手姿势，手臂不应下垂，也不可再接触未经消毒的物品。否则，应重新洗手(图 1-1-1)。

沿用多年的肥皂刷手法已逐渐被应用新型灭菌剂的刷手法所代替。后者刷洗手时间短，灭菌效果好，能保持较长时间的无菌状态。洗手用的灭菌剂有含碘与不含碘两大类。

3. 碘尔康刷手法 肥皂水擦洗双手、前臂至肘上 10 cm 3 min，清水冲净，用无菌纱布擦干。用浸透 0.5%碘尔康的纱布球涂擦手和前臂 1 遍，稍干后穿手术衣和戴手套。

4. 灭菌王刷手法 灭菌王是不含碘的高效复合型消毒剂。清水洗双手、前臂至肘上 10 cm 后，用无菌刷蘸灭菌王 3～5 ml 刷手和前臂 3 min。流水冲净，用无菌纱布擦干，再取吸足灭菌王的纱布球涂擦手和前臂。皮肤干后穿手术衣和戴手套。

图 1-1-1 消毒手臂的放置

六、动物术部的准备与消毒

1. 除毛 剪毛应逆着毛流的方向；剃毛应顺着毛流的方向，剃毛时避免造成微细创伤。除毛范围：超出切口周围 20～25 cm，小动物可为 10～15 cm 的范围。也可用脱毛剂，如硫化钠制成溶液(6%～8%)。

2. 术部消毒

(1)清洁手术：由中心向四周做同心圆状或平行状消毒，每一圈之间不能有间隙(图 1-1-2)。

(2)污染或感染手术：由较洁净处涂向患处(图 1-1-2)。

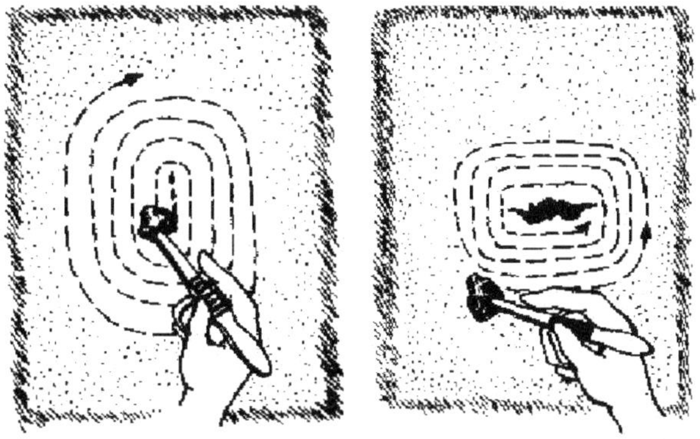

(a) 清洁手术　　(b) 污染或感染手术

图 1-1-2 术部消毒

3. 术部的隔离 一般采用手术巾(图 1-1-3)和隔离布。

(1)意义：防止手术创口污染。

(2)隔离：用大块有孔手术巾覆盖术区，仅在中央露出切口部位，使术部与周围完全隔离。手术巾要有足够的大小遮蔽非手术区。

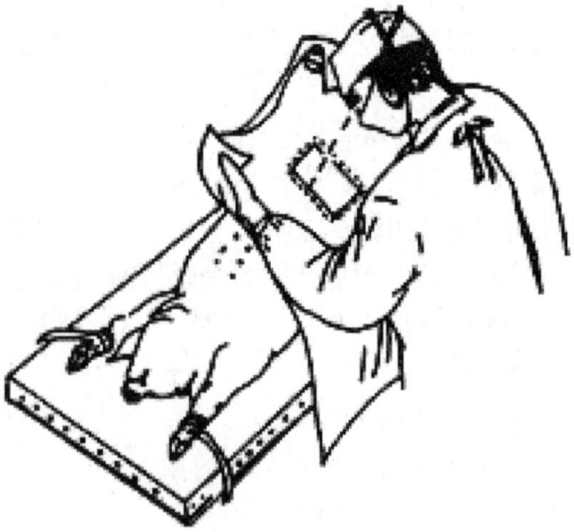

图 1-1-3　手术巾的铺设

(3)固定:用巾钳或缝线将手术巾固定在畜体上。

(4)特别要求:在切开皮肤后,用无菌巾沿着切口两侧覆盖皮肤。在切开空腔脏器前,应用纱布垫保护四周组织。手术中凡被污染的手术隔离巾应尽可能及时更换。

展示与评价

一、任务分配单

无菌术的操作任务分配表

<table>
<tr><td>任务名称</td><td colspan="5"></td></tr>
<tr><td>班级</td><td></td><td>组号</td><td></td><td>指导教师</td><td></td></tr>
<tr><td>组长</td><td></td><td>实训时间</td><td></td><td>实训地点</td><td></td></tr>
<tr><td>组员</td><td colspan="5"><table><tr><td>姓名</td><td>学号</td><td>姓名</td><td>学号</td></tr><tr><td></td><td></td><td></td><td></td></tr><tr><td></td><td></td><td></td><td></td></tr><tr><td></td><td></td><td></td><td></td></tr></table></td></tr>
<tr><td>任务分工</td><td colspan="5"></td></tr>
<tr><td>实训材料准备</td><td colspan="5"></td></tr>
</table>

二、任务问题引导单

无菌术的操作任务问题引导表

任务名称	
引导问题 1	什么是无菌术?
答案	

Note

续表

引导问题 2	常用的灭菌与消毒方法有哪些？
答案	
引导问题 3	手术人员如何准备与消毒？
答案	
引导问题 4	动物术部如何准备与消毒？
答案	

三、任务工作单

无菌术的操作任务工作表

任务名称	
操作过程描述	
操作照片	操作过程或项目成果照片粘贴处
任务反思	

四、任务评价单

无菌术的操作任务评价表

任务名称				
任务评价	小组评语	小组评价	评价日期	组长签名
	组间互评评语	组间互评评价	评价日期	组长签名
	指导教师评语	指导教师评价	评价日期	指导教师签名

Note

续表

	优秀标准	合格标准	不合格标准
考核标准	操作规范，安全有序 步骤正确，按时完成 全员参与，分工合理 结果准确，分析有理 保护环境，爱护设施	基本规范 基本正确 部分参与 分析不全 混乱无序	存在安全隐患 无计划，无步骤 个别人或少数人参与 不能完成，没有结果 环境脏乱，桌面未收
小组思政评价			
教师思政评价			

五、任务总评单

无菌术的操作任务总评表

任务名称：	班级：	姓名：	学号：
评价方式	分评得分	所占比例	终评得分
学生自评		40%	
学生互评		20%	
教师评价		40%	
合计			

扫码学课件
1.2

任务二　麻醉的操作

案例导入

宠物医院接诊一车祸案例，4 岁虎斑猫，公，4 kg。经检查，左后肢股骨中段粉碎性骨折。通过本案例的学习，掌握麻醉的操作，具体操作方法以及麻醉药物的选择。

学习目标

熟练掌握麻醉药的作用和用途；正确进行动物全身和局部麻醉操作；严格识记动物麻醉时的注意事项，并根据动物全身麻醉的临床表现，判定麻醉的深度。为有效消除手术动物的疼痛，防止剧烈疼痛引起休克等动物福利而做努力，同时培养学生爱护动物的意识，并树立严谨的学习态度。

麻醉是在施行外科手术时，利用化学药物或其他手段，使动物的知觉或意识消失，或局部痛觉暂时迟钝或消失，以便顺利进行手术的方法。现代兽医外科麻醉方法种类繁多，有药物麻醉、电针麻醉、激光麻醉等，以药物麻醉应用最为广泛。

Note

全身麻醉是指利用某些药物对动物中枢神经系统产生广泛的抑制作用，从而短暂地使动物机体意识、感觉、反射和肌肉张力全部或部分丧失，但仍保持生命中枢功能的一种麻醉方法。

全身麻醉时，如果仅单纯采用一种全身麻醉药施行麻醉，则称为单纯麻醉。如果为了增强麻醉药的作用，降低其毒性和副作用，扩大麻醉药的应用范围而选择几种麻醉药联合使用，则称为复合麻醉。在复合麻醉中，同时注入两种或两种以上麻醉药的混合物以达到麻醉的方法，称为混合麻醉法，如水合氯醛-硫酸镁、水合氯醛-酒精；在采用全身麻醉的同时配合应用局部麻醉药，称为配合麻醉法；间隔一定时间，先后应用两种或两种以上麻醉药的麻醉方法，称为合并麻醉法。在进行合并麻醉时，于使用麻醉药之前，先用一种中枢神经抑制药达到浅麻醉，再用麻醉药来维持麻醉深度，前者称为基础麻醉。如为了减少水合氯醛的有害作用并增强其麻醉强度，可以在注入之前先用氯丙嗪做基础麻醉，其后注入水合氯醛来维持麻醉或强化麻醉以达到所需麻醉深度。

视频：复合麻醉的操作

技能一　全身麻醉

动物在全身麻醉时会形成特有的麻醉状态，表现为镇静、无痛、肌肉松弛、意识消失等。在全身麻醉状态下，可以对动物进行比较复杂和难度较大的手术。全身麻醉是可以控制的，也是可逆的，当麻醉药从体内排出或在体内代谢后，动物将逐渐恢复意识，不会对中枢神经系统有残留作用或留下任何后遗症。根据全身麻醉药进入动物体内的途径不同，全身麻醉可分为吸入麻醉和非吸入麻醉两类。

一、吸入麻醉

吸入麻醉是指采用气态或挥发性液体麻醉药，使药物经呼吸由肺泡毛细血管进入血液循环，并到达中枢神经，使中枢神经系统受到抑制而产生全身麻醉效应。用于吸入麻醉的药物称为吸入麻醉药。吸入麻醉的优点是能迅速、准确地控制麻醉深度，能较快终止麻醉，苏醒快。缺点是操作比较复杂，麻醉装置价格昂贵。

常用的吸入麻醉药有氟烷、甲氧氟烷、安氟醚（恩氟烷）、异氟醚、氧化亚氮（笑气）、七氟醚等。

临床应用时，应先对动物进行基础麻醉、气管插管，再进行吸入麻醉。吸入麻醉开始时，以 2%～4%的浓度快速吸入，3～5 min 后再以 1.5%～2.0%的浓度尝试维持所需麻醉深度。吸入麻醉需要一定的麻醉设备，常用的麻醉设备——麻醉机可以供给动物氧气、麻醉气体和进行人工呼吸，是临床麻醉和急救时不可缺少的设备。麻醉机根据其呼吸环路系统不同可分为开放式、半开放式/半紧闭式和紧闭式 3 种。性能良好的麻醉机和正确熟练的操作，对保证手术动物的安全是十分重要的。

二、非吸入麻醉

非吸入麻醉是指麻醉药不经吸入方式而进入动物体内并产生麻醉效应的方法。实际应用中常采用非吸入全身麻醉，这种麻醉方法操作简便，不需特殊的设备，不出现兴奋期，比较安全。缺点是需要严格掌握用药剂量，麻醉深度和麻醉持续时间不易灵活掌握。给药途径有多种，如静脉内注射、皮下注射、肌内注射、腹腔内注射、内服及直肠内灌注等。常用的非吸入全身麻醉药有以下几种。

1. 隆朋　商品名为麻保静，化学名为 2,6-二甲苯胺噻嗪，具有中枢性镇静、镇痛和肌肉松弛作用。本品的安全范围较大，毒性低，无蓄积作用。本品对反刍动物，特别是牛很敏感，用量小，作用迅速。本品现已广泛用于羊、犬、猫等小动物，同时也有效地用于各种野生动物。临床上常以其盐酸盐配成 2%～10%水溶液供肌内注射、皮下注射或静脉注射用。一般肌内注射后 10～15 min，静脉注射后 3～5 min 出现作用，镇静作用可维持 1～2 h，镇痛作用时间为 15～30 min。1%苯噁唑溶液（回苏 3 号）可逆转其药效。

2. 静松灵　化学名称为 2,4-二甲苯胺噻唑，其药理特性、应用与隆朋基本相同，是目前国内在草食动物中应用最广泛的麻醉药。

剂量（以每千克体重计）：马肌内注射量为 0.5～1.2 mg，静脉注射量为 0.3～0.8 mg；牛肌内注射量为 0.2～0.6 mg；水牛肌内注射量为 0.4～1.0 mg；羊、驴、梅花鹿等肌内注射量为 1～3 mg。

3. 氯胺酮　本品是一种作用快速的麻醉药，可对大脑中枢的丘脑-皮质系统产生抑制作用，镇痛作用较强，但对中枢的某些部位产生兴奋作用。麻醉后显示镇静作用，但受惊扰仍能觉醒并表现出意识反应（这种特殊的意识和感觉分离的麻醉状态称为“分离麻醉”）。本品在兽医临床上用于马、牛、猪、羊、犬、猫及多种野生动物的化学保定、基础麻醉和全身麻醉。肌内、腹腔或静脉注射皆可，剂量为每千克体重 10～30 mg。由于氯胺酮使用后动物会出现流涎，所以多在用药前 15 min 皮下注射阿托品。兽医临床上常将氯胺酮与氯丙嗪、隆朋、安定等神经安定药混合应用，以改善麻醉状态。

4. 水合氯醛 本品是马属动物全身麻醉的首选药物，临床上常用 5%～10%水合氯醛注射液静脉注射，剂量为每千克体重 0.1 g。内服及直肠给药也均容易吸收。对于小动物使用较少，一般用于安乐死。

5. 巴比妥类麻醉药 临床所用巴比妥类药物根据其作用时限不同，可以分成四大类，即长、中、短和超短时作用型药物，而作为临床麻醉使用的为短时或超短时作用型药物。该类药可以少量多次给药，用于维持麻醉。因其有较强的抑制呼吸中枢和心肌功能的作用，在临床应用时应严格计算用量，严防过量使用导致动物死亡。常用的药物有硫喷妥钠、戊巴比妥钠、异戊巴比妥钠、环己丙烯硫巴比妥钠及硫戊巴比妥钠等。

6. 速眠新合剂(846 合剂) 本品具有广泛的镇痛、制动确实、诱导和苏醒平稳等特点。广泛应用于犬科动物、猫科动物。肌内注射量（以每千克体重计）如下：马 0.01～0.015 ml，牛 0.005～0.015 ml，羊 0.05～0.1 ml，犬、猴 0.1～0.15 ml，猫、兔 0.2～0.3 ml。在犬科动物给药后 4～7 min 内有呕吐表现（特别是在胃内充满的情况下），但当胃内空虚时，则没有呕吐表现，而表现为安静，全身肌肉逐渐松弛，后来卧地，表明已进入麻醉状态，一般维持 0.5 h 以上。本品与氯胺酮、巴比妥类药物有明显的协同作用，复合应用时要特别注意。为了减少唾液腺及支气管腺体的分泌，可在麻醉前 10～15 min 皮下注射阿托品 0.05 mg（以每千克体重计）。如果手术时间较长，可用速眠新追加麻醉。手术结束后需要让动物苏醒时，可用速眠新的拮抗剂——苏醒灵 4 号静脉注射，注射剂量与速眠新的麻醉剂量比例一般为（1～1.5）∶1，注射后 1～5 min 动物苏醒。

7. 舒泰 本品是仅供动物使用的一种新型麻醉药，属于分离型麻醉药，也是目前临床常用的麻醉药，它含镇静剂替来他明和肌松剂唑拉西泮。在经肌内和静脉途径注射时，舒泰具有良好的局部耐受性，是一种非常安全的动物保定药。在全身麻醉时，舒泰具有诱导时间短、副作用极小和安全性较高的特点。舒泰常用于犬、猫和野生动物的保定及全身麻醉。

麻醉时，注射舒泰前 15 min 皮下注射硫酸阿托品，剂量（以每千克体重计）为犬 0.1 mg、猫 0.05 mg。

诱导麻醉药剂量（以每千克体重计）：犬肌内注射 7～25 mg，静脉注射 5～10 mg；猫肌内注射 10～15 mg，静脉注射 5～7.5 mg。根据剂量不同，麻醉维持时间为 20～60 min 不等，维持麻醉剂量（以每千克体重计）如下：灵长类动物肌内注射 4～6 mg，猫科动物肌内注射 4～7.5 mg，犬科动物肌内注射 5～11 mg，熊科动物肌内注射 3.5～8 mg，牛科动物肌内注射 3.5～33 mg，灵猫科动物肌内注射 2.5～6 mg。

应用舒泰时应注意：实施麻醉前动物应禁食 12 h；注意麻醉动物的保温；术后要让动物在安静和光线稍暗的环境下苏醒。不要与吩噻嗪（乙酰丙嗪、氯丙嗪）和氯霉素等药物同时使用。

三、不同动物的全身麻醉

（一）牛的全身麻醉

牛需要深麻醉的情况不多，在实施全身麻醉时不可麻醉过深，最好采用配合麻醉，麻醉前停食停水，给予阿托品等以减少唾液腺和支气管腺体的分泌。另外，牛在全麻状态下气管内插管是非常必要的。

1. 静松灵(或隆朋)麻醉法 牛对静松灵敏感，静松灵在较小剂量下可引起较深度的镇静与镇痛，其剂量因品种及个体差异而有不同，一般是每千克体重 0.2～0.4 mg，肌内注射后 20 min 内出现明显的镇静和麻醉现象，一般麻醉可持续 1 h 以上。水牛的剂量可增至每千克体重 1～3 mg。在整

Note

个麻醉过程中牛的意识一直不会消失，手术时仍应加以适当保定。

2. 速眠新合剂麻醉法 按每千克体重 0.005 ml 的剂量肌内注射，5～10 min 动物即平稳进入麻醉状态，持续 40～80 min；剂量稍加大时，除麻醉时间延长外，无明显的不良反应。

（二）羊的全身麻醉

羊的解剖结构、生理特点与牛相似，所以很多麻醉特点以及全身麻醉的危险性也相似。麻醉的注意要点及所采取的措施基本相同。

1. 隆朋（或静松灵）麻醉法 肌内注射量为每千克体重 1～2 mg。隆朋与氯胺酮复合应用有较好的效果。若剂量超过每千克体重 7 mg，易发生中毒死亡。

2. 速眠新合剂麻醉法 按每千克体重 0.05～0.1 ml 的剂量肌内注射，经 3～10 min 动物进入麻醉状态，持续 2～3 h。麻醉期内，羊的唾液分泌稍多。

（三）猪的全身麻醉

1. 戊巴比妥钠麻醉法 静脉内注射剂量为每千克体重 10～25 mg，麻醉时间为 30～60 min，苏醒时间为 4～6 h，此剂量也可采用腹腔内注射。一般 50 kg 以上的猪用低剂量。

2. 硫喷妥钠麻醉法 静脉注射剂量为每千克体重 10～25 mg（小猪用高剂量）。麻醉时间为 10～25 min，苏醒时间为 0.5～2 h。腹腔注射剂量为每千克体重 20 mg，麻醉时间为 15 min，苏醒时间约为 3 h。限用于短小手术，或作吸入麻醉的诱导。

3. 噻胺酮（复方氯胺酮）麻醉法 噻胺酮有效成分包括氯胺酮、隆朋和苯乙哌酯（类阿托品药），一般小型猪或体重 50 kg 以下的猪，肌内注射剂量为每千克体重 10～15 mg；体重大于 50 kg 的猪或成年种猪应采用静脉注射给药，剂量为每千克体重 5～7 mg，注射速度不宜过快。麻醉持续时间为 60～90 min 不等。

单独给予氯胺酮每千克体重 10～30 mg，肌内注射也能使猪安定，可持续 10～20 min。

（四）犬、猫的全身麻醉

1. 速眠新合剂麻醉法 本法是目前临床应用较为广泛的麻醉方法，用量及效果可参考前述内容。

2. 氯胺酮麻醉法 用药前常规注射阿托品，防止流涎。注射阿托品后 15 min，肌内注射氯胺酮，犬每千克体重 10～15 mg、猫每千克体重 10～30 mg，5 min 后产生药效，一般可持续 30 min，适当增加用量可相应延长麻醉持续时间。如果因用量过大出现全身性强直性痉挛，而不能自行消失，可静脉注射安定，剂量为每千克体重 1～2 mg。临床上又常常将氯胺酮与其他神经安定药混合应用以改善麻醉状态，常用的有以下几种：

（1）氯丙嗪＋氯胺酮麻醉法：麻醉前给予阿托品，肌内注射氯丙嗪，剂量为犬每千克体重 3～4 mg、猫每千克体重 1 mg，15 min 后给予氯胺酮，剂量为犬每千克体重 5～9 mg、猫每千克体重 15～20 mg，肌内注射，麻醉平稳，持续 30 min。

（2）隆朋＋氯胺酮麻醉法：先给予阿托品，再肌内注射隆朋，剂量为每千克体重 1～2 mg，15 min 后肌内注射氯胺酮，剂量为每千克体重 5～15 mg，持续 20～30 min。

（3）安定＋氯胺酮麻醉法：肌内注射安定，剂量为每千克体重 1～2 mg，之后经约 15 min 再肌内注射氯胺酮，也能产生平稳的全身麻醉效果。

3. 硫喷妥钠麻醉法 将硫喷妥钠稀释成 2.5%的溶液，按每千克体重 25 mg 的剂量计算总药量进行静脉注射，其前 1/2 或 2/3 以较快的速度静脉注射（约 1 ml/s）。当动物出现全身肌肉松弛、眼睑反射减弱、呼吸平稳、瞳孔缩小时，改为缓慢注射。通常如上述操作，一次麻醉给药可以维持 15～25 min。如在临床具体应用时为了延长麻醉时间，当动物有所觉醒、骚动或有叫声时，再从静脉推入适量药液，以延长麻醉维持时间。

4. 舒泰麻醉法 用法用量同前。

舒泰＋速眠新合剂（846 合剂）法：在麻醉前 10～15 min 常规皮下注射阿托品，剂量（以每千克体

Note

重计）为犬 0.1 mg、猫 0.05 mg。舒泰麻醉剂量（以每千克体重计）如下：犬肌内注射 3.5～12.5 mg，静脉注射 2.5～5 mg；猫肌内注射 5～7.5 mg，静脉注射 2.5～3.25 mg。

同时，注射速眠新合剂，剂量（以每千克体重计）如下：犬肌内注射 0.05～0.075 ml，静脉注射 0.03～0.05 ml；猫肌内注射 0.1～0.15 ml，静脉注射 0.05～0.075 ml。

提示：

(1)麻醉前，应进行健康检查，了解动物整体状态，以便选择适宜的麻醉方法。全身麻醉前要停止饲喂，牛应禁食 24～36 h，停止饮水 12 h，以防止麻醉后发生瘤胃臌气；小动物要禁食 12 h，停止饮水4～8 h，以防止腹压过大，甚至食物反流或呕吐。

(2)选择麻醉方法时，应考虑麻醉的安全性，动物的种类、神经类型、性情好坏及动物机体各种不同的组织对疼痛刺激的敏感性及手术的繁简等因素，局部麻醉能达到目的者，无须施行全身麻醉。

(3)吸入麻醉操作要正确，严格控制剂量。麻醉过程中注意观察动物的状态，特别是要监测动物呼吸、循环、反射功能及脉搏、体温变化等，如发生不良反应，要立即停药，以防中毒。

(4)麻醉过程中，药量过大，出现呼吸、循环系统功能紊乱，如呼吸微弱、脉搏细弱而节律不齐、瞳孔散大等症状时，要及时抢救。可注射安钠咖、樟脑酸钠或苏醒灵等中枢兴奋剂。

(5)全身麻醉后，要注意护理。动物开始苏醒时，其头部常先抬起，护理员应注意保护，以防摔伤或致脑震荡。动物开始挣扎站立时，应及时扶持其头颈并提尾抬起后，至动物能自行保持站立为止，以免动物发生骨折等损伤。寒冷季节，当麻醉伴有出汗或体温下降时，应注意保温，防止动物发生感冒。

(6)全身麻醉的并发症与处理。

①呕吐：动物麻醉初期，反刍动物深麻醉时，易发生呕吐或胃内容物反流。处理方法是将动物头颈稍抬高，口朝下，舌拉至口腔外并用湿纱布包裹。呕吐后，将动物口腔清理干净。

②舌缩回：小动物多见，舌阻塞喉部，引起呼吸困难，应立即用镊子将舌拉至口腔外。

③呼吸停止：表现为麻醉过深，瞳孔散大，创内出血呈暗红色。处理方法是立即停止麻醉，拉出舌头，并辅助呼吸。同时，注射尼可刹米、安钠咖、樟脑油等。

④心搏停止：表现为深麻醉，瞳孔散大，创内出血停止。处理方法为心脏按压，静脉注射 0.1%肾上腺素，剂量为马、牛 3～5 ml，犬、猫 0.1～0.3 ml。

四、全身麻醉前给药

麻醉前给药可以提高麻醉的安全性，减少麻醉的副作用，消除麻醉和手术中的一些不良反应，使麻醉过程平稳，也可增强麻醉药的作用，使诱导平稳，并减少麻醉药的用量。常用的麻醉前给药有以下 4 类：

1. 神经安定剂

(1)氯丙嗪：可使动物安静，加强麻醉效果，减少麻醉药的用量。马静脉注射用量为每千克体重 0.8～1 mg，肌内注射用量为每千克体重 1.5～2 mg，通常在麻醉前 30 min 给药。牛的用量与马相似。猪的用量为每千克体重 2～4 mg，但猪的用量个体差异较大。羊的用量为每千克体重 2～6 mg，犬的用量为每千克体重 1～2 mg，猫的用量为每千克体重 2～4 mg，熊的用量为每千克体重 2.5 mg，恒河猴的用量为每千克体重 2 mg，均为肌内注射（禁止在食品动物上使用该药）。

(2)乙酰丙嗪：给药后可以产生轻度至中度的镇静作用，但其作用有时会不稳定。肌内注射剂量，马每 100 kg 体重 5～10 mg，牛、猪、羊每千克体重 0.5～1 mg，犬每千克体重 1～3 mg，猫每千克体重 1～2 mg。

(3)安定：用药后产生镇静、催眠和肌松作用。牛、羊、猪、犬、猫肌内注射用量为每千克体重 0.5～1 mg，马肌内注射用量为每千克体重 0.1～0.6 mg。

2. 镇痛剂　在我国单独给动物应用镇痛剂还不普遍，因为许多镇痛剂有成瘾性，属于严格控制药品。例如，吗啡小剂量时表现为抑制作用，大剂量时可能有兴奋作用。它作用于中枢神经系统的吗啡受体，镇痛作用很强，对手术中的切割痛以及内脏的牵拉痛都有明显的镇痛作用。但在剖宫取胎术和助产时不用，因为其可以抑制新生仔畜的呼吸。

哌替啶是人工合成的吗啡样药物。镇痛作用不如吗啡强，作用类似于吗啡，具有镇静、镇痛和解痉作用。作为麻醉前用药，犬肌内注射剂量为每千克体重 5～10 mg，马肌内注射剂量为每千克体重 1 mg，猫肌内注射剂量为每千克体重 3 mg。

3. 抗胆碱药 常用阿托品，可松弛平滑肌，抑制腺体分泌，减少呼吸道黏液和唾液腺的分泌，有利于保持呼吸道通畅。此外，这类药物还有抑制迷走神经反射的作用，可使心率增快。在麻醉前 15～20 min，将阿托品或神经安定药等一并注射。马、牛、羊、猪、犬、猫的一次注射量为每千克体重 0.02～0.05 mg。

4. 肌肉松弛剂 如氯化胆碱可以使骨骼肌失去原有的张力，有利于手术操作，肌肉松弛剂也有利于气管内插管的操作。此外，它还可作为化学保定药用于保定、捕捉、运输野生动物。

本类药的肌松剂量和致死剂量比较接近，所以要精确计算用量。在用药过程中应该有专人观测动物，注意肌松状况、呼吸、循环和瞳孔等的变化，若有过量中毒现象，应立即采取措施。本品用于马较安全，牛则较差。在使用本品前最好先给予适量阿托品，以防因呼吸道腺体分泌和唾液腺分泌过多而影响呼吸。

本类药的肌松作用快，消失也快，给药后首先是头、眼部肌肉抽搐，进而影响喉部和胸部肌肉，再次是四肢肌肉。由于本品在体内很快被水解，所以多次反复应用并无积蓄中毒和耐药现象。

本品静脉注射用量（以每千克体重计）如下：马 0.1～0.15 mg，牛、羊 0.016～0.02 mg，猪 2 mg，犬 0.06～0.15 mg，猴 1～2 mg，在马、牛、羊等动物，其肌内注射量同静脉注射量。马鹿、梅花鹿为每千克体重 0.08～0.15 mg。

用药过量的最大危险是呼吸肌麻痹导致呼吸停止而窒息死亡，一旦发生严重呼吸抑制或呼吸停止，应立即将舌拉出，进行人工呼吸或适当给氧。同时静脉或肌内注射呼吸兴奋剂（如尼可刹米）。心脏衰弱时可静脉注射安钠咖，或者采用肾上腺素静脉注射或心内直接注射，但关键的措施还是人工呼吸，如果能采用人工呼吸机，则效果更佳。禁用毒扁豆碱和新斯的明。

三、动物麻醉深度

1. 浅麻期 麻醉逐渐向皮层下中枢扩散。表现为骨骼肌张力和运动反射逐渐减弱，动物站立不稳，皮肤反射尚存，眼睑反射消失，眼球震颤，角膜反射明显，呼吸深且规律，呈胸腹式呼吸，脉搏加快，瞳孔无变化。

2. 中麻期 皮肤反射减弱并逐渐消失，骨骼肌松弛，肛门反射消失，尾无力，阴茎脱出或松弛，舌拉出不能自回，瞳孔开始扩大，角膜反射仍存在，呼吸无明显变化，眼球固定。

3. 深麻期 角膜反射消失，腹部肌肉开始松弛，肋间肌开始出现麻痹，说明脊髓胸段已被抑制，胸壁的起伏落后于腹壁，血压下降，脉搏次数增加，瞳孔散大，眼球固定在中央不动，体温明显下降。

技能二 局部麻醉

利用某些药物有选择性地阻断神经末梢、神经纤维以及神经干的冲动传导，从而使其分布或支配的相应局部组织暂时丧失痛觉的一种麻醉方法，称为局部麻醉。常用的局部麻醉方法包括表面麻醉、浸润麻醉、传导麻醉和硬膜外腔麻醉。局部麻醉适用于较浅表的小手术。局部麻醉的优点：动物保持清醒，对重要器官功能干扰轻微，并发症少，简便易行。

一、表面麻醉

眼结膜及角膜用 0.5%丁卡因或 2%利多卡因，鼻、直肠黏膜用 1%～2%丁卡因或 2%～4%利多卡因，一般每隔 5 min 用药 1 次，共用 2～3 次。使用方法是将该药滴入术部或填塞、喷雾于术部。

二、浸润麻醉

麻醉方法是将针头插至皮下，边注药边推进针头至所需的深度及长度，亦可先将针插入所需深度及长度，然后边退针边注入药液（图 1-2-1）。常用浓度为 0.5%～1%的盐酸普鲁卡因。

1. 直线麻醉 施行直线麻醉时，根据切口长度，在切口一端将针头刺入皮下，然后将针头沿切口

Note

方向向前刺入所需部位，边退针边注药液，拔出针头，再以同法由切口另一端进行注射，用药量根据切口长度而定（图 1-2-2）。本法适用于体表手术或切开皮肤时。

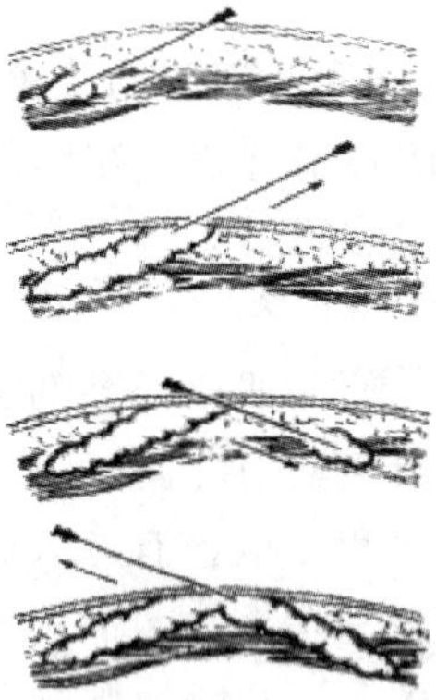

图 1-2-1　浸润麻醉的注入方法

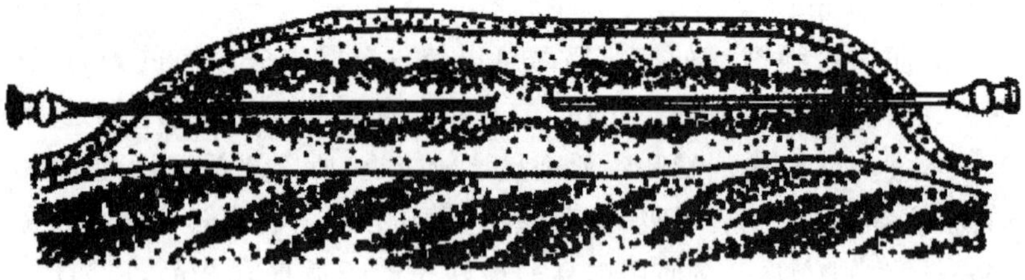

图 1-2-2　直线麻醉

2. 菱形麻醉　本法用于术野较小的手术，如圆锯术、食道切开术等。先在切口两侧的中间各确定一个刺针点 A、B，然后确定切口两端 C、D，便构成一个菱形区。麻醉时先由 A 点刺至 C 点，边退针边注入药液。针头拔至皮下后，再刺向 D 点，边退针边注入药液。然后以同样的方法由 B 点刺入针头至 C 点，注入药液后再刺向 D 点注入药液（图 1-2-3）。

3. 扇形麻醉　本法用于术野较大、切口较长的手术，如开腹术等。在切口两侧各选一刺针点（A、B），针头刺向切口一端，边退针边注入药液，针头拔至皮下，转变角度刺入创口边缘，再边退针边注入药液，如此进行完毕，再以同法麻醉另一侧。麻醉针数根据切口长度而定，一般需 4～6 针（图 1-2-4）。

4. 多角形麻醉　本法适用于横径较宽的术野。在病灶周围选择数个刺针点，使针头刺入后能达病基部，然后以扇形麻醉的方法进行注射，将药液按上述方法注入切口周围皮下组织内。使区域形成一个环形封锁区，故也称封锁浸润麻醉（图 1-2-5）。

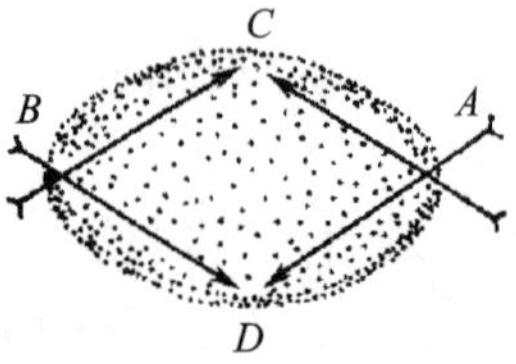

图 1-2-3　菱形麻醉

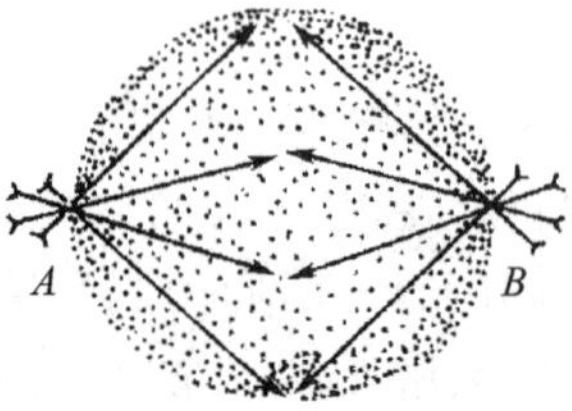

图 1-2-4　扇形麻醉

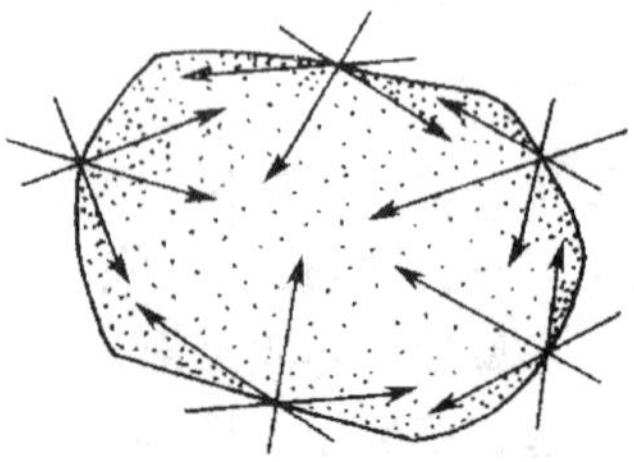

图 1-2-5　多角形麻醉

5. 深部组织麻醉　在深部组织施行手术时，如开腹术等，需要使皮下、肌肉、筋膜及其间的结缔组织达到麻醉状态，可采取锥形或分层方法将药液注入各层组织之间，其方法同上述几种麻醉方法（图1-2-6）。

按照上述麻醉方法注射麻醉药后 10 min 左右，检查麻醉效果。检查的方法可采用针刺、刀尖刺、止血钳夹麻醉区域的皮肤，观察动物有无疼痛反应，无反应则表示方法正确。

三、传导麻醉（神经阻滞）

马、牛腹腔手术的主要术部在髂部。此部的前界是最后肋骨，后界为结节前缘，上界是腰椎横突。该区域主要有三条较大的神经分布，即最后肋间神经（最后胸神经的腹侧支）、髂腹下神经（第 1 腰神经的腹支）、髂腹股沟神经（第 2 腰神经的腹支）。马、牛的腰旁神经传导麻醉就是麻醉上述三条神经（图 1-2-7、图 1-2-8）。

1. 麻醉前准备　首先将动物适当保定，以站立保定为好。然后对麻醉刺入部位进行剪毛、消毒，用 20 ml 注射器吸取 2%～3%盐酸普鲁卡因溶液 20 ml。

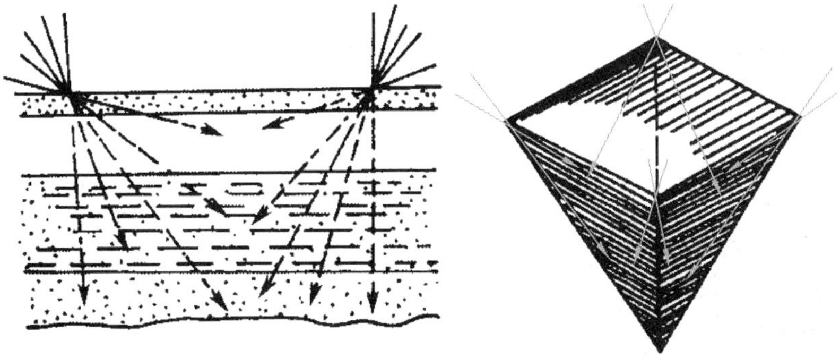
(a)
(b)

图 1-2-6 深部组织麻醉

(a)分层麻醉；(b)锥形麻醉

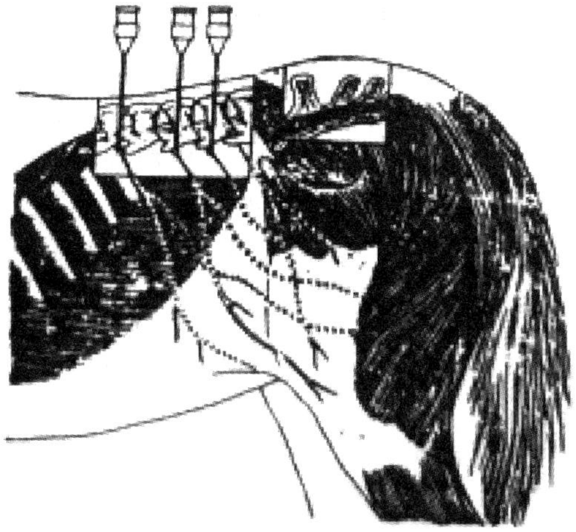

图 1-2-7 马腰旁神经传导麻醉

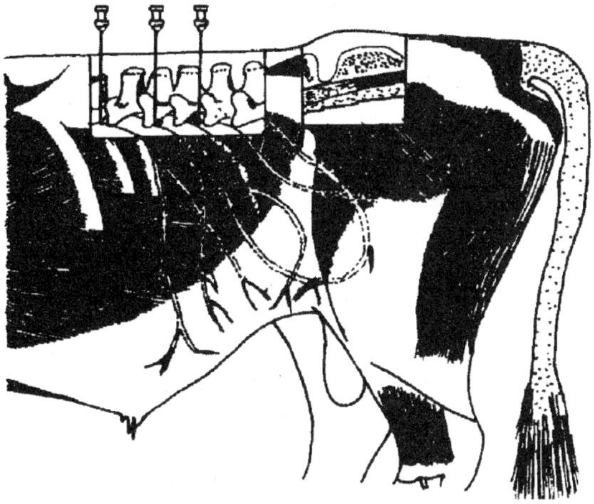

图 1-2-8 牛腰旁神经传导麻醉

2. 最后肋间神经刺入点及操作方法 马、牛刺入部位相同。先用手触摸第 1 腰椎横突游离端的前角(最后肋骨后缘 2～3 cm，距脊柱中线 12 cm 左右)，垂直于皮肤刺入针头，深达腰椎横突游离端前角的骨面，然后将针提离骨面稍向前移，沿骨缘再刺入 0.5～1 cm，注入盐酸普鲁卡因溶液 10 ml 时应略向左右摆动针头。再使针退至皮下，再注入药液 10 ml，以麻醉最后肋间神经的浅支。用酒精棉球按压注射部，出针头。

3. 髂腹下神经刺入点及操作方法 马、牛的刺入部位相同。先用手触摸寻找第 2 腰椎横突游离端后角，垂直于皮肤刺入针头，直达横突游离端后角骨面，然后将针稍向后移，沿骨缘再刺入 0.5～1 cm，注入盐酸普鲁卡因溶液 10 ml，最后将针退至皮下，再注射 10 ml 药液，以麻醉第 1 腰神经的浅支。

4. 髂腹股沟神经刺入点及操作方法 马和牛刺入部位有所不同，马是在第 3 腰椎横突游离端后角进针。其操作方法及注射药量同髂腹下神经麻醉法。牛是在第 4 腰椎横突游离端前角进针，其操作方法及注射药量同最后肋间神经麻醉法。

以上三条神经传导麻醉后，经 10～15 min 动物开始进入麻醉状态，可维持 1～2 h。传导麻醉适用于剖腹术。

四、硬膜外腔麻醉

1. 腰荐间隙硬膜外腔麻醉 本法多用于动物的后部、阴道、直肠、后肢以及剖宫取胎、乳房切除、膀胱切开等手术。

部位：注射点位于腰荐间隙(L～S1)，即百会穴处(在两髂骨内角连线与背中线的交点)(图 1-2-9)。

操作方法：将大动物保定于栏内，严格限制其运动。犬、猫等中小动物可使其伏卧于检台上，使

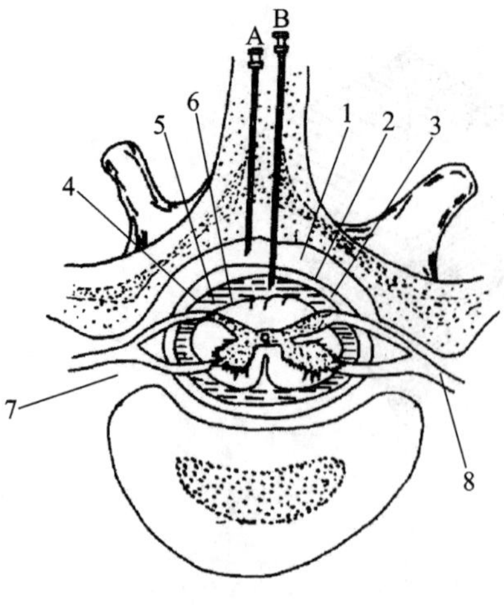

图 1-2-9　硬膜外腔麻醉部位

1. 硬膜外腔；2. 脊硬膜；3. 硬膜下腔；4. 脊蛛网膜；5. 蛛网膜下腔；6. 脊软膜；7. 椎间孔；8. 脊神经
A. 硬膜外腔麻醉；B. 蛛网膜下腔麻醉

动物两后肢向前伸并让一助手固定，使其背腰弓起。局部剪毛消毒，将 16～18 号注射针头或封闭针头垂直刺入皮肤（牛皮厚，可先用短注射针头扎个小孔，然后换上长针头），经过皮下组织、棘上韧带、棘间韧带，继续向下，当穿破弓间韧带后阻力骤减，注射药液时用力也小，说明针已进入硬膜外腔。如进针之前，在注射针尾端置液滴，因硬膜内的负压关系，液滴可被吸入，由此可证明穿刺针已进了硬膜外腔。此种试验称为悬滴试验。穿刺深度因动物个体大小与肥瘦不同而有区别，一般牛为 4～7 cm，马为 5～7 cm，羊为 3～4 cm，犬、猫为 2～5 cm。

2. 荐尾间隙硬膜外腔麻醉　本法多用于马、驴、牛、羊的阴道脱出、子宫脱出、直肠脱出整复术和人工助产等手术。

部位：马和牛注射点常在第 1、2 尾椎间隙（Cy1～Cy2），因为荐尾间隙往往因脊椎融合而消失。牛、羊在尾中线与两坐骨结节前端连线的交叉点上；马、驴在尾中线与两个髋关节边线的交叉点上或者抬举动物尾根，屈曲的背侧出现一条横沟，此横沟与尾中线的交点即为注射入针位置。犬、猫则在荐椎与第 1 尾椎间（S～Cy1）进行。

操作方法：局部剪毛消毒，术者位于动物后方（牛）或侧后方（马），稍抬举尾根，将针头垂直插入皮肤后以 45°～65°角向前下方沿椎间隙刺入（马为 2～5 cm，牛为 2～4 cm，中小动物为 1～1.5 cm），即可刺入硬膜外腔。当针尖刺入时可感到刺穿弓间韧带，再深入即可触及坚硬的尾椎骨体，此时可稍退针头并接上注射器，如回抽时无血，则可注入药液。如果位置正确，则药液注入无过大阻力。

麻醉剂量：牛、马用 3%普鲁卡因 10～15 ml，羊用 3%普鲁卡因 5～10 ml，猫、犬用 2%利多卡因 1～6 ml。动物 10 min 后进入麻醉状态，可维持 1～3 h。

技术提示：

(1)麻醉时注射器、针头及麻醉部位应严格消毒，以免引起感染。

(2)腰旁神经传导麻醉时，注射部位要准确无误，否则会影响麻醉效果。

(3)硬膜外腔麻醉要严格控制针刺深度，部位要准确，严防伤及脊髓。

(4)硬膜外腔麻醉前，要使动物身体前部稍高于后部，防止药物向前扩散，阻滞膈神经和交感神经，引起呼吸困难，心动过缓，血压下降，严重者会发生死亡。侧卧保定的动物，其下侧的麻醉效果往往较上侧为好。

知识链接

常用的局部麻醉药

(1)盐酸普鲁卡因。注入组织后 1～3 min 出现麻醉，一次量可维持 0.5～1 h。本品透黏膜力量弱，不宜用于表面麻醉。本品可使血管轻度舒张，容易被吸收入血而失去药效。为了延长其作用时间，常在溶液中加入少量肾上腺素（每 100 ml 加入 0.1%肾上腺素 0.2～0.5 ml）能使局麻时间延长到 1～2 h。临床上应用 0.5%～1%本品进行局部浸麻醉，2%～5%本品进行传导麻醉，2%～3%本品进行脊髓麻醉，4%～5%本品进行关节内麻醉。

(2)盐酸利多卡因。本品局部麻醉强度和毒性在 1%浓度以下时，与普鲁卡因相似，在 2%浓度以上时，其麻醉强度可增强 1 倍，并有较强的穿透力和扩散性，作用出现的时间快，能持久，一次给药量可维持 1 h 以上。所用浓度：局部浸润麻醉 0.25%～0.5%，神经传导麻醉 2%，表面麻醉 2%～5%，硬膜外麻醉为 2%。

(3)盐酸丁卡因。本品麻醉作用强、作用迅速,并具有较强的穿透力,最常用于表面麻醉。本品毒性比普鲁卡因大 12～15 倍、麻醉强度大 10 倍。本品点眼时不散大瞳孔,不妨碍角膜愈合,因此,该药常用于表面麻醉,可用 1%～2%溶液。

展示与评价

一、任务分配单

麻醉的操作任务分配表

<table>
<tr><td>任务名称</td><td colspan="6"></td></tr>
<tr><td>班级</td><td></td><td>组号</td><td></td><td>指导教师</td><td colspan="2"></td></tr>
<tr><td>组长</td><td></td><td>实训时间</td><td></td><td>实训地点</td><td colspan="2"></td></tr>
<tr><td rowspan="4">组员</td><td>姓名</td><td>学号</td><td>姓名</td><td colspan="3">学号</td></tr>
<tr><td></td><td></td><td></td><td colspan="3"></td></tr>
<tr><td></td><td></td><td></td><td colspan="3"></td></tr>
<tr><td></td><td></td><td></td><td colspan="3"></td></tr>
<tr><td>任务分工</td><td colspan="6"></td></tr>
<tr><td>实训材料准备</td><td colspan="6"></td></tr>
</table>

二、任务问题引导单

麻醉的操作任务问题引导表

<table>
<tr><td>任务名称</td><td></td></tr>
<tr><td>引导问题 1</td><td>麻醉的作用(意义)是什么?</td></tr>
<tr><td>答案</td><td></td></tr>
<tr><td>引导问题 2</td><td>麻醉可分为哪些类?每种分类的适用范围是什么?</td></tr>
<tr><td>答案</td><td></td></tr>
<tr><td>引导问题 3</td><td>麻醉前给药方法以及注意事项有哪些?</td></tr>
<tr><td>答案</td><td></td></tr>
</table>

续表

引导问题 4	局部麻醉有哪些？怎样操作？
答案	

三、任务工作单

麻醉的操作任务工作表

任务名称	
操作过程描述	
操作照片	操作过程或项目成果照片粘贴处
任务反思	

四、任务评价单

麻醉的操作任务评价表

<table>
<tr><td>任务名称</td><td colspan="4"></td></tr>
<tr><td rowspan="6">任务评价</td><td>小组评语</td><td>小组评价</td><td>评价日期</td><td>组长签名</td></tr>
<tr><td></td><td></td><td></td><td></td></tr>
<tr><td>组间互评评语</td><td>组间互评评价</td><td>评价日期</td><td>组长签名</td></tr>
<tr><td></td><td></td><td></td><td></td></tr>
<tr><td>指导教师评语</td><td>指导教师评价</td><td>评价日期</td><td>指导教师签名</td></tr>
<tr><td></td><td></td><td></td><td></td></tr>
<tr><td rowspan="2">考核标准</td><td>优秀标准</td><td>合格标准</td><td colspan="2">不合格标准</td></tr>
<tr><td>操作规范，安全有序
步骤正确，按时完成
全员参与，分工合理
结果准确，分析有理
保护环境，爱护设施</td><td>基本规范
基本正确
部分参与
分析不全
混乱无序</td><td colspan="2">存在安全隐患
无计划，无步骤
个别人或少数人参与
不能完成，没有结果
环境脏乱，桌面未收</td></tr>
<tr><td>小组思政评价</td><td colspan="4"></td></tr>
<tr><td>教师思政评价</td><td colspan="4"></td></tr>
</table>

Note

五、任务总评单

麻醉的操作任务总评表

任务名称：	班级：	姓名：	学号：
评价方式	分评得分	所占比例	终评得分
学生自评		40%	
学生互评		20%	
教师评价		40%	
合计			

扫码学课件 1.3

任务三　组织分离的操作

案例导入

宠物医院接诊一案例，4 岁泰迪犬，母，7 kg，需做剖宫产手术，需实施手术治疗。通过本案例的学习，学生应掌握组织分离与止血技术。

学习目标

通过本任务的学习，掌握组织分离与止血操作。组织分离、止血是手术必需的方法，而出血也是手术中必然发生的现象。手术不是一个人可以完成的过程，要注重团队合作的力量，养成紧密配合的习惯。

技能一　组 织 分 离

组织分离是用机械的方法将原来完整的组织分离开来，以便顺利完成手术。

一、组织分离的方法

组织分离的操作方法分为锐性分离和钝性分离 2 种。

1. 锐性分离　锐性分离是用手术刀切开或手术剪剪开组织，此法对组织损伤小，术后反应也少，愈合较快。此法适用于比较致密的组织。用手术刀分离时，以刀刃沿组织间隙做垂直的、轻巧的、短距离的切开。用手术剪分离时，将剪尖端伸入组织间隙内，不宜伸入过深，然后张开剪刀柄，分离组织，在确定没有重要的血管、神经后，再将组织剪断。为了避免发生副损伤，术者必须熟悉解剖结构，需在直视下辨明组织结构后进行操作。

视频：锐性分离

2. 钝性分离　用刀柄、止血钳、剥离器或手指等插入组织间隙内，用适当的力量分离周围组织，本法适用于组织间隙或疏松组织间的分离，如正常肌肉、筋膜和良性肿瘤等的分离。钝性分离时，组织损伤较重，往往残留许多失去活性的组织细胞，因此，术后组织反应较重，愈合较慢。钝性分离切忌粗暴，以免重要组织结构被撕裂或损伤。

视频：钝性组织分离的操作

二、不同组织的分离方法

根据组织性质不同，组织切开分为软组织（皮肤、筋膜、肌肉）切开和硬组织（骨、角质）切开。下面分别叙述不同组织的切开和分离方法。

Note

1. 皮肤切开法

(1)紧张切开：由于皮肤的活动性比较大，切开时易造成皮肤和皮下组织切口不一致，为了防止上述现象的发生，较大的皮肤切口应由术者和助手用手在切口两旁或上、下将皮肤展开固定(图1-3-1)，或由术者用拇指及食指在切口两旁将皮肤撑紧并固定，术者再将刀柄向上，用刀刃尖部切开皮肤全层后，逐渐将手术刀放平至与皮肤成30°～40°角，用手术刀圆突部分切开。至计划切开的全长时，应将刀柄抬高，用刀刃部结束皮肤切口(图1-3-2)。切开时用力要均匀、适中，要求一次能将皮肤全层整齐、深浅均匀地切开。但要避免多次切割，以免切口边缘参差不齐，出现锯齿状切口，影响创缘对合和愈合。

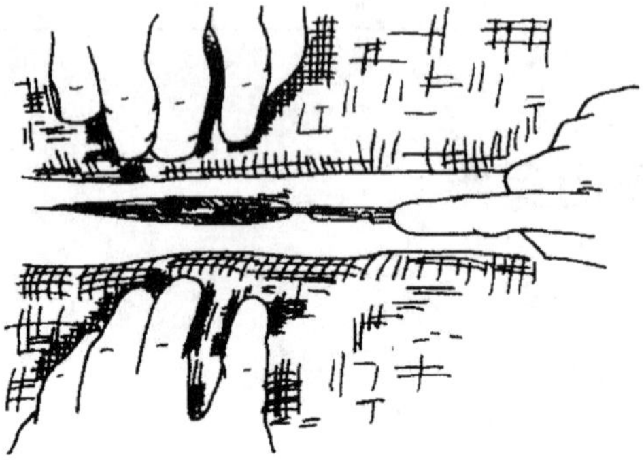

图1-3-1　皮肤紧张切开

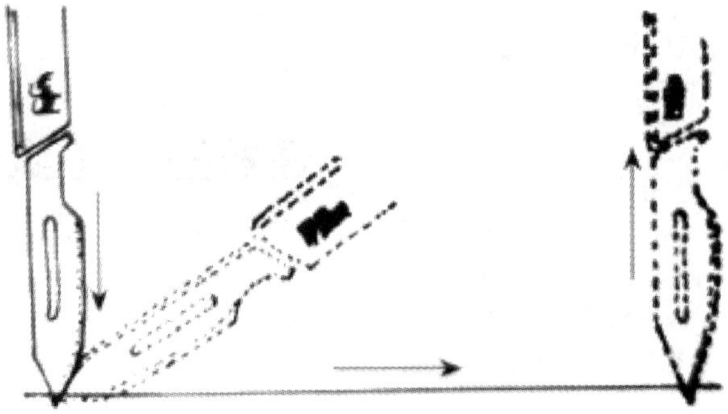

图1-3-2　皮肤切开运刀方法

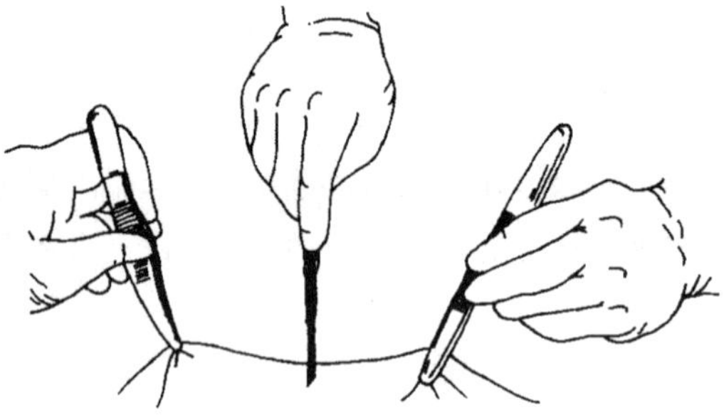

图1-3-3　皮肤皱襞切开

(2)皱襞切开：如果在切口的下面有大血管、大神经、分泌管或其他重要器官，而皮下组织甚为疏松，为了使皮肤切口位置正确且不误伤其下层组织，术者和助手应在预定切线的两侧，用手指或镊子提拉皮肤形成垂直皱襞，并进行垂直切开(图1-3-3)。

在施行手术时，皮肤切开最常用的是直线切口，既方便操作，又利于愈合，但根据手术的具体需要，也可做下列几种形状的切口。

①梭形切开：主要用于切除病变组织(如瘘管、放线菌病灶)和过多的皮肤。

②Ⅱ形或U形切开：多用于脑部与鼻旁窦手术中的圆锯术。

③T形及十字形切开：多用于需要将深部组织充分显露或摘除等情况。

2. 皮下组织及其他组织的分离　切开皮肤后，皮下组织的分离宜逐层，此法可保证视野干净、清楚，以便识别组织，避免或减少对大血管、大神经的损伤。原则上以钝性分离为主，必要时可使用手术刀、手术剪分离。只有当切开浅层脓肿时，才采用一次切开的方法。

(1)皮下疏松结缔组织的分离：皮下疏松结缔组织内分布有许多小血管，故多采用钝性分离。方法是先将组织刺破，再用手术刀柄、止血钳或手指进行剥离。

(2)筋膜和腱膜的分离：用刀在其中央做一小切口，然后用弯止血钳在此切口上、下将筋膜下组织与筋膜分开，沿分开线剪开筋膜。筋膜的切口应与皮肤切口等长。薄层筋膜确认没有血管时，可使用刀或剪锐性分离。若筋膜下层有神经、血管，则用手术镊将筋膜提起，用反挑式执刀法做一小孔，插入有钩探针，沿针钩向外切开。

3. 肌肉的分离　一般是沿肌纤维方向做钝性分离。方法是先用手术刀或手术剪顺肌纤维方向做一小切口，然后用刀柄、止血钳或手指将切口扩大到所需要的长度(图1-3-4)，但在紧急情况下或肌肉较厚并含有大量腱质时，为了使手术通路广阔和排液方便，也可横断切开。对于横过切口的较小血管，可用止血钳夹，或用缝线双重结扎后，从中间将血管切断(图1-3-5)。

4. 腹膜的分离　切开腹膜时，为了避免伤及内脏，一般由术者用有齿镊子或止血钳提起切口一

Note

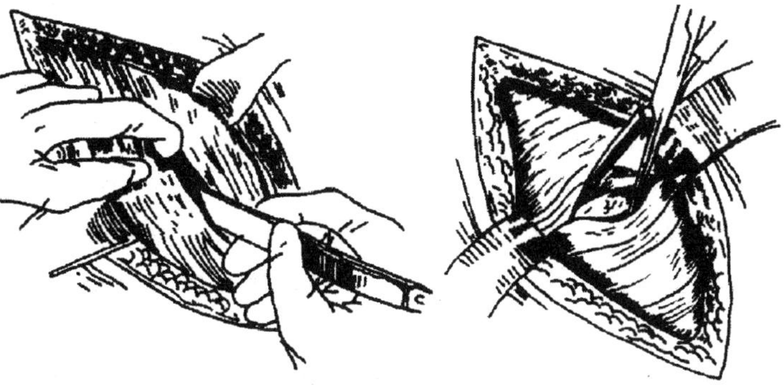

图 1-3-4 肌肉的钝性分离

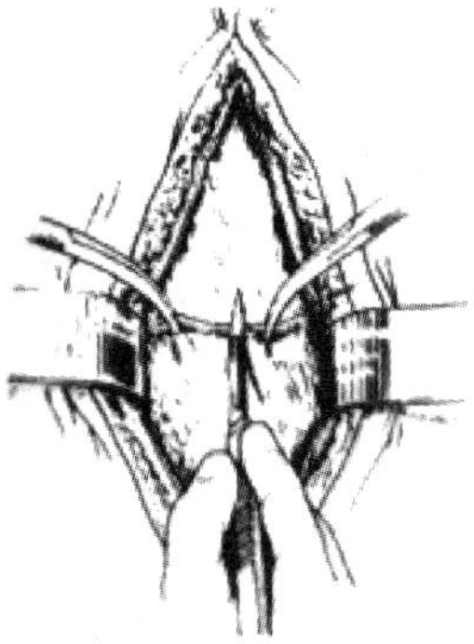

图 1-3-5 切断横过切口的血管

侧的腹膜，助手用镊子或止血钳在距术者所夹腹膜对侧约 1 cm 处将另一侧腹膜提起，然后从中间做一小切口，术者利用食指和中指或有钩探针引导，再用手术刀或手术剪分离(图 1-3-6)。

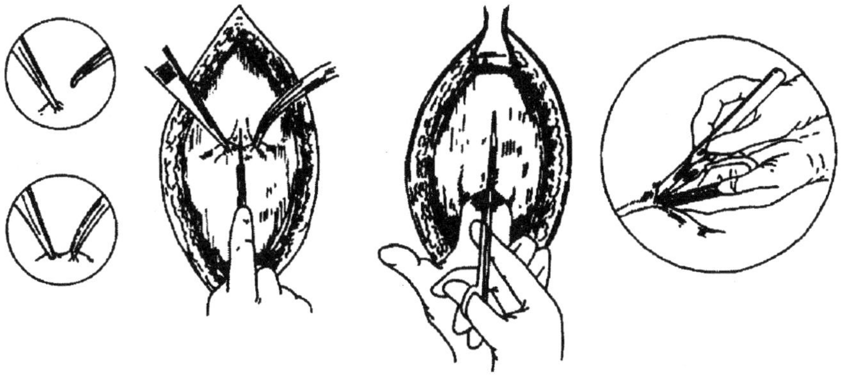

图 1-3-6 腹膜切开

5. 肠管的切开 肠管侧壁切开时，一般于肠管纵韧带上或肠系膜缘对肠壁上行切开，并应避免损伤另一侧肠壁(图 1-3-7)。

6. 索状组织的分离 索状组织(如精索)的分离，除可应用手术刀(剪)做锐性分离外，还可用刮断、拧断等方法，以减少出血。

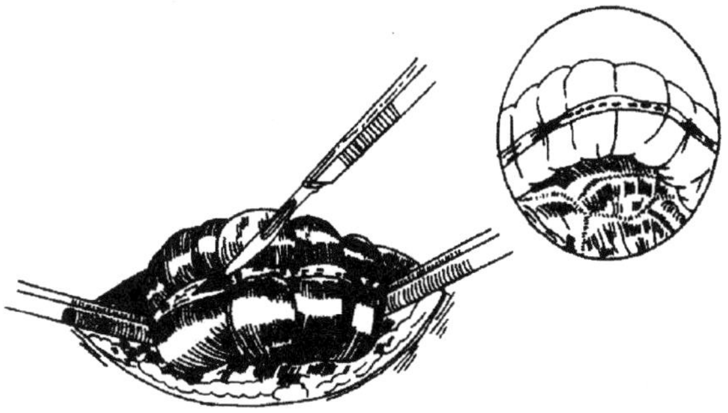

图 1-3-7 肠管的侧壁切开

7. 良性肿瘤、放线菌病灶、囊肿及内脏粘连部分的分离 宜用钝性分离。其方法是对未机化的粘连可用手指或刀柄直接剥离，对已机化的致密组织，可先用手术刀切一小口，再行钝性剥离。剥离时手的主要动作应是前后方向或略施加压力于一侧，使较疏松或粘连最小部分自行分离，然后将手指伸入组织间隙，再逐步深入。在深部非直视情况下，为了避免组织及脏器的严重撕裂或大出血，应尽可能少用或慎用手指左右大幅度摆动的剥离动作。对某些不易钝性分离的组织，可将钝性分离与锐性分离结合使用，一般是用弯剪伸入组织间隙，用推剪法，即将剪尖微张，轻轻向前推进，进行剥离，应避免做剪切动作。

8. 骨组织的分割 分离骨组织常用的器械有圆锯、线锯、骨钻、骨凿、骨锉、骨剪、骨匙及骨膜分离器等。

分离骨组织时首先应分离骨膜，然后分离骨组织。分离骨膜时，先用手术刀切开骨膜(切成“十”字形或“工”字形)，然后用骨膜分离器分离骨膜。分离骨膜时，应尽可能完整地保存健康部分，以利于骨组织愈合。

骨组织的分离一般是用骨剪剪断或骨锯锯断。当锯(剪)断骨组织时,不应损伤骨膜。为了防止骨的断端损伤软组织,应使用骨锉锉平断端锐缘,并清除骨片,以免遗留在手术创内引起不良反应和影响愈合。

本技能技术提示:

(1)切口大小必须适当。切口过小,不能充分显露术野;做不必要的大切口,则会损伤过多组织。

(2)切开时,必须按解剖层次分层进行,并注意保持切口从外到内的大小相同,或逐渐缩小,绝不能里面大外面小。切口两侧要用无菌巾覆盖、固定,以免操作过程中把皮肤表面细菌带入切口,造成污染。

(3)切开组织必须整齐,力求一次切开。手术刀与皮肤、肌肉垂直,防止斜切或多次在同一平面上切割,造成不必要的组织损伤。

(4)切开深部筋膜时,为了预防深层血管和神经损伤,可先切一小口,用止血钳分离张开,然后剪开。

(5)切开肌肉时,要沿肌纤维方向用刀柄或手指分离,少做切断,以减少损伤,减少对愈合的影响。

(6)切开腹膜、胸膜时,要防止损伤内脏。

(7)切割骨组织时,先要切割分离骨膜,尽可能地保存其健康部分,以利于骨组织愈合。

在进行手术时,还需要借助拉钩显露术野。负责牵拉的助手要随时注意手术过程并按需要调整拉钩的位置、方向和力量,可以利用大纱布将其他脏器从术野推开,以加大显露术野。

知识链接

组织切开是显露术野的重要步骤。浅表部位手术,切口可直接位于病变部位上或其近处。根据局部解剖特点,深部切口既有利于显露术野,又不会造成过多的组织损伤。组织分离一般应遵循下列原则。

(1)切口必须接近病变部位,最好能直接到达手术区,并根据手术需要,进行延长扩大。

(2)切口在体侧、颈侧时,以垂直于地面或斜行的切口为好;切口在体背、颈背和腹下沿正中线或靠近正中线时,以纵向切口比较合理。

(3)做切口时,应避免损伤大血管、神经和腺体的输出管,以免影响术部组织或器官的功能。

(4)切口应该有利于创液的排出,特别是脓汁的排出。

(5)二次手术时,应该避免在瘢痕组织上切开,因为瘢痕组织再生能力弱,易发生弥漫性出血。

技能二　止　　血

视频:止血的操作

止血是手术过程中经常遇到而且必须立即进行的基本操作技术。手术中完善的止血,可以保持术野清晰,便于操作,还可以减少失血量,有助于术后的恢复,有利于争取手术时间,避免误伤重要器官,预防并发症的发生。因此,要求手术中的止血迅速而可靠,并在手术前采取积极有效的预防性措施,以减少手术中出血。

一、术前预防出血

1. 全身预防性止血法　一般是在手术前给动物注射提高血液凝固性的药物和同类型血液,借以提高机体抗出血的能力,减少手术过程中的出血。常用下列几种方法。

(1)输血:目的在于提高动物血液的凝固性,刺激血管运动中枢反射性地引起血管的痉挛性收缩,以减少手术中的出血。在术前30～60 min输入同种同型血液,大动物500～1000 ml,中、小动物

Note

100～300 ml。

(2)注射提高血液凝固性以及血管收缩能力的药物：①肌内注射0.3%凝血质注射液，以促进血液凝固；②肌内注射维生素K注射液，以促进血液凝固，增加凝血酶原；③肌内注射安络血注射液，以增强毛细血管的收缩力，降低毛细血管通透性；④肌内注射止血敏注射液，以增强血小板功能及黏合力，降低毛细血管通透性；⑤肌内注射(或静脉注射)对羧基苄胺(抗血纤溶芳酸)，以减少纤维蛋白的溶解而发挥止血作用，此法对手术中的出血及渗血、尿血、消化道出血有较好的止血效果。

2. 局部预防性止血法

(1)肾上腺素止血：应用肾上腺素作局部预防性止血常配合局部麻醉进行，一般是在每1000 ml普鲁卡因溶液中加入0.1%肾上腺素溶液2 ml，利用肾上腺素收缩血管的作用，达到减少手术局部出血的目的，另外，肾上腺素还可增强普鲁卡因的麻醉作用，其作用可维持20 min至2 h，但手术局部有炎症病灶时，高度的酸性反应会减弱肾上腺素的作用。此外，在肾上腺素作用消失后，小动脉扩张，如血管内血栓形成不牢固，可能发生二次出血。

(2)止血带止血：适用于四肢、阴茎和尾部手术。可暂时阻断血流，减少手术中失血，有利于手术操作。用橡皮管止血带或其代用品——绳索、绷带时，局部应垫以纱布或纱垫，以防损伤软组织、血管及神经。橡皮管止血带的装置方法是用足够的压力(以橡皮管止血带远侧端的脉搏刚好消失为度)，于手术部位上1/3处缠绕数周固定之，其保留时间为2～3 h，冬季为40～60 min，在此时间内如手术尚未完成，可将止血带临时松开10～30 s，然后重新缠扎。松开橡皮管止血带时，宜多次按“松、紧、松、紧”的办法操作，严禁一次松开。

二、手术过程中止血

1. 压迫止血 用纱布压迫出血的部位，可使血管破口缩小、闭合，促使血小板、纤维蛋白和红细胞迅速形成血栓而止血。在毛细血管渗血和小血管出血时，如机体血功能正常，压迫片刻，出血即可自行停止。对于较大范围的渗血，利用温生理盐水、1%～2%麻黄碱、0.1%肾上腺素等溶液浸湿再拧干的纱布块压迫，以助于止血。术中用纱布压迫，还可以清除术部的血液，辨清组织和出血径路及出血点，以便于采取其他止血措施。

2. 钳夹止血 利用止血钳最前端垂直夹住血管的断端，然后扣紧止血钳压迫，扭转止血钳1～2周，能使血管断端闭合，或用止血钳夹住片刻后轻轻拿掉，而达到止血的目的，此法适用于小血管出血。

3. 结扎止血 此法是常用而可靠的基本止血法，多用于明显而较大血管出血的止血。结扎止血有单纯结扎止血和贯穿结扎止血两种。

(1)单纯结扎止血：先以止血钳尖端钳住出血点，助手将止血钳轻轻提起，使尖向下，术者用丝线绕过止血钳所夹住的血管及少量组织，助手将止血钳放平，将尖端稍挑起并将止血钳侧立，术者在尖端的深面打结(图1-3-8)。在打完第一个单结后，由助手松开并撤去止血钳，再打第二个单结。结扎时所用的力量也应大小适中，结扎处不宜离血管断端过近，所留结扎线尾也不宜过短，以防线结滑脱。

(2)贯穿结扎止血：又称缝合结扎止血，即用止血钳将血管及其周围组织夹住，用带有缝针的丝线穿过断端一侧，绕过一侧，再穿过血管或组织的另一侧打结，此法也称为“8”字缝合结扎。两次进针处应尽量靠近，以免将血管遗漏在结扎处之外。如将结扎线用缝针穿过所夹组织(勿穿透血管)后先结扎打一结，再绕过另一侧打结，血止后继续拉紧线再打结，即为单纯贯穿结扎(图1-3-9)。

贯穿结扎止血的优点是结扎线不易脱落，适用于大血管或重要部分的止血。在不易用止血钳夹住的出血点，不可以用单纯结扎止血，而宜采用贯穿结扎止血的方法。

4. 填塞止血 在深部大血管出血一时找不到血管断端，钳夹或结扎止血困难时，可将灭菌纱布紧塞于出血的创腔或解剖腔内，压迫血管断端以达到止血目的。在填入灭菌纱布时必须将创腔或解剖腔填满，以便有足够的压力压迫血管断端。填塞止血留置的敷料通常在12～24 h后取出。

5. 烧烙止血 烧烙止血是用电烧烙器或烙铁烧烙使血管断端收缩封闭而止血的方法。其缺点

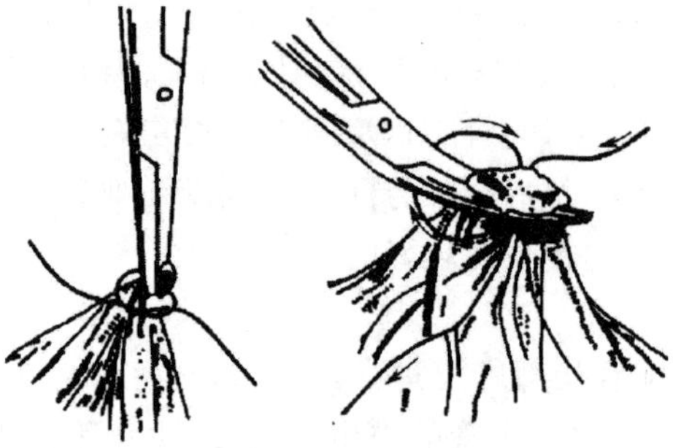

图 1-3-8　单纯结扎止血

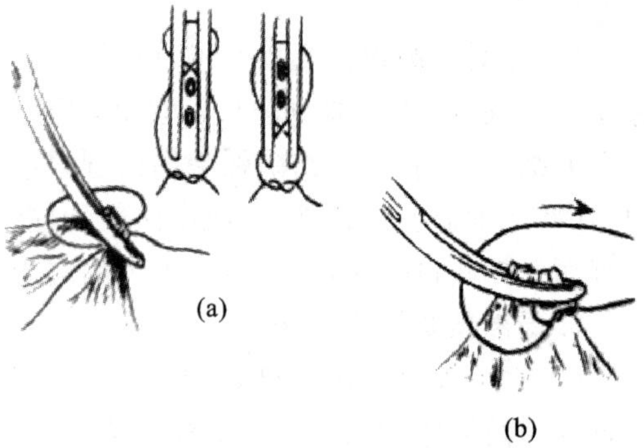

图 1-3-9　贯穿结扎止血

(a)"8"字缝合结扎；(b)单纯贯穿结扎

是损伤组织较多，兽医临床上多用于弥漫性出血的止血。使用烧烙止血时，应将电烧烙器或烙铁烧得微红，才能达到止血的目的，但也不宜过热，以免组织炭化过多，使血管断端不能牢固堵塞。烧烙时，烙铁在出血处稍加按压后应迅速移开，否则组织黏附在烙铁上，当烙铁移开时会将组织扯离。

6. 缝合止血　利用缝合使创缘、创壁紧密接触产生压力而止血的方法称为缝合止血。此法常用于弥漫性出血和实质器官出血的止血。

7. 电凝止血　利用高频电流通过电凝器与组织接触产热，使组织凝固，达到止血目的。操作方法是用止血钳夹住血管断端，向上轻轻提起，擦干血液，将电凝器与止血钳接触，待局部发烟即可。电凝时间不宜过长，否则烧伤范围过大，影响切口愈合。在空腔脏器、大血管附近及皮肤等处不可用电凝止血，以免组织坏死，发生并发症。

电凝止血的优点是止血迅速，不留线结于组织内，但止血效果不完全可靠，凝固的组织易于脱落而再次出血，所以对较大的血管仍应以结扎止血为宜，以免发生继发性出血。

8. 其他止血法

(1)药物止血：用1%～2%麻黄素溶液或1%肾上腺素溶液浸湿的纱布进行压迫止血(见压迫止血)。临床上也常用上述药品浸湿系有棉线绳的棉包，用其进行鼻出血、拔牙后齿槽出血的填塞止血，待血止后拉出棉包。

(2)明胶海绵止血：多用于一般方法难以止血的创面出血，如实质器官、骨松质及海绵质出血。使用时将止血明胶海绵铺在出血面上或填塞在出血的伤口内，即能达到止血的目的，如果在填塞后再加以组织缝合，则能发挥更优良的止血效果。止血明胶海绵的种类很多，如纤维蛋白海绵、氧化纤维素、白明胶海绵及淀粉海绵等。它们止血的基本原理是促进血液凝固和提供凝血时所需要的支架结构。止血明胶海绵能被组织吸收，使受伤血管日后保持贯通。

(3)活组织填塞止血：用自体组织(如网膜)填塞于出血部位。通常用于实质器官的止血，如肝损伤时可用网膜填塞止血，或用取自腹部切口的带蒂腹膜、筋膜和肌肉瓣，牢固地缝在损伤的肝上。

(4)骨蜡止血：外科临床上常用市售骨蜡制止骨质渗血，此法可用于骨的手术和断角术。

三、急性出血的急救

1. 输血疗法　输血疗法是给患病动物静脉输入保持正常生理功能的同种属动物血液的一种治疗方法。给患病动物输入血液可部分或全部补偿机体所损失的血液，扩大血容量，同时补充血液的细胞成分和某些营养物质。输血有止血作用，输入血液能激活肝、脾、骨髓等组织的功能，并能促使血小板、钙盐和凝血活酶进入血流中。这些，对促进血液凝固有重要作用。输血对患病动物具有刺激、解毒、补偿以及增强生物学免疫功能等作用。

输血疗法适用于大失血、外伤性休克、营养性贫血、严重烧伤、大手术的预防性止血等。严重的心血管系统疾病、肾病和肝病等动物忌用。

Note

2. 补充血容量　失血量较小时，一般情况下可得到机体代偿，并且此时骨髓造血功能增强，失去的血便可获得补足。中等量的失血可用补液代替输血。可静脉注射生理盐水或5%葡萄糖氯化钠注射液。动物体质差的需补以全血或把全血和晶体溶液（如生理盐水、复方氯化钠等）以1∶1的比例混合后输入。大量失血时单纯补入生理盐水等晶体溶液，由于无法维持血中的胶体渗透压，晶体溶液很快经肾排出，仍然无法保持必要的血容量，一般必须输入全血、血浆等。血源困难时可用右旋糖酐和平衡液来代替血浆。

3. 应用止血药

（1）局部止血药：常用的局部止血药有3%三氯化铁、3%明矾、0.1%肾上腺素、3%醋酸铅等溶液，这些药物有促进血液凝固和使局部血管收缩的作用，用纱布浸透上述某一种药液后填塞于创腔即可。

（2）全身止血药：常用10%枸橼酸钠、10%氯化钙等药液静脉注射，也可用凝血质、维生素K_3等药液肌内注射，来增强血液的凝固性，促进血管收缩而止血。

本技能技术提示：

（1）手术前出血的预防：要根据不同手术和术部特点，选择适宜的预防措施。

（2）术中的止血方法：应根据出血的种类正确选用。

（3）为了提高压迫止血的效果，在止血时，必须按压，不能擦拭，以免损伤组织或血栓脱落。

（4）钳夹止血时，钳夹方向应尽量与血管垂直，钳住的组织要少，切不可大面积钳夹，较大的血管断端的钳夹时间应稍加延长或予以结扎。

知识链接

一、出血的概念与种类

血液自血管中流出的现象称为出血，在手术过程中或意外损伤血管时，即伴随着出血的发生，按照受伤血管的不同，一般将出血分为以下4种。

1. 动脉出血　因为动脉压力大，血液含氧量丰富，所以动脉出血的特征如下：血液鲜红，呈喷射状流出，喷射线出现规律性起伏并与心脏搏动一致。动脉出血一般自血管断端的近心端流出，指压动脉断端的近心端，则搏动性血流立即停止，反之则出血状况无改变。具有吻合支的小动脉破裂时，近心端及远心端均能出血。大动脉出血时必须立即采取有效止血措施，否则可导致出血性休克，甚至引起动物死亡。

2. 静脉出血　静脉出血时血液以较缓慢的速度从血管中均匀不断地呈泉涌状流出，颜色为暗红色或紫红色。一般血管远心端的出血较近心端多，指压出血静脉的远心端则出血停止。

静脉出血的转归不同：小静脉出血一般能自行停止，或经压迫、堵塞后停止；若深部大静脉受损，如腔静脉、股静脉、髂静脉、门静脉等出血，则常由于迅速大量失血而引起动物死亡；体表大静脉受损，动物可因大失血或空气栓塞而死亡。

3. 毛细血管出血　毛细血管出血时血液色泽介于动、静脉血液之间，多呈渗出性点状。一般可自行止血或稍加压迫即可止血。

4. 实质出血　实质出血见于实质器官、骨松质及海绵组织的损伤，为混合性出血，即血液自小动脉与小静脉内流出，血液颜色和静脉血相似。实质器官中含有丰富的血窦，而血管的断端又不能自行缩入组织内，因此不易形成断端的血栓，而易产生大失血而威胁动物的生命，故应予以高度重视。

二、高频电刀

高频电刀是一个取代器械手术刀进行组织切割的电动外科器械，既能切割组织，又能使小血管凝固。高频电刀通过高频电的热作用切割组织和产生微凝固蛋白作用。根据其功能主要分为电切和电凝两种，亦有同时存在两种不同程度特性的混合型。

Note

1. 高频电刀的组成　高频电刀由主机以及电刀柄、极板、双极镊、脚踏开关等附件组成。

2. 高频电刀的使用方法

(1)电极选择:切割组织选择针电极,刀刃锐利;使小血管凝固选择小球形电极。

(2)切割组织:应用针电极在切割点上几毫米处,由电火花达到组织,保持垂直于组织,在切割时一个组织面一次性通过,避免多次重复切割。高频只能用于切割浅表组织,不能做深层组织切割,因为切割深层组织时,电极易造成周围组织损伤。切割皮肤、筋膜应用高频电刀比较容易,而分离脂肪组织、皮下组织最好选择手术刀。切割肌肉组织时,避免应用低频电流,因为切割时容易造成肌肉收缩,出现不规则切口。

(3)使小血管凝固:应用小球形电极直接触及小血管断端,直径大于 1 mm 的血管电凝效果不佳,应结扎止血。

高频电刀主机必须有良好的接地装置,应用时一定要使电极接触组织的面积小,触及组织后立即离开。

展示与评价

一、任务分配单

组织分离的操作任务分配表

任务名称					
班级		组号		指导教师	
组长		实训时间		实训地点	
组员	姓名	学号	姓名	学号	
任务分工					
实训材料准备					

二、任务问题引导单

组织分离的操作任务问题引导表

任务名称	
引导问题 1	组织分离的方法有哪些?各种方法适用于什么组织?
答案	

Note

续表

引导问题 2	简述不同皮肤的切开方法。
答案	
引导问题 3	止血方法有哪些？
答案	
引导问题 4	分离组织时怎样与止血方法更好地配合？
答案	

三、任务工作单

组织分离的操作任务工作表

任务名称	
操作过程描述	
操作照片	操作过程或项目成果照片粘贴处
任务反思	

四、任务评价单

组织分离的操作任务评价表

任务名称				
任务评价	小组评语	小组评价	评价日期	组长签名
	组间互评评语	组间互评评价	评价日期	组长签名
	指导教师评语	指导教师评价	评价日期	指导教师签名

Note

续表

考核标准	优秀标准	合格标准	不合格标准
	操作规范，安全有序 步骤正确，按时完成 全员参与，分工合理 结果准确，分析有理 保护环境，爱护设施	基本规范 基本正确 部分参与 分析不全 混乱无序	存在安全隐患 无计划，无步骤 个别人或少数人参与 不能完成，没有结果 环境脏乱，桌面未收
小组思政评价			
教师思政评价			

五、任务总评单

组织分离的操作任务总评表

任务名称：	班级：	姓名：	学号：
评价方式	分评得分	所占比例	终评得分
学生自评		40%	
学生互评		20%	
教师评价		40%	
合计			

扫码学课件
1.4

任务四　缝合技术

案例导入

宠物医院接诊一车祸案例，3 岁虎斑泰迪，母，4 kg，需实施剖宫产手术治疗。通过本案例的学习，学生应掌握缝合技术。

学习目标

熟练掌握徒手打结方法；熟练掌握缝合方法，并应用于临床；同时培养学生严谨的学习态度和爱护组织、保护创面等意识。

缝合的目的在于使分离的组织或器官对接，给组织的再生和愈合创造良好条件；保护无菌创口，使其免受感染；加速肉芽创的愈合；促进止血。本任务具体内容包括结的种类及打结方法、缝合的种类与缝合技术。拆线是指拆除皮肤缝线。

Note

技能一　打　　结

视频：打结技术

打结是外科手术最基本的操作之一，正确而牢固地打结是结扎止血和缝合的重要环节。熟练地打结，不仅可以防止结扎线松脱造成的创口裂开和继发性出血，而且可以缩短手术时间。

正确的结有方结、三叠结和外科结 3 种。如若操作不正确，可能出现假结或滑结，这两种结在外科手术中应避免出现。

打结的方法有 3 种，即单手打结法、双手打结法和器械打结法。

1. 单手打结法　本法为最常用的一种打结方法，操作简单迅速。虽各人打结的习惯常有不同，但基本动作相似，左、右手均可打结。一手持线端打结时，需要另一手持另一线端进行配合，否则，会因用力不均或紧线方向错误而出现滑结。图 1-4-1 是左手单手打结的操作过程。左手持线端，右手持较长线端或线轴。若结扎线的游离端短线头在结扎点右侧，可依次先打第一个单结，然后打第二个单结。若游离的短线头在结扎点左侧，则应先打第二个单结，然后打第一个单结。若短端在结扎点的右侧，也可用右手照正常顺序打结。

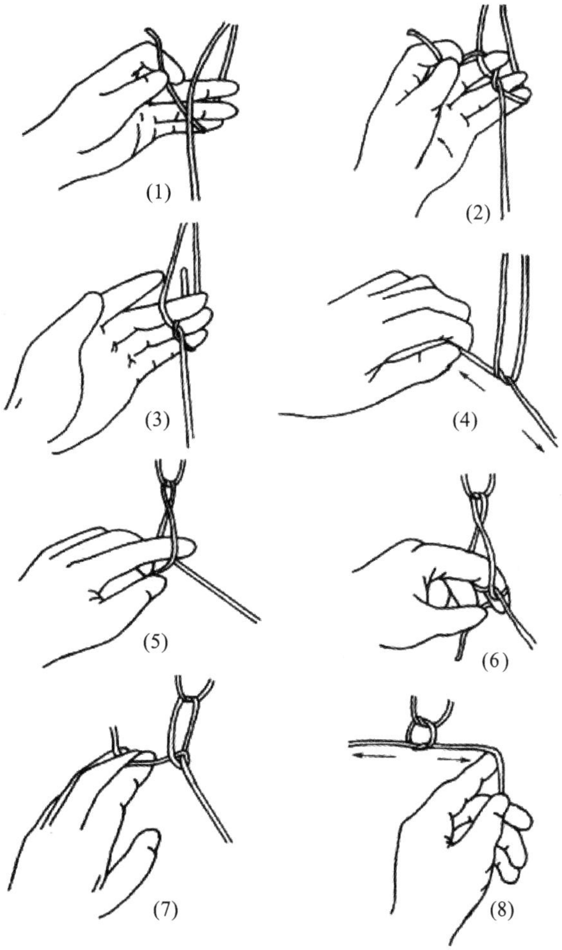

图 1-4-1　单手打结

视频：血管的结扎方法

2. 双手打结法　打第一个单结的方法与单手打结法相同，打第二个单结时，换另一只手以同样方法打结（图 1-4-2）。结扎较为方便可靠，不易出现滑结。本法适用于深部、较大血管的结扎或组织器官的缝合。左、右手均可为打结之主手，第一、第二两个单结的打结顺序可以颠倒。

3. 器械打结法　用持针钳或止血钳打结。本法适用于结扎线过短、创伤深而狭窄的术部和某些精细手术的打结。方法是把持针钳或止血钳放在缝线的较长端与结扎物之间，用长线头端缝线环绕持针钳或止血钳一圈后，用持针钳或止血钳夹短线头，交叉拉紧即可完成第一个单结，打第二个单结时将长线头向相反方向环绕持针钳或止血钳一圈后，再用持针钳或止血钳夹住短线头拉紧，成为方结(图 1-4-3)。

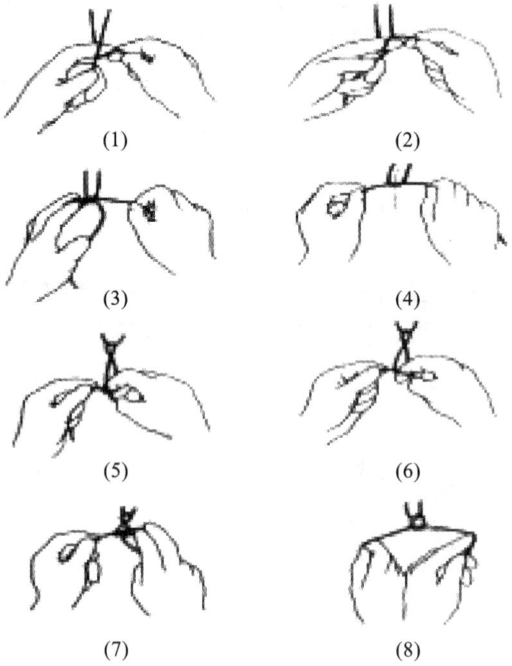

图 1-4-2　双手打结

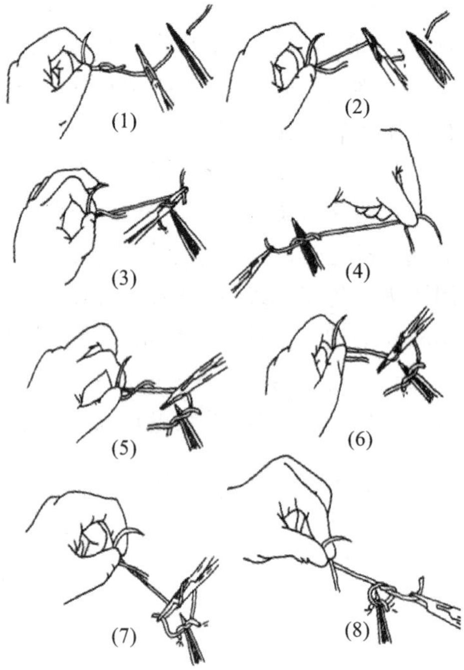

图 1-4-3　器械打结

技能二　缝　　合

一、缝合的种类

视频：缝合的操作

外科手术中软组织缝合的种类甚多，可依缝合后两侧组织边缘的位置状况将常用的缝合方法归纳为单纯缝合、内翻缝合及外翻缝合。各种缝合方法又可依据缝合时一根线在缝合过程中是否打结和剪断分为间断缝合和连续缝合。一根线仅缝一针或两针，单独打一次结，称为间断缝合。以一根缝线在缝合中不剪断缝线打结，仅在缝合开始和创口闭合缝合结束时打结的缝合方法称为连续缝合。

视频：间断缝合

1. 单纯缝合　缝合后切口两侧组织彼此平齐靠拢。常用的单纯缝合有以下几种。

(1)结节缝合：又称为单纯间断缝合，是最常用的缝合方式。缝合时，将缝针引入 15～25 cm 缝线，于创缘一侧垂直刺入，于对侧相应的部位穿出打结。每缝一针，打一次结(图 1-4-4)。缝合时要求创缘密切对合。缝线距创缘的距离，根据缝合的皮肤厚度来决定，一般小动物 0.3～0.5 cm，大动物 0.8～1.5 cm。缝线间距要根据创缘张力来决定，使创缘彼此对合，一般间距 0.5～1.5 cm。结打在切口同一侧，防止压迫切口。本法可用于皮肤、皮下组织、筋膜、黏膜、血管、神经、胃肠的缝合。

结节缝合的优点是操作相对容易、迅速。在愈合过程中，即使个别缝线断裂，其他邻近缝线不受影响，不致整个创口裂开。能够根据各种创缘的伸延张力正确调整每根缝线张力。如果创口有感染可能，可将少数缝线拆除排液。对切口创缘血液循环影响较小，有利于创口的愈合。其缺点是缝合需要较长时间，使用缝线较多。

视频：单纯连续缝合

(2)单纯连续缝合：又称螺旋形缝合，是用一根长的缝线自始至终连续地缝合一个创口，最后打结(图 1-4-5)。即开始先作结节缝合，打结后剪去缝线短头，用其长线头连续缝合，以后每缝一针，对合创缘，避免创口形成皱褶，使用同一缝线以等距离缝合，拉紧缝线，最后将线尾留在穿侧并与缝针所带之双股缝线打结。此种缝合法具有缝合速度快、打结少、创缘对合严密、止血效果较佳等优点。但抽线过紧，可使环形缝合缩小，且若有一处断裂或因伤口感染而需剪开部分缝线做引流时，均可导致伤口全部裂开。常用于具有弹性、无太大张力的较长创口，如用于皮下组织、筋膜、血管、肠道的缝合。

Note

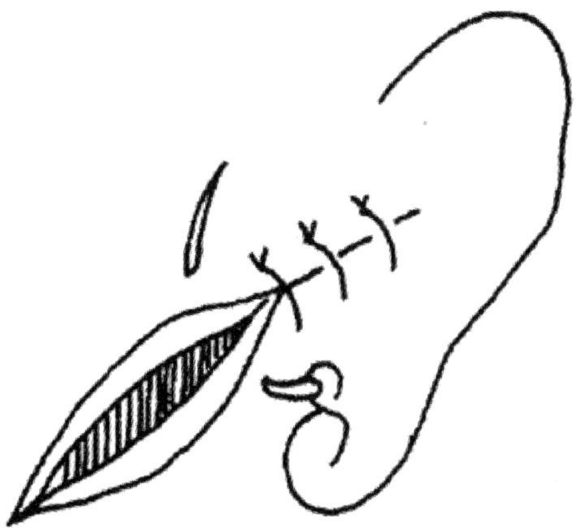

图 1-4-4　结节缝合

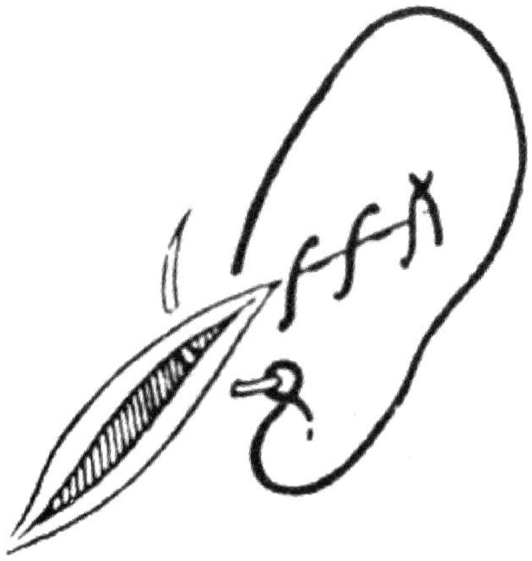

图 1-4-5　单纯连续缝合

(3)“8”字缝合：又称十字缝合法，可分内“8”字缝合和外“8”字缝合两种。内“8”字缝合多用于数层组织构成的深创口的缝合，在创缘的一侧进针，在进针侧的创面中部出针，第二针于对侧创面中部稍下方进针，针方向指向创底，通过创底再穿向第一针出针处的稍下方出针，最后于第二针进针点的稍上方进针，于相对的创缘处出针(图 1-4-6(a))。外“8”字缝合时，第一针开始，缝针从一侧到另一侧出针后，第二针平行于第一针从第一针进针侧穿过切口到另一侧，缝线的两端在切口上交叉形成 X 形，拉紧打结(图 1-4-6(b))。此法用于张力较大的皮肤和腱的缝合。

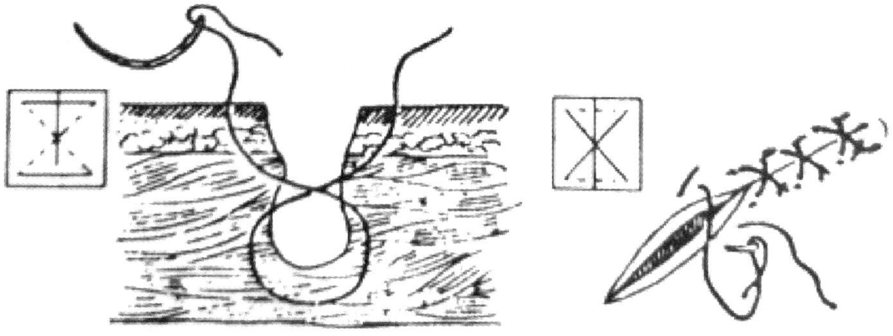

(a)　　　　(b)

图 1-4-6　“8”字缝合

(4)连续锁边缝合：又称锁扣缝合，这种缝合方法开始和结束的操作与单纯连续缝合相同，只是每一针要从缝合所形成的线内穿出(图 1-4-7)。此种缝合能使创缘对合良好，并使每一针缝线在进行下一次缝合前就得以固定，缝线均压在创缘一侧。此法多用于皮肤直线形切口及薄而活动性较大的部位的缝合。

(5)表皮下缝合：这种缝合是应用连续水平式进针来缝合平行切口。缝合从切口一端开始，缝针刺入真皮下，再翻转缝针刺入另一侧真皮，在组织深处打结。最后缝针翻转刺向对侧真皮下打结，结埋置在深部组织内(图 1-4-8)。一般选择可吸收缝合材料，本法适用于小动物表皮下缝合。这种缝合方法的优点是能消除表皮缝针孔所致的小瘢痕，操作快，节省缝线。这种缝合方法同样具有连续缝合的缺点，且这种缝合方法张力强度较差。

(6)减张缝合：适用于张力大的组织缝合，可减小组织张力，以免缝线勒断针孔之间的组织或将缝线拉断。减张缝合常与结节缝合一起应用，操作时先在距创缘较远处(2～4 cm)做几针等距离的结节缝合(减张缝合)(图 1-4-9)；缝线两端可系布或橡胶管等(这种方法也称为圆枕缝合)，借以支持其张力，其间再做几针结节缝合即可(图 1-4-10)。

视频：垂直减张缝合

2. 内翻缝合　要求缝合后两侧组织边缘内翻，使吻合口周围浆膜层互相粘连，外表光滑，以减少污染，促进愈合。此法主要用于胃肠、子宫、膀胱等空腔器官的缝合。

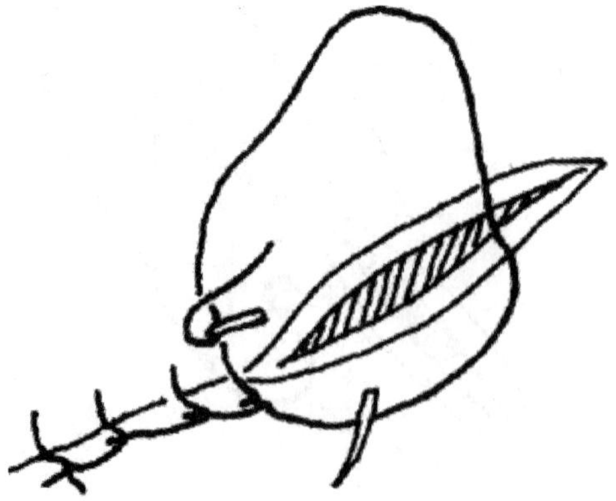

图 1-4-7　连续锁边缝合

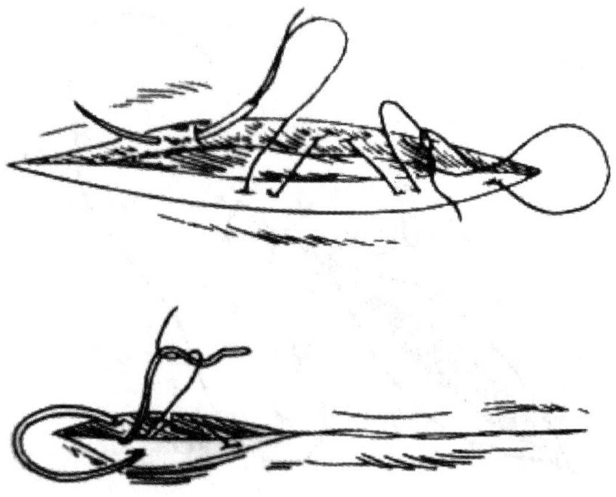

图 1-4-8　表皮下缝合

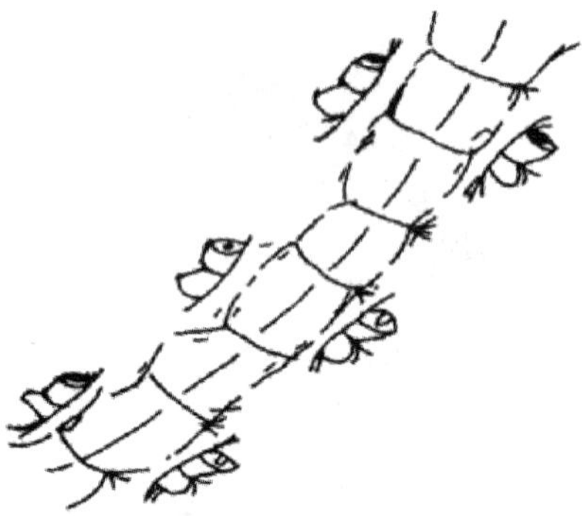

图 1-4-9　减张缝合

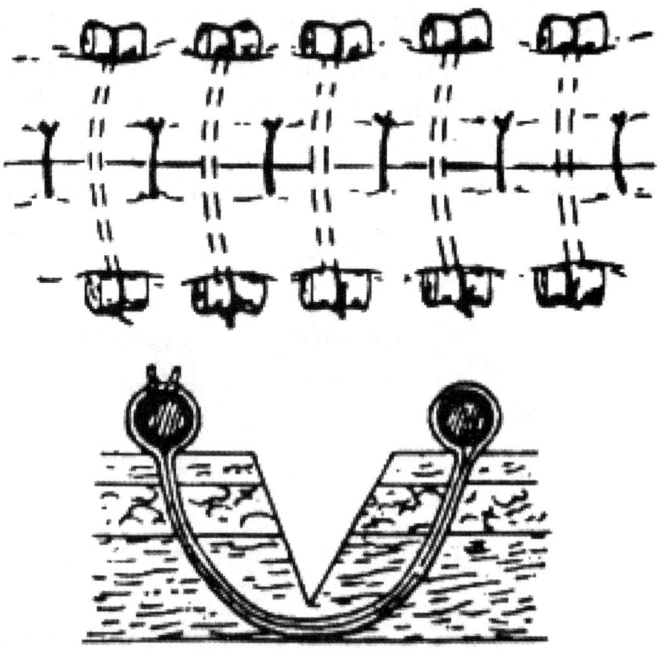

图 1-4-10　圆枕缝合

视频：伦勒特氏缝合

(1)伦勃特(Lembert)氏缝合：又称垂直式内翻缝合，是胃肠手术的传统缝合方法，分为间断与连续两种，常用的为间断伦勃特氏缝合。在胃或肠吻合时用于缝合浆膜肌层。

①间断伦勃特氏缝合：肠手术中最常用、最基本的浆膜肌层内翻缝合(图 1-4-11)。于距吻合口边缘外侧约 3 mm 处横向进针，穿经浆膜肌层后于吻合口边缘附近穿出越过吻合口，于对侧相应位置做方向相反的缝合。每两针间距 3～5 mm。结扎不宜过紧，以防缝线勒断肠壁浆膜肌层。

②连续伦勃特氏缝合：于切口一端开始，先做一浆膜肌层内翻缝合并打结，再用同一缝线做浆膜肌层连续缝合至切口另一端，结束时再打结(图 1-4-12)。其用途与间断伦勃特氏缝合相同。

视频：库兴氏缝合

(2)库兴(Cushing)氏缝合：又称连续水平褥式内翻缝合，这种缝合方法是从连续伦勃特氏缝合演变来的。方法是于切口一端开始先做一浆膜肌层间断缝合，再用同一缝线于距切口边缘 2～3 mm 处刺入一侧肠壁的浆膜肌层，缝针在黏膜沿与切口边缘平行方向行针 3～5 mm 穿出浆膜肌层，垂直横过切口，在与出针直接对合位置穿透对侧浆膜肌层做缝合(图 1-4-13)。结束时，拉紧缝线再做间断垂直内翻缝合后打结。本法适用于肠及子宫浆膜肌层缝合。

(3)康奈尔式缝合：又称连续全层内翻缝合，其缝合方法与库兴氏缝合基本相同，仅在缝合时缝针要贯穿全层组织，随时拉紧缝线，使两侧边缘内翻(图 1-4-14)。本法多用于胃、肠壁的缝合。

Note

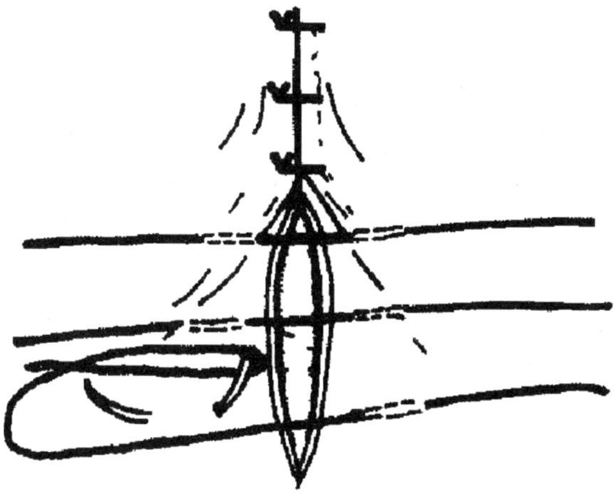

图 1-4-11　间断伦勃特氏缝合

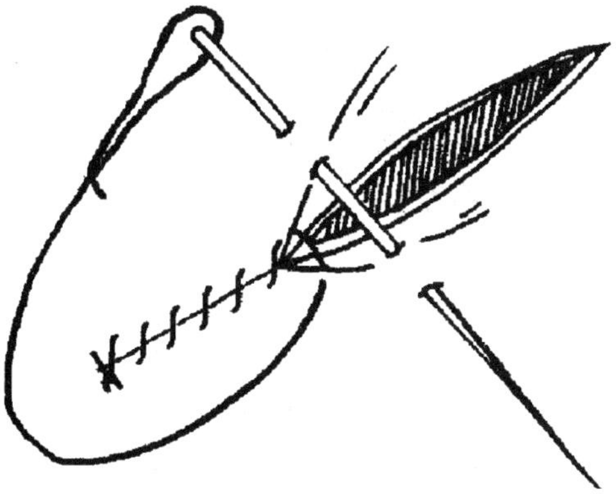

图 1-4-12　连续伦勃特氏缝合

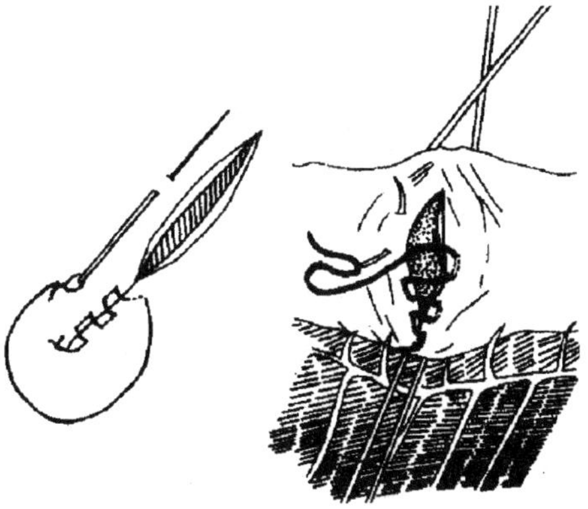

图 1-4-13　库兴氏缝合

(4)荷包缝合：又称袋口缝合(图 1-4-15)，即在距缝合孔边缘 3～8 mm 处沿其周围环状浆膜肌层连续缝合，缝合完毕后，先打一单结，并轻轻向上牵拉，同时将缝合孔边缘组织内翻包埋，然后拉紧缝线，完成结扎。本法主要用于胃、肠壁上小范围的内翻缝合，如胃、肠穿孔缝合，此外还可用于胃、肠、膀胱插管引流固定的缝合及肛门、阴门暂时缝合以防脱出。

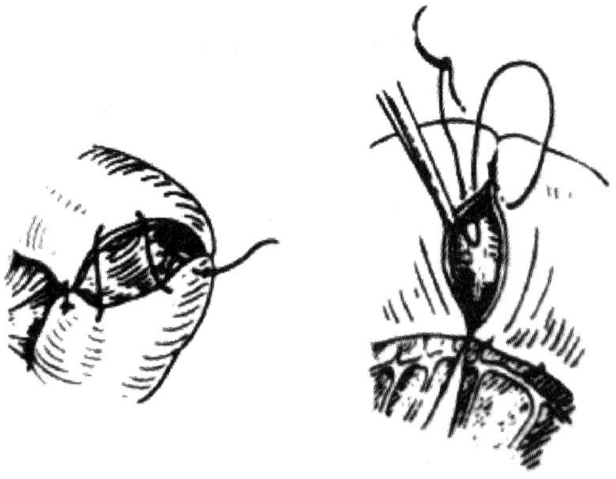

图 1-4-14　康奈尔式缝合

图 1-4-15　荷包缝合

3. 外翻缝合　缝合后切口两侧边缘外翻，里面光滑。常用于松弛皮肤的缝合、减张缝合及血管吻合等。

(1)间断垂直褥式缝合：缝合方法见图 1-4-16。间断垂直褥式缝合是一种减张缝合。缝合时，缝针先于距离创缘 8 mm 处刺入皮肤，经皮下组织垂直横过切口，到对侧相应处刺出皮肤。然后将缝针翻转，在穿出侧距切口缘 2～4 mm 处刺入皮肤，越过切口到对侧相应距切口 2～4 mm 处刺出皮

Note

肤，与另一端缝线打结。该缝合方法要求缝针刺入皮肤时，只能刺入真皮下，切口两侧的刺入点要求接近切口，这样皮肤创缘对合良好，又不使皮肤过度外翻。缝线间距为 5 mm。该缝合方法具有较大的抗张力强度，对创缘的血液供应影响较小，但缝合时，需要较多时间和缝线。

(2)间断水平褥式缝合：这种缝合方法见图 1-4-17，特别适用于牛、马和犬的皮肤缝合。将缝针刺入皮肤，距创缘 2～3 mm，将创缘相互对合，越过切口到对侧相应部位刺出皮肤，然后缝线与切口平行向前约 8 mm，再刺入皮肤，越过切口到对侧相应部位刺出皮肤，与另一端缝线打结。该缝合方法要求缝针刺入皮肤时，刺在真皮下，不能刺入皮下组织，这样皮肤创缘对合才能良好。根据缝合组织的张力，每个水平式缝合间距为 4 mm 左右。该缝合具有一定抗张力条件，对于张力较大的皮肤，可在缝线上放置胶管或纽扣，以增大抗张力强度。

图 1-4-16　间断垂直褥式缝合

图 1-4-17　间断水平褥式缝合

(3)连续外翻缝合：多用于腹膜缝合和血管吻合。当胃肠胀气、张力较大或炎症导致腹水时，均需用连续外翻缝合，以避免腹膜撕裂。缝合时自腔（血管）外开始刺入腔（血管）内，再由对侧穿出，于距上一针进针点 1～5 mm 处向相反方向进针。两端可分别打结或与其他缝线头打结（图 1-4-18）。

二、各种软组织的缝合技术

1. 皮肤的缝合　一般常用单纯间断缝合，每边距为 0.5～1 cm，针距为 1.0～1.5 cm，可根据皮下脂肪厚度及皮肤的弛张度而略有增减。皮下脂肪厚者边距及针距均可适当增大，皮肤松弛者，应适当减小。缝合皮肤时必须用断面为三角形的弯针或直针。缝合材料一般选用丝线。缝合时在创缘侧面打结，打结不能过紧。皮肤缝合完毕后，必须再次将创缘对合好。

宠物皮肤的缝合也常用表皮下缝合、组织黏合剂黏合和订书机式皮肤吻合器吻合。

视频：皮内缝合

2. 皮下组织的缝合　要使创缘两侧皮下组织相互靠拢，消除组织的空隙，可减小皮肤缝合的张力，使用可吸收缝线或丝线做单纯间断缝合，打结应埋置在组织内。选用圆弯针进行缝合。

3. 肌肉的缝合　肌肉缝合要求将纵行纤维紧密连接，瘢痕组织生成后，不能影响收缩功能，缝合时，应用结节缝合方法分别缝合各层肌肉。当小动物手术时，肌肉一般是分离而不是切断，因此，肌肉组织经手术细微整复后，可不缝合。对于横断肌肉，因其张力大，应该在麻醉或使用肌松剂的情况下连同筋膜一起进行结节缝合或水平缝合。

4. 腹膜的缝合　一般用 0 号或 1 号缝线、圆弯针行单纯连续缝合。如腹膜张力较大、缝合容易撕破时，可用连续水平褥式缝合或连续锁边缝合。若腹膜对合不齐或个别针距较大，可补 1～2 针单纯间断缝合。腹膜缝合必须完全闭合，不能使网膜或肠管漏出或嵌闭在缝合切口处。

5. 血管的缝合　血管缝合常见的并发症是出血和血栓形成。血管吻合要严格执行无菌操作，防止感染。血管内膜紧密相对，因此，血管的边缘必须外翻（图 1-4-19），让内膜接触，外膜不得进入血管腔。缝合处不宜有张力，血管不能有扭转。血管吻合时，应该用弹力较低的无损伤的血管夹阻断血流。缝合处要有软组织覆盖。

Note

6. 空腔器官的缝合　空腔器官（胃、肠、子宫、膀胱）的缝合应根据空腔器官的生理解剖学和组织

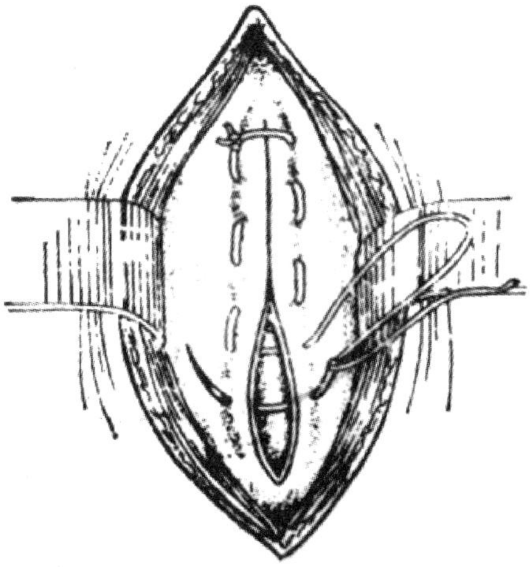

图 1-4-18 连续外翻缝合

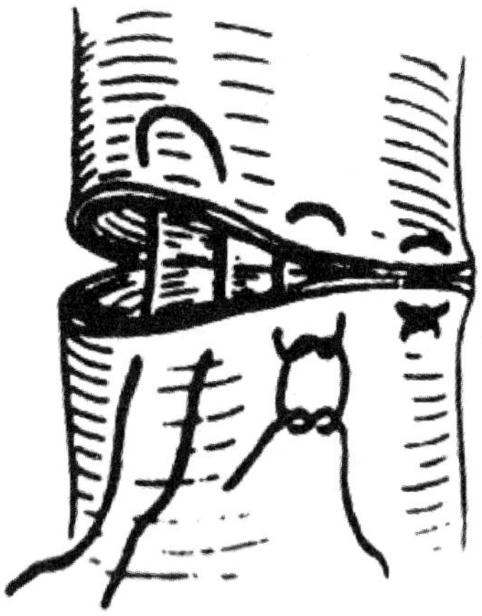

图 1-4-19 水平褥式外翻缝合

学特点进行。缝合时要求有良好的密闭性，防止内容物泄漏；保持空腔器官的正常解剖学结构和运动收缩功能。因此，对于不同器官，水平褥式外翻缝合要求是不同的。

（1）胃缝合：胃内具有高浓度的酸性内容物和消化酶。缝合时要求有良好的密闭性，防止污染，缝线要保持一定的张力强度，因为术后动物呕吐或胃扩张会对切口产生较强压力；术后胃腔体积减小，对动物影响不大。因此，胃缝合时第一层采用连续水平内翻缝合，第二层缝合在第一层上面，采用浆膜肌层间断缝合或连续垂直褥式内翻缝合。

（2）小肠缝合：小肠血液供应好，肌肉层发达，其解剖特点是低压力导管，而不是蓄水囊。内容物呈液态，细菌含量少。小肠缝合后 3～4 h，纤维蛋白覆盖密封在缝线上，产生良好的密闭条件，术后肠内容物泄漏发生机会较少。小肠肠腔较小，缝合时防止肠腔狭窄非常重要，因此，可先行间断全层内翻缝合，再行浆膜肌层内翻缝合。较小的胃肠道穿孔可用间断或平行褥式缝合将内层掩盖。

（3）大肠缝合：大肠内容物呈固态，细菌含量多。大肠缝合的并发症是内容物泄漏和感染。内翻缝合是唯一安全的方法。缝合时，将浆膜与浆膜对合，防止肠内容物泄漏，并保持足够的缝合张力强度。内翻缝合采用第一层连续全层或连续水平内翻缝合，第二层采用间断垂直褥式内翻缝合方法来缝合浆膜肌层。内翻缝合部位血管受到压迫，血流阻断，术后第 3 天黏膜水肿、坏死，第 5 天内翻组织脱落。黏膜下层、肌层和浆膜保持接合强度。术后 14 天左右瘢痕形成，炎症反应消失。

（4）子宫缝合：剖宫取胎术实行子宫缝合有其特殊意义，因为子宫缝合不良会导致母畜不孕、术后出血和腹腔内粘连。缝合时最好是做两层浆膜肌层内翻缝合，使线结既不露于子宫内膜，也不使子宫表面暴露。

空腔器官缝合时，要求使用无损伤性缝针，如圆体针，以减少组织损伤。

临床上许多执业兽医师缝合空腔器官时使用大网膜覆盖术，此法省时省力，效果很好。

技能三 拆 线

拆线是指拆除皮肤缝线。拆线的时间，一般是手术后 7～8 天，凡营养不良、贫血、老年动物、缝合部位活动性较大、创缘呈紧张状态等情况，应适当延长拆线时间（10～14 天），但创口已化脓或创口缘已被线撕断时，可根据创伤治疗需要随时拆除全部或部分缝线。拆线方法如下：

（1）先用生理盐水洗净创周，尤其是线结周围，再用 5%碘酊消毒创口、缝线及创口周围皮肤。用镊子将线结轻轻提起，将剪刀插入线结下，紧贴针眼并轻压线结侧皮肤，露出原来埋在皮下的部分缝线，将线剪断（图 1-4-20）。

（2）用镊子将缝线拉出，拉线方向应与拆线方向一致，动作要轻巧，如强行向对侧硬拉，则可能将伤口拉开。注意不能将原来露在皮肤外面的缝线拉入孔内。

（3）再次用碘酊消毒创口及创口周围皮肤。

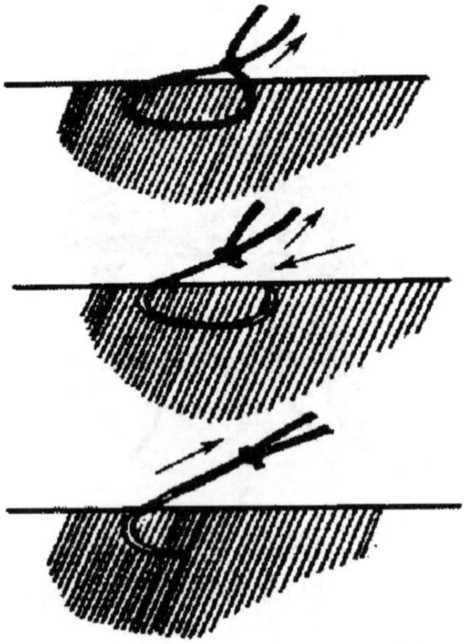
图 1-4-20　拆线法

本任务技术提示：

1. 缝合的原则　在愈合能力正常的情况下，愈合是否完善与缝合的方法及操作技术有一定的关系。为了确保愈合，缝合时要遵守下列原则。

(1)严格遵守无菌操作原则。缝合时尽量局限在术区，防止与有菌物件接触，以防止感染，被污染的器材均应弃去或重新消毒后再用。

(2)缝合前必须彻底止血，清除创内凝血块、异物及无活性的组织。

(3)为了使创缘均匀接近，在两针孔之间要有适当距离，以防拉穿组织。

(4)缝针刺入和穿出部位应彼此相对，针距相等，否则易使创口形成皱襞或裂隙。

(5)无菌手术创口或非污染的新鲜创口经外科常规处理后，可做对合密闭缝合。具有化脓腐败过程以及具有深创囊的创口可不缝合，必要时做部分缝合。

(6)在组织缝合时，一般是同层组织相互缝合，除非特殊需要，一般不允许把不同类的组织缝合在一起。缝合、打结应有利于创口愈合，如打结时既要适当收紧，又要防止拉穿组织，缝合时不可过紧，否则将造成组织缺血。

(7)合理应用缝针、缝线，正确地选择缝合方法。按照组织张力的大小，选择不同粗细的缝针和缝线。细小的组织用细线、小针。应用圆针缝合皮肤比较困难，需改用三棱针，而内脏器官不能用三棱针。张力比较大的创口需采用减张缝合。所有内脏器官均应采用内翻缝合，以使浆膜贴紧，利于愈合。皮肤、肌肉多采用间断缝合，以保证血液供应，术后即使有 1～2 针发生断裂，也不至于使创口全部裂开。腹膜则用连续缝合，保证密闭。

(8)缝合松紧适宜。缝合过松，则创缘易裂开，而且运动时创缘不时发生摩擦，不利于愈合；缝合过紧，则缝合部位血液循环受阻，组织反应严重，易导致水肿，反而使缝线更趋紧张，缝线嵌入组织，以致局部发生缺血性坏死或缝线断裂、创口裂开。

(9)创缘、创壁应互相均匀对合。皮肤创缘不得内翻，创伤深部不应留有无效腔、积血和积液。缝合的深浅要适宜，缝线应正好穿过创底。过深会造成皮肤内陷，过浅则在皮肤下造成无效腔。缝合后的皮肤应稍微外翻，以利于愈合。在条件允许时，可做多层缝合，正确与不正确的切口缝合见图1-4-21。

(10)创口缝合后，若出现感染症状，应迅速拆除部分缝线，以便于排出创液。

2. 打结注意事项

(1)打结收紧时要求三点呈一直线，即左、右手的用力点与结扎点呈一直线，不可成小于 180°角向上提起，否则结扎点容易撕脱或结松脱。

(2)无论用何种方法打结，第一个结和第二个结的方向不能相同(即两手需交叉)，否则即成假结。如果两手用力不均，可成滑结。

(3)用力均匀。两手的距离不宜离线太远，特别是深部打结时，最好用两手食指伸到结旁，以指尖顶住双线，两手握住线端，徐徐拉紧，否则易松脱。埋在组织内的结扎线头，在不引起结扎松脱的原则下，应剪短以减少组织内异物。重要部位的结扎线和肠线可留长些，缝合皮下的细丝线可留短些。丝线、棉线一般留 3～5 mm，较大血管的结扎线应略长，以防滑脱，肠线留 4～6 mm，不锈钢丝留 5～8 mm，并应将钢丝头扭转埋入组织中。

(4)正确的剪线方法是术者结扎完毕后，将双线尾提起略偏术者的左侧，助手用稍张开的剪刀尖沿着拉紧的结扎线滑至结扣处再将剪刀稍向上倾斜，倾斜的角度取决于要留线头的长短，然后剪断(图 1-4-22)。倾斜度越大，所留线头越长。如此操作比较迅速、准确。

Note

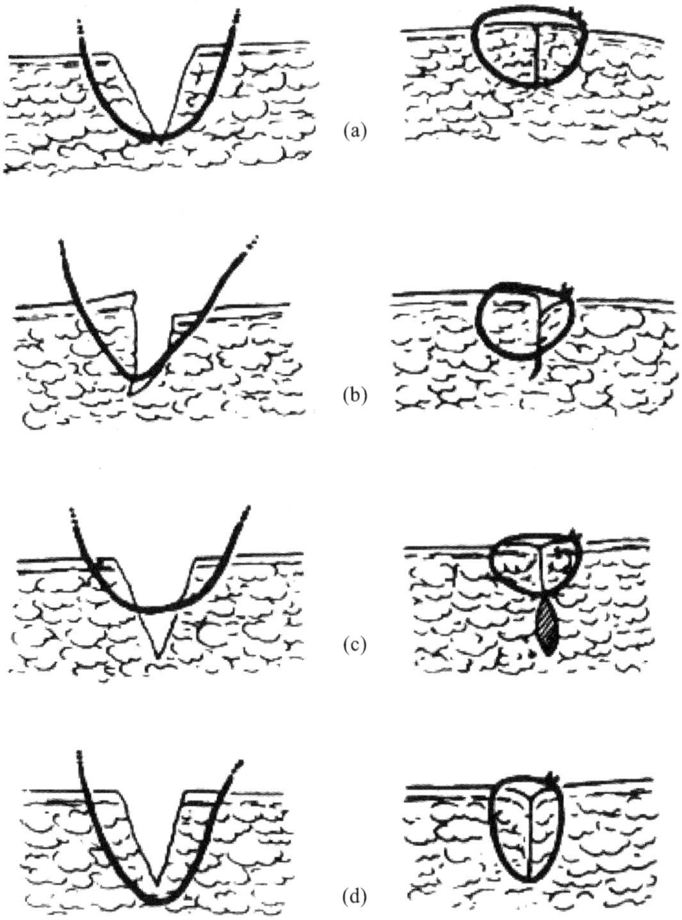

图 1-4-21　正确与不正确的切口缝合

(a)正确的缝合；(b)两皮肤创缘不在同一平面，边缘错位；(c)缝合太浅，形成无效腔；(d)缝合太紧，皮肤内陷

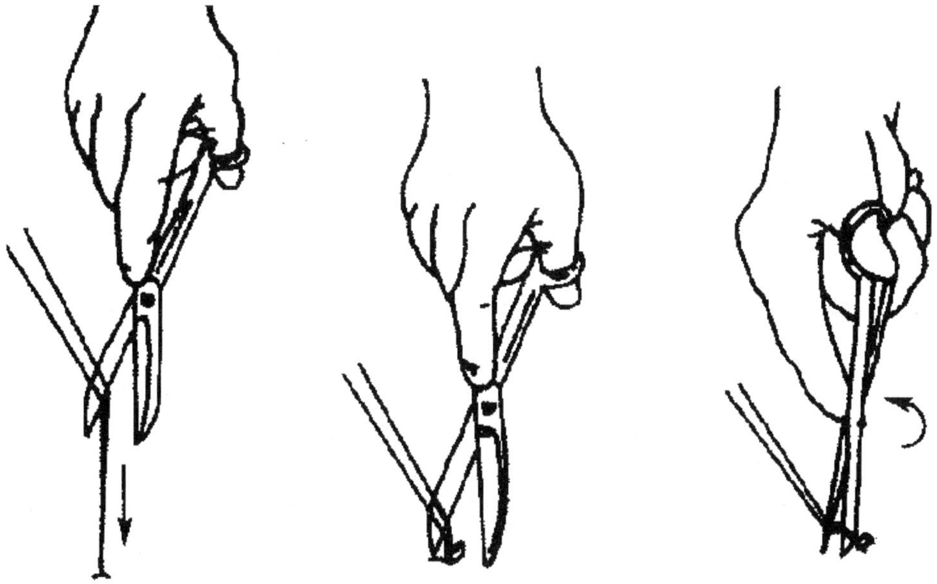

图 1-4-22　剪线法

3. 组织缝合的注意事项

(1)目前外科临床上所用的缝线(可吸收或不可吸收缝线)对机体来讲均为异物，因此，在缝合过程中要尽可能地减少缝线的用量。

(2)缝线在缝合后的张力与缝合的密度(即针数)成正比,但是为了减少伤口内异物,缝合的针数不宜过多,一般间隔为 1～1.5 cm,使每针所加于组织的张力相近,以便均匀地分担组织张力。缝合时不可过紧或过松,过紧会引起组织缺氧,过松会引起对合不良,影响组织愈合。皮肤缝合后应将积存的液体排出,以免造成皮下感染。

(3)不同组织缝合要选用相应的针和线。一般三棱针仅限于缝合皮肤或瘢痕及软骨等坚硬组织。其他组织缝合均用不同规格的圆针。缝线的粗细要求以能抗组织张力为准。缝线太粗,不易扎紧,且存留异物多,组织反应明显。

(4)组织应按层次进行缝合,较大的创口要由深到浅逐层缝合,以免影响愈合或裂开。浅而小的伤口,一般只做单层缝合,但缝合必须通过各层组织,缝合时应使缝针与组织垂直,拔针时要按针的弧度和方向拔出。

(5)根据空腔器官的生理解剖和组织学特点,缝合时应注意以下问题:缝合时要求闭合性好,不漏气不透水,更不能让内容物溢出,以保持原有的收缩功能。为此,缝合时应尽量采用小针、细线,缝合组织要少,对于肠管,除第一道做单纯连续缝合外,第二道一般不宜做单纯连续缝合,以免形成缺乏弹性的瘢痕环,导致肠腔狭窄,影响功能。空腔器官缝合的基本原则是使切开的浆膜向腔体内翻,浆膜面相对。浆膜在受损后析出的纤维蛋白原,在酶的作用下很快凝固为纤维蛋白黏附在缝合部,修补创口,所以,在第二道缝合时均应采用浆膜对浆膜的内翻缝合。

知识链接

一、缝合材料与组织黏合剂

兽医外科临床上所应用的缝合材料种类很多。选择适宜的缝合材料是很重要的,选择缝线应根据缝线的生物学和物理学特性、创伤局部的状态以及各种组织创伤的愈合速度来决定。

理想型的缝线应该满足如下要求:①在活组织内具有足够的缝合创口的张力强度;②对组织刺激性很小;③应该是非电解质、非毛细管性质、非致变态反应物质和非致癌物质;④打结应该确实,不易滑脱;⑤容易灭菌,灭菌时不变性;⑥无毒性,不隐藏细菌;⑦理想的可吸收缝线应该在创口愈合后 30～60 天内被吸收,被包埋的缝线没有术后并发症。目前没有完全理想的缝合材料,但是当前所使用的缝合材料,各自都具有其本身的优良特性。

缝合材料根据其在动物体内能否被吸收分为两类:可吸收缝合材料和不可吸收缝合材料。缝合材料在动物体内 60 天内发生变性,其张力强度很快丧失的为可吸收缝合材料。缝合材料植入动物体内 60 天以后仍然保持其张力强度者为不可吸收缝合材料。

缝合材料按照其材料来源分为天然缝合材料和人造缝合材料。

(一)可吸收缝合材料

可吸收缝合材料分动物源缝线和合成缝线两类。前者是胶原异性蛋白,包括肠线、胶原线和筋膜条等;后者为聚乙醇酸线,是近年来应用较为广泛的一种可吸收缝合材料。

1. 肠线　肠线由羊小肠的黏膜下组织或牛小肠浆膜组织制成,主要为结缔组织和少量弹力纤维。肠线分普通肠线(素肠线)和铬制肠线两类。普通肠线在组织中数日(一般为 72 h)被吸收而失去张力,仅用于愈合迅速的组织。普通肠线主要用于浆膜、黏膜面等的缝合,或用于小血管的结扎和感染创口的缝合。铬制肠线是肠线经过铬盐处理,减少被胶原吸收的液体后制成的缝线,其张力强度增加,变性速度减小。所以,铬制肠线吸收时间延长(一般为 10～25 天),减轻软组织对肠线的反应性。铬制肠线是手术常用的肠线,一般用于尿道黏膜、肠黏膜、膀胱、子宫及眼科手术,被感染的皮肤、肌肉等的缝合也可用铬制肠线。肠线一般均经灭菌后密封在安瓿或塑料袋中保存,使用时将安瓿打破或撕开袋口,用生理盐水浸泡后应用。使用肠线时应注意以下几个问题。

Note

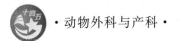

(1)刚从玻璃管储存液内取出的肠线质地较硬,必须在温生理盐水中浸泡片刻,待其柔软后再用,但浸泡时间不宜过长,以免肠线膨胀、易断,影响质量。

(2)不可用持针钳、止血钳夹持肠线,也不要将肠线扭折,以致皱裂而易断。

(3)肠线经浸泡吸水后发生膨胀,较滑,结扎时结扎处易松脱,所以必须用三叠结,剪断后留的线头应较长,以免滑脱。

(4)由于肠线是异体蛋白,在吸收过程中可引起较大的组织炎症反应,所以一般多用连续缝合,以免线结太多致使手术后异物反应显著。

(5)在不影响手术效果的前提下,尽量选用细肠线。

2. 人造可吸收缝合材料　目前动物临床已经较少使用肠线缝合,而是越来越多地使用可吸收的人工合成材料,如聚乙醇酸(PGA)缝线、聚乙丙交酯(PGLA)缝线、聚乳酸(PLA)缝线、聚对二氧环已酮(PDS)缝线和聚对二氧环乙酮(PDO)缝线等。

(1)聚乙醇酸(PGA)缝线:一种非胶质人造可吸收缝线,是羟基乙酸的聚合物。聚乙醇酸缝线的吸收方式是通过脂酶作用被水解而吸收,在碱性环境中水解很快,吸收过程中炎症反应很轻微。聚乙醇酸水解产物是很有效的抗菌物质,在尿液里过早被吸收。聚乙醇酸缝线的张力比铬制肠线强约25%,在活体上第6天其张力不变,但组织反应与肠线相比明显减轻,完全吸收需40～60天,但打结时易滑脱,必须打三叠结或多叠结。其他特点与肠线相似,聚乙醇酸缝线适用于干净创口和感染创口。不应用于缝合愈合较慢的组织(带、腱),因为该缝线张力强度丧失较快。

(2)聚乙丙交酯(PGLA)缝线:强度和手感比普通合成纤维好,具有良好的抗张强度、生物相容性及生物可降解性,在动物体内可保持强度3～4周,吸收周期为2～3个月,且无毒、无积累,不留任何痕迹,特别适用于体内伤口的缝合。例如:肠胃吻合手术、筋膜缝合及整形外科、眼科、膜表层手术和脉管缝合手术等。

(3)聚乳酸(PLA)缝线:由乳酸或乳酸二聚体(丙交酯)聚合而成,其在体内先代谢为乳酸中间产物,最终产物为水和二氧化碳。聚乳酸缝线拉伸强度高、缝合打结方便、柔软,具有良好的生物相容性,因此,是一类理想的可降解缝线。聚乳酸缝线适合治疗闭合且愈合时间较长的伤口。

(4)聚对二氧环已酮(PDS)缝线:以有机金属化合物二乙基锌或乙酰丙酮为催化剂,用对二氧环已酮聚合成的高分子聚合物。常用于单股缝线,其有单一的物理结构、均匀一致的外表面和横截面,不含隐藏的微生物,细菌不易附着,缝线摩擦系数低,打结方便牢固,平滑穿过组织,组织拖曳低。且这种缝线柔软性、吸收性良好,组织反应轻微,拉伸强度大,保留率高,能维持伤口拉伸强度40天以上,特别适合愈合时间较长的伤口,具有最高的生物力学稳定性。

(5)聚对二氧环乙酮(PDO)缝线:一种具有良好的物理机械强度、化学稳定性、生物相容性和安全性的单丝结构可吸收缝线。单丝结构表面光滑圆顺,克服了可吸收缝线因表面摩擦系数大而导致缝合时易损伤组织的缺点;穿透性强,能顺滑穿透组织,使组织准确对合,不造成损伤。最适合采用连续缝合的手术。同时避免了细菌的附着,消除了因缝线而引起的感染,分解代谢产物具有抑菌作用,使伤口愈合平滑柔软。该缝线具有优良的强度和韧性,抗拉强度大,对伤口的支持时间长,在组织中保持的强度比其他可吸收缝线大一倍,手术后4周仍保持原强度的50%以上,安全有效。这些特性使它最适用于愈合较慢组织的缝合,如筋膜闭合、骨科缝合、腹部缝合以及糖尿病、癌症肥胖患畜的手术。

（二）不可吸收缝线

1. 丝线　丝线是蚕茧的连续性蛋白质纤维，是传统的、广泛应用的不可吸收缝线。它的优点是有柔韧性，组织反应小，质软不滑，打结方便，来源广，价格低廉，拉力较好。缺点是不能被吸收，在组织内为永久性异物。

缝线的型号表示缝线的直径，以数字表示，有12-0（或0/12）到3号。0号以上，数字越大，表示缝线越粗。不同粗细的缝线用于缝合不同的组织。丝线的规格、一般用途和特点见表1-4-1。

表1-4-1　丝线的规格、一般用途和特点

规　　格	一般用途	特　　点
细（6-0、4-0号）	用于肠管缝合、小血管结扎、尿道黏膜缝合等张力不大的精细手术	①组织反应轻，愈合快，术后瘢痕小； ②不能被吸收，日久被包埋，因此不能用于污染创口，否则容易形成窦道； ③柔软、张力好，易于消毒，不易滑脱； ④价廉易得
中（2-0号）	用于肌膜、腹膜的缝合，中等血管的结扎，中、小动物的胃、皮肤等的缝合和精索结扎等	
粗（1号）	用于大动物的皮肤缝合，修补术，牛、马去势时精索的结扎	
特粗（3号）	用于张力大的皮肤缝合，特别是减张缝合时	

灭菌不当（如高压蒸汽灭菌时间过长、温度及压力过高或重复灭菌等）易使丝线变脆、拉力减小。一般要求条件是100 kPa压强下维持20 min。煮沸灭菌对丝线影响较小，但重复煮沸或时间过长，丝线易膨胀，拉力减小。因此，在第一次消毒后，未用完的丝线应及时浸泡在95%酒精内保存，下次手术时直接取出使用。

2. 棉线　棉线的组织反应轻微，也便于打结，价格也较丝线便宜，但拉力较小。除心脏、血管手术外，几乎所有使用丝线的场合均可用棉线代替。使用棉线的注意事项与丝线基本相同。

3. 金属缝线　目前使用的金属缝线有不锈钢丝，其为铬镍不锈钢。金属缝线消毒简便，刺激性小，拉力大，在污染伤口应用可减少感染的发生。其缺点是不易打结并有割断或嵌入组织的可能性，且价格较贵。适用于骨的固定，筋膜、肌腱的缝合，亦可用于皮肤减张缝合。缝合张力大的组织时，应垫橡皮管，以防钢丝割裂皮肤。

4. 尼龙缝线　尼龙由六次甲基二胺和脂肪酸制成，尼龙缝线分为单丝和多丝，其生物学特性为惰性，植入组织内时组织反应很小，张力强度较强。单丝尼龙缝线无毛细管现象，在污染的组织内感染率较低。单丝尼龙缝线可用于血管缝合，多丝尼龙缝线可用于皮肤缝合，但不能用于浆膜腔和滑膜腔缝合，因为埋植的锐利断端能引起局部摩擦刺激而产生炎症或坏死。缺点为操作使用较困难，打结不确实，要打三叠结。

（三）组织黏合剂

组织黏合剂可替代外科手术的缝合，将分离的活组织接合。组织黏合剂按性质可分为化学黏合剂和生物黏合剂（包括纤维蛋白黏合剂、贻贝黏蛋白黏合剂等），其中纤维蛋白黏合剂是应用最早、最广泛的生物黏合剂，贻贝黏蛋白黏合剂已在进行基因工程研究和生产。理想的组织黏合剂应具备下列性质：①安全可靠、无毒性、无“三致”（致癌、致畸、致突变）作用；②良好的生物相容性，不妨碍组织的自身愈合；③无菌，且可在一定时期内保持无菌；④在有血液和组织液的条件下可以使用；⑤在常温、常压下可以实现快速黏合；⑥良好的黏合

Note

强度及持久性，黏合部分具有一定的弹性和韧性；⑦达到使用效果后能够逐渐降解、吸收、代谢；⑧良好的使用状态并易于保存。

1. 氰基丙烯酸酯类黏合剂　氰基丙烯酸酯在弱极性物质（如水、醇等）存在下，迅速发生阴离子聚合，能在瞬间发挥其强黏合作用。

本类黏合剂特点：使用方便，是单组分，呈液态，在室温下快速固化，黏合力强；使用量少；有良好的生物相容性；有止血作用和抑菌作用，本身无菌，对金黄色和白色葡萄球菌、四联球菌、枯草杆菌均有高度抑制作用。

2. 纤维蛋白黏合剂　主要由 3 种成分组成：纤维蛋白原（纤维蛋白黏合剂的主要成分）、活性溶液（包括凝血酶、钙离子等）、抗纤溶剂（主要为抑肽酶，用于抑制或减缓纤维蛋白溶酶原对血凝块的降解作用）。在使用过程中这些组分一经混合，在钙离子存在下会发生血凝的最后阶段反应，以凝血酶激活纤维蛋白原形成不溶性纤维蛋白凝块。凝块可以把创口牢固地黏合在一起，起到防水、止血和促进愈合的作用。

本类黏合剂特点：是利用两次止血原理的止血剂；黏合效果不受血小板减少等血液凝固障碍的影响；是液体，适用于凹凸不平或部位较深的伤口；能止血和黏合组织，促进创口部位的愈合；组织亲和性好；无毒、无“三致”作用。

3. 贻贝黏蛋白黏合剂　海洋中贻贝含有一种被称为多元酚蛋白的特殊蛋白物质，其黏合强度很高，能在水中发挥作用，具有优良的防水性能。

二、结的种类

正确的结有方结、三叠结和外科结，但如若操作不正确，可能出现假结或滑结，在手术过程中应避免。

1. 方结　方结又称为平结，由两个方向相反的单结组成（图 1-4-23(a)）。此结比较牢固，不易滑脱，是手术中最常用的结，用于结扎较小的血管和各种缝合时打结。

2. 三叠结　三叠结又称为加强结、三重结，是在方结的基础上再加一个与第二个单结方向相反（与第一个单结方向相同）的单结，共三个单结（图 1-4-23(b)）。此结的缺点是遗留于组织中的结扎线较多。三叠结常用于有张力部位的缝合，大血管和肠线的结扎。

3. 外科结　打第一个单结时绕 2 次，使摩擦面积增大（图 1-4-23(c)），故打第二个结时第一个单结不易滑脱和松动。此结牢固可靠，多用于大血管、张力较大的组织和皮肤缝合。

视频：外科结

4. 假结　假结又称为斜结或十字结，是打方结时，因打第二个单结的动作与第一个单结相同，使两个单结方向一致而形成（图 1-4-23(d)）。此结易松脱，不应采用。

5. 滑结　此结是在打方结时，虽然两手交叉打结，但两手用力不均，只拉紧一根形成（图 1-4-23(e)）。滑结极易滑脱，应注意避免发生。

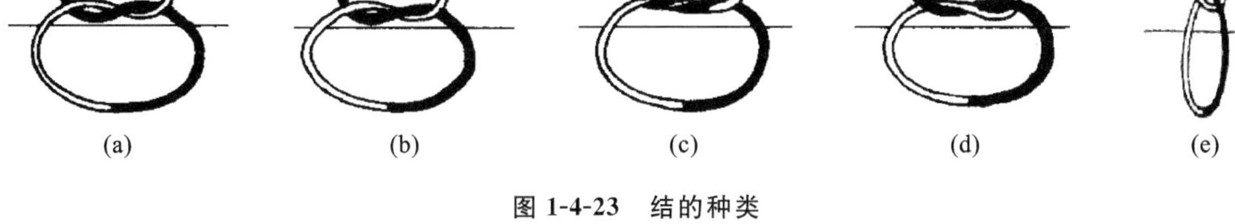

(a)　(b)　(c)　(d)　(e)

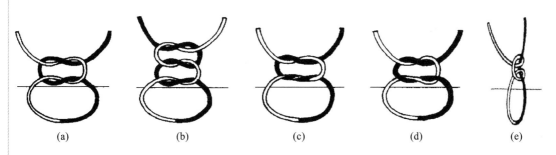

图 1-4-23　结的种类

(a)方结；(b)三叠结；(c)外科结；(d)假结；(e)滑结

Note

展示与评价

一、任务分配单

缝合技术任务分配表

<table>
<tr><td>任务名称</td><td colspan="5"></td></tr>
<tr><td>班级</td><td></td><td>组号</td><td></td><td>指导教师</td><td></td></tr>
<tr><td>组长</td><td></td><td>实训时间</td><td></td><td>实训地点</td><td></td></tr>
<tr><td>组员</td><td colspan="5"><table><tr><td>姓名</td><td>学号</td><td>姓名</td><td>学号</td></tr><tr><td></td><td></td><td></td><td></td></tr><tr><td></td><td></td><td></td><td></td></tr><tr><td></td><td></td><td></td><td></td></tr></table></td></tr>
<tr><td>任务分工</td><td colspan="5"></td></tr>
<tr><td>实训材料准备</td><td colspan="5"></td></tr>
</table>

二、任务问题引导单

缝合技术任务问题引导表

任务名称	
引导问题 1	结的种类和打结方法有哪些？
答案	
引导问题 2	缝合的种类有哪些？
答案	
引导问题 3	举例说明不同组织缝合的方法。各种缝合方法适用于什么情况的缝合？
答案	
引导问题 4	应该如何拆线（注意事项）？
答案	

Note

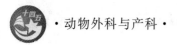

三、任务工作单

缝合技术任务工作表

任务名称	
操作过程描述	
操作照片	操作过程或项目成果照片粘贴处
任务反思	

四、任务评价单

缝合技术任务评价表

<table>
<tr><td>任务名称</td><td colspan="4"></td></tr>
<tr><td rowspan="6">任务评价</td><td>小组评语</td><td>小组评价</td><td>评价日期</td><td>组长签名</td></tr>
<tr><td></td><td></td><td></td><td></td></tr>
<tr><td>组间互评评语</td><td>组间互评评价</td><td>评价日期</td><td>组长签名</td></tr>
<tr><td></td><td></td><td></td><td></td></tr>
<tr><td>指导教师评语</td><td>指导教师评价</td><td>评价日期</td><td>指导教师签名</td></tr>
<tr><td></td><td></td><td></td><td></td></tr>
<tr><td rowspan="2">考核标准</td><td>优秀标准</td><td>合格标准</td><td colspan="2">不合格标准</td></tr>
<tr><td>操作规范,安全有序
步骤正确,按时完成
全员参与,分工合理
结果准确,分析有理
保护环境,爱护设施</td><td>基本规范
基本正确
部分参与
分析不全
混乱无序</td><td colspan="2">存在安全隐患
无计划,无步骤
个别人或少数人参与
不能完成,没有结果
环境脏乱,桌面未收</td></tr>
<tr><td>小组思政评价</td><td colspan="4"></td></tr>
<tr><td>教师思政评价</td><td colspan="4"></td></tr>
</table>

Note

五、任务总评单

缝合技术任务总评表

任务名称：	班级：	姓名：	学号：
评价方式	分评得分	所占比例	终评得分
学生自评		40%	
学生互评		20%	
教师评价		40%	
合计			

扫码学课件 1.5

任务五　绷带包扎

案例导入

东晋医药学家葛洪首创用盐水清理伤口，外敷蛇衔膏后再进行手术。葛洪在他的《肘后备急方》一书里，首次记载了用竹片固定骨折的疗法——一种小夹板固定法，并开创了用夹板固定骨折的先例。

18 世纪末，路易·巴斯德开始研究细菌学，使用干敷料盖住伤口以保持伤口干燥，提出无菌理念与细菌感染控制观念，他提出的理念成为主要的伤口护理原则，开创了干性愈合的先河。1865 年，约瑟夫·李斯特用石炭酸作灭菌剂，建立了一套新的灭菌法，并第一个将消毒纱布应用于伤口护理。

学习目标

掌握绷带的概念；认识绷带包扎的作用；熟悉绷带种类以及使用方法；合理使用绷带包扎，加快创口的愈合，为整个治疗过程节省时间和金钱，减少宠物治疗过程的疼痛，更好地为宠物服务，为宠物主着想，服务社会。

绷带包扎是指利用敷料、卷轴绷带、复绷带、夹板绷带、支架绷带及石膏绷带等材料包扎保护创面。合理的绷带包扎可防止自我损伤，吸收创液，限制活动，使创伤保持安静，促进受伤组织愈合。

一、绷带材料及其应用

用于包扎的材料有脱脂纱布、棉花、麻布、棉布、油纸或油布及纱布卷等。它们柔软而有弹性，富有吸收能力，不透水。贴近伤口的敷料在使用前要经过灭菌处理或浸以防腐消毒药液。棉花、麻布、棉布等敷料不可直接与创口接触，通常是在其与创口之间放置 2～3 层灭菌纱布，防止与创口粘连。

1. 纱布　根据需要剪成适当大小的方块，将毛边向内折叠成 5～10 cm 的方块，每 10 块包成一包，放在纱布罐内灭菌，用以覆盖伤口、止血、填充创腔以及吸液等。

2. 棉花　一般用脱脂棉花，用于吸液、保温、防止感染。为防止与创面黏着，先覆盖灭菌纱布再覆盖棉花。

3. 棉布　用白布做复绷带、三角带、多头绷带、明胶绷带等。

4. 防水材料　有油纸、油布、胶布、蜡纸等。一般放在纱布或棉花外层，用于防水，避免伤口浸湿

Note

污染。

5. 麻布　有亚麻布、帆布或麻袋片等，用于保护绷带。

6. 卷轴绷带　用棉布、麻布及棉纱布制成，分 3 列、4 列、5 列等。按创口的位置、大小、形状及动物种类选择使用。

二、绷带包扎的作用

1. 保护作用　保护创口不受污染，限制局部活动，保持局部安静。如创伤、骨折或脱臼等情况。

2. 减张作用　缓解缝线张力，防止创口裂开，使创缘密切接合，促进愈合。

3. 吸收作用　吸收创口分泌物。

4. 保温作用　防冻或防止药物脱落和移动。

5. 压迫作用　压迫患部，制止出血、渗血。

6. 固定作用　起到一定的固定作用，如骨折、关节脱位等情况。

三、绷带的种类与操作技术

视频：绷带包扎的认识

（一）卷轴绷带

1. 环形包扎法　用于其他形式包扎的起始和结束，以及系部、掌部、跖部等较小创口的包扎。方法是在患部将卷轴绷带呈环形缠数圈，每圈盖住前一圈，最后将绷带末端剪开打结或以胶布加以固定（图 1-5-1）。

2. 螺旋形包扎法　以螺旋形由下向上缠绕，后一圈遮盖前一圈的 1/3～1/2。用于掌部、跖部及尾部等的包扎（图 1-5-2）。

3. 折转包扎法　本法又称螺旋回反包扎法，用于上粗下细（径圈不一致）的部位的包扎，如前臂和小腿部。方法是由下向上做螺旋形包扎，每一圈均应向下回折，逐圈遮盖上一圈的 1/3～1/2（图 1-5-3）。

4. 蛇形包扎法　本法又称蔓延包扎法，方法是斜行向上延伸，各圈互不遮盖，用于固定夹板绷带的衬垫材料（图 1-5-4）。

图 1-5-1　卷轴绷带环形包扎法

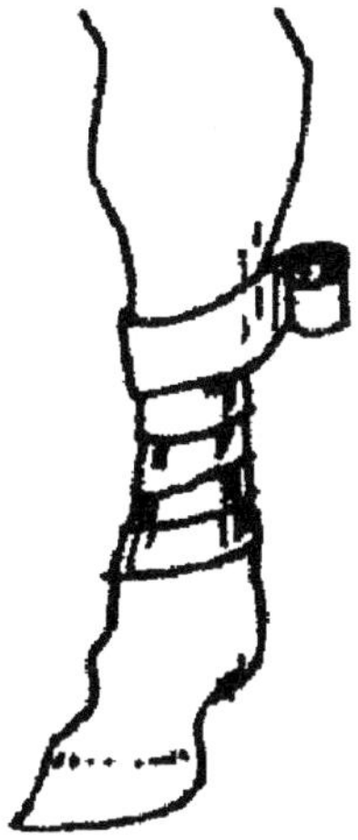

图 1-5-2　卷轴绷带螺旋形包扎法

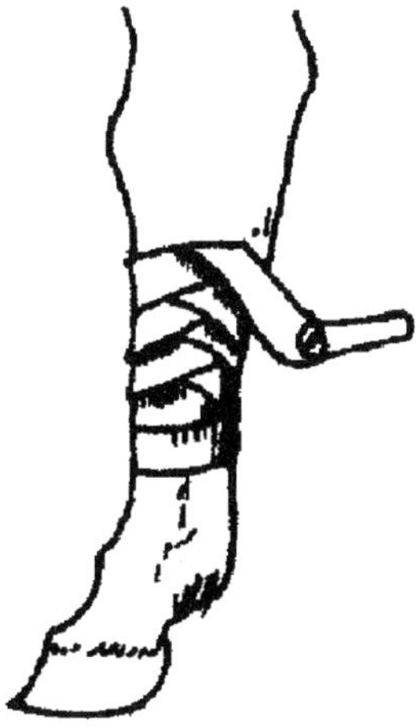

图 1-5-3　卷轴绷带折转包扎法

图 1-5-4　卷轴绷带蛇形包扎法

5. 交叉包扎法　本法又称“8”字形包扎法，用于腕、跗、球关节等部位包扎，方便关节屈曲。包扎方法是在关节下方做一环形带，然后在关节前面斜向关节上方，做一圈环形带后再斜行经过关节前面至关节下方。如上操作至患部完全被包扎，最后以环形带结束（图 1-5-5）。

6. 蹄及蹄冠包扎法　先将卷轴绷带的开端留出交给左手，右手持绷带卷并用绷带覆盖创部，缠绕一圈与左手所持短端相遇后扭缠，再反方向继续包扎，每次与短端相遇时，均扭缠一次，直至包扎结束，最后长端与短端打结固定（图 1-5-6）。

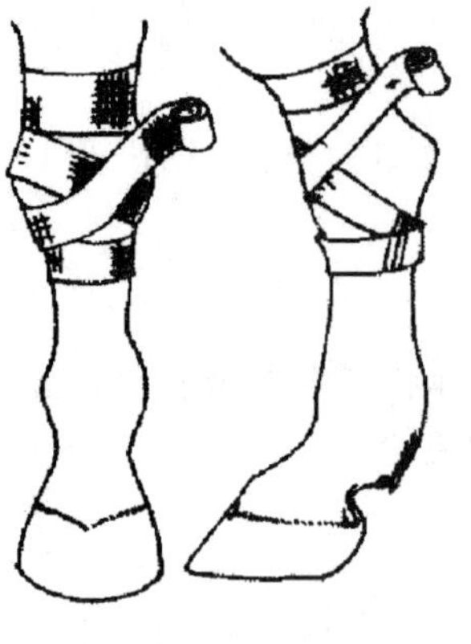

图 1-5-5　卷轴绷带交叉包扎法

7. 角包扎法　用于牛、羊角壳脱落、角折、断角及角损伤等。先在健康角根做环行带，再缠至病角根，并以螺旋带或折转带由角根缠至角尖后，折返缠至角根，最后将绷带引向健康角根做环形结束。

（二）复绷带

按畜体一定部位的形状而缝制，具有一定结构、大小的双层盖布，在盖布上缝合若干布条以便打结固定。复绷带虽然形式多样，但都要求装置简便、固定确实（图 1-5-7）。

（三）结系绷带

结系绷带又称缝合包扎绷带，是用缝线代替绷带固定敷料的一种保护手术创口或减轻伤口张力的绷带。结系绷带可装在畜体的任何部位，其方法是在圆枕缝合的基础上，利用游离的线尾，将若干层灭菌纱布固定在圆枕之间和创口之上（图 1-5-8）。

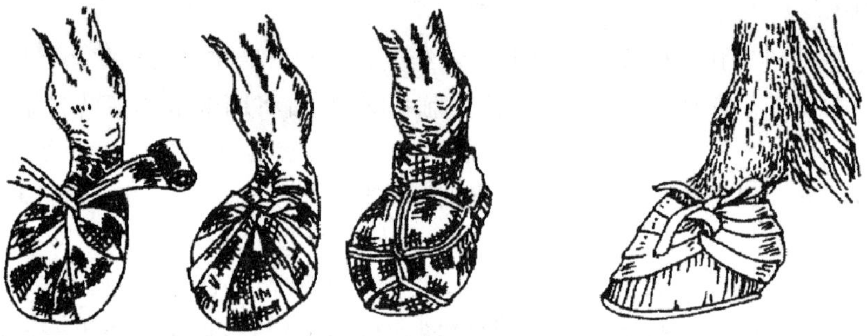

图 1-5-6　卷轴绷带蹄及蹄冠包扎法

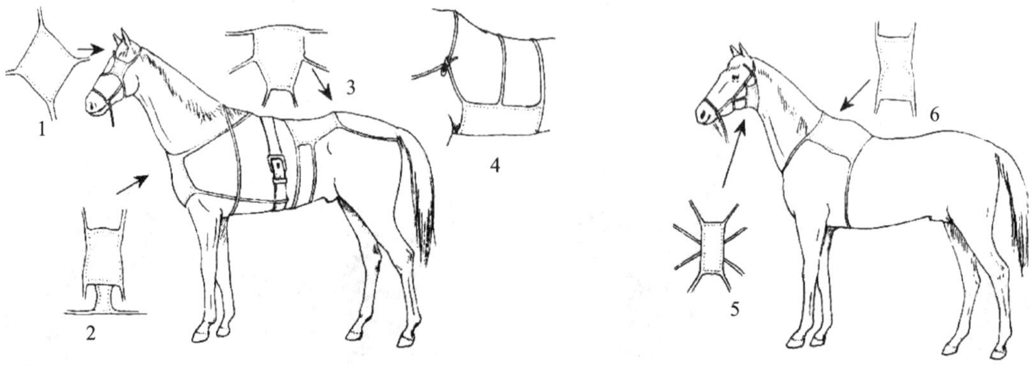

图 1-5-7　复绷带

1. 眼绷带；2. 前胸绷带；3. 背腰绷带；4. 腹绷带；5. 喉绷带；6. 鬐甲绷带

（四）夹板绷带

常用竹板、木板、胶合板、金属丝或金属板等材料，制成与患部大小、形状适宜的夹板。使用时，先擦净患部被毛，涂以滑石粉；用棉花垫平（骨骼突出部要垫厚些，应超过夹板上、下两端），再用蛇形带固定；最后将选择的夹板放于棉花外围（夹板应长于两个关节，间距以 0.5～2 cm 为宜），用绷带缠紧固定（图 1-5-9）。

知识点：石膏绷带治疗

（五）石膏绷带

石膏绷带是用淀粉浆液制作的大网眼纱布加上特制石膏粉制成的绷带。这种绷带用水浸后质地柔软，可塑造成任何形状敷于伤肢，一般十几分钟后开始硬化，干燥后成为坚固的石膏夹。外科临床上，利用石膏绷带的上述特点，应用于整复后的骨折，脱位的外固定或矫形，常可收到满意的效果。

Note

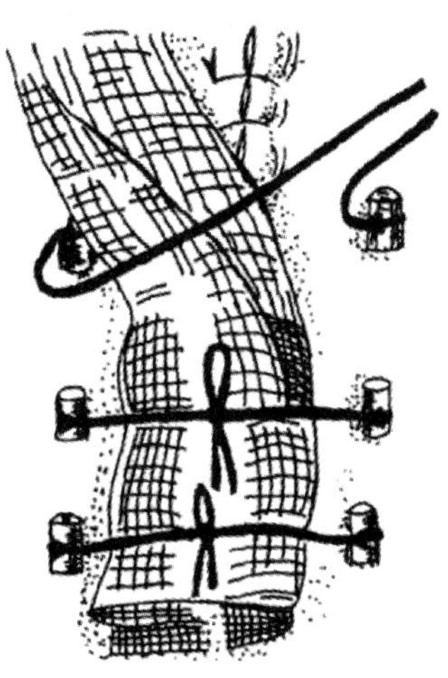

图 1-5-8 结系绷带

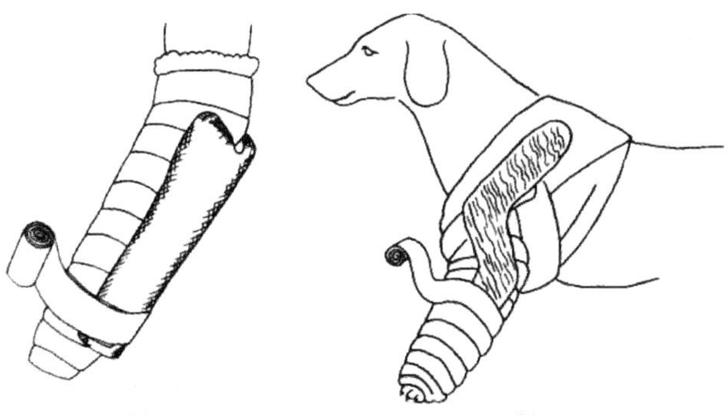

(a) (b)

图 1-5-9 夹板绷带

(a)塑料夹板绷带；(b)纤维夹板绷带

1. 石膏绷带的制备 医用石膏是将自然界中的生石膏，即含水硫酸钙($CaSO_4 \cdot H_2O$)加热烘熔使其失去一半水分而制成的假石膏($CaSO_4 \cdot \frac{1}{2}H_2O$)。制作石膏绷带时，先将干燥的上过浆的纱布卷轴绷带，放在堆有石膏粉的搪瓷盘内，打开卷轴绷带的一端，从石膏堆上轻拉过，并用木板刮匀，使石膏粉进入纱布眼孔，然后轻轻卷起，制成石膏绷带卷，置密封箱内储存备用。

2. 动物准备

(1)保定：浅层麻醉加横卧保定。

(2)创伤处理：清洁患部，碘酊消毒，处理创口。

(3)材料准备：备足棉花、卷轴绷带、夹板、石膏绷带、石膏粉及 40 ℃的温水。

3. 装置方法

视频：石膏绷带治疗

(1)棉花包扎：患部先用棉花包好，再以螺旋带固定。

(2)石膏绷带浸水：石膏绷带卷浸于 40 ℃水中，至不冒气泡取出，挤出多余水分。

(3)以螺旋式缠绕石膏绷带，边缠边均匀涂抹石膏泥，缠至骨折上方关节后，再折向下缠，如此缠绕 7～8 层，最后一层要将两端超出的棉花折向绷带压住。待石膏硬固后使患畜起立，保定于栏内(图 1-5-10)。

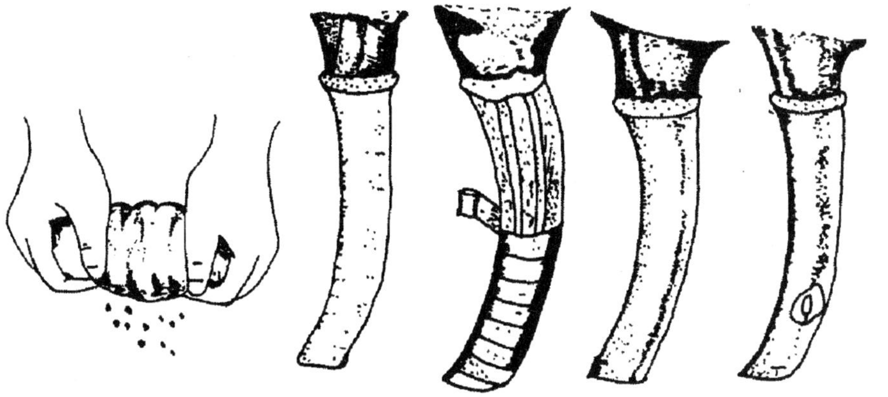

(a) (b) (c) (d) (e)

图 1-5-10 石膏绷带

(a)挤压浸泡后的石膏绷带；(b)缠石膏绷带；(c)装夹板并用石膏绷带固定；(d)外涂石膏泥；(e)做石膏窗

4. 装置石膏绷带的注意事项

(1)操作迅速，以防石膏硬固。

(2)装置后若患畜不安、体温升高或肢体末端水肿严重，或装置松弛，应及时拆除，重新装置。

(3)长骨骨折时，石膏绷带要固定上、下两个关节。

(4)大家畜石膏绷带固定6～8周拆除，小家畜石膏绷带固定3～4周拆除，拆除时应注意防止伤及皮肤。

(5)石膏绷带的拆除方法：先用热醋、过氧化氢、饱和食盐水在石膏夹表面画好拆除线；根据拆除线用石膏刀、石膏锯锯开或者石膏剪剪开。

展示与评价

一、任务分配单

绷带包扎任务分配表

<table>
<tr><td>任务名称</td><td colspan="6"></td></tr>
<tr><td>班级</td><td></td><td>组号</td><td></td><td>指导教师</td><td colspan="2"></td></tr>
<tr><td>组长</td><td></td><td>实训时间</td><td></td><td>实训地点</td><td colspan="2"></td></tr>
<tr><td>组员</td><td colspan="6"><table>
<tr><td>姓名</td><td>学号</td><td>姓名</td><td>学号</td></tr>
<tr><td></td><td></td><td></td><td></td></tr>
<tr><td></td><td></td><td></td><td></td></tr>
<tr><td></td><td></td><td></td><td></td></tr>
</table></td></tr>
<tr><td>任务分工</td><td colspan="6"></td></tr>
<tr><td>实训材料准备</td><td colspan="6"></td></tr>
</table>

二、任务问题引导单

绷带包扎任务问题引导表

任务名称	
引导问题1	简述绷带材料及其应用。
答案	
引导问题2	简述折转包扎法的具体操作。
答案	

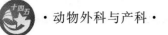

续表

引导问题 3	简述角包扎法的具体操作。
答案	
引导问题 4	简述石膏绷带的具体装置操作。
答案	

三、任务工作单

绷带包扎任务工作表

任务名称	
操作过程描述	
操作照片	操作过程或项目成果照片粘贴处
任务反思	

四、任务评价单

绷带包扎任务评价表

任务名称				
任务评价	小组评语	小组评价	评价日期	组长签名
	组间互评评语	组间互评评价	评价日期	组长签名
	指导教师评语	指导教师评价	评价日期	指导教师签名

Note

续表

	优秀标准	合格标准	不合格标准
考核标准	操作规范，安全有序 步骤正确，按时完成 全员参与，分工合理 结果准确，分析有理 保护环境，爱护设施	基本规范 基本正确 部分参与 分析不全 混乱无序	存在安全隐患 无计划，无步骤 个别人或少数人参与 不能完成，没有结果 环境脏乱，桌面未收
小组思政评价			
教师思政评价			

五、任务总评单

绷带包扎任务总评表

任务名称：	班级：	姓名：	学号：
评价方式	分评得分	所占比例	终评得分
学生自评		40%	
学生互评		20%	
教师评价		40%	
合计			

扫码学课件
1.6

任务六　手术前的准备和术后措施

案例导入

宠物医院接诊一剖宫产案例：一只 3 岁半的猫，母，4 kg，进行术前检查后，准备手术室、手术器械，手术顺利，进行手术后的护理。通过本次手术治疗，学生应掌握手术前的准备和术后措施。

学习目标

掌握手术前的准备；手术的相应措施；为整个手术过程前后衔接，确保手术达到最理想的效果，不断地精益求精，做到胆大心细，做好每一个环节，不断进步，提高自己的技能，为步入社会医疗工作不断努力，不断积攒技能，以更快地适应步入社会后的工作。

视频：手术前的准备

一、术前准备

（一）手术动物的准备

1. 术前检查

（1）问诊：动物个体或群体的发病情况，有无传染病流行，既往病史，是否做过手术等，以克服手

Note

术的盲目性。

(2)体弱久病的动物应适当输液。

(3)必要时做实验室检查:①血常规及生化;②采集病料做细菌的分离培养和鉴定;③临床检查 TRP。

(4)患有疖、痈、蜂窝织炎、脓肿的动物最好在治好这些病后再施行手术,以减少感染。这些病都是化脓感染性疾病。若须紧急手术,则必须避开这些病变区域,并加强抗感染措施。

2. 禁食 术前 12～24 h 要禁食,6～12 h 要减少饮水;牛、羊在术前可适当灌服止酵剂。

3. 预防给药 对于某些特殊手术,做特殊处理。如注射阿托品止痛、消炎等。给予抗生素,预防手术创口感染;给予止血剂以防手术中出血过多;给予止酵剂以防术中发生臌气;也可给予强心剂、补液剂以加强机体的抵抗力。

4. 畜体准备 应在手术前半天到 1 天,进行动物全身清洗,装蹄铁的动物最好将其取掉。术前刷拭动物体表,清除污物,然后向被毛喷洒 0.1%新洁尔灭或其他消毒药。在动物的腹部、后躯、肛门、会阴等处施行手术时,术前包扎尾绷带。会阴部的手术,术前应灌肠导尿,以免术中动物排粪、尿,污染术部。

(二)手术计划的拟定

知识点:骨科手术前的准备

视频:骨科手术前的准备

(1)手术人员的分工。

(2)保定方法和麻醉种类的选择(包括麻醉前给药)。

(3)手术通路及手术进程。

(4)术前应做的事项,如禁食、导尿、胃肠减压等。

(5)手术方法及术中注意事项。

(6)可能发生的手术并发症,相应的预防和急救措施。如虚脱休克、窒息、大出血等。

(7)特殊药品和器械的准备。

(8)术后护理、治疗和饲养管理。

(三)手术人员的组织分工

1. 术者 决定手术的操作方法,指挥、组织全部手术过程,是整个手术的主要操作者。

2. 第一助手 术中协助术者进行手术区的显露、止血、结扎、缝合等工作;必要时在术者的指导下进行手术。第一助手站在术者对面。

3. 第二助手 协助术者和第一助手完成手术工作。站在术者的左侧。

4. 第三助手 协助手术开始前准备工作,协助清点器械、纱布、纱垫、缝针及线卷等数目。手术过程中,应熟悉手术步骤,配合术者,负责手术区的显露,具体做好拉钩、吸引、蘸血、剪线、维持肢体位置等工作。站在术者的对面或右侧。

二、术后措施

视频:术后措施

1. 麻醉苏醒 全身麻醉的动物,手术后宜尽快苏醒,若过多拖延时间,可能导致发生某些并发症,特别是大动物,由于体位的变化,会影响呼吸和循环等,尤其应注意。在全身麻醉未苏醒之前,设专人看管,苏醒后辅助站立,避免碰撞和摔伤。在吞咽功能未完全恢复之前,绝对禁止饮水、饲喂,以防止误咽。

2. 保温 全身麻醉后的动物体温降低,应披上毯子或棉被,注意保温,防止感冒。

3. 监护 术后 24 h 内严密观察动物的体温、呼吸和心血管的变化,若发现异常,要尽快找出原因。对于较大的手术,也要注意评价患病动物的水和电解质变化,若有失调,及时给予纠正。

4. 术后并发症 手术后注意早期休克、出血、窒息等严重并发症,有针对性地给予处理。

5. 术后动物的饲养与管理 消化道手术,大家畜术后 1～3 天禁止饲喂草料,静脉输液维持机体能量所需。犬和猫的消化道手术,一般禁食 24～48 h,给予半流质食物,逐渐转为日常饲喂。

Note

展示与评价

一、任务分配单

手术前的准备和术后措施任务分配表

<table>
<tr><td>任务名称</td><td colspan="6"></td></tr>
<tr><td>班级</td><td colspan="2"></td><td>组号</td><td></td><td>指导教师</td><td></td></tr>
<tr><td>组长</td><td colspan="2"></td><td>实训时间</td><td></td><td>实训地点</td><td></td></tr>
<tr><td rowspan="4">组员</td><td>姓名</td><td colspan="2">学号</td><td>姓名</td><td colspan="2">学号</td></tr>
<tr><td></td><td colspan="2"></td><td></td><td colspan="2"></td></tr>
<tr><td></td><td colspan="2"></td><td></td><td colspan="2"></td></tr>
<tr><td></td><td colspan="2"></td><td></td><td colspan="2"></td></tr>
<tr><td>任务分工</td><td colspan="6"></td></tr>
<tr><td>实训材料
准备</td><td colspan="6"></td></tr>
</table>

二、任务问题引导单

手术前的准备和术后措施任务问题引导表

任务名称	
引导问题 1	如何进行术前检查?
答案	
引导问题 2	如何拟定手术计划?
答案	
引导问题 3	如何进行手术人员的组织分工?
答案	
引导问题 4	如何进行术后动物的饲养与管理?
答案	

三、任务工作单

手术前的准备和术后措施任务工作表

任务名称	
操作过程描述	
操作照片	操作过程或项目成果照片粘贴处
任务反思	

四、任务评价单

手术前的准备和术后措施任务评价表

<table>
<tr><td>任务名称</td><td colspan="12"></td></tr>
<tr><td rowspan="6">任务评价</td><td colspan="3">小组评语</td><td colspan="3">小组评价</td><td colspan="3">评价日期</td><td colspan="3">组长签名</td></tr>
<tr><td colspan="3"></td><td colspan="3"></td><td colspan="3"></td><td colspan="3"></td></tr>
<tr><td colspan="3">组间互评评语</td><td colspan="3">组间互评评价</td><td colspan="3">评价日期</td><td colspan="3">组长签名</td></tr>
<tr><td colspan="3"></td><td colspan="3"></td><td colspan="3"></td><td colspan="3"></td></tr>
<tr><td colspan="3">指导教师评语</td><td colspan="3">指导教师评价</td><td colspan="3">评价日期</td><td colspan="3">指导教师签名</td></tr>
<tr><td colspan="3"></td><td colspan="3"></td><td colspan="3"></td><td colspan="3"></td></tr>
<tr><td rowspan="2">考核标准</td><td colspan="4">优秀标准</td><td colspan="4">合格标准</td><td colspan="4">不合格标准</td></tr>
<tr><td colspan="4">操作规范，安全有序
步骤正确，按时完成
全员参与，分工合理
结果准确，分析有理
保护环境，爱护设施</td><td colspan="4">基本规范
基本正确
部分参与
分析不全
混乱无序</td><td colspan="4">存在安全隐患
无计划，无步骤
个别人或少数人参与
不能完成，没有结果
环境脏乱，桌面未收</td></tr>
<tr><td>小组思政评价</td><td colspan="12"></td></tr>
<tr><td>教师思政评价</td><td colspan="12"></td></tr>
</table>

五、任务总评单

手术前的准备和术后措施任务总评表

任务名称：	班级：	姓名：	学号：
评价方式	分评得分	所占比例	终评得分
学生自评		40%	
学生互评		20%	
教师评价		40%	
合计			

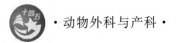

项目二　创伤的处理

扫码学课件
项目二

项目简介

损伤是由各种不同外界因素作用于机体，引起机体组织器官产生解剖结构上的破坏或生理功能上的紊乱，并伴有不同程度的局部或全身反应的病理现象。机械外力、异物、烧伤、冻伤、电击、强酸或强碱刺激、各种细菌和毒素等为主要的致伤因素。临床常见的开放性损伤为创伤，软组织的非开放性损伤为挫伤、血肿、淋巴外渗等。

创伤愈合根据临床特点可分为一期愈合、二期愈合和痂皮下愈合。创伤感染、创内存有异物或坏死组织、受伤部位血液循环不良、受伤部位不安静、处理创伤不合理、机体营养(如蛋白质和维生素)缺乏以及贫血、缺氧等均会延缓创伤愈合。因此，临床上进行创伤诊疗时，应尽力消除妨碍创伤愈合的因素，创造有利于创伤愈合的良好条件。

创伤治疗的一般原则是抗休克、防治感染、纠正水和电解质失衡、消除影响创伤愈合的因素及加强饲养管理等。基本方法包括创围清洁法、创面清洗法、清创手术、创伤用药、创伤缝合法、引流法、包扎法及全身性疗法等。

动物发生外伤特别是重大外伤时，由于大量出血和疼痛，很容易并发休克、溃疡等，要学会合理处理这些并发症。

项目目标

知识目标：本项目主要学习创伤的诊治、软组织非开放性损伤的防治以及损伤并发症的防治措施。

能力目标：能正确处置创伤、软组织非开放性损伤，并学会正确预防和治疗损伤并发症。掌握引起损伤的原因及其分类、损伤的临床特征及其表现、损伤的愈合过程、损伤的治疗方法及其注意事项、休克原因及表现、休克的处理方法。

素质目标：培养学生良好学习兴趣和爱心，引导学生敬佑生命、救死扶伤、大爱无疆、医者仁心等医者精神，培养学生知农爱农、乡村振兴、服务“三农”的理念。在思想上，要不断加强学习，能够主动抵御各种不良思想对我们的侵袭，增强我们思想的抵抗力和免疫力。

任务一　创伤的诊断与治疗

扫码学课件
2.1

案例导入

金毛，1岁，30 kg，2天前被小轿车撞伤，主人在家先自行处理，来就诊时发现，皮肤裂开，表面有出血、渗出，皮肤红、热，少量表皮坏死。通过本案例的学习，学生应掌握不同类型创伤的诊断，会正

Note

确处置不同类型的创伤。

学习目标

熟悉创伤的概念、组成和分类；掌握创伤的症状、愈合类型和影响愈合的因素；会正确检查和处置不同类型的创伤；通过对宠物创伤的处理，牢固树立救死扶伤的职业观；关爱生命。

一、创伤的概念

创伤是因锐性外力或强烈的钝性外力作用于机体组织或器官，使受伤部位皮肤或黏膜出现伤口及深部组织与外界相通的机械性损伤。

创伤一般由创缘、创口、创壁、创底、创腔、创围等部分组成。创缘为皮肤或黏膜及其下的疏松结缔组织；创缘之间的间隙称为创口；创壁由受伤的肌肉、筋膜及位于其间的疏松结缔组织构成；创底是创伤的最深部分；创腔是创壁之间的间隙，管状创腔称为创道；创围指围绕创口周围的皮肤或黏膜（图 2-1-1）。

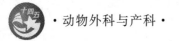

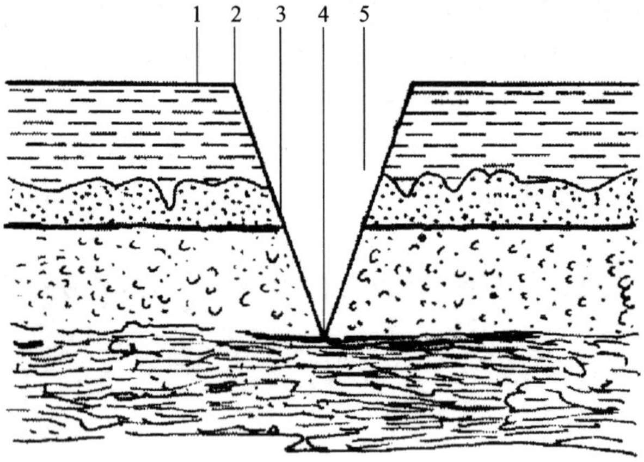

图 2-1-1　创伤各部名称

1. 创围；2. 创缘；3. 创壁；4. 创底；5. 创腔

二、创伤的分类及症状

（一）创伤的一般临床症状

（1）出血和肿胀。

（2）创口裂开。

（3）疼痛及功能障碍。

（二）创伤的分类及临床特征

1. 按伤后经过的时间分类

（1）新鲜创：伤后的时间较短，创内尚有血液流出或存有血凝块，且创内各部组织的轮廓仍能识别。

（2）陈旧创：伤后的时间较长，创内各组织的轮廓不易识别，出现明显的创伤感染症状，有的排出脓汁，有的出现肉芽组织。

2. 按创伤有无感染分类

（1）无菌创：通常在无菌条件下做的手术创称为无菌创。

（2）污染创：创伤被细菌和异物所污染，但进入创内的细菌仅与损伤组织发生机械性接触，并未侵入组织深部发育繁殖，也未呈现致病作用。

（3）感染创：进入创内的致病菌大量繁殖，对机体呈现致病作用，使伤部组织出现明显的创伤感染症状，甚至引起机体的全身性反应。

Note

3. 按致伤物的性状分类

(1)刺创：由尖锐细长物体(钢丝、草叉)刺入组织内发生的创伤。

(2)切创：因锐利的刀、铁片、玻璃片等切割组织发生的创伤。一般经适当的外科处理和缝合能较快愈合。

(3)砍创：由柴刀、马刀等砍切组织发生的损伤。因致伤物体重，故致伤力量强。

(4)挫创：由钝性外力作用(如打击、冲撞、踢等)或动物跌倒在硬地上所致的组织损伤。

(5)裂创：由钩、钉等钝性牵引作用使组织发生机械性牵张而断裂的损伤。

(6)压创：由车轮碾压或重物挤压所致的组织损伤。

(7)搔创：被猫或犬搔抓致伤，皮肤常被损伤，呈线形，一般比较浅表。

(8)缚创：用绳特别是粗糙的新绳缚捆时可引起缚创。

(9)咬创：由动物的牙咬所致的组织损伤。

(10)毒创：被毒蛇咬、毒蜂刺蛰等所致的组织创伤。

(11)复合创：具备上述两种或两种以上创伤的特征。常见者有挫刺创、挫裂创等。

(12)火器创：由枪弹或弹片致伤所造成的开放性损伤。

三、创伤愈合

(一)创伤愈合的种类

创伤愈合分为一期愈合、二期愈合和痂皮下愈合。

1. 一期愈合 一期愈合是一种较为理想的愈合形式。其特点是创缘、创壁整齐，创口吻合，无肉眼可见的组织间隙，临床上炎症反应较轻微。创内无异物、坏死灶及血肿，组织仍有生活能力，失活组织较少，没有感染，具备这些条件的创伤可完成一期愈合。无菌创绝大多数可达一期愈合。无菌创可在术后 7 天左右拆线，经 2～3 周完全愈合。

2. 二期愈合 特征是伤口增生大量肉芽组织，充填创腔，然后形成瘢痕组织被覆上皮组织而愈合。一般当伤口大，伴有组织缺损，创缘及创壁不整，创口内有血液凝块、细菌感染、异物、坏死组织以及由于炎性产物、代谢障碍等致使组织丧失一期愈合能力时，要通过二期愈合而治愈。临床上多数案例进行二期愈合，愈合分两个时期。

(1)炎性净化期：临床上主要表现是创伤部发炎、肿胀、升温、疼痛，随后创内坏死组织液化，形成脓汁，从伤口流出。

(2)肉芽生长期：组织修复阶段的核心是肉芽组织的新生。肉芽组织由新生的成纤维细胞和毛细血管构成。肉芽组织除有成纤维细胞和毛细血管外，还有不少中性粒细胞、巨噬细胞及其他炎性细胞。

健康肉芽组织呈红色，较坚实，表面湿润，呈颗粒状，并附有很少的一层黏稠、灰白色脓性物，对肉芽组织起保护作用。

3. 痂皮下愈合 特征是表皮损伤，创面浅在并有少量出血，以后血液或渗出的浆液逐渐干燥而结成痂皮，覆盖在损伤的表面，具有保护作用，痂皮下损伤的边缘再生表皮而治愈。若感染细菌，痂皮下化脓则进行二期愈合。

(二)影响创伤愈合的因素

创伤愈合的速度常受许多因素的影响，这些因素包括外界条件方面的、人为的和机体方面的。创伤诊疗时，应尽量消除妨碍创伤愈合的因素，创造有利于创伤愈合的良好条件。

1. 创伤感染化脓 创伤感染化脓是延迟创伤愈合的主要因素，由于病原菌的致病作用，一方面使伤部组织遭受更大的破坏，延长愈合时间；另一方面机体吸收了细菌毒素和有害的炎性产物，抵抗力降低，影响创伤的修复过程。

2. 创内存有异物或坏死组织 当创内特别是创伤深部存有异物或坏死组织时，炎性净化过程不能结束，化脓不会停止，创伤就不能愈合，甚至形成化脓性窦道。

3. 受伤部位血液循环 不良创伤的愈合过程是以炎症为基础的过程，受伤部位血液循环不良，既影响炎性净化过程的顺利进行，又影响肉芽组织的生长，从而延长创伤愈合时间。

4. 受伤部位不安静 受伤部位经常进行有害的活动，容易引起继发损伤，并破坏新生肉芽组织的健康生长，从而影响创伤愈合。

5. 处理创伤不合理 如止血不彻底，施行清创术过晚和不彻底，引流不畅，不合理的缝合与包扎，频繁地检查创伤和不必要的换绷带以及不遵守无菌原则、不合理地使用药剂等，都可延长创伤的愈合时间。

6. 机体营养缺乏 机体营养缺乏会影响伤口的愈合，尤其是维生素的缺乏，对伤口的影响较大。

7. 其他因素 如贫血、缺氧、肿瘤、使用皮质类固醇类药物和放射线等均会延缓创伤愈合。

四、创伤的检查与治疗

（一）创伤的检查

检查创伤的目的在于了解创伤的性质，决定治疗措施和观察愈合情况。

1. 一般检查 从问诊开始，了解创伤发生的时间、致伤物的性状、发病当时的情况和患畜的表现等，然后检查患畜的体温、呼吸、脉搏，观察可视黏膜颜色和患畜的精神状态。检查受伤部位和救治情况以及四肢的功能等。

2. 创伤外部检查 按由外向内的顺序，仔细地对受伤部位进行检查。先视诊创伤的部位、大小、形状、方向、性质，创口裂开的程度，有无出血，创围组织状态和被毛情况，有无创伤感染现象；继则观察创缘及创壁是否整齐、平滑，有无肿胀及血液浸润情况，有无挫灭组织及异物；然后对创围进行柔和而细致的触诊，以确定局部温度的高低、疼痛情况、组织硬度、皮肤弹性及移动性等。

3. 创伤内部检查 应胆大心细，并遵守无菌原则。首先进行创围剪毛、消毒。检查创壁时，应注意组织的受伤情况、肿胀情况、出血及污染情况。检查创底时，应注意深部组织的受伤情况，有无异物、血凝块及创囊的存在。必要时可用消毒的探针、硬质胶管等，或用带消毒乳胶手套的手指进行创底检查，摸清创伤深部的具体情况。

对于有分泌物的创伤，应注意分泌物的颜色、气味、黏稠度、数量和排出情况等。对于出现肉芽组织的创伤，应注意肉芽组织的数量、颜色和生长情况等。

4. 辅助检查 必要时做实验室检查，如血常规、尿常规、X 线及超声波检查等。创面可做按压标本的细胞学检查，以助于了解机体的防卫功能状态，客观地验证治疗方法的正确性。

（二）创伤的治疗

1. 创伤治疗的一般原则

（1）抗休克：一般是先抗休克，待休克好转后再进行清创术，但对大出血、胸壁穿透创及肠脱出，则应在积极抗休克的同时进行手术治疗。

（2）防治感染：灾害性创伤，一般不可避免地被细菌等所污染，伤后应立即开始使用抗生素，预防化脓性感染，同时进行积极的局部治疗，使污染的创口变为清洁创口并进行缝合。

（3）纠正水和电解质失衡：通过输液调节机体水和电解质平衡。

（4）消除影响创伤愈合的因素：在创伤治疗过程中，注意消除各种影响创伤愈合的因素，可使肉芽组织生长正常，促进创伤早期治愈。

（5）加强饲养管理：增强机体抵抗力，能促进伤口愈合。对严重创伤的患畜，应给予高蛋白及富含维生素的饲料。

2. 创伤治疗的基本方法

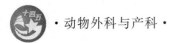

（1）创围清洁法：清洁创围的目的在于防止创伤感染，促进创伤愈合。清洁创围时，先用数层灭菌纱布块覆盖创面，防止异物落入创内。后用毛剪将创围被毛剪去，剪毛面积以距创缘周围 10 cm 范围内为宜。创围被毛如被血液或分泌物黏着，可用 3%过氧化氢将其除去。再用 70%酒精棉球反复擦拭紧靠创缘的皮肤，直至清洁干净。离创缘较远的皮肤，可用肥皂水和消毒液刷洗干净，但应防

止刷洗液落入创内。最后用5%碘酊涂擦创围皮肤两次。

(2)创面清洁法:揭去覆盖创面的纱布块,用生理盐水冲洗创面后,持消毒镊子除去创面上的异物、血凝块或脓痂,再用生理盐水或防腐液反复清洗创腔,直至清洁。清洗创腔后,用灭菌纱布块轻轻地擦拭创面,以便除去创内残存的液体和污物。

(3)清创手术:用外科手术的方法将创内所有的失活组织切除,除去可见的异物、血凝块,消灭创囊、凹壁,扩大创口(或做辅助切口),保证排液畅通,力求使新鲜污染创变为近似手术创,争取创伤的一期愈合。修整创缘时,用外科剪除去破碎的创缘皮肤和皮下组织,造成平整的创缘以便于缝合;扩创是沿创口的上角或下角切开组织,扩大创口,消灭创囊、凹壁,充分暴露创底,除去异物和血凝块,以便排液通畅及引流。清创手术完毕后,用防腐液清洗创腔,按需用药、引流、缝合和包扎。

(4)创伤用药:创伤用药的目的在于防止创伤感染,加速炎性净化,促进肉芽组织和上皮新生。药物的选择和应用取决于创伤的性状、感染的性质、创伤愈合过程的阶段等。如创伤污染严重、外科处理不彻底、不及时和因解剖特点不能施行外科处理时,为了消灭细菌,防止创伤感染,应早期使用广谱抗菌性药物;对感染严重的化脓创,为了消灭病原菌和促进炎性净化,应用抗菌性药物和加速炎性净化的药物;对肉芽创,应使用保护肉芽组织和促进肉芽组织生长以及加速上皮新生的药物。总之,适用于创伤的药物,应具有既能抗菌,又能抗毒与消炎作用,且对机体组织细胞损害作用小。创伤用药主要有撒布法、贴敷法、涂布法等。

(5)创伤缝合法:根据创伤情况可分为初期缝合、延期缝合和肉芽创缝合。

初期缝合是对受伤后数小时的清洁创或经彻底外科处理的新鲜污染创施行的缝合,其目的在于保护创伤不被继发感染,有助于止血,消除创口裂开,使两侧创缘和创壁相互对接,为组织再生创造良好的条件。临床实践中,有的施行创伤初期密闭缝合;有的做创伤部分缝合,于创口下角留一排液口,便于创液的排出;有的施行创口上、下角的数个疏散结节缝合,以减少创口裂开和弥补皮肤的缺损;有的先用药物治疗3~5天,无创伤感染后,再施行缝合,此为延期缝合。经过初期缝合的创伤,如出现剧烈疼痛、肿胀显著,甚至体温升高,说明已出现创伤感染,应及时部分或全部拆线,进行开放疗法。

肉芽创缝合又称二次缝合,用于加速创伤愈合,减少瘢痕形成。对肉芽创经适当的外科处理后,根据创伤的状况施行部分或密闭缝合。

(6)创伤引流法:当创腔深、创道长、创内有坏死组织或创底潴留渗出物等时,为使创内炎性渗出物流出创外,常用引流法。以纱布条引流最为常用,把纱布条适当地导入创底和弯曲的创道,就能将创内的炎性渗出物引流至创外。引流纱布条是将适当长、宽的纱布条浸以药液(如青霉素溶液、中性盐类高渗溶液等),用长镊子将引流纱布条的两端分别夹住,先将一端疏松地导入创底,另一端游离于创口下角。临床上除用纱布条做主动引流外,也常用胶管、塑料管做被动引流。

(7)创伤包扎法:应根据具体情况确定,一般经外科处理后的新鲜创都要包扎。对于创内有大量脓汁、厌氧性及腐败性感染以及炎性净化后出现良好肉芽组织的创伤,一般可不包扎,采取开放疗法。

(8)全身性疗法:当受伤患畜出现体温升高、食欲减退、白细胞增加等全身症状时,应施行必要的全身性疗法,以防止病情恶化。对于严重污染而很难避免创伤感染的新鲜创,应使用抗生素或磺胺类药物,并根据伤情的严重程度,采取必要的输液、强心措施,注射破伤风抗毒素或类毒素。

展示与评价

一、任务分配单

创伤的诊断与治疗任务分配表

任务名称					
班级		组号		指导教师	
组长		实训时间		实训地点	

Note

续表

<table>
<tr><td rowspan="4">组员</td><td>姓名</td><td>学号</td><td>姓名</td><td>学号</td></tr>
<tr><td></td><td></td><td></td><td></td></tr>
<tr><td></td><td></td><td></td><td></td></tr>
<tr><td></td><td></td><td></td><td></td></tr>
<tr><td>任务分工</td><td colspan="4"></td></tr>
<tr><td>实训材料准备</td><td colspan="4"></td></tr>
</table>

二、任务问题引导单

创伤的诊断与治疗任务问题引导表

任务名称	
引导问题 1	如何检查创伤?
答案	
引导问题 2	如何诊断创伤?
答案	
引导问题 3	如何处置新鲜创伤?
答案	

三、任务工作单

创伤的诊断与治疗任务工作表

任务名称	
操作过程描述	
操作照片	操作过程或项目成果照片粘贴处

Note

续表

任务反思	

四、任务评价单

创伤的诊断与治疗任务评价表

<table>
<tr><td>任务名称</td><td colspan="4"></td></tr>
<tr><td rowspan="6">任务评价</td><td>小组评语</td><td>小组评价</td><td>评价日期</td><td>组长签名</td></tr>
<tr><td></td><td></td><td></td><td></td></tr>
<tr><td>组间互评评语</td><td>组间互评评价</td><td>评价日期</td><td>组长签名</td></tr>
<tr><td></td><td></td><td></td><td></td></tr>
<tr><td>指导教师评语</td><td>指导教师评价</td><td>评价日期</td><td>指导教师签名</td></tr>
<tr><td></td><td></td><td></td><td></td></tr>
</table>

<table>
<tr><td rowspan="2">考核标准</td><td>优秀标准</td><td>合格标准</td><td>不合格标准</td></tr>
<tr><td>操作规范,安全有序
步骤正确,按时完成
全员参与,分工合理
结果准确,分析有理
保护环境,爱护设施</td><td>基本规范
基本正确
部分参与
分析不全
混乱无序</td><td>存在安全隐患
无计划,无步骤
个别人或少数人参与
不能完成,没有结果
环境脏乱,桌面未收</td></tr>
<tr><td>小组思政评价</td><td colspan="3"></td></tr>
<tr><td>教师思政评价</td><td colspan="3"></td></tr>
</table>

五、任务总评单

创伤的诊断与治疗任务总评表

<table>
<tr><td colspan="4">任务名称： 班级： 姓名： 学号：</td></tr>
<tr><td>评价方式</td><td>分评得分</td><td>所占比例</td><td>终评得分</td></tr>
<tr><td>学生自评</td><td></td><td>40%</td><td></td></tr>
<tr><td>学生互评</td><td></td><td>20%</td><td></td></tr>
<tr><td>教师评价</td><td></td><td>40%</td><td></td></tr>
<tr><td colspan="3">合计</td><td></td></tr>
</table>

Note

扫码学课件
2.2

任务二　软组织非开放性损伤的诊断与治疗

案例导入

德国牧羊犬，7个月，20 kg，在过斑马线时，被车撞伤，皮肤无明显可见外伤，后肢局部快速形成肿胀。X线检查未见骨折。通过宠物案例血肿的处理，学生应重点掌握血肿的诊断和治疗，并学会鉴别诊断不同类型的非开放性损伤，正确处置不同类型的非开放性损伤。

学习目标

熟悉软组织非开放性损伤的分类和病因；掌握不同类型的非开放性损伤的诊断和治疗，并学会鉴别诊断；通过对宠物案例血肿的处理，具备关爱动物生命、关心动物健康的职业素养，形成救死扶伤的职业精神。

软组织非开放性损伤是指由于钝性外力的撞击、挤压、跌倒等而致伤，伤部的皮肤和黏膜保持完整，而有深部组织的损伤。非开放性损伤因无伤口，感染机会较少，但有时伤情较为复杂，不能忽视，常见的有挫伤、血肿和淋巴外渗。

一、挫伤

挫伤是机体在钝性外力直接作用下，引起的组织非开放性损伤。如被棍棒打击、车辆冲撞、跌倒或坠落于硬地上都容易发生挫伤。挫伤部出现被毛逆乱、脱落及皮肤不同程度的擦伤，表现为局部溢血、肿胀、疼痛和功能障碍。

（一）分类与症状

1. 皮下组织挫伤　少量出血常发生局限性的小的出血斑（点状出血），出血量大时常发生溢血。挫伤部皮肤初期呈黑红色，逐渐变成紫色、黄色后恢复正常。

2. 皮下裂伤　皮下组织与皮肤发生剥离，常有血液和渗出液等积聚于皮下。

3. 皮下深部组织挫伤　家畜发生的挫伤多为深部组织的挫伤，常见的有以下几种。

（1）肌肉的挫伤：轻度肌肉挫伤常发生瘀血或出血，重度肌肉挫伤常发生坏死，挫伤部肌肉软化呈泥样，治愈后形成瘢痕，因瘢痕挛缩常引起局部组织的功能障碍。

（2）神经的挫伤：多为末梢性的，末梢神经多为混合神经，损伤后神经所支配的区域感觉和运动麻痹，肌肉呈渐进性萎缩。

（3）腱的挫伤：多由过度运动、腱剧烈伸展使一束腱纤维发生断裂或分离。

（4）滑液囊的挫伤：常形成滑液囊炎，滑液大量渗出，局部显著肿胀，初期热痛明显，形成慢性炎症后，呈无痛的水样潴留。

（5）关节的挫伤。

（6）骨的挫伤：多见于骨膜的局限性损伤。局部肿胀、有压痛，易形成骨赘。

4. 破裂　挫伤的同时常伴有内脏器官破裂和筋膜、肌肉、腱的断裂。肝、肾、脾较皮肤和其他组织脆弱，在强烈的钝性外力作用下更易发生破裂。脏器破裂后形成严重的内出血，常易导致休克的发生。

5. 皮下挫伤的感染　当发生感染时，全身及局部症状加重，可形成脓肿或蜂窝织炎。

（二）治疗

治疗原则为制止溢血和渗出，促进炎性产物吸收，镇痛消炎，防止感染，加速组织修复。

1. 注意观察　在受到强烈外力的挫伤时要注意全身状态的变化。

2. 冷疗和热疗　有热痛时施行冷却疗法，使动物安定，消除急性炎症，缓解疼痛。热痛肿胀特别

Note

严重时，给予冰袋冷敷。2～3天后改用温热疗法、红外线疗法等，以恢复功能。

3. 刺激疗法　涂樟脑酒精或5%鱼石脂软膏、复方醋酸铅散等，可引起一过性充血，促进炎性产物吸收，对促进肿胀的消退有良好的效果。

二、血肿

各种外力作用导致血管破裂，溢出的血液分离周围组织，形成充满血液的腔洞。

（一）症状

肿胀迅速增大，肿胀呈明显的波动感或饱满有弹性。4～5天后肿胀周围坚实，并有捻发音，中央部有波动感，局部升温。穿刺时，可排出血液。有时可见局部淋巴结肿大及体温升高等全身症状。血肿感染可形成脓肿，需注意鉴别。

（二）治疗

治疗重点应从制止溢血、防止感染和排除积血着手。穿刺或切开血肿，排除积血（或血凝块）和挫灭组织。如发现继续出血，可行结扎止血，清理创腔后再缝合创口或行开放疗法。

三、淋巴外渗

淋巴外渗是在钝性外力作用下，由于淋巴管破裂，致使淋巴液聚积于组织内的一种非开放性损伤。其原因是钝性外力在动物体上强行滑擦，致使皮肤或筋膜与其下部组织发生分离，淋巴管发生断裂。淋巴外渗常发生于淋巴管较丰富的皮下结缔组织。

（一）症状

淋巴外渗在临床上发生缓慢，一般于伤后3～4天出现肿胀，并逐渐增大，有明显的界线，呈明显的波动感，皮肤不紧张，炎症反应轻微。穿刺液为橙黄色稍透明的液体，或其内混有少量的血液。时间较久，析出纤维素块。

（二）治疗

首先使动物安静，以利于淋巴管断端的闭塞。较小的淋巴外渗时可不必切开淋巴管，于波动明显处用注射器抽出淋巴液，然后注入95%酒精或酒精福尔马林液（95%酒精100 ml、福尔马林1 ml、碘酊数滴，混合备用），停留片刻后，将其抽出，以期使淋巴液凝固堵塞淋巴管断端，而达到制止淋巴液流出的目的。应用一次无效时，可行第二次注入。

较大的淋巴外渗时，可行切开，排出淋巴液及纤维素，用酒精福尔马林液冲洗，并将浸有上述药液的纱布填塞于腔内做假缝合。当淋巴管完全闭塞后，可按创伤治疗。

治疗时应注意，长时间的冷敷能使皮肤发生坏死；温热疗法、刺激剂和按摩疗法均可促进淋巴液流出和破坏已形成的淋巴栓塞，都不宜使用。

展示与评价

一、任务分配单

软组织非开放性损伤的诊断与治疗任务分配表

任务名称					
班级		组号		指导教师	
组长		实训时间		实训地点	
组员	姓名	学号	姓名	学号	

续表

任务分工	
实训材料准备	

二、任务问题引导单

软组织非开放性损伤的诊断与治疗任务问题引导表

任务名称	
引导问题 1	血肿有哪些症状?
答案	
引导问题 2	挫伤、血肿和淋巴外渗如何鉴别诊断?
答案	
引导问题 3	如何处置耳血肿?
答案	
引导问题 4	如何处置淋巴外渗?
答案	

三、任务工作单

软组织非开放性损伤的诊断与治疗任务工作表

任务名称	
操作过程描述	

续表

操作照片	操作过程或项目成果照片粘贴处
任务反思	

四、任务评价单

软组织非开放性损伤的诊断与治疗任务评价表

<table>
<tr><td>任务名称</td><td colspan="4"></td></tr>
<tr><td rowspan="6">任务评价</td><td>小组评语</td><td>小组评价</td><td>评价日期</td><td>组长签名</td></tr>
<tr><td></td><td></td><td></td><td></td></tr>
<tr><td>组间互评评语</td><td>组间互评评价</td><td>评价日期</td><td>组长签名</td></tr>
<tr><td></td><td></td><td></td><td></td></tr>
<tr><td>指导教师评语</td><td>指导教师评价</td><td>评价日期</td><td>指导教师签名</td></tr>
<tr><td></td><td></td><td></td><td></td></tr>
<tr><td rowspan="2">考核标准</td><td>优秀标准</td><td colspan="2">合格标准</td><td>不合格标准</td></tr>
<tr><td>操作规范，安全有序
步骤正确，按时完成
全员参与，分工合理
结果准确，分析有理
保护环境，爱护设施</td><td colspan="2">基本规范
基本正确
部分参与
分析不全
混乱无序</td><td>存在安全隐患
无计划，无步骤
个别人或少数人参与
不能完成，没有结果
环境脏乱，桌面未收</td></tr>
<tr><td>小组思政评价</td><td colspan="4"></td></tr>
<tr><td>教师思政评价</td><td colspan="4"></td></tr>
</table>

五、任务总评单

软组织非开放性损伤的诊断与治疗任务总评表

<table>
<tr><td colspan="4">任务名称：　　　　班级：　　　　姓名：　　　　学号：</td></tr>
<tr><td>评价方式</td><td>分评得分</td><td>所占比例</td><td>终评得分</td></tr>
<tr><td>学生自评</td><td></td><td>40%</td><td></td></tr>
<tr><td>学生互评</td><td></td><td>20%</td><td></td></tr>
<tr><td>教师评价</td><td></td><td>40%</td><td></td></tr>
<tr><td colspan="3">合计</td><td></td></tr>
</table>

Note

扫码学课件

2.3

任务三　损伤并发症的诊断与治疗

案例导入

猫，银渐层，6个月，右侧臀部有外伤，伤口溃烂，坏死，皮下空腔，有深红色渗出液，有轻微异味。通过本案例的学习，学生应掌握不同损伤并发症的诊断，正确处置不同损伤并发症，尤其是正确处理损伤引起的坏死和休克。

学习目标

熟悉损伤引起的常见并发症；重点掌握休克的诊断、预防和治疗；通过对宠物案例的处理，具备关爱动物生命、关心动物健康的职业素养和救死扶伤的职业精神。

动物发生外伤，特别是重大外伤时，由于大量出血和疼痛，很容易并发休克和贫血；临床常见的外科感染、严重组织挫伤（存在毒素的吸收）、机体抵抗力减弱和营养不良以及治疗不当中，患畜往往发生溃疡、瘘管和窦道等晚期并发症，轻者影响患畜早期健康恢复，重者甚至导致死亡。故外科临床必须注意损伤并发症的预防和治疗。

一、休克

（一）概念

休克不是一种独立的疾病，而是神经、内分泌、循环、代谢等发生严重障碍时在临床上表现出的症候群。其中以循环血量锐减、微循环障碍为特征的急性循环不全，是一种组织灌注不良导致组织缺氧和器官损害的综合征。

休克多见于剧重的外伤和伴有广泛组织损伤的骨折、神经丛或大神经干受到异常刺激、大出血、大面积烧伤、不麻醉进行较大的手术、胸腹腔手术时粗暴的检查、过度牵张肠系膜等。所以，兽医外科工作者要有针对性地加以处理，挽救和保护动物生命。

（二）休克的分类和病因

临床上将休克分为低血容量性休克、创伤性休克、中毒性休克、心源性休克、过敏性休克等。

外科上常见的休克原因如下。

1. 失血与失液　大量失血可引起失血性休克，见于外伤、消化道溃疡、内脏器官破裂引起的大失血等。失液是指大量体液丢失。大量体液丢失后导致脱水，可引起血容量减少而发生休克，见于剧烈呕吐、严重腹泻、肠梗阻等引起的严重脱水，其中低渗性脱水最易发生休克。

2. 创伤　严重创伤可导致创伤性休克，创伤引起的休克与出血和疼痛有关。

3. 烧伤　大面积烧伤常可引起烧伤性休克。

4. 感染　严重感染特别是革兰阴性细菌感染常可引起感染性休克。

5. 心泵功能障碍　急性心泵功能严重障碍引起心输出量急剧减少所导致的休克，称为心源性休克，常见于大面积急性心肌梗死、急性心肌炎、严重心律失常及心包填塞等心脏疾病。

6. 过敏　具有过敏体质的动物接受某些药物（如青霉素）、血清制剂（如破伤风抗毒素）等治疗时可引起过敏性休克。

7. 强烈的神经刺激及损伤　剧烈疼痛、高位脊髓麻醉或损伤，可引起神经源性休克。

（三）休克的症状及诊断

通常在发生休克的初期，主要表现为兴奋状态，如兴奋不安，脉搏快而充实，呼吸增快，皮温降低，黏膜发绀等。继兴奋之后，动物出现典型沉郁、食欲废绝、反应微弱，或对痛觉、视觉、听觉的刺激全无反应，脉搏细而间歇，呼吸浅表不规则，肌肉张力极度下降，反射微弱或消失，此时黏膜苍白、四肢厥冷、瞳孔散大、血压下降、体温降低、全身或局部颤抖、出汗、呆立不动、行走如醉，此时如不抢救，将导致死亡。

休克的治疗效果取决于早期诊断，待患畜已发展到明显阶段，再去抢救，为时已晚。对有发生休克可疑的患畜要早期预防，确认已发生休克时，积极采取抢救措施。

现将临床检查和生理生化测定指标用于休克的诊断和不断评价患畜机体对疾病的应答反应能力，并作为预防和治疗的依据。

1. 首先了解患畜机体血液循环状况 在临床上，除注意结膜和舌的颜色变化外，要特别注意齿龈和舌边血液灌流情况。通常采用手指压迫齿龈或舌边缘，记录压迫后血流充满时间。在正常情况下血流充满时间小于 1 s，这种办法只用于测定微循环的大致状态。

2. 测定血压 血压测定是诊断休克的重要指标，休克期血压一般降低。

3. 测定体温 一般休克时体温低于正常体温。

4. 呼吸次数 呼吸次数增加，用于补偿酸中毒和缺氧。

5. 心率 心率加快，犬一般均超过每分钟 150 次。

6. 心电图检查 酸中毒和休克结合能出现大的 T 波。高钾血症时 T 波突然向上，基底变狭，P 波低平或消失，ST 段下降，QRS 波幅宽增大，PQ 间期延长。

7. 观察尿量 肾功能是诊断休克的另一个参数，正常犬、猫每小时尿量是 0.5～1 ml/kg，休克时尿量减少，提示肾灌流量减少。

8. 测定有效血容量 血容量的测定，对早期休克诊断很有帮助，也是输液的重要指标。

9. 测定血清钾、钠、氯、二氧化碳结合力和非蛋白氮等 对诊断休克有一定价值。

以上临床观察和生理生化各种指标的测定，可以帮助诊断休克、确定休克程度和作为合理治疗的依据，所有的参数都需要反复多次测定，才能得到正确的结论。

（四）休克治疗

休克是一种危急症，治疗人员必须争分夺秒，认真抢救。

1. 消除病因 要根据休克发生的不同原因，给予相应的处置。如为出血性休克，关键是止血，只有止好血才能预防休克的发生。当然在止血的同时必须迅速补充血容量。如为中毒性休克，要尽快消除感染源，对化脓灶、脓肿、蜂窝织炎等要切开引流。

2. 补充血容量 根据需要补给血浆、生理盐水或右旋糖酐等。

3. 改善心脏功能 当静脉灌注适当量液体后，患畜情况没有好转，中心静脉压反而增高时，应该增添直接作用于血管和强心的药物。中心静脉压高、血压低，为心功能不全的表现，采用增强心肌收缩力的药物，如受体兴奋剂，其中，异丙肾上腺素和多巴胺是首选药物。洋地黄能增强心肌收缩，减慢心率，在休克的早期很少需要洋地黄支持，应于长期休克和心肌有损伤时使用。

在休克早期使用大剂量的皮质类固醇，能促进心肌收缩，降低周围血管阻力，有改善微循环的作用，并有中和内毒素作用，较多用于中毒性休克。可用地塞米松，但必须与抗生素合用。

4. 调节代谢障碍 纠正代谢性酸中毒可增强心肌收缩力，恢复血管对异丙肾上腺素、多巴胺等的反应性。轻度酸中毒时给予生理盐水；中度酸中毒时则需用碱性药物，如碳酸氢钠、乳酸钠等；但严重酸中毒或肝受损伤时，不得使用乳酸钠。外伤性休克常合并有感染，因此在休克前期或早期，常给予广谱抗生素。如果同时应用肾上腺皮质激素，抗生素要加大用量。

对休克患畜要加强管理，指定专人护理，使患畜保持安静，注意保温，但也不能过热，保持通风良好，给予充分饮水。

二、溃疡

皮肤(或黏膜)上经久不愈的病理性肉芽创称为溃疡。从病理学上来看，溃疡是有细胞分解物、细菌或有脓样腐败性分泌物的坏死病灶，并常有慢性感染。

(一)病因

溃疡的病因：血液循环、淋巴循环和物质代谢紊乱，中枢神经系统和外周神经的损伤或疾病所引起的神经营养紊乱，某些传染病、外科感染和炎症刺激，维生素不足和内分泌紊乱，伴有机体抵抗力降低和组织再生能力降低的机体衰竭、严重消瘦及糖尿病等，异物、机械性损伤、分泌物及排泄物的刺激，消毒防腐药的选择和使用不当，急性和慢性中毒及某些肿瘤等。

(二)分类、症状及治疗

1. 单纯性溃疡 溃疡表面被覆蔷薇红色、颗粒均匀的健康肉芽。肉芽表面覆有少量黏稠黄白色的脓性分泌物，干涸后则形成痂皮。溃疡周围皮肤及皮下组织肿胀，缺乏疼痛感。溃疡周围的上皮形成比较缓慢，新形成的幼嫩上皮呈淡红色或淡紫色。

治疗的着眼点是精心保护肉芽，防止其损伤，促进其正常发育和上皮形成。为了加速上皮的形成，可使用加2%～4%水杨酸的锌软膏、鱼肝油软膏等。

2. 炎症性溃疡 临床上较常见。肉芽组织呈鲜红色，有时因脂肪变性而呈微黄色。表面被覆大量脓性分泌物，周围肿胀，触诊疼痛。治疗时，首先应除去病因，局部禁止使用有刺激性的防腐剂。

3. 坏疽性溃疡 见于冻伤、湿性坏疽及不正确的烧烙之后。组织的进行性坏死和很快地形成溃疡是坏疽性溃疡的特征。常伴发明显的全身症状。对此溃疡，应采取全身和局部并重的治疗措施。

4. 水肿性溃疡 常发生于心脏衰弱的患畜及局部静脉血液循环被破坏的部位。肉芽苍白脆弱，呈淡灰白色，具有明显的水肿。溃疡周围组织水肿，无上皮形成。治疗主要应消除病因。局部可涂鱼肝油、植物油或包扎止血绷带、鱼肝油绷带等。应用强心剂调节心脏功能活动，并改善患畜的饲养管理。

5. 蕈状溃疡 特征是局部出现高出皮肤表面、大小不同、凹凸不平的蕈状突起，其外形恰如散布的真菌，故称蕈状溃疡。肉芽常呈紫红色，被覆少量脓性分泌物且容易出血。治疗时，如赘生的蕈状肉芽组织超出皮肤表面很高，可剪除或切除，亦可充分搔刮后进行烧烙止血。

6. 褥疮及褥疮性溃疡 褥疮是局部受到较长时间压迫后所引起的因血液循环障碍而发生的皮肤坏疽。褥疮后坏死的皮肤即暴露在空气中，水分被蒸发，腐败细菌不易大量繁殖，最后变得干涸皱缩，呈棕黑色。坏死区与健康组织之间因炎性反应带而出现明显的界线。

三、窦道和瘘

窦道和瘘都是狭窄不易愈合的病理管道，其表面被覆上皮或肉芽组织。窦道和瘘不同的地方是前者可发生于机体的任何部位，借助于管道使深部组织(结缔组织、骨或肌肉组织等)的脓窦与体表相通，其管道一般呈盲管状。而后者可借助于管道使体腔与体表相通或使空腔器官互相连通，其管道两边开口。

四、坏死与坏疽

坏死是指生物体局部组织或细胞失去活性。坏疽是组织坏死后受到外界环境影响和不同程度的腐败菌感染而产生的形态学变化。

对退发性损伤并发症，如溃疡、瘘管和窦道、坏死和坏疽等，在正确诊断的基础上进行外科处理，可以避免损害或感染的进一步发展，促进动物恢复健康。

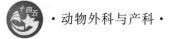

展示与评价

一、任务分配单

休克的处理任务分配表

<table>
<tr><td>任务名称</td><td colspan="5"></td></tr>
<tr><td>班级</td><td></td><td>组号</td><td></td><td>指导教师</td><td></td></tr>
<tr><td>组长</td><td></td><td>实训时间</td><td></td><td>实训地点</td><td></td></tr>
<tr><td>组员</td><td colspan="5"><table><tr><td>姓名</td><td>学号</td><td>姓名</td><td>学号</td></tr><tr><td></td><td></td><td></td><td></td></tr><tr><td></td><td></td><td></td><td></td></tr><tr><td></td><td></td><td></td><td></td></tr></table></td></tr>
<tr><td>任务分工</td><td colspan="5"></td></tr>
<tr><td>实训材料准备</td><td colspan="5"></td></tr>
</table>

二、任务问题引导单

休克的处理任务问题引导表

任务名称	
引导问题 1	休克有哪些症状？
答案	
引导问题 2	休克的病因有哪些？
答案	
引导问题 3	如何诊断休克？
答案	
引导问题 4	如何治疗休克？
答案	

Note

三、任务工作单

休克的处理任务工作表

任务名称	
操作过程描述	
操作照片	操作过程或项目成果照片粘贴处
任务反思	

四、任务评价单

休克的处理任务评价表

<table>
<tr><td>任务名称</td><td colspan="4"></td></tr>
<tr><td rowspan="6">任务评价</td><td>小组评语</td><td>小组评价</td><td>评价日期</td><td>组长签名</td></tr>
<tr><td></td><td></td><td></td><td></td></tr>
<tr><td>组间互评评语</td><td>组间互评评价</td><td>评价日期</td><td>组长签名</td></tr>
<tr><td></td><td></td><td></td><td></td></tr>
<tr><td>指导教师评语</td><td>指导教师评价</td><td>评价日期</td><td>指导教师签名</td></tr>
<tr><td></td><td></td><td></td><td></td></tr>
<tr><td rowspan="2">考核标准</td><td>优秀标准</td><td>合格标准</td><td colspan="2">不合格标准</td></tr>
<tr><td>操作规范，安全有序
步骤正确，按时完成
全员参与，分工合理
结果准确，分析有理
保护环境，爱护设施</td><td>基本规范
基本正确
部分参与
分析不全
混乱无序</td><td colspan="2">存在安全隐患
无计划，无步骤
个别人或少数人参与
不能完成，没有结果
环境脏乱，桌面未收</td></tr>
<tr><td>小组思政评价</td><td colspan="4"></td></tr>
<tr><td>教师思政评价</td><td colspan="4"></td></tr>
</table>

Note

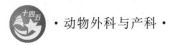

五、任务总评单

休克的处理任务总评表

<table>
<tr><td colspan="4">任务名称：　　　　班级：　　　　姓名：　　　　学号：</td></tr>
<tr><td>评价方式</td><td>分评得分</td><td>所占比例</td><td>终评得分</td></tr>
<tr><td>学生自评</td><td></td><td>40%</td><td></td></tr>
<tr><td>学生互评</td><td></td><td>20%</td><td></td></tr>
<tr><td>教师评价</td><td></td><td>40%</td><td></td></tr>
<tr><td colspan="3">合计</td><td></td></tr>
</table>

项目三　外科感染的处理

扫码学课件
项目三

项目简介

外科感染是指需要用手术方法(包括切开引流、异物去除等)治疗的感染性疾病以及在创伤或手术后发生的感染并发症。常见的化脓性致病菌多为需氧菌,其中金黄色葡萄球菌是外科感染的主要致病菌,链球菌、大肠埃希菌、铜绿假单胞菌等也是重要的致病菌。治疗的原则是既要注意局部治疗也必须顾及整个机体,合理选择治疗方法和抗菌药物,即既要消除外源性因素、切断感染源,又要及早预防和注意营养支持,提高畜体免疫力等,充分调动机体的防御功能,对控制和预防家畜外科感染具有积极的临床意义。

项目目标

知识目标:本项目主要学习外科感染的诊断和治疗,各种外科感染(脓皮病、脓肿和蜂窝织炎)的诊断方法和治疗措施,败血症的诊断、治疗和预防措施。

能力目标:能从宏观把握外科感染的诊断和治疗,并能对具体的外科感染(脓皮病、脓肿和蜂窝织炎)进行正确的诊断和处置;能及时准确诊断败血症,并学会积极的预防。

素质目标:培养学生积极和正确处置动物各种外科感染的能力,培养学生良好的学习兴趣和爱心,引导学生关爱动物健康、爱护动物生命;帮助学生养成细心、严谨的工作作风,牢固树立预防大于治疗的理念。

扫码学课件
3.1

任务一　外科局部感染的诊断与治疗

案例导入

柯基犬,2 岁,精神良好,排便排尿正常,背上皮肤和屁股两侧均有化脓液,皮肤红肿,颈部有破溃,发红,有脓性分泌物等。通过本案例的学习,学生应掌握不同类型外科感染的诊断,会正确处置不同类型的外科感染,尤其是脓皮病和脓肿的诊断和治疗。

学习目标

熟悉外科感染的基本概念,知道引起外科感染的病原菌有哪些;掌握常规的外科感染的诊断和治疗方法;重点掌握脓肿、脓皮病和蜂窝织炎的鉴别诊断和治疗;通过对宠物案例脓皮病的处理,具备关心动物健康的职业素养。

一、外科感染概述

（一）外科感染的基本概念

感染是机体对致病菌的侵入、生长和繁殖产生的一种反应性病理过程。外科感染一般是指需要用手术方法（包括切开引流、异物去除等）治疗的感染性疾病以及在创伤或手术后发生的感染并发症。

由一种致病菌引起的外科感染则称为单一感染，由多种致病菌引起的则称为混合感染。在原发性致病菌感染后，经过若干时间又并发他种致病菌的感染，则称为继发性感染；被原发性致病菌反复感染则称为再感染。

外科感染的特点：绝大部分外科感染由外伤引起；外科感染一般均有明显的局部症状；常为混合感染；损伤的组织或器官常发生化脓和坏死过程，治疗后局部常形成瘢痕组织；在治疗上常采用抗生素疗法和手术疗法。

（二）外科感染时常见的致病菌

化脓性感染的致病菌有需氧菌、厌氧菌和兼氧菌，但常见的化脓性致病菌多为需氧菌，其中金黄色葡萄球菌是外科感染的主要致病菌，链球菌、大肠埃希菌、铜绿假单胞菌等也是重要致病菌。

二、外科感染的诊断和治疗

知识点：手术部位感染

（一）外科感染的诊断

一般根据临床表现可做出正确诊断，必要时可进行一些辅助检查。

1. 局部症状 如红、肿、热、痛和功能障碍。

2. 全身症状 感染较重时有发热、心跳和呼吸加快、精神沉郁、食欲减退等症状；感染更为严重者或病程较长时可继发感染性休克、器官衰竭等；当发生全身化脓性感染时，会表现出明显的、危重的全身症状。

3. 实验室检查 一般均有白细胞计数增加和核左移。B超检查、X线检查和CT检查等有助于诊断深部脓肿或体腔内脓肿，如肝脓肿、脑脓肿等。感染部位的脓汁应做细菌培养及药敏试验，以助于正确选用抗生素。怀疑全身感染时，可做血液细菌培养检查，包括需氧培养及厌氧培养，以明确诊断。

（二）外科感染的治疗

视频：手术部位感染

治疗原则是既要注意局部治疗，也必须顾及整个机体，合理选择治疗方法和抗菌药物，既要消除外源性因素、切断感染源，又要及早预防和注意营养支持，提高机体免疫力等，充分调动机体的防御功能，对控制和预防动物外科感染具有积极的临床意义。

1. 局部治疗 目的是使化脓感染局限化，减少坏死，减少毒素的吸收，使脓汁创液能顺利地排出以利于创伤的愈合，减轻疼痛、促进再生修复过程。

（1）外部用药及物理疗法：感染初期，当软组织肿胀剧痛时，可使用冷敷，但长时间冷敷有可能引起局部贫血而造成坏死。对某些案例，可以局部涂擦刺激剂（如鱼石脂等）或应用温热疗法使局部发生主动性充血，以利于炎症的消散吸收或脓肿成熟。

（2）手术疗法：治疗化脓性感染的主要方法之一，包括脓肿切开术和感染病灶的切除。如果局部化脓灶波动已很明显，应该立即进行手术切开，保证畅通引流。局部炎症反应剧烈，疼痛和肿胀及其他全身症状（如体温升高、血液改变、结膜黄染等）都已出现时，即使未形成脓肿，也应尽早局部切开减压、引流，以减轻局部和全身症状，阻止感染扩散。若脓肿已破溃，应进行扩创、清洗和引流，促进病灶的愈合。

（3）患畜休息和局部安静：局部化脓感染时，使患畜充分安静。局部必须确实固定以限制活动，进行细致外科处理后根据情况决定是否包扎，包扎时必须不影响局部的血液循环。

2. 全身治疗 通过提高机体的防卫功能，改善中枢神经系统的营养状态，调节机体代谢平衡，改善造血器官及排泄器官的功能，改变血氧不足和组织缺氧的状态，抑制致病菌的生长繁殖等。

(1)外科感染中抗菌药物的选择：无论是治疗性或预防性应用抗菌药物，都应有明确的适应证，尽量避免滥用或随便应用抗生素，以免引起不良后果。

用药前应明确致病菌，并根据药敏试验结果选择合适的药物。在获得细菌培养结果之前，可先根据感染的部位、临床特征、脓液涂片革兰染色的结果，判断可能的致病菌而选用某种抗生素，以后再根据细菌培养和药敏试验结果调整抗生素的种类和剂量。

严重的外科感染常是多种细菌的混合感染，在进行抗菌药物治疗时应选择对需氧菌和厌氧菌有效的药物，联合应用。一般而言，多数情况下选择应用杀菌类抗生素(如青霉素＋氨基糖苷类抗生素)；严重的铜绿假单胞菌感染时，联合应用羧苄青霉素和氨基糖苷类抗生素；肠道手术或腹内感染(如腹膜炎)等，可联合应用氨基糖苷类抗生素和甲硝唑。临床上还可选用头孢类、喹诺酮类及磺胺类抗菌药物治疗或预防外科感染。必要时可与其他抗菌药物合理联合应用。

抗菌药物的用药剂量应掌握在既能达到血液和组织中的有效浓度(最好 4 倍 MIC 以上)，又不产生毒副反应的范围内。对轻症和较局限的感染，一般可肌内注射，但对严重感染，最好经静脉给药。

(2)支持疗法：须根据患畜的具体情况大量补液以补充水和电解质的不足。可应用碳酸氢钠疗法和静脉内注射酒精疗法调节机体的酸碱平衡。应用钙制剂可以改善机体无机盐类代谢紊乱。应用葡萄糖疗法可补充糖原以增强肝脏的解毒功能和改善循环。注意饲养管理，给患畜饲喂营养丰富的饲料和补给大量维生素(特别是维生素 A、维生素 C 等)以提高机体的抗病能力。

(3)对症疗法：根据患畜的具体情况进行必要的对症治疗，如强心、利尿、解毒、降温、镇痛及改善胃肠道功能等。

三、脓皮病

脓皮病是由化脓性细菌引起的皮肤化脓性感染。目前本病以犬最易感。

(一)病因

临床上根据发病情况也可分为浅层脓皮病和深层脓皮病。最常分离到的病原微生物有葡萄球菌、链球菌、棒状杆菌、假单胞菌和奇异变形杆菌。外寄生虫感染、代谢性和内分泌性疾病是浅层脓皮病的主要病因；机体营养不良、免疫缺陷，以及皮肤不洁、毛囊炎、皮肤表皮损伤、皮肤受雨水浸渍等因素，都可以导致皮肤感染而发病。因此，一定要查明病因，才能对本病有很好的治疗效果。

(二)症状

犬的脓皮病以脓疱疹、皮肤皲裂、毛囊炎(可形成疖和痈)等为主要表现。临床上可见到丘疹、毛囊性脓疱、蜀黍样红斑颈等浅表性化脓性皮炎症状。深部脓皮病常局限于面部、腿部和指间等部位，而短毛犬的幼犬则主要发生在无毛部(如腹部)，也有全身性的。发病初期在被毛的周围形成圆锥形隆起的硬结，皮肤肿胀，无色素沉着的皮肤上常呈红色，数天后在硬结的中央部、毛囊及皮脂腺有灰白色至黄色的脓栓形成，脓栓周围形成硬结，随后软化自溃排脓，排脓后形成痂皮。经 3～4 天痂皮即可脱落。

幼犬脓皮病(12 周龄以下)，又称幼犬腺疫。常见于拉布拉多猎犬、腊肠犬和西班尼犬等。患畜局部淋巴结肿大，耳、眼和口腔周围水肿、脓肿，脱毛，常伴有发热、厌食、嗜睡等症状。

(三)治疗

局部处理结合全身用药是治疗脓皮病的原则。

患部剪毛，早期用防腐剂清洗和热浴患部；浅表或皮肤皲裂型脓皮病可用 2.5％过氧化苯甲酰洗涤，也可除去脓痂，敷以敏感的抗生素软膏，以促进溃疡愈合。

选择抗生素时应使用敏感、有效的药物。常用抗生素包括苯唑西林、红霉素、林可霉素、先锋霉素及喹诺酮类等，还可配合使用抗厌氧菌感染药物(如甲硝唑等)。顽固性或复发性脓皮病，可使用免疫刺激剂(如菌苗)。幼犬脓皮病的治疗(并非细菌感染)早期应大剂量使用皮质类固醇，如强的

Note

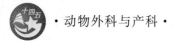

松，同时配合应用抗生素。

四、脓肿

在任何组织或器官内形成外有脓肿膜包裹，内有脓汁潴留的局限性脓腔时称为脓肿。如果在解剖腔（胸膜腔、喉囊、关节腔、鼻窦）内有脓汁潴留，则称为蓄脓，如关节蓄脓、子宫蓄脓等。

（一）病因

多数脓肿由细菌感染引起。引起脓肿的致病菌主要是葡萄球菌，其次是化脓性链球菌、化脓性棒状杆菌、大肠埃希菌、铜绿假单胞菌和腐败性细菌等。犬及猪的脓肿绝大多数是金黄色葡萄球菌感染的结果。

除感染因素外，静脉内注射水合氯醛、氯化钙、高渗盐水及砷制剂等刺激性强的化学药品时，如将它们误注或漏注到静脉外也能发生脓肿，另外，注射时未遵守无菌操作规程可引起注射部位脓肿。

（二）分类及症状

1. 浅在性热性脓肿　常发生于皮下结缔组织、筋膜下及表层肌肉组织内。初期局部肿胀无明显的界线而稍高出皮肤表面。触诊时局部温度升高，坚实，有剧烈的疼痛反应。以后肿胀的界线逐渐清晰并在局部组织细胞、致病菌和白细胞崩解破坏最严重的地方开始软化并出现波动。有些脓肿可自溃排脓。

2. 浅在性冷性脓肿　虽有明显的肿胀和波动感，但缺乏或仅有非常轻微的温热和疼痛反应。

3. 深在性脓肿　常发生于深层肌肉、肌间、骨膜下、腹膜下及内脏器官。常出现皮肤及皮下结缔组织的炎性水肿，触诊时有疼痛反应并常有指压痕。深在性脓肿未能及时切开，其脓肿膜在脓汁的作用下容易发生变性坏死，最后在脓汁的压力下可自行破溃。

4. 内脏器官脓肿　常常是转移性脓肿或败血症的结果。如牛患创伤性心包炎时，心包、膈肌、网胃和膈连接处常见到多发性脓肿。

（三）诊断

根据上述症状比较容易确诊浅在性脓肿，深在性脓肿可进行诊断性穿刺和超声检查后确诊。当脓汁稀薄时，可从针孔直接排出脓汁。

根据脓汁的性状可进一步确定脓肿的病原。由葡萄球菌感染所产生的脓汁一般呈微黄色或黄白色、黏稠、臭味小。链球菌，特别是溶血性链球菌感染所产生的脓汁稀薄，微带红色。大肠埃希菌感染所产生的脓汁呈暗褐色，稀薄有恶臭。铜绿假单胞菌感染所产生的脓汁呈苍白绿色或灰绿色，黏稠，而坏死组织呈浅灰绿色。牛结核分枝杆菌感染所产生的脓汁稀薄，有絮状物及乳脂样块。家兔发生脓肿时，其脓汁呈白色、软膏样且黏稠。鸡的脓汁常为灰白色黏稠的干酪样块。腐败性致病菌感染时脓汁呈污秽绿色或巧克力糖色，稀薄而有恶臭。

脓肿诊断时，必须与其他肿块性疾病，如血肿、淋巴外渗、挫伤和某些疝、肿瘤等相鉴别，且不能盲目穿刺，以免损伤重要器官组织。

（四）治疗

1. 消炎、止痛及促进炎性产物消散吸收　当局部肿胀正处于急性炎性细胞浸润阶段时，可局部涂擦樟脑软膏，或用冷疗法（常用鱼石脂酒精冷敷），以抑制炎症渗出并止痛。病灶周围可用0.5%普鲁卡因青霉素溶液进行封闭。当炎性渗出停止后，可用温热疗法（热敷、红外线照射等）、短波透热疗法、超短波疗法以促进炎性产物的消散吸收或促进脓肿的成熟。

2. 促进脓肿的成熟　当局部炎性产物已无消散吸收的可能时，局部可用鱼石脂软膏、鱼石脂樟脑软膏、超短波疗法、温热疗法等以促进脓肿的成熟。待局部出现明显的波动、脓肿成熟时，立即进行手术治疗。

3. 手术疗法　当脓肿成熟后应及时进行手术排脓，并经过适当的处理才能治愈。

（1）脓汁抽出法：适用于病变部位不宜进行脓肿切开、脓肿膜形成良好的小脓肿，如关节部脓肿。

Note

其方法是利用注射器将脓肿腔内的脓汁抽出，然后用生理盐水反复冲洗脓腔，抽净腔中的液体，最后灌注混有青霉素的溶液。

(2)脓肿切开法：切口应选择在波动最明显且容易排脓的部位。按手术常规对局部进行剪毛消毒，再根据情况对动物做局部或全身麻醉。切开前为了防止脓肿内压力过大、脓汁向外喷射，可先用粗针头将脓汁排出一部分。切开时一定要防止外科刀损伤对侧的脓肿膜。切口要有一定的长度并做纵向切口以保证在治疗过程中脓汁能顺利排出。深在性脓肿切开时除进行确实麻醉外，最好进行分层切开，并对出血的血管进行仔细的结扎或钳夹止血，以防引起脓肿的致病菌进入血液循环，而被带至其他组织或器官发生转移性脓肿。

脓肿切开后，要尽量排尽脓汁，但切忌用力挤压脓肿壁，或用棉纱等粗暴擦拭脓肿膜里面的肉芽组织，这样有可能损伤脓肿腔内的肉芽性防卫面而使感染扩散。对浅在性脓肿，可用较温和的防腐液(3%过氧化氢、0.1%新洁尔灭溶液等)或生理盐水反复清洗脓腔。最后用脱脂纱布轻轻吸出残留在腔内的液体。切开后的脓肿创口可按化脓创进行外科处理，装置油剂类或高渗引流条，定时(24～48 h)清洗脓腔和更换引流条，直至伤口愈合。

(3)脓肿摘除法：常用于治疗脓肿膜完整的浅在性小脓肿。在小脓肿周围的健康组织上完整切除脓肿，然后缝合形成新的无菌手术创。

五、蜂窝织炎

在疏松结缔组织内发生的急性弥漫性化脓性炎症称为蜂窝织炎。它常发生在皮下、筋膜下及肌间的蜂窝组织内，形成浆液性、化脓性和腐败性渗出液并伴有明显的全身症状。

(一)病因

引起蜂窝织炎的致病菌主要是葡萄球菌和链球菌等化脓性球菌，也能见到腐败菌或化脓菌和腐败菌的混合感染。疏松结缔组织内误注或漏入刺激性强的化学制剂(如氯化钙、高渗盐水、松节油等)，也能引起蜂窝织炎的发生。

(二)分类

(1)按蜂窝织炎发生部位的深浅可分为浅在性蜂窝织炎(皮下、黏膜下蜂窝织炎)和深在性蜂窝织炎(筋膜下、肌间、软骨周围、腹膜下蜂窝织炎)。

(2)按渗出液的性状和组织的病理学变化可分为浆液性、化脓性、厌氧性和腐败性蜂窝织炎，如化脓性蜂窝织炎伴发皮肤、筋膜和腱坏死，则称为化脓坏死性蜂窝织炎，在临床上也常见到化脓菌和腐败菌混合感染而引起的化脓腐败性蜂窝织炎。

(3)按蜂窝织炎发生的部位可分为关节周围蜂窝织炎、食管周围蜂窝织炎、淋巴结周围蜂窝织炎、股部蜂窝织炎、直肠周围蜂窝织炎等。

(三)症状

蜂窝织炎病程发展迅速。其局部症状主要有大面积肿胀，局部温度升高，疼痛剧烈和功能障碍。其全身症状主要有患畜精神沉郁，体温升高，食欲不振并出现各系统(循环、呼吸及消化系统等)的功能紊乱。由于发病的部位不同，其症状亦有差异。

(四)治疗

蜂窝织炎的治疗原则：减少炎性渗出、抑制感染扩散、减小组织内压、改善全身状况、增强机体抗病能力，局部和全身疗法并举。

1. 局部疗法

(1)控制炎症发展，促进炎性产物消散吸收：为了减少炎性渗出，可用冷敷(10%鱼石脂酒精等)，涂以醋调制的醋酸铅散；用0.5%盐酸普鲁卡因青霉素溶液做病灶周围封闭。为了促进炎性产物的消散、吸收，可用上述溶液温敷，也可用红外线、紫外线、超短波等进行治疗。

Note

(2)手术切开：如冷敷后炎性渗出不见减轻，组织出现进行性肿胀，患畜体温升高和其他症状都有明显恶化的趋势时，应立即进行手术切开以排出炎性渗出液。

手术切开时应根据情况做局部或全身麻醉。组织切开时，应避免损伤大血管、神经、关节囊和腱鞘等。伤口止血后可用中性盐类高渗溶液作引流液，以利于组织内渗出液的外流。

2. 全身疗法 早期应用抗生素疗法（青霉素 G、氨苄青霉素、头孢类抗生素等），必要时可联合用药。局部应用盐酸普鲁卡因封闭疗法。加强患畜的饲养管理。注意补液，纠正水、电解质及酸碱平衡的紊乱。

展示与评价

一、任务分配单

脓肿的诊断与治疗任务分配表

<table>
<tr><td>任务名称</td><td colspan="5"></td></tr>
<tr><td>班级</td><td></td><td>组号</td><td></td><td>指导教师</td><td></td></tr>
<tr><td>组长</td><td></td><td>实训时间</td><td></td><td>实训地点</td><td></td></tr>
<tr><td>组员</td><td colspan="5"><table>
<tr><td>姓名</td><td>学号</td><td>姓名</td><td>学号</td></tr>
<tr><td></td><td></td><td></td><td></td></tr>
<tr><td></td><td></td><td></td><td></td></tr>
<tr><td></td><td></td><td></td><td></td></tr>
</table></td></tr>
<tr><td>任务分工</td><td colspan="5"></td></tr>
<tr><td>实训材料准备</td><td colspan="5"></td></tr>
</table>

二、任务问题引导单

脓肿的诊断与治疗任务问题引导表

任务名称	
引导问题 1	脓肿的病因有哪些？
答案	
引导问题 2	引起脓肿常见的致病菌有哪些？
答案	

续表

引导问题 3	脓肿如何诊断？
答案	
引导问题 4	脓肿如何处置？
答案	

三、任务工作单

脓肿的诊断与治疗任务工作表

任务名称	
操作过程描述	
操作照片	操作过程或项目成果照片粘贴处
任务反思	

四、任务评价单

脓肿的诊断与治疗任务评价表

任务名称				
任务评价	小组评语	小组评价	评价日期	组长签名
	组间互评评语	组间互评评价	评价日期	组长签名
	指导教师评语	指导教师评价	评价日期	指导教师签名

Note

续表

	优秀标准	合格标准	不合格标准
考核标准	操作规范，安全有序 步骤正确，按时完成 全员参与，分工合理 结果准确，分析有理 保护环境，爱护设施	基本规范 基本正确 部分参与 分析不全 混乱无序	存在安全隐患 无计划，无步骤 个别人或少数人参与 不能完成，没有结果 环境脏乱，桌面未收
小组思政评价			
教师思政评价			

五、任务总评单

脓肿的诊断与治疗任务总评表

任务名称：	班级：	姓名：	学号：
评价方式	分评得分	所占比例	终评得分
学生自评		40%	
学生互评		20%	
教师评价		40%	
合计			

扫码学课件
3.2

任务二 败血症的诊断与治疗

案例导入

贵宾犬，母，3 kg，未做绝育，驱虫免疫正常，主诉 3 天未进食，稀便带血，前几天外阴部有脓性分泌物，经常舔舐。精神萎靡不振，趴卧不动。就诊时处于半昏迷状态。DR 检查，显示该犬子宫蓄脓；血常规结果显示败血症，诊断结果为子宫蓄脓引起败血症，拟实施手术与败血症治疗，通过本案例的学习，学生应掌握败血症的诊断与治疗措施，树立起预防重于治疗的临床观念。

学习目标

会区分菌血症、败血症、毒血症和脓毒败血症，会通过临床症状和血液细菌学培养结果对败血症进行正确的诊断，学会一些基本的治疗措施，重点是要知道预防重于治疗。

败血症是指致病菌侵入血液循环，并在其中迅速生长繁殖，产生大量毒素及组织分解产物而引起的严重全身性感染。一般发生在患畜全身体况差，致病菌毒力大、数量多的情况下，是一种危重病症。临床上常将全身化脓性感染统称为败血症。

一、病因病理

引起全身化脓性感染的致病菌主要有金黄色葡萄球菌、溶血性链球菌、大肠埃希菌、厌氧菌和腐败菌等，多数是混合感染。在大量毒力强的致病菌不断地侵入血液循环，超过了机体的防御能力时，其在血液中生长繁殖，产生毒素，就会引起全身化脓性感染。

毒素一般引起实质脏器细胞的变性和坏死，毛细血管受损引起出血点和皮疹。机体代谢的严重紊乱可引起水和电解质代谢失调、酸中毒等。微循环受到影响则导致感染性休克，甚至发生多脏器衰竭。

机体营养不良、贫血、年老以及某些慢性消耗性疾病，都是容易发生全身化脓性感染的诱因；局部病灶处理不当有助于致病菌的入侵和繁殖，导致全身化脓性感染的发生。

二、症状

患畜表现为病情重剧、寒战、体温高、烦躁、脉搏细数、呼吸急促、呕吐、腹泻、出汗、白细胞增多等。败血症患畜全身症状急剧而严重，高热前常有剧烈寒战。由于致病菌持续存在于血液中并产生毒素，患畜体温升高 2～3 ℃，体温每日波动不大，为 0.5～1 ℃，呈稽留热型，仅在临死前才下降。动物常躺卧，起立困难，运动时步态蹒跚，肌肉剧烈颤抖，有时出冷汗，食欲废绝，呼吸困难，脉弱而快，结膜黄染，有时有出血点。

三、诊断

主要根据病史和临床表现进行诊断。由于全身化脓性感染多为继发性，在原发感染灶的基础上出现典型的全身化脓性感染临床表现时，诊断并不困难。

确诊败血症可通过血液细菌培养。致病菌的检查对确诊和治疗有极大的帮助，但需要一定的时间，而全身化脓性感染的病情往往不允许等待，故不宜对其过分依赖，应在积极治疗的同时进行病原学检查，以免延误治疗。

四、治疗和预防

全身化脓性感染是严重的全身性病理过程，预后较差，死亡率高。因此，临床上应着重预防，一旦发病，必须早期采取综合性治疗措施。

1. 局部疗法 消除感染和中毒的来源，必须切开并彻底清除原发和继发的败血病灶所有的坏死组织，切开创囊、流注性脓肿和脓窦，除去异物，排除脓汁，畅通引流，用刺激性较小的消毒防腐剂彻底冲洗败血病灶。创围用混有青霉素的盐酸普鲁卡因溶液封闭，局部按化脓性感染创进行处理。

2. 抗菌疗法 一般宜选用抗菌谱较广的抗菌药物，或两种抗菌药物联合应用。联合用药时，一般情况下可选用头孢菌素＋氨基糖苷类抗生素等。如果是厌氧菌感染，可联合应用甲硝唑、第三代头孢菌素等。如有真菌感染，可应用两性霉素 B、酮康唑等。在兽医临床上，使用磺胺增效剂可取得良好的治疗效果（常用甲氧苄啶），喹诺酮类抗菌药物也被广泛应用。抗菌药物的剂量要大，疗程也需较长，临床表现好转和局部病灶控制 1～2 周后停药。

3. 激素疗法 主要是用肾上腺糖皮质激素，使用时必须配合应用抗生素，以免感染扩散。

4. 一般疗法 目的是增强机体的抗病能力。对患畜须加强饲养管理，喂给营养丰富、易消化的饲草、饲料，预防褥疮的发生。静脉滴注葡萄糖、电解质和氨基酸等，以补充热量、保肝、调整电解质和酸中毒。防治酸中毒还可应用碳酸氢钠疗法，补给各种维生素，必要时可输血、血浆制品以维持循环血容量、纠正贫血和中和毒素，提高免疫力。高热时，可采取物理降温及药物降温措施。

Note

展示与评价

一、任务分配单

败血症的诊断与治疗任务分配表

<table>
<tr><td>任务名称</td><td colspan="6"></td></tr>
<tr><td>班级</td><td colspan="2"></td><td>组号</td><td></td><td>指导教师</td><td></td></tr>
<tr><td>组长</td><td colspan="2"></td><td>实训时间</td><td></td><td>实训地点</td><td></td></tr>
<tr><td rowspan="4">组员</td><td>姓名</td><td>学号</td><td colspan="2">姓名</td><td colspan="2">学号</td></tr>
<tr><td></td><td></td><td colspan="2"></td><td colspan="2"></td></tr>
<tr><td></td><td></td><td colspan="2"></td><td colspan="2"></td></tr>
<tr><td></td><td></td><td colspan="2"></td><td colspan="2"></td></tr>
<tr><td>任务分工</td><td colspan="6"></td></tr>
<tr><td>实训材料
准备</td><td colspan="6"></td></tr>
</table>

二、任务问题引导单

败血症的诊断与治疗任务问题引导表

任务名称	
引导问题 1	败血症的病因有哪些?
答案	
引导问题 2	败血症的症状有哪些?
答案	
引导问题 3	如何诊断败血症?
答案	
引导问题 4	败血症如何治疗?
答案	

Note

三、任务工作单

败血症的诊断与治疗任务工作表

任务名称	
操作过程描述	
操作照片	操作过程或项目成果照片粘贴处
任务反思	

四、任务评价单

败血症的诊断与治疗任务评价表

<table>
<tr><td>任务名称</td><td colspan="12"></td></tr>
<tr><td rowspan="6">任务评价</td><td colspan="3">小组评语</td><td colspan="3">小组评价</td><td colspan="3">评价日期</td><td colspan="3">组长签名</td></tr>
<tr><td colspan="3"></td><td colspan="3"></td><td colspan="3"></td><td colspan="3"></td></tr>
<tr><td colspan="3">组间互评评语</td><td colspan="3">组间互评评价</td><td colspan="3">评价日期</td><td colspan="3">组长签名</td></tr>
<tr><td colspan="3"></td><td colspan="3"></td><td colspan="3"></td><td colspan="3"></td></tr>
<tr><td colspan="3">指导教师评语</td><td colspan="3">指导教师评价</td><td colspan="3">评价日期</td><td colspan="3">指导教师签名</td></tr>
<tr><td colspan="3"></td><td colspan="3"></td><td colspan="3"></td><td colspan="3"></td></tr>
<tr><td rowspan="2">考核标准</td><td colspan="4">优秀标准</td><td colspan="4">合格标准</td><td colspan="4">不合格标准</td></tr>
<tr><td colspan="4">操作规范，安全有序
步骤正确，按时完成
全员参与，分工合理
结果准确，分析有理
保护环境，爱护设施</td><td colspan="4">基本规范
基本正确
部分参与
分析不全
混乱无序</td><td colspan="4">存在安全隐患
无计划，无步骤
个别人或少数人参与
不能完成，没有结果
环境脏乱，桌面未收</td></tr>
<tr><td>小组思政评价</td><td colspan="12"></td></tr>
<tr><td>教师思政评价</td><td colspan="12"></td></tr>
</table>

Note

五、任务总评单

败血症的诊断与治疗任务总评表

任务名称：	班级：	姓名：	学号：
评价方式	分评得分	所占比例	终评得分
学生自评		40%	
学生互评		20%	
教师评价		40%	
合计			

项目四　头颈部、腹部疾病的诊断与治疗

扫码学课件
项目四

项目简介

动物头颈部疾病种类繁多，有角折、耳血肿、外耳炎、中耳炎、豁鼻、鼻旁窦蓄脓、面神经麻痹、舌损伤、牙齿异常、龋齿、齿槽骨膜炎、枕部黏液囊炎、腮腺炎、颈静脉炎、颈椎病、疝气、风湿病等疾病。本章重点介绍临床常见的头颈部疾病，如耳血肿、外耳炎、中耳炎、唾液腺炎，疝和风湿病的病因、症状、诊断和治疗。

项目目标

知识目标：本项目主要学习临床常见头颈部疾病的诊断和治疗，疝的诊断和治疗，风湿病的诊断和治疗。

能力目标：能正确处置临床常见的头颈部疾病、疝，并学会正确预防和治疗风湿病。

素质目标：培养学生正确地处置动物各种头颈部、腹部疾病的能力，培养学生良好的学习兴趣和爱心，引导学生关爱动物健康、爱护动物生命；培养学生细心、严谨的工作作风，牢固树立预防大于治疗的理念。

扫码学课件
4.1

任务一　头颈部疾病的诊断与治疗

案例导入

京巴犬，3 岁，流涎、喘气、低头、四肢无力、走路摇摆，影像学检查显示颈椎异常，初步诊断为中风，寰枢关节脱位。通过本案例的学习，学生应知道动物头颈部外科病非常多，主要掌握临床常见的头颈部外科病的诊断和治疗。

学习目标

了解临床头颈部外科病，重点掌握临床常见的头颈部疾病，如耳血肿、外耳炎、中耳炎、唾液腺炎、颈椎疾病、牙齿异常的病因、症状、诊断和治疗；通过对宠物案例颈椎异常的处理，具备关心动物健康的职业素养，养成细心、严谨的科学习惯。

一、角折

角折为反刍动物特发疾病，多见于公畜，特别是性情恶劣的种公牛，多发生于牛的角斗、快步行走中跌倒、高处坠落等暴力损伤。角折主要表现为角壳脱落、角鞘破裂（角的生发层表面出血，甚至

Note

角突骨质上出现骨裂或骨折)、高位角折、低位角折等。

二、耳病

兽医临床上常见的耳病有耳血肿、外耳炎、中耳炎等。

(一)耳血肿

耳血肿是耳部组织受到钝性或锐性暴力打击,较大血管断裂,血液流至耳软骨与皮肤之间而发生的,多发生在耳廓内面。耳血肿多见于猪、犬和猫。

1. 病因 病因有机械性损伤和耳部疾病导致的继发性损伤两种。机械性损伤指对耳廓的压迫、挫伤、抓伤、咬伤;耳部疾病如外耳道炎、螨病等引起耳部瘙痒,动物剧烈摇头甩耳或搔抓引起血管损伤而发病。

2. 症状 耳廓内面的耳前动脉损伤时,于耳廓内面迅速形成血肿,触之有波动感和疼痛反应。后因出血凝固,析出纤维蛋白,触诊有捻发音。沿耳廓软骨外面走行的耳内动脉损伤时,可在耳廓外面形成血肿。血肿形成后,耳增厚数倍,下垂,穿刺有红色液体流出。

3. 治疗 血肿形成的第一天内宜用干性冷敷并结合压迫绷带制止出血。大血肿不宜过早手术,因为过早手术易致术后出血较多。一般在血肿形成数日后,于肿胀最明显处切一与血肿等长的切口,为防止血水进入耳道,可于术前用一小块棉花填塞耳道,并及时用干棉花吸干流出的血水。排除积血和凝血块后,将切口做水平纽扣缝合。缝合时,先在耳廓凸面进针,穿过耳廓全层至凹面,再从凹面进针穿过凸面,并在凸面打结。装置压迫绷带。耳廓保持安静,必要时使用止血剂。

视频:水平纽扣缝合

(二)外耳炎

外耳炎是指发生于外耳道的炎症,常与耳血肿及外伤有关。本病以犬、猫为多发,且垂耳或外耳道多毛品种的犬更易发生,牛、马等役畜也可发病。

1. 病因 机械性损伤及细菌、真菌和寄生虫感染是外耳炎的几种主要病因。外耳道内有异物(如泥土、昆虫、带刺的植物种子等)进入、存在较多耳垢、进水或有寄生虫(如疥蟠)寄生,垂耳或耳廓内被毛较多使水分不易蒸发而导致外耳道内长期湿润,耳基部肿瘤形成继发性溃疡,湿疹、耳根皮炎的蔓延等诸多因素均可刺激外耳道皮肤,细菌和真菌感染都可导致外耳炎。

2. 症状 由外耳道内排出不同颜色带臭味的分泌物。外耳炎常引起耳部瘙痒,大动物常在树干或墙壁摩擦耳部,小动物常用后爪搔耳抓痒。由于炎症引起疼痛,指压耳根部时动物较敏感。慢性外耳炎时,分泌物浓稠,外耳道上皮肥大、增生,可堵塞外耳道,使动物听力减弱。

3. 治疗 对因耳部疼痛而高度敏感的动物,可在处置前向外耳道内注入可卡因油(可卡因0.1 g加甘油 10 ml),然后用 3%过氧化氢溶液充分清洗外耳道,再用灭菌棉球擦干,涂以 1%～2%龙胆紫溶液或 1∶4 碘甘油溶液,促进患区干燥、结痂,兼有止痒效果。细菌性感染时,用抗生素溶液滴耳。寄生虫感染时,可用伊维菌素进行治疗。

(三)中耳炎

中耳炎是指鼓室及耳咽管的炎症,本病可能由内耳炎蔓延所致,其结果可能出现耳聋和平衡失调、转圈、头颈倾斜而倒地。

1. 病因 常继发于上呼吸道感染,如流行性感冒、一般感冒、传染性鼻炎和化脓性结膜炎等,炎症蔓延到耳咽管,再蔓延到中耳而发病,病原分离证明链球菌和葡萄球菌是常见的致病菌。

2. 症状 单侧中耳炎时,动物将头倾向患侧,患耳下垂,有时出现回转运动。两侧性中耳炎时,动物头颈伸长,以鼻触地。化脓性中耳炎时,动物体温升高,食欲不振,精神沉郁,有时横卧或出现阵发性痉挛等症状。炎症蔓延至内耳时,动物表现为耳聋、平衡失调、转圈、头颈倾斜而倒地。

3. 预后 非化脓性中耳炎一般预后良好,化脓性中耳炎常因继发内耳炎和败血症而预后不良。

4. 治疗 必须及早诊断,及早治疗。

(1)局部和全身应用抗生素治疗:充分清洗外耳后,滴入抗生素药水,并配合全身应用抗生素,以使药物进入中耳腔,连用 7～10 天。

(2)中耳腔冲洗：经上述治疗临床症状未改善时，可行鼓室冲洗治疗。首先动物全身麻醉，然后术者头戴额镜，先用灭菌生理盐水冲洗外耳道，再用额镜检查鼓膜。冲洗时，细管不可移动，以防撕破鼓膜。

(3)中耳腔刮除：严重慢性中耳炎，采用上述方法无效时，可施行中耳腔刮除治疗。先施行外耳道切除术和冲洗水平外耳道，用耳匙经鼓膜插入鼓室进行广泛的刮除。其组织碎片用灭菌生理盐水清除掉。术后几周，全身应用抗生素。

三、鼻面部疾病

耕牛在使役中由于鼻结构不良、穿鼻过浅或强拉缰绳等常导致鼻唇镜断裂。鼻旁窦是在某些头骨的内部形成的直接或间接与鼻腔相通的腔，其邻近器官的炎症、角折、上呼吸道感染、齿病等可致鼻旁窦蓄脓。鼻面部主要接受面神经、眶下神经等的支配，鼻面部损伤或某些传染病、中毒等可引起面神经麻痹。

四、舌与齿疾病

舌与齿位于口腔内，参与口腔消化的全过程。舌与齿的疾病常常引起患畜采食、饮水、咀嚼、吞咽等困难，从而严重影响消化。下面主要介绍舌损伤、牙齿异常、龋齿、齿槽骨膜炎等常见疾病。

(一)舌损伤

舌损伤多见于马、牛，其他动物也可发生。马主要是由牙齿疾病、口勒装置不良或粗暴拉缰绳等引起；牛主要是由误食尖锐或有刺的异物、装置开口器不当、用细绳对下颌做强力保定等引起；犬、猫是由碎骨片、鱼刺等引起，工作犬训练衔物时可能误伤舌部。初期表现为口炎症状，流涎并混有血液，虽有食欲，但进食困难或不能进食。时间较久后，损伤的舌面坏死，颜色发白，有恶臭和缺乏弹性。由开口器引起的舌损伤常伴有齿龈的损伤，犬、猫舌刺创常在组织深部残留有异物。

(二)牙齿异常

动物的牙齿异常是指乳齿或恒齿数目的减少或增多，齿的排列、大小、形状和结构的改变，以及生齿、换牙、齿磨灭异常等。临床上多见的是牙齿发育异常和牙齿磨灭不正。牙齿异常多发生于马，其次是牛和羊。牙齿异常的发病率，臼齿比切齿高。

1. 牙齿发育异常

(1)赘生齿：在动物定额齿数以外新生的牙齿均称为赘生齿。门齿与臼齿最常发病。赘生的牙齿常位于正常牙齿的侧方，也有臼齿赘生于其后方的，此时均能引起该侧的口腔黏膜、齿龈等发生机械性损伤。

(2)换牙失常：大动物除后臼齿外，在切齿和前臼齿都是首先生乳齿，然后在一定的生长发育期更换为恒齿，同时乳齿脱落。由于乳齿未按时脱落，永久齿从下面生出，特别是4～5岁，常有门齿的乳齿遗留而恒齿并列地发生于乳门齿的内侧。

(3)牙齿失位：颌骨发育不良，齿列不整齐，结果牙齿齿面不能正确相对。

2. 牙齿磨灭不正 马属动物上下臼齿的咀嚼面(咬面)，并非垂直正面相对，上臼齿的外缘向外向下，超出下臼齿的外缘，下臼齿的内缘向内向上超出上臼齿的内缘，咀嚼时不仅上下运动，而且以横向运动为主，除撞击捶捣外，还有锉磨研压的机械能，虽然上下颌的宽度不同，齿列广度不等，但是牙齿的咀嚼面则是一致的。

(1)斜齿(锐齿)：下颌过度狭窄及经常限于一侧臼齿咀嚼而引起。上臼齿外缘及下臼齿内缘特别尖锐，故易伤及舌或颊部。多发生于老马或患软骨症的马，严重的斜齿称为剪状齿。

(2)过长齿：臼齿中有一个特别长，突出至对侧，常发生在对侧臼齿短缺的部位。

(3)波状齿：常以下颌第四臼齿为最低，上颌第四臼齿为最长，从整个齿列的咀嚼面来看，略呈凹凸不平线条。凡是臼齿磨灭不正而造成上下臼齿咀嚼面高低不平呈波浪状者称为波状齿。

(4)阶状齿：比波状齿更为严重的一种牙齿磨灭不正，臼齿长度不一致，往往见于若干臼齿交替缺损，而其相对的臼齿则变得相对过长，不可能使咀嚼保持正常，经常减食或停食。

Note

(5)滑齿:臼齿失去正常的咀嚼面,不利于饲料的嚼碎,多见于老龄动物。幼畜发生本病是由先天性牙齿釉质缺乏硬度所致。

3. 治疗

(1)过长齿:用齿剪或齿刨打去过长的齿冠,再用粗、细牙铿进行修整。

(2)锐齿:可用齿剪或齿刨打去尖锐的齿尖,再适当修整其残端。下臼齿的锐齿重点在内侧缘,上臼齿的锐齿重点在外侧缘。同时用0.1%高锰酸钾溶液反复冲洗口腔。舌、颊黏膜的伤口或溃疡可用碘甘油合剂涂擦。用电动锉,功效较高,可减轻繁重的体力劳动。

(3)齿间隙过大:常引起齿龈损伤,致使其与上颌窦相通,可用塑胶镶补堵塞漏洞。先装上开口器,掏清堵塞在齿间隙或蓄积在上颌窦内的饲草,并冲洗干净,用灭菌棉球拭干,保持干燥。根据经验,最好先在上颌窦相应部位做圆锯孔,用棉花吸干创孔内液体,迅速用调好的塑胶从口腔的创孔(齿间隙)向上填塞,塞满创孔,再用食指经圆锯孔从上向下挤压嵌体,使其密接创壁,上端做成一膨大部,嵌体下端亦做成一膨大部。嵌体填塞后,必须等待其硬固后才能取下开口器。

(三)龋齿

龋齿是部分牙釉质、牙本质和牙骨质的慢性、进行性破坏,同时伴有牙齿硬组织的损伤。病初常易被忽视,待出现咀嚼障碍时,损害往往已波及齿髓腔或齿周围。当龋齿破坏范围变大时则口臭显著,咀嚼无力或困难,经常呈偏侧咀嚼,流涎或咀嚼过的食物从口角漏出,饮水缓慢。检查口腔时轻轻叩击病齿有痛感。

(四)齿槽骨膜炎

齿槽骨膜炎是齿根和齿槽壁之间软组织的炎症,是牙周病发展的另一种形式。凡能引起牙齿、齿龈、齿槽、颌骨等损伤或炎症的各种原因,包括齿病处理不当的机械性损伤,均是本病的直接原因。对非化脓性齿槽骨膜炎,给予柔软饲料,每次饲喂后可用0.1%高锰酸钾溶液冲洗口腔,齿龈部涂布碘甘油。对弥散性齿槽骨膜炎,则宜尽早拔齿,术后冲洗,填塞抗生素纱布条于齿槽内,至生长肉芽为止。对化脓性齿槽骨膜炎,应在齿龈部刺破或切开排脓,对已松动的病齿则应拔除,但不应单纯考虑拔牙,应注意其瘘管波及的范围。

五、颈及枕部疾病

(一)枕部黏液囊炎

枕部黏液囊炎主要发生于马属动物。其主要特征是枕部出现肿胀或瘘管,临床上常称之为项肿或项瘘。项肿是指项部皮下蜂窝组织或黏液囊的化脓性炎症;项瘘是指枕部黏液囊的化脓性炎症,局部组织坏死,并形成向外流出脓汁的窦道。

(二)腮腺炎

家畜的唾液腺包括腮腺、颌下腺和舌下腺3对大腺体,而腮腺又是其中最大的一对。腮腺炎是腮腺腺体或导管的急性或慢性炎症。腮腺炎影响唾液的分泌,使饲料在口腔得不到充分的湿润与咀嚼而妨碍消化,甚至炎症波及邻近组织与器官,轻者形成唾液瘘经久不愈,重者可引起全身性败血症。

(三)颈静脉炎

最常见的原因是颈静脉采血、放血、注射等不按照无菌操作规程,反复多次地刺激或损伤颈静脉及其周围组织;其次是颈部手术造成颈静脉组织的损伤,或化脓菌的严重感染;再者是对颈部组织的直接或间接打击、挫伤、挤压等引起血肿、蜂窝织炎等时波及颈静脉。长期以来更严重的是将刺激性药物(如氯化钙、水合氯醛等)漏至颈静脉外,从而导致无菌性颈静脉周围炎而继发颈静脉炎。

(四)颈椎疾病

颈椎一般有7个,由椎骨构成,椎骨间借软骨、关节与韧带连接。常见的颈椎疾病有颈椎间盘脱位、斜颈、颈椎脱位和颈椎骨折等。

1. 颈椎间盘脱位 椎间盘由纤维环、髓核和软骨终板三个部分组成。椎间盘有减少脊髓震动和创伤、连接和保护椎体的功能。颈椎间盘脱位又称颈椎间盘脱出，是指由颈椎间盘变性、纤维环破裂、髓核向背侧突出压迫脊髓而引起的以运动障碍为主要特征的一种脊椎疾病。该病多见于体形小、年龄不大的犬，猫亦可发生。该病可分为两种类型：一种是椎间盘的纤维环和背侧韧带向颈椎的背侧隆起，髓核物质未断裂，一般称之为椎间盘突出；另一种是纤维环破裂，变性的髓核脱落，进入椎管，一般称之为椎间盘脱出。

(1)症状：颈椎间盘突出的好发部位为第2～3节和第3～4节椎间盘。由于椎间盘突出而压迫神经根、脊髓或椎间盘本身，故颈部疼痛十分明显，患畜拒绝触摸颈部，疼痛常呈持续性，也可呈间歇性。头颈部运动或抱着头颈时，疼痛明显加剧。触诊时颈部肌肉高度紧张，颈部、前肢过度敏感。患畜低头，常以鼻触地。耳竖立，腰背弓起。多数患畜出现前肢跛行，不愿行走。重者可出现四肢轻瘫或共济失调。

(2)诊断：根据病史和症状可做出初步诊断，确诊则需进行X线脊髓造影检查或CT等影像学检查。

(3)治疗：根据病情采用不同的治疗方法。

①保守疗法：病初时适用。主要方法是强制休息。可用夹板、制动绷带等限制颈部活动2～3周，并配合应用肾上腺糖皮质激素、消炎镇痛药物。有神经麻痹者可选用B族维生素口服或注射。保守疗法可使患畜症状改善，但有一半左右可能复发。

②手术疗法：在保守疗法无效、病情复发、症状恶化时，可考虑手术疗法。颈椎间盘脱位手术治疗常用腹侧颈椎开窗术和减压术。前者指通过在椎间盘上钻孔，刮取突出物，以防髓核再度突入椎管；后者指通过椎板切除术，从椎管内去除椎间盘组织，以减轻或解除对脊髓的压迫。

2. 斜颈 斜颈是颈部向一侧偏斜或扭转的一类症候群，包括骨骼、肌肉、神经等软组织的损伤或功能障碍，至少是一侧性异常。主要症状是发生颈部偏斜，仅是颈部肌肉损伤导致的斜颈，症状较轻，患部肌肉肿胀，病初局部升温、疼痛，常常出现运动障碍。

3. 颈椎脱位 颈椎脱位是由于暴力作用于颈椎，导致椎关节脱位，并可能导致脊髓损伤的外科病。症状：颈部突然出现异常，表现为不同程度的斜颈。头颈偏向一侧，即使轻轻复位，松手后又弹回原位。

4. 颈椎骨折 一般前4个颈椎为好发部位，尤其第3、4颈椎发生较多。颈椎骨折可分为椎体骨折、椎体不全骨折和椎骨棘突、横突等骨折。

展示与评价

一、任务分配单

颈椎间盘脱位任务分配表

<table>
<tr><td>任务名称</td><td colspan="5"></td></tr>
<tr><td>班级</td><td></td><td>组号</td><td></td><td>指导教师</td><td></td></tr>
<tr><td>组长</td><td></td><td>实训时间</td><td></td><td>实训地点</td><td></td></tr>
<tr><td>组员</td><td colspan="5"><table><tr><td>姓名</td><td>学号</td><td>姓名</td><td>学号</td></tr><tr><td></td><td></td><td></td><td></td></tr><tr><td></td><td></td><td></td><td></td></tr><tr><td></td><td></td><td></td><td></td></tr></table></td></tr>
</table>

续表

任务分工	
实训材料准备	

二、任务问题引导单

颈椎间盘脱位任务问题引导表

任务名称	
引导问题 1	椎间盘组成有哪些?
答案	
引导问题 2	椎间盘突出的好发部位在哪里?
答案	
引导问题 3	椎间盘突出有哪些症状?
答案	
引导问题 4	椎间盘突出如何处置?
答案	

三、任务工作单

颈椎间盘脱位任务工作表

任务名称	
操作过程描述	

续表

操作照片	操作过程或项目成果照片粘贴处
任务反思	

四、任务评价单

颈椎间盘脱位任务评价表

<table>
<tr><td>任务名称</td><td colspan="4"></td></tr>
<tr><td rowspan="6">任务评价</td><td>小组评语</td><td>小组评价</td><td>评价日期</td><td>组长签名</td></tr>
<tr><td></td><td></td><td></td><td></td></tr>
<tr><td>组间互评评语</td><td>组间互评评价</td><td>评价日期</td><td>组长签名</td></tr>
<tr><td></td><td></td><td></td><td></td></tr>
<tr><td>指导教师评语</td><td>指导教师评价</td><td>评价日期</td><td>指导教师签名</td></tr>
<tr><td></td><td></td><td></td><td></td></tr>
<tr><td rowspan="2">考核标准</td><td>优秀标准</td><td>合格标准</td><td colspan="2">不合格标准</td></tr>
<tr><td>操作规范，安全有序
步骤正确，按时完成
全员参与，分工合理
结果准确，分析有理
保护环境，爱护设施</td><td>基本规范
基本正确
部分参与
分析不全
混乱无序</td><td colspan="2">存在安全隐患
无计划，无步骤
个别人或少数人参与
不能完成，没有结果
环境脏乱，桌面未收</td></tr>
<tr><td>小组思政评价</td><td colspan="4"></td></tr>
<tr><td>教师思政评价</td><td colspan="4"></td></tr>
</table>

五、任务总评单

颈椎间盘脱位任务总评表

<table>
<tr><td colspan="4">任务名称：　　　　　班级：　　　　　姓名：　　　　　学号：</td></tr>
<tr><td>评价方式</td><td>分评得分</td><td>所占比例</td><td>终评得分</td></tr>
<tr><td>学生自评</td><td></td><td>40%</td><td></td></tr>
<tr><td>学生互评</td><td></td><td>20%</td><td></td></tr>
<tr><td>教师评价</td><td></td><td>40%</td><td></td></tr>
<tr><td colspan="3">合计</td><td></td></tr>
</table>

Note

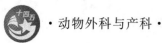

扫码学课件
4.2

任务二 疝的诊断与治疗

案例导入

斗牛犬，5个月，脐部出现鹌鹑蛋至鸡蛋大小的无热痛、柔软具波动性的球形肿胀物；改变体位或用手压迫时，肿胀物即可消失，且在肿胀部位常能触到一个小指甚至大拇指粗的疝孔；当停止压迫或腹压增大时，肿胀物再次出现，局部症状轻微或不明显。通过本案例的学习，学生应知道动物疝的发病原因，掌握临床常见的疝的诊断和手术治疗方法。

学习目标

了解疝的病因，重点掌握临床常见的疝，如脐疝、腹股沟阴囊疝、腹壁疝、会阴疝的病因、症状、诊断和治疗；通过对疝的处理，具备关心动物健康的职业素养，养成细心、严谨的科学习惯。

疝是腹腔的内脏从自然孔道或病理性破裂孔脱至皮下或其他解剖腔的一种常见病。各种家畜均可发生，以猪、马、牛、羊常见，犬、猫及野生动物也有发生。疝分为先天性和后天性两类。先天性疝多发生于初生幼畜；后天性疝见于各种年龄家畜。

一、病因

(1)脐孔闭锁不全或没有闭锁，腹股沟扩大，一般具有遗传性。

(2)机械性外伤，如挫伤、踢伤、顶伤等。

(3)各种原因引起腹内压增高，咳嗽、排尿困难、腹水、便秘等。

(4)手术后遗症——腹壁手术切口愈合不良、去势不当等。

二、疝的组成

疝由疝孔(疝轮)、疝囊和疝内容物组成(图4-2-1)。

疝孔：自然孔(如脐孔、腹股沟环)的异常扩大，或腹壁上任何部位病理性的破裂孔(如钝性暴力造成腹肌的撕裂)，内脏由此脱出。疝孔呈圆形、卵圆形或狭窄的通道。由于病理过程长短不一样，疝孔的结构也不一样。初发的新疝孔，因断裂的肌纤维收缩，一般较薄，被血液浸润。陈旧性的疝孔增厚，边缘钝。

疝囊：由腹膜和腹壁的筋膜、皮肤等构成，腹壁疝的最外层常为皮肤。根据手术治疗的案例发现，腹壁疝的腹膜也常破裂。典型的疝囊分为囊口(囊孔)、囊颈、囊体和囊底。疝囊的大小及形状取决于发生部位的解剖结构，可呈鸡蛋形、扁平形或圆球形。小的疝囊常被忽视，大的疝囊可达人头大或更大。

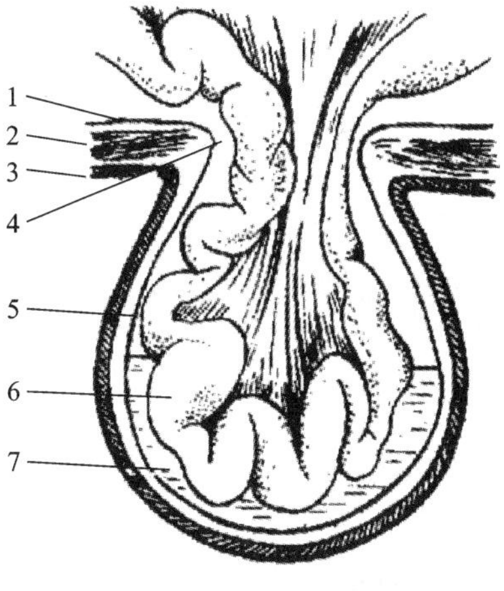

图4-2-1 疝的模式图

1.腹膜；2.肌肉；3.皮肤；4.疝轮；5.疝囊；6.疝内容物；7.疝液

疝内容物：通过疝孔脱出到疝囊内的一些可移动的内脏器官，常见的有小肠肠袢、网膜、胃、子宫、膀胱等，几乎所有案例疝囊内都含有数量不等的浆液——疝液。这种液体常在腹腔与疝囊之间互相流通，可复性的疝内的疝液常为透明、微带乳光色的浆液性液体。当发生箝闭性的疝时，疝液增多，疝液变成混浊、血样，带有恶臭腐败气味。正常的腹腔液中仅含有少量的中性粒细胞和浆细胞。当发生疝时，如果血管和肠壁的渗透性被破坏，则在浆液中可见到大量崩解的中性粒细胞，几乎看不到浆细胞，以此可作为是否有箝闭性现象存在的一个参考指

Note

征。当疝液减少或消失后，脱到疝囊的肠管等就和疝囊发生部分或广泛性粘连。

三、疝的分类

(1)根据是否向体表突出，疝分为外疝和内疝，突出体表者称为外疝，不突出体表者称为内疝。

(2)根据发生的解剖部位，疝分为脐疝、腹股沟阴囊疝、腹壁疝、会阴疝等。

(3)根据疝内容物能否还纳到腹腔，疝分为可复性疝和不可复性疝，前者当家畜体位改变或压迫疝囊时，疝内容物可通过疝孔而还纳到腹腔，后者是指压迫或改变体位时，疝内容物依然不能还纳到腹腔内。这种分类具有诊断意义和指导手术治疗意义。不可复性疝又可分为箝闭性疝和非箝闭性疝(粘连性疝)两种。

四、症状

外疝中除腹壁疝外，其他各种疝(如脐疝、腹股沟阴囊疝、会阴疝等)都有其固定的发病部位。腹壁疝可发生在腹壁的任何部位。非箝闭性疝一般不引起家畜的任何全身性障碍，而只是在局部突然呈现一处或多处的柔软性隆起，当改变家畜体位或用力压迫疝部时有可能使隆起消失，可触摸到隆起疝孔。当患畜强烈努责或咳嗽时，隆起变得更大。外伤性腹壁疝随着腹壁组织的受伤程度加深，扁平的炎性肿胀往往从疝孔开始逐步向下向前蔓延，有时甚至可一直延伸到胸壁的底部或向前达到胸骨下方，压之有水肿指痕。箝闭性疝则突然出现高度的疝痛，局部肿胀增大、变硬、紧张，排粪、排尿受到影响，或发生继发性臌气。

五、诊断

外疝诊断并不困难，应注意收集病史，并从全身性、局部性症状中加以分析，要注意与血肿、脓肿、淋巴外渗、蜂窝织炎、精索静脉肿、阴囊积水及肿瘤等做鉴别诊断。

六、各种类型疝的诊疗

(一)脐疝

各种家畜均可发生脐疝，常见于仔猪、犊牛、幼驹、犬(图4-2-2)。一般是先天性原因为主，见于初生时，或者出生后数天或数周。犊牛的先天性脐疝多数在出生后数月逐渐消失，少数会越来越大。发生原因是脐孔发育不全、没有闭锁，脐部化脓或腹壁发育缺陷等。

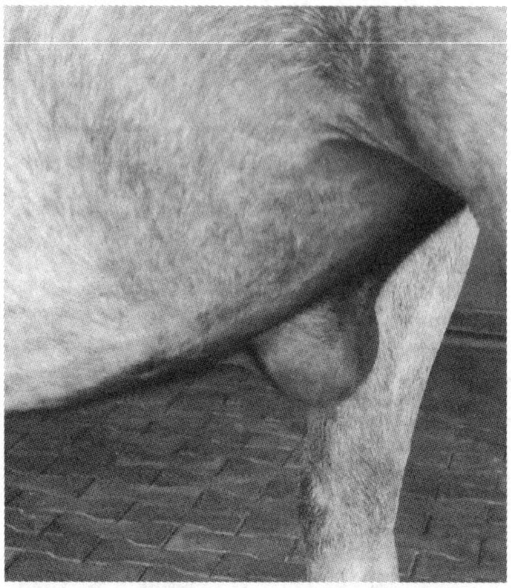

图 4-2-2　马的脐疝

1. 病因　先天性脐疝多因脐孔发育不全或没有闭锁所致，后天性脐疝多因不正确的断脐(如扯断脐带血管及尿囊管留得太短)，脐孔则闭合不全，再加强烈努责或用力跳跃等原因，促使腹压增大，肠管容易通过脐孔进入皮下而形成。

2. 症状　脐部出现局限性球形肿胀，质地柔软，也有的紧张，但缺乏红、痛、热等炎性反应。病初在改变体位时，多数疝内容物能还纳到腹腔，并可触到疝轮，仔猪在饱腹或挣扎时脐疝可增大。听诊可听到肠蠕动音。犊牛脐疝一般由拳头大小可发展至小儿头大，甚至更大。由于结缔组织增生及腹压大，往往触不到疝轮。脱出的网膜常与脐轮粘连，或肠壁与疝囊粘连，也有疝囊与皮肤发生粘连的。猪的脐疝如果疝囊膨大，由于皮肤磨破伤及粘连的肠管，也能形成粪瘘。肠粘连往往是广泛而多处发生的，因此手术时必须仔细剥离。箝闭性脐疝虽不多见，一旦发生就有显著的全身症状，患畜极度不安，马、牛均可出现程度不等的疝痛，食欲废绝，在犬与猪还可以见到呕吐，呕吐物常有粪臭。由于肿胀和疼痛很快发生腹膜炎而体温升高，脉搏加快，如不及时进行手术则常会引起死亡。

3. 诊断　应注意与脐部脓肿和肿瘤等相鉴别，必要时可慎重地做诊断性穿刺。

4. 预后　可复性脐疝预后良好，幼畜经保守疗法治疗常能痊愈，疝孔由瘢痕组织填充，疝囊腔闭塞而疝内容物自行还纳至腹腔内。箝闭性疝预后不确定，能及时手术治疗者预后也良好。

Note

5. 治疗 治疗上以还纳肠管，闭合疝孔，镇痛消炎，防止脱出为原则。

(1)保守疗法：适用于疝轮较小、年龄小的家畜。可用疝带(皮带或复绷带)、强刺激剂(幼驹用赤色碘化汞软膏，犊牛用重铬酸钾软膏)等促使局部炎性增殖从而闭合疝口。但强刺激剂常能扩展炎症至疝囊壁以及位于其中的肠管，引起粘连性腹膜炎。国内有用 95%酒精(碘液或 10%～15%氯化钠液代替酒精)，在疝轮四周分点注射，每点 3～5 ml，取得了一定效果。国外用金属质疝夹治疗幼驹可复性脐疝，疝轮直径不超过 8 cm 时可成功。

(2)手术疗法：比较可靠，但有时遇到缝合后 10 天左右又回复至原来状态者，这说明缝合之处未能按时愈合而重新裂开。本手术应按无菌技术要求切开皮肤，切口为菱形，分离并切开疝囊(根据需要)，特别要注意剥离肠管的粘连部分。若无粘连，可将疝内容物直接还纳(一般做仰卧保定或半仰卧保定时疝内容物可自然还纳至腹腔)，并做荷包缝合以封闭疝轮。如病程稍长，疝轮的边缘坚硬而厚者最好将疝轮削薄成为一新鲜创面，再用褥式缝合，皮肤做结节缝合。

脐疝的手术方法可用于任何种类的动物，但猪则有几种情况应加以考虑。最常见到疝囊的腹膜上发生脓肿，如仔细手术，可完整摘除脓肿，而不致造成破裂。其次是公猪的包皮可覆盖着疝环，再沿包皮做 U 形切口，将包皮翻向后方。还可在包皮的侧方做两个圆形切口，包括囊的过多的皮肤部分，用钝性分离法将疝囊的腹膜部分与包皮分开，至囊壁与外围组织剥开游离为止。

现在已有人造的脐疝修补网，并成功用于牛、马。制作脐疝修补网的材料有塑料、不锈钢、尼龙及碳纤维等。脐疝修补网有两种用法：一种是放置在腹腔疝环的内面，另一种是放在疝轮的外面。用脐疝修补网缝合在疝环内或疝轮外进行修补手术。

6. 术后护理 术后不宜喂得过饱，限制剧烈活动，防止腹压增高。术部包扎绷带，保持 7～10 天，可减少复发。

(二)腹股沟阴囊疝

腹股沟阴囊疝包括腹股沟疝、阴囊疝。腹股沟疝是指腹腔肠管经腹股沟内环脱至腹股沟鞘膜管内；阴囊疝又分鞘膜内疝(也称假性阴囊疝，是指腹腔肠管经鞘膜管脱至阴囊鞘膜内，临床多见)和鞘膜外疝(也称真性阴囊疝，是指腹腔肠管经腹股沟内环前方腹壁破裂口脱至总鞘膜与肉膜之间)，多见于马、猪、犬，成年公畜往往在配种时突然发生。

1. 病因 公猪的腹股沟阴囊疝有遗传性。后天性腹股沟阴囊疝主要由腹压增高引起，如公马配种时，两前肢凌空，身体重心向后移，腹压加大，有时发生腹股沟阴囊疝，还有发生于装蹄时保定失误，这种情况也是由挣扎而加大腹压所引起。

2. 症状 腹股沟疝除内容物发生箝闭(出现剧烈的疝痛)外，只有当疝内容物下坠至阴囊时才能引起人们的注意(此时为腹股沟阴囊疝)。此时一侧性阴囊增大，皮肤紧绷发亮，触诊时柔软有弹性，但多半不痛，也有的呈现发硬、紧张、敏感。听诊时可听到肠蠕动音。疝内容物有还纳至腹腔的可能性。箝闭性腹股沟疝的全身症状明显，如不能及时发现并确诊后采取紧急措施，往往耽误治疗而发生死亡。患畜出现剧烈的疝痛，一侧(或两侧)阴囊变得紧张，出现水肿、皮肤发凉(少数案例发热)，阴囊的皮肤因汗液而变湿润。患畜不愿走动，并在运步时开张后肢，步态紧张，表示其有剧烈疼痛，脉搏和呼吸数增加。随着炎症现象的发生，全身症状加重，体温增高。若箝闭的肠管坏死，则并发箝闭疝综合征，进行急救手术切除坏死肠段并进行健康肠段端端吻合，可使患畜免于死亡。

3. 诊断 直肠检查是大型家畜的重要诊断方法。可触摸内环的大小，马以三个手指并列通过为过大，并可查出通过的内脏，其次是与阴囊积水、睾丸炎和附睾炎相鉴别。前者触诊柔软、直肠检查触摸不出内容物。后两者局部触诊肿胀稍硬，在急性炎症阶段有热痛反应。还应与阴囊肿瘤相鉴别。

4. 治疗 箝闭性疝具有剧烈疝痛等全身性症状，只有立即进行手术治疗(根治手术)才可能挽救患畜生命。非箝闭性腹股沟阴囊疝，尤其是先天性者有可能随着年龄的增长而逐渐缩小其腹股沟环而达到自愈，但本病的治疗还是以早期进行手术为宜。

动物术前禁饲 12 h，降低腹压以便于手术，如有必要可注射破伤风血清。大动物可取仰卧保定，小动物采取倒提或放于饲槽内以45°角斜立或仰卧。全身浅麻配合局部梭形浸润麻醉。患侧腹股沟外环处术部消毒，提起阴囊先将疝内容物还纳回腹腔，在患侧腹股沟外环处沿平行于腹正中线的位置做直线切开皮肤，大动物切开10～12 cm，小动物切开5～7 cm。钝性分离皮下组织，显露总鞘膜并断开与周围组织的联系，在底部插入一把镊子；钝性剥离至阴囊底，连同睾丸和总鞘膜由切口内拉出。如为箝闭性疝或粘连性疝，应切开总鞘膜，显露疝孔。提起睾丸和总鞘膜，继续还纳肠管，并向一个方向捻转数圈。如有粘连或箝闭，则需切开总鞘膜处理，见脐疝部分相关内容。扭转至外环处做贯通结扎，在结扎线上方1～2 cm处剪断，将断端塞入腹股沟外环内。用温青霉素生理盐水冲洗。用水平钮扣缝合法闭合腹股沟外环，先穿好线，然后逐一打结，用温青霉素生理盐水冲洗。皮肤做结节缝合，消毒，包扎。在阴囊底做一小切口排创液。

马属动物除非为了保留优良的种公畜而保留睾丸，手术时常与公畜去势术同时进行。按遗传学的观点，即使患畜其他性能良好也不宜再留作种用。

5. 术后护理　同脐疝。

（三）外伤性腹壁疝

外伤性腹壁疝是指因强大的钝性外力作用于动物腹部，使其肌肉、腹膜发生破裂，腹腔肠管或器官经此破裂孔脱至皮下。外伤性腹壁疝可发生于各种家畜，约占疝病的3/4，马、牛由于腹肌或腱膜受到钝性外力的影响而形成腹壁疝的较为多见。马、骡多发生在膝褶前方下腹壁。牛常见的是发生在左侧腹壁的瘤胃疝及发生在右侧剑状软骨部的真胃疝。猪则多发生于腹下阉割部位。

1. 病因　主要是由强大的钝性暴力所引起。皮下的腹肌或腱膜直至腹膜易被钝性暴力造成损伤。以被饲槽桩所挫伤、倒于地面突出物体上、被牛角抵撞而引起等为多见。其次是腹压过大而引起发病，如母畜妊娠后期或分娩过程难产而强烈努责等引起。

2. 症状　外伤性腹壁疝的主要症状是腹壁受伤后局部突然出现一个局限性扁平、柔软的肿胀（形状、大小不同），触诊时有疼痛，常为可复性，多半可触到疝轮。伤后2天开始，炎性症状发展变为越来越大的扁平肿胀，逐渐向下、向前蔓延。外伤性腹壁疝可伴发淋巴管断裂，淋巴流出是水肿的原因之一。其次是受伤后腹膜炎所引起的大量腹水，经破裂的腹膜而流至肌间或皮下疏松结缔组织中间而形成腹下水肿。此时原发部位变得稍硬，在腹下的水肿常偏于病侧，一般仅达中线或稍过中线，其厚度可达10 cm。发病2周内常因大面积炎症反应而不易摸清疝轮。疝囊的大小与疝轮的大小有密切关系，疝轮越大则脱出的内容物越多，结果疝囊就越大，但也有疝轮很小而脱出大量小肠的情况。在腹壁疝患畜肿胀部位听诊时可听到皮下的肠蠕动音。

箝闭性腹壁疝一旦发生均出现程度不一的疝痛。

3. 诊断与鉴别诊断　外伤性腹壁疝的诊断可根据病史，受钝性暴力后突然出现柔软可缩性肿胀，触诊能摸到疝轮，听诊能听到肠蠕动音（如系肠管脱出），视诊时疝囊体积时大时小，有时甚至随着肠管的蠕动而忽高忽低。但应与淋巴外渗相鉴别，淋巴外渗发生较慢，病程长，既不会发生疝痛症状，也不存在疝轮。

4. 治疗　目前根据具体案例可采取保守疗法（非手术疗法）与手术疗法。各有其适应证和优缺点。

（1）保守疗法：适用于初发的外伤性腹壁疝，凡疝孔位置高于腹侧壁的1/2，疝孔小，有可复性，尚不存在粘连等，可试用保守疗法。在疝孔位置安放特制的软垫，用特制压迫绷带在畜体上绷紧后起到固定填塞疝孔的作用。随着炎症及水肿的消退，疝轮即可自行修复愈合。缺点是压迫的部位有时不确定，绷带移动时会影响效果。压迫绷带的制备：用大车胶皮轮胎或5 mm厚的胶皮带切成长25～30 cm，宽20 cm的长方块，如图4-2-3所示。

打上8个孔，接上8条固定带，以便固定。固定法：先整复疝内容物，在疝轮部位压上适量的脱脂棉花（图4-2-3）。随即将压迫绷带对准患部，将长边两侧的三条固定带经背上及腹下交叉缠好，紧紧压实，同时将向前的两条固定带拴在颈环上，以防止其前后移动，经常检查压迫绷带使其保持在正确的位置上，经15天，如已愈合，可解除压迫绷带。其他动物保守疗法也可参考上述方法。

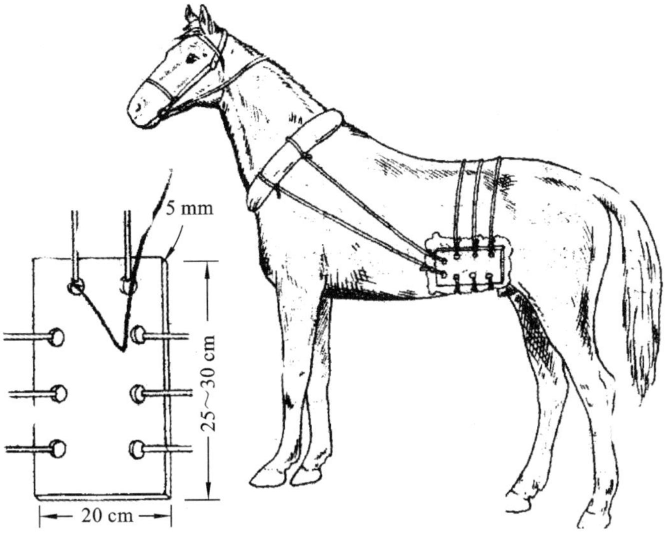

图 4-2-3　压迫绷带治疗马腹壁疝

(2)手术疗法：积极可靠的方法。国外不少人主张发病后急性炎症阶段(5～15 天)不宜动手术；国内在长期实践中证实，手术宜早不宜迟。最好在发病后立即手术。动物站立或侧卧保定。全身浅麻醉，配合腰旁神经干传导麻醉、局部浸润麻醉。术部消毒，切开疝囊，可复性疝靠近疝孔并与疝孔纵轴平行，用皱襞法直线形切开疝囊壁；不可复性疝梭形切开疝囊壁，切除梭形间的皮肤，在无粘连处先切一小口，做探查。如肠管间发生粘连，应钝性剥离后用温青霉素生理盐水冲洗，涂抗生素油剂。还纳肠管，如肠管淤血颜色变暗，应用生理盐水温敷，待颜色正常并出现蠕动后方可还纳回腹腔；肠管确已坏死者，应实施肠管吻合术。如还纳疝内容物确有困难，可沿疝孔纵轴方向扩大创口，再还纳疝内容物。闭合疝孔时，首先修整创缘，消除挫灭组织，陈旧性疝孔要切除边缘瘢痕组织，形成新鲜创缘。腹膜、腹横肌用丝线螺旋缝合，生理盐水冲洗；腹内、腹外斜肌用双水平钮扣缝合法缝合，生理盐水冲洗。皮肤用丝线做减张缝合或圆枕缝合，防止撕裂。消毒，包扎，压迫绷带。

近年来国外用于修补大型疝孔的材料有金属丝或合成纤维，如聚乙烯、尼龙丝等，均取得了较好的效果，也有用钽丝或碳纤维网修补马的下腹壁疝孔的报道。方法是先在疝部皮肤做椭圆形切口，选一块比疝孔的每边大 2～3 cm 的钽丝网，将其嵌入腹壁肌与腹膜之间，用铬制肠线固定钽丝网做结节缝合，然后选用较粗的铬制肠线做水平钮扣缝合，关闭疝孔，皮肤创做结节缝合。

少数腹壁疝案例已发生感染时，应在疝的修补术前控制感染，择机进行修补术。修补术后感染化脓者，做局部引流，使用大剂量抗生素，而不需要去掉修补筛网。

5. 术后护理　归纳为以下 4 点要求：

(1)注意术后有无疝痛发生或不安，尤其是马属动物的腹壁疝，如将疝内容物整复不确实、手术粗糙等对内脏的刺激过大或术后粘连等均可引起疝痛。要及时采取必要的措施，甚至重新做手术。

(2)腹壁疝手术部位易伤及膝褶前的淋巴管，常在术后 1～3 天出现高度水肿，并逐渐向下蔓延，应与局部感染所引起的炎症相鉴别，并应采取相应措施。

(3)保持术部清洁、干燥，防止摔跌。

(4)箝闭性疝的术后护理可参照肠梗阻护理方法，尤其要注意肠管是否畅通，并适当控制饲喂等。

(四)膈疝

膈疝是腹内一种或几种内脏器官通过膈的破裂孔进入胸腔的疝。膈疝多发生于牛、马、羊、猪，犬也有发生。

1. 病因　先天性膈缺损见于幼驹、仔猪或犊牛。后天性膈缺损常并发于综合征性疾病，牛可因创伤性网胃炎损伤膈肌或膈脓肿导致膈肌破裂而引起。马常由于强烈运动，外伤或腹压极度增大而使膈破裂造成本病。犬的膈疝多由外伤引起。

2. 症状 牛患膈疝时，瘤胃始终呈现一定程度的臌气，发病前患畜食欲时好时坏，体况不良，可发生磨牙，粪便呈糊状，量减少，不见反刍，偶可出现逆呕，特别是当通入胃管时。无发热，脉搏减慢，呼吸无变化，臌气时呈现短期的呼吸增快。心脏向左或向前变位。

马膈疝症状差异很大，主要有呼吸改变和疝痛。肠梗阻是最常见的死亡原因，小肠变位时肠梗阻的症状明显，常比大肠阻塞更快致死亡。

犬膈肌破裂后腹内涌入胸腔的脏器以胃、小肠和肝较多。其症状与膈破裂的程度、疝内容物的类别及量的多少有关。如心脏受压则引起呼吸困难、心力衰竭、黏膜发绀，肺音、心音听诊不清，胃肠脱入可听到肠音，箝闭后可引起急腹症，肝脏箝闭可引起急性胸腔积液和黄疸。

3. 诊断 先天性膈疝在出生后有明显的呼吸困难，常在几小时或几周内死亡。钡餐造影 X 线检查可有助于确诊网胃膈疝，一般通过剖腹探查术和瘤胃切开术验证疝周围是否粘连，胸部听诊发现网胃拍水音，血液检查有白细胞增多症有助于本病的诊断。

叩诊变化在马、牛不能算是诊断本病的特殊检查方法，但右侧肺叩诊，可确定疝孔的位置。患犬若胸腔有较多积液，站立叩诊胸部可见有水平浊音区。X 线检查常作为犬膈疝的重要诊断方法。

4. 治疗 在牛手术修补疝时，要注意预防心脏纤颤。它是手术的主要并发症。最好供给氧气，但也不是绝对必需的。在剑突后方径路进入腹腔，随着分离粘连，拉回形成疝的网胃，并用连续锁边缝合法闭合膈的疝孔。马膈疝手术修补沿腹正中线切开皮肤与腹壁，助手将疝内容物拉回腹腔后，用一片合成纤维盖于疝环处，用双股合成纤维(0.6 mm)做简单的连续缝合，相距 2 cm，离疝轮边缘 3 cm，并分别闭合腹壁与皮肤。

所有手术患畜均应注意水盐代谢紊乱的纠正，适当补充离子与水，膈疝患畜主要是存在呼吸性酸中毒，应特别注意加以纠正。抗生素连用 7～10 天，其他治疗可根据术后情况决定。

展示与评价

一、任务分配单

脐疝的诊断与治疗任务分配表

<table>
<tr><td>任务名称</td><td colspan="5"></td></tr>
<tr><td>班级</td><td></td><td>组号</td><td></td><td>指导教师</td><td></td></tr>
<tr><td>组长</td><td></td><td>实训时间</td><td></td><td>实训地点</td><td></td></tr>
<tr><td>组员</td><td colspan="5"><table>
<tr><td>姓名</td><td>学号</td><td>姓名</td><td>学号</td></tr>
<tr><td></td><td></td><td></td><td></td></tr>
<tr><td></td><td></td><td></td><td></td></tr>
<tr><td></td><td></td><td></td><td></td></tr>
</table></td></tr>
<tr><td>任务分工</td><td colspan="5"></td></tr>
<tr><td>实训材料准备</td><td colspan="5"></td></tr>
</table>

Note

二、任务问题引导单

脐疝的诊断与治疗任务问题引导表

任务名称	
引导问题 1	脐疝的病因有哪些？
答案	
引导问题 2	脐疝的症状有哪些？
答案	
引导问题 3	脐疝如何诊断？
答案	
引导问题 4	脐疝如何处置？
答案	

三、任务工作单

脐疝的诊断与治疗任务工作表

任务名称	
操作过程描述	
操作照片	操作过程或项目成果照片粘贴处
任务反思	

Note

四、任务评价单

脐疝的诊断与治疗任务评价表

<table>
<tr><td>任务名称</td><td colspan="12"></td></tr>
<tr><td rowspan="6">任务评价</td><td colspan="3">小组评语</td><td colspan="3">小组评价</td><td colspan="3">评价日期</td><td colspan="3">组长签名</td></tr>
<tr><td colspan="3"></td><td colspan="3"></td><td colspan="3"></td><td colspan="3"></td></tr>
<tr><td colspan="3">组间互评评语</td><td colspan="3">组间互评评价</td><td colspan="3">评价日期</td><td colspan="3">组长签名</td></tr>
<tr><td colspan="3"></td><td colspan="3"></td><td colspan="3"></td><td colspan="3"></td></tr>
<tr><td colspan="3">指导教师评语</td><td colspan="3">指导教师评价</td><td colspan="3">评价日期</td><td colspan="3">指导教师签名</td></tr>
<tr><td colspan="3"></td><td colspan="3"></td><td colspan="3"></td><td colspan="3"></td></tr>
<tr><td rowspan="2">考核标准</td><td colspan="4">优秀标准</td><td colspan="4">合格标准</td><td colspan="4">不合格标准</td></tr>
<tr><td colspan="4">操作规范,安全有序
步骤正确,按时完成
全员参与,分工合理
结果准确,分析有理
保护环境,爱护设施</td><td colspan="4">基本规范
基本正确
部分参与
分析不全
混乱无序</td><td colspan="4">存在安全隐患
无计划,无步骤
个别人或少数人参与
不能完成,没有结果
环境脏乱,桌面未收</td></tr>
<tr><td>小组思政
评价</td><td colspan="12"></td></tr>
<tr><td>教师思政
评价</td><td colspan="12"></td></tr>
</table>

五、任务总评单

脐疝的诊断与治疗任务总评表

<table>
<tr><td colspan="4">任务名称：　　　　　　　班级：　　　　　　　姓名：　　　　　　　学号：</td></tr>
<tr><td>评价方式</td><td>分评得分</td><td>所占比例</td><td>终评得分</td></tr>
<tr><td>学生自评</td><td></td><td>40%</td><td></td></tr>
<tr><td>学生互评</td><td></td><td>20%</td><td></td></tr>
<tr><td>教师评价</td><td></td><td>40%</td><td></td></tr>
<tr><td colspan="3">合计</td><td></td></tr>
</table>

扫码学课件

4.3

任务三　风湿病的诊断与治疗

案例导入

德牧犬,5 岁,起立困难,运动跛行,走路不稳。关节腔有积液,触诊有波动感。关节滑膜及周围结缔组织增生、肥厚,关节变形,行动艰难,运动时关节有摩擦音。通过本案例的学习,学生应知道风

Note

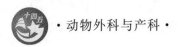

湿病的常见症状，掌握临床常见风湿病的诊断和治疗。

学习目标

了解风湿病的种类，重点掌握临床常见的风湿病，如风湿性肌炎、风湿性关节炎、风湿性蹄炎、风湿性心肌炎的症状、诊断和治疗；通过对宠物风湿病的处理，具备关心动物健康的职业素养，养成细心、严谨的科学习惯。

风湿病是一种容易反复发作的急性或慢性非化脓性炎症。中兽医称之为痹症。其特征是胶原结缔组织发生纤维蛋白变性以及骨骼肌、心肌和关节囊中的结缔组织出现非化脓性局限性炎症。该病常侵害对称性的骨骼、肌肉、关节、蹄，另外还有心脏。临床特征为病情反复发作，发病部位呈对称性、游走性，疼痛，跛行随运动而减轻。我国各地均有发生。常发生于寒冷、潮湿的季节和环境，多发生于冬季、秋季和初春，各种家畜和宠物均有发生。

一、病因

风湿病的发病原因至今尚未完全阐明。

近年的研究表明，风湿病是一种变态反应性疾病，并与 A 型溶血性链球菌感染有关。已知 A 型溶血性链球菌感染后所引起的病理过程有两种：一种表现为化脓性感染，另一种则表现为变态反应性疾病。而风湿病属于后一种。

不仅溶血性链球菌，而且其他种抗原以及某些半抗原物质也可以引起风湿病。如细菌蛋白质、异种血清、经肠道吸收的蛋白质等，也会引起变态反应，发生风湿病。

风湿病的流行季节及分布地区，常与溶血性链球菌所致的疾病，如咽炎、喉炎、急性扁桃体炎等上呼吸道感染的流行与分布有关。风湿病多发生在冬春寒冷季节。在我国，北方比较寒冷，溶血性链球菌感染的机会较多。因而此病在北方较气候温和的南方地区多见。

此外，临床实践证明，风、寒、潮湿、过劳等因素在风湿病的发生上起着重要的作用。如畜舍潮湿、阴冷，大汗后受冷雨浇淋，受贼风特别是穿堂风的侵袭，夜卧于寒湿之地或露宿于风雪之中，以及管理、使役不当等都是导致风湿病发生的诱因。

二、主要临床症状

风湿病的主要临床症状是肌群、关节及蹄的疼痛和机能障碍，疼痛表现时轻时重，部位多固定但也有转移的。风湿病有活动型的、静止型的，也有复发型的。根据其病程及侵害器官的不同可出现不同的症状。临床上常见的分类方法和症状如下。

1. 肌肉风湿病（风湿性肌炎） 主要发生于活动性较大的肌群，如肩臂肌群、背腰肌群、臀肌群、股后肌群及颈肌群等。其特征是急性经过时则发生浆液性或纤维素性炎症，炎性渗出物积聚于肌肉结缔组织中。而慢性经过时则出现慢性间质性肌炎。

因患病肌肉疼痛，故表现为运动不协调，步态强拘不灵活，常发生 1～2 肢的轻度跛行。跛行可能是支跛、悬跛或混合跛行。其特征是随运动量的增加和时间的延长而有减轻或消失的趋势。肌肉风湿病时常有游走性，时而一个肌群好转时而另一个肌群又发病。触诊时患病肌群有痉挛性收缩，肌肉表面凹凸不平而有硬感，肿胀。急性经过时疼痛症状明显。

多数肌群发生急性肌肉风湿病时可出现明显的全身症状。患畜精神沉郁，食欲减退，体温升高 1～1.5 ℃，结膜和口腔黏膜潮红，脉搏和呼吸增快，血沉稍快，白细胞数稍增加。重者出现心内膜炎症状，可听到心内杂音。急性肌肉风湿病的病程较短，一般经数日或 1～2 周即好转或痊愈，但易复发。当转为慢性经过时，患畜全身症状不明显。患畜肌肉及腱的弹性降低。重者肌肉僵硬、萎缩，肌肉中常有结节性肿胀。患畜容易疲劳，运步强拘。

2. 关节风湿病（风湿性关节炎） 最常发生于活动性较大的关节，如肩关节、肘关节、髋关节和膝关节等。脊柱关节（颈、腰部）也有发生，对称关节常同时发病，有游走性。

本病的特征是急性期呈现风湿性关节滑膜炎的症状。关节囊及周围组织水肿，滑液中有的混有纤维蛋白及颗粒细胞。患病关节外形粗大，触诊温热、疼痛、肿胀。运步时出现跛行。跛行可随运动量的增加而减轻或消失。患畜精神沉郁，食欲不振，体温升高，脉搏及呼吸均增快。有的可听到明显的心内杂音。

转为慢性经过时则呈现慢性关节炎的症状。关节滑膜及周围组织增生，肥厚，因而关节肿大，轮廓不清，活动范围变小，运动时关节强拘。他动运动时能听到噼啪音。

3. 蹄风湿病(风湿性蹄炎)　急性时剧痛，肿胀不明显，趾动脉亢进，典型支跛；慢性时芜蹄。

4. 心脏风湿病(风湿性心肌炎)　主要表现为心内膜炎的症状。听诊时第一心音和第二心音增强，有时出现期外收缩杂音。对于家畜心脏风湿病的研究材料还很少，有人认为蹄风湿病波及心脏的最多，也最严重。

三、诊断与鉴别诊断

到目前为止，风湿病尚缺乏特异性诊断方法，在临床上主要还是根据病史和上述临床表现加以诊断。必要时可进行下述辅助诊断。

水杨酸钠皮内反应试验做辅助诊断：用新配制的 0.1% 水杨酸钠 10 ml，分数点注入颈部皮内。注射后 30 min 和 60 min 分别检查白细胞总数。其中有 1 次比注射前的白细胞总数减少五分之一时，即可判定为风湿病阳性反应。

目前在人医临床上对风湿病的诊断已广泛应用血清中对溶血性链球菌的各种抗体与血清非特殊性生化成分的测定，主要有下面几种。

1. 血清抗链球菌溶血素的测定　抗 O 高于 500 单位为增高。此试验可证明有链球菌的前驱感染，为有代表性的反应，但抗 O 阳性并不能说明肯定患有风湿病。

2. 抗黏糖酶(抗透明质酸酶)的测定　抗黏糖酶高于 128 单位为增高。

3. 抗链激酶的测定　抗链激酶高于 80 单位为增高。

4. C 反应蛋白(CRP)的测定　急性风湿病发病 2 周以内，C 反应蛋白常呈阳性，1 个月后变为阴性。C 反应蛋白含量与疾病的严重性成正比。风湿病静止期消失，再度出现为风湿病复发的先兆。但本试验并非急性风湿病特异性诊断指标，仅协助判定本病是否活动。

5. 黏蛋白(MPT)的测定　当风湿病活动时，黏蛋白可见增多。

以上人医临床实验室检验可以作为我们兽医临床诊断的参考。

至于类风湿性关节炎的诊断，除根据临床症状及 X 线摄影检查外，还可做类风湿性因子检查，以便进一步确诊。

在临床上风湿病除注意与骨质软化症进行鉴别诊断外，还要注意与肌炎、多发性关节炎、神经炎，颈和腰部的损伤及牛的锥虫病等疾病做鉴别诊断。

四、治疗

风湿病的治疗原则是消除病因、加强护理、祛风除湿、解热镇痛、消除炎症。一方面应改善患畜的饲养管理以增强其抗病能力，另一方面应采用下述的治疗方法。

1. 应用解热镇痛及抗风湿药　在这类药物中以水杨酸类药物的抗风湿作用最强。这类药物包括水杨酸、水杨酸钠及阿司匹林等。临床证明，应用大剂量的水杨酸制剂治疗风湿病，特别是急性肌肉风湿病疗效较好，而对慢性风湿病则疗效较差。除用其粉剂(水杨酸钠、阿司匹林)内服外，还可使用含有水杨酸的针剂，将 10% 水杨酸钠溶液，马、牛 100～300 ml，猪、羊 10～50 ml，犬 1～5 ml，配合 5% 葡萄糖酸钙溶液，分别静脉内注射，每日 1 次，连用 5～7 次。

阿司匹林(乙酰水杨酸)与水杨酸钠的作用相似，但内服后对胃黏膜刺激性较小。其镇痛作用较水杨酸钠强，但抗风湿作用较弱。临床上常用其粉剂大剂量内服(马 25～50 g，牛 25～75 g，猪及羊 3～10 g)。

Note

保泰松及羟保泰松中的前者为白色或微黄色结晶粉末；后者为白色结晶粉末，是前者的衍生物，其优点是作用较前者略强，但副作用较低。此两药的作用与氨基比林相似，但抗炎及抗风湿作用较强，解热作用较差，临床上常用于风湿病的治疗。

2. 应用皮质激素类药物 这类药物能抑制许多细胞的基本反应，因此有显著的消炎和抗变态反应的作用。临床上常用的有地塞米松注射液、醋酸氢化可的松注射液、醋酸泼尼松（强的松）注射液、醋酸氢化泼尼松注射液及往射用促皮质激素等。它们能明显地改善关节风湿病的症状，但容易复发。

3. 抗生素控制急性风湿病的链球菌感染 首选青霉素，肌内注射每天 2～3 次，一般应用 10～14 天。

4. 应用碳酸氢钠、水杨酸钠和自家血液疗法 其方法是，每天静脉内注射 5%碳酸氢钠溶液、10%水杨酸钠溶液。自家血液每天注射，每 7 天为一个疗程。每个疗程之间间隔 1 周，可连用两个疗程。对急性肌肉风湿病疗效显著，对慢性风湿病可获得一定的好转。

5. 应用针灸 应用针灸治疗风湿病有一定的治疗效果。

6. 应用物理疗法 物理疗法对风湿病，特别是慢性经过者有较好的治疗效果。

（1）局部温热疗法：将酒精加热（40 ℃左右）后，或将麸皮与醋按 4∶3 的比例混合炒热装于布袋内进行患部热敷，每天 1～2 次，连用 6～7 天。光疗法中可使用红外线（热线灯）局部照射，每次 20～30 min，每天 1～2 次，至明显好转。

（2）电疗法：中波透热疗法、中波透热水杨酸离子透入疗法、短波透热疗法、超短波电场疗法、周林频谱疗法及多源频谱疗法等对慢性风湿病均有较好的治疗效果。

（3）激光疗法：近年来应用激光治疗家畜风湿病已取得较好的治疗效果，一般常用的是 6～8 mW 的 He-Ne 激光做局部或穴位照射，每次治疗时间为 20～30 min，每天 1 次，连用 10～14 天为一个疗程。必要时可间隔 7～14 天进行第二个疗程的治疗。

7. 局部涂擦刺激剂 局部可应用水杨酸甲酯软膏（处方：水杨酸甲酯 15 g、松节油 5 ml、薄荷脑 7 g、白色凡士林 15 g）、水杨酸甲酯莨菪油擦剂（处方：水杨酸甲酯 25 g、樟脑油 25 ml、莨菪油 25 ml），可局部涂擦樟脑酒精及氨擦剂等。

五、预防

风湿病的发病率在北方较高，特别是冬春季节多发、容易复发且易加重，因此要注意家畜的饲养管理和环境卫生，勿使之过度劳累，使役后出汗时不要系于房檐下或有穿堂风处，免受风寒。厩舍应保持卫生、干燥，冬季时应保持温暖以防家畜受潮湿和着凉。对溶血性链球菌感染后引起的家畜上呼吸道疾病，如急性咽炎、喉炎、扁桃体炎、鼻卡他等应及时治疗。如能早期大量应用青霉素等抗生素彻底治疗，对风湿病的发生和复发可能起到一定的预防作用。

展示与评价

一、任务分配单

风湿性关节炎的诊断与治疗任务分配表

<table>
<tr><td>任务名称</td><td colspan="4"></td><td></td></tr>
<tr><td>班级</td><td></td><td>组号</td><td></td><td>指导教师</td><td></td></tr>
<tr><td>组长</td><td></td><td>实训时间</td><td></td><td>实训地点</td><td></td></tr>
<tr><td rowspan="4">组员</td><td>姓名</td><td>学号</td><td>姓名</td><td>学号</td><td></td></tr>
<tr><td></td><td></td><td></td><td></td><td></td></tr>
<tr><td></td><td></td><td></td><td></td><td></td></tr>
<tr><td></td><td></td><td></td><td></td><td></td></tr>
</table>

续表

任务分工	
实训材料准备	

二、任务问题引导单

风湿性关节炎的诊断与治疗任务问题引导表

任务名称	
引导问题 1	风湿性关节炎的病因有哪些？
答案	
引导问题 2	风湿性关节炎的症状有哪些？
答案	
引导问题 3	风湿性关节炎如何诊断？
答案	
引导问题 4	风湿性关节炎如何处置？
答案	

三、任务工作单

风湿性关节炎的诊断与治疗任务工作表

任务名称	
操作过程描述	

续表

操作照片	操作过程或项目成果照片粘贴处
任务反思	

四、任务评价单

风湿性关节炎的诊断与治疗任务评价表

<table>
<tr><td>任务名称</td><td colspan="12"></td></tr>
<tr><td rowspan="6">任务评价</td><td colspan="3">小组评语</td><td colspan="3">小组评价</td><td colspan="3">评价日期</td><td colspan="3">组长签名</td></tr>
<tr><td colspan="3"></td><td colspan="3"></td><td colspan="3"></td><td colspan="3"></td></tr>
<tr><td colspan="3">组间互评评语</td><td colspan="3">组间互评评价</td><td colspan="3">评价日期</td><td colspan="3">组长签名</td></tr>
<tr><td colspan="3"></td><td colspan="3"></td><td colspan="3"></td><td colspan="3"></td></tr>
<tr><td colspan="3">指导教师评语</td><td colspan="3">指导教师评价</td><td colspan="3">评价日期</td><td colspan="3">指导教师签名</td></tr>
<tr><td colspan="3"></td><td colspan="3"></td><td colspan="3"></td><td colspan="3"></td></tr>
<tr><td rowspan="2">考核标准</td><td colspan="4">优秀标准</td><td colspan="4">合格标准</td><td colspan="4">不合格标准</td></tr>
<tr><td colspan="4">操作规范，安全有序
步骤正确，按时完成
全员参与，分工合理
结果准确，分析有理
保护环境，爱护设施</td><td colspan="4">基本规范
基本正确
部分参与
分析不全
混乱无序</td><td colspan="4">存在安全隐患
无计划，无步骤
个别人或少数人参与
不能完成，没有结果
环境脏乱，桌面未收</td></tr>
<tr><td>小组思政评价</td><td colspan="12"></td></tr>
<tr><td>教师思政评价</td><td colspan="12"></td></tr>
</table>

五、任务总评单

风湿性关节炎的诊断与治疗任务总评表

<table>
<tr><td colspan="4">任务名称：　　　　　班级：　　　　　姓名：　　　　　学号：</td></tr>
<tr><td>评价方式</td><td>分评得分</td><td>所占比例</td><td>终评得分</td></tr>
<tr><td>学生自评</td><td></td><td>40%</td><td></td></tr>
<tr><td>学生互评</td><td></td><td>20%</td><td></td></tr>
<tr><td>教师评价</td><td></td><td>40%</td><td></td></tr>
<tr><td colspan="3">合计</td><td></td></tr>
</table>

项目五　四肢疾病的诊断与治疗

扫码学课件
项目五

项目简介

动物四肢疾病种类繁多，有跛行、关节疾病、肌腱黏液囊疾病等。本项目重点介绍四肢疾病的病因、症状、诊断和治疗。

视频：四肢疾病的诊断与治疗

项目目标

知识目标：本项目主要学习跛行的诊断与治疗，关节疾病的诊断与治疗，肌腱黏液囊疾病的诊断与治疗。

能力目标：能正确处置临床常见的跛行、关节疾病、肌腱黏液囊疾病。

素质目标：培养学生正确处置动物各种四肢疾病的能力，培养学生良好学习兴趣和爱心，引导学生关爱动物健康、爱护动物生命；培养学生养成细心、严谨的工作作风，牢固树立预防大于治疗的理念。

扫码学课件
5.1

任务一　跛行的诊断与治疗

案例导入

高加索犬，10 月龄，休息后后肢起立困难，而卧下较快，不愿运动，喜卧，行走时后驱呈摇摆步态，后肢跛行（“兔蹦”），关节完全伸展时有痛感，股骨头肌肉萎缩。通过本案例的学习，学生应知道动物跛行的发病原因，掌握临床常见的跛行的诊断和治疗方法。

学习目标

了解跛行的病因，重点学习临床常见的跛行（悬跛和支跛比较少见，而最多的还是混合跛行）的病因、症状、诊断和治疗；通过对跛行的处理，具备关心动物健康的职业素养，养成细心、严谨的科学习惯。

跛行也称跛症、瘸腿，即运动障碍，是动物四肢功能障碍的综合症状，不是一种疾病的病名。

除外科病（特别是四肢病和蹄病）外，有些传染病、寄生虫病、产科病和内科病都可引起跛行。

四肢病和蹄病的发生，与不合理的饲养管理，尤其是不合理的使役与竞赛有密切关系。如饲料中矿物质不足或比例失调、维生素缺乏等，常可影响骨、关节代谢紊乱，其是引起跛行的全身性因素。削蹄和装蹄是维持四肢和蹄正常功能的有力措施，如削蹄和装蹄不合理，可直接引起蹄病和诱发四

Note

肢疾病。临床上最常见的跛行是由于使役(竞赛)不当,引起四肢各部位的机械性损伤,出现运动功能障碍。

引起跛行的原因除上述一些情况外,肢、蹄的某些功能障碍,如肌腱短缩、关节僵直、软骨化骨等也可引起运动障碍。此外脊柱的畸形、损伤和增生,常压迫神经,影响四肢的运动。

跛行可发生于一肢,也可发生于两肢,甚至四肢同时发病。跛行可能突发或徐发,有时还可间断出现。有的跛行随着运动逐步减轻,有的随着运动逐步加重。

跛行诊断在临床上一般是比较困难的,需收集病史,临床症状全面,仔细、反复地观察、比较,结合解剖和生理,进行归纳整理,加以综合分析、比较和判断,找出其发病原因和部位,定出病名。如要很好地进行跛行诊断,首先要熟悉四肢的解剖特征和功能;其次应熟悉所在地区四肢病和蹄病的发病规律,由于各地区在饲养、管理、使役、水土、地形、路面、植物分布、作业种类等方面,各有不同特点,因而在常发病和多发病上也有其规律性;再次应熟悉四肢各个部位常发的疾病,并掌握每个病的临床特征。此外,还要熟练掌握跛行诊断的方法。

临床上遇到跛行案例,首先应该分清是症候性跛行,还是运动器官本身的疾病;其次,运动器官本身的疾病,也应分清是全身性因素引起的四肢疾病,还是单纯的局部病灶引起的功能障碍,这对跛行诊治有很大益处;再次,在局部病变上也应分清是疼痛性疾病,还是功能障碍。总之,在诊断过程中,应该应用对立统一法则,正确地对待现象与本质、局部与整体、个性与共性、正常与异常、素因与诱因等辩证关系。

一、跛行的种类和程度

(一)跛行的种类

了解跛行的种类和分类依据,对诊断跛行或分析、判断引起跛行的患病部位及患病性质非常重要,是进行跛行诊断的基础。

1. 跛行分类的依据 动物在行走的时候,每条腿的动作可分为空中悬垂阶段和地面支柱阶段。一条腿完成这两个阶段就是向前行走一步。空中悬垂阶段由两个时间相同的步骤组成。各关节按顺序屈曲和伸展。前者是从蹄离开地面,直到蹄到达对侧肢的肘关节(或跗关节)之下。后者是蹄从肘关节(或跗关节)开始,到重新到达地面(图 5-1-1)。

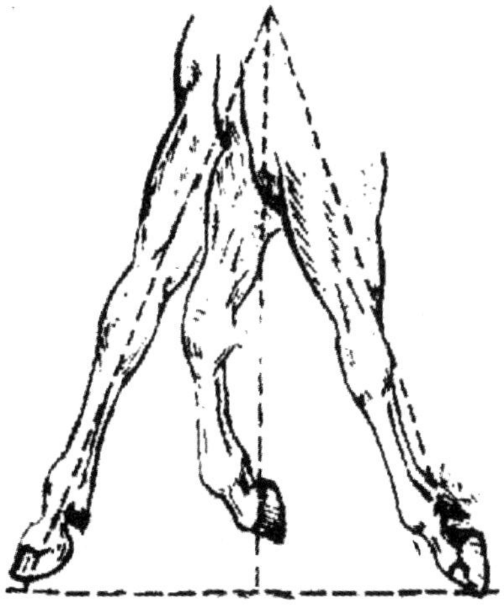

图 5-1-1 健康马运步时悬垂阶段的两个时期

蹄从离开地面到重新到达地面,为该肢所走的一步,这一步被对侧肢的蹄印分为前后两半。对于健肢,所走的一步的前一半和后一半基本是相等的,而对于跛行的患肢,绝大多数是有变化的,前半步或后半步出现延长或缩短,以调节运步姿势而适应健肢迈步。如果前半步延长,则后半步缩短,称为后方短步。反之称为前方短步。患肢所走的一步和相对健肢所走的一步是相等的、不变的,而只是一步的前一半或后一半出现延长或缩短,以调节其运步,而保证动物前行。健肢所走的一步和正常时该肢所走的一步比较,可能较短。

四肢的运动功能障碍,在空中悬垂阶段表现明显,称为悬垂跛行,简称悬跛或运跛;在地面支柱阶段表现出功能障碍,称为支柱跛行,简称支跛。

单纯的悬跛和支跛比较少见,而最多的是混合跛行。混合跛行就是在空中悬垂阶段和地面支柱阶段都表现有不同程度的功能障碍,但在临床上应判明是以悬跛为主的混合跛行,还是以支跛为主的混合跛行,这对寻找疾病的部位有很大帮助。

2. 跛行的特征

(1)以生理功能分类的跛行的特征：

①悬跛的特征：基本特征是"抬不高"和"迈不远"，患肢前进运动时，常常比健肢的前进速度缓慢，患肢抬举困难，前方短步。与发生悬跛相关的解剖学结构有四肢长骨，关节的伸、屈肌及关节囊，腱鞘或腱下黏液囊，肢体的伸肌等。

②支跛的特征：支跛基本特征是负重时间短缩和避免负重，患肢后方短步、蹄音低、系部直立。临床表现为站立时以指(趾)尖着地或提起患肢，如果两前肢或两后肢均表现支跛，则两肢频繁交换负重；行走时患肢接触地面时间缩短。与发生支跛相关的解剖学结构有四肢的骨、关节、韧带、肌腱或指(趾)部的构造等。

③混合跛行的特征：兼有支跛和悬跛的某些症状。混合跛行的发生可能有两种情况，一种是在肢上有引起支跛和悬跛的两个患部；另一种是在某发病部位负重时有疼痛，运步时也有疼痛。与发生混合跛行相关的解剖学结构有骨盆、肩关节或髋关节、肱骨或股骨等。

(2)以某些特有症状命名的特殊跛行：

①间歇性跛行：马在运步前正常，在劳动或骑乘过程中，突然发生强烈的跛行，甚至卧下不能起立，休息一会儿后，跛行消失，运步与正常马匹一样。再次运动后复发，这种跛行常发生于以下情况。

a. 动脉栓塞：由于马圆虫在肠系膜根动脉寄生，形成动脉瘤，常使血液在该处形成血栓，血栓随血液流动至后肢的髂内外动脉或股动脉形成栓塞，动物可出现患肢屈曲不全，以蹄尖着地，肢呈拖拉状态，快步行进时，呈三脚跳，并迅速变为不能运步而卧倒，有时呈犬坐姿势，并出现精神不安，呼吸和脉搏增快，出汗，患肢温度下降。过一段时间后，栓子排除，患肢逐步恢复正常，马自行站立后运步没有任何异常。

b. 习惯性脱位：常发的为膝盖骨脱位，由于关节囊或关节韧带弛缓，或作用于关节的某块肌肉的异常，常常引起脱位。脱位后呈现严重的跛行，马、牛走几步或倒退几步后，脱位的髌骨突然复位，此时跛行又消失。

c. 关节石：由于外力使部分关节软骨或骨骺脱落，脱落的骨块多位于关节囊的憩室内，如果脱落的骨块在运步时落到关节面之间，由于压迫关节面，即引起剧烈的疼痛，发生跛行，当脱落的骨块又回到关节憩室内时，跛行可消失。

②黏着步样：呈现缓慢短步，见于肌肉风湿、破伤风等。

③紧张步样：呈现急速短步，见于蹄叶炎。

④鸡跛：患肢运步呈现高度举扬，膝关节和跗关节高度屈曲，患肢在空中停留片刻后，又突然着地，如鸡行走的样子。

(二)跛行的程度

家畜的运动功能障碍，由于原因和经过不同，可以表现为不同的程度，所以当诊断跛行时，除了确定跛行的种类外，同时要确定跛行的程度，以便测知患部的严重性。跛行程度临床上分为三类。

(1)轻度跛行：患肢驻立时可以蹄全负缘着地，有时比健肢着地时间短。运步时稍有异常，或患肢在不负重运动时跛行不明显，而在负重运动时出现跛行。

(2)中度跛行：患肢不能以蹄全负缘负重，仅用蹄尖着地，或虽以蹄全负缘着地，但上部关节屈曲，减轻患肢对体重的负担，运步时可明显看出提伸有障碍。

(3)重度跛行：患肢驻立时几乎不着地，运步时有明显的提举困难，甚至在运步时呈三肢跳。

二、跛行诊断基本程序

视频：跛行的诊断与治疗

跛行诊断是比较复杂的临床工作，在进行跛行诊断时，必须细致地按一定方法和顺序从各个方面收集症候，然后根据解剖生理知识加以推理，逐步确定跛行的患肢、患部和病性(病名)，必要时还需进行治疗试验。

(一)判定患肢

确定患肢的方法包括问诊和视诊。

Note

1. 问诊 主要询问动物跛行发生的时间、地点和当时的情况，症状有无发展变化，以及治疗史。此外，还应询问动物的精神、食欲、饲养管理情况等，以及动物群体内其他动物有无类似症状，以便分析跛行的发生是否与营养缺乏或全身感染因素有关。

2. 视诊 视诊时应注意动物的生理状态、体格、营养、年龄、神经型、肢势、指(趾)轴、蹄形等，这些材料对判断疾病有着一定的参考价值。

视诊可分伫立视诊和运步视诊。

(1)伫立视诊：通过伫立视诊来观察患畜负重情况，站立时的异常姿势和四肢局部变化，来判断患肢和患部。

伫立视诊时，应在平地，让患畜处于自然状态。离患畜 1 m 以外，围绕患畜视诊一圈，仔细观察各部位的异常情况。应该从前后、左右、上下进行全面观察。

伫立视诊时应注意肢的伫立和负重，观察肢是否平均负重，有无减负体重或免负体重，或频频交互负重。如发现一肢不支持或不完全支持体重，确定其有无伸长、短缩、内收、外展、前踏或后踏。

患畜一前肢有局部病变时，肢可能出现前踏、后踏、内收或外展肢势，也可能腕关节屈曲，以蹄尖负重，并立于健蹄的稍前方或后方，或以全蹄负缘负重，但负重不确实。

患畜一后肢患病时，肢呈前踏、后踏或外展肢势，但多半呈各关节屈曲，以蹄尖负重，疼痛剧烈或某些慢性关节疾病时，肢常提举不负重。

两前肢同时患病时，患畜两后肢伸到腹下，头高抬，弓腰卷腹，使身体重心转移到后肢，减轻前肢的负重。

两后肢同时患病时，为了使身体重心转移到前肢上，患畜常常两前肢稍后伸，头下低。但在两后肢蹄叶炎时，患畜常两后肢前伸，以蹄踵负重。一侧的前肢和后肢同时患病时，患畜的头颈、躯干都偏向健侧，患肢交替负重。

一前肢和对侧的后肢同时患病时，患畜的两健肢伸到腹下支持体重，而患肢交替提起，向前或向外伸出。

三肢及以上同时患病时，站立的姿势由于疾病不同而不同，比较复杂。

(2)运步视诊：目的首先是确定患肢，中度和重度跛行在伫立视诊时，就可看出患肢，轻度跛行只有在运步视诊时才能确定，其次是确定患肢的跛行种类和程度，再次是初步发现可疑的患部，为进一步诊断提供线索。

运步视诊时，让畜主牵引患畜沿直线运步，缰绳在 1 m 左右比较合适。如过长，则影响运步；过短亦可影响头部自然摆动和运步。

①点头运动：当某一前肢着地负重的瞬间，患畜头颈高举，倾向健侧(头倾向健侧是将重心移向健侧肢)。而当对侧健肢落地负重时，则将重心转移到健侧，头颈低下，这种随运动头不断高抬和低下的现象称“点头运动”。

当头高举时，着地的肢是患前肢，而头低下时，着地的肢是健前肢，简称“点头行，前肢痛，抬在患，低在健”；当换后肢着地负重时，头颈向前下方伸出低下，健肢负重时，头颈抬起恢复原来位置，简称“伸头行，后肢痛，伸在患，抬在健”。

②尻(臀)部升降运动：当某一后肢患病时，在患肢负重瞬间，为减轻负重，尻部升提，健肢负重时，尻部下降，这种随运动尻部不断升提和下降的现象称“尻部升降运动”。尻部升提时落地的肢是患肢，尻部下降时落地的肢是健肢，即“升在患，降在健”。

除此还可以听蹄音找患肢，蹄音是当蹄着地时碰到地面发出的声音，健肢的蹄音比患肢的蹄音高，如发现某个蹄的蹄音低，则可能为患肢。

两前肢同时患病时，肢的自然步态消失，患肢伫立的时期短缩，前肢运步时肢提举不高，蹄接地面而行，但运步较快。肩强拘，头高扬、腰弓起、后肢前踏、后肢提举较平常为高。在重度跛行时，快速运动比较困难，甚至不能快速运动。

两后肢同时患病时，运步时步幅短缩，肢迈出很快，运步笨拙，举肢比平时运步高，后退困难。头

Note

颈常低下，前肢后踏。

同侧的前后肢同时发病时，头部及腰部呈摇摆状态，患前肢着地时，头部高举，并偏向健侧，健后肢着地时，尻部低下。反之，健前肢着地时，头部低下，患后肢着地时，尻部举扬。

一前肢和对侧后肢同时发病时，患肢着地时，体躯举扬，健肢着地时，头部及腰部均低下。

三个肢及以上同时得病时，情况更为复杂，运步时的表现根据具体情况有所不同，需仔细分辨。

③促使跛行明显化的特殊方法：根据上述方法尚不能确定患肢时，可用促使跛行明显化的一些特殊方法，这些方法不但能够确定患肢，而且有时可确定患部和跛行种类。

a. 回转运动：使患畜快步直线运动，趁其不备的时候，使之突然回转，患畜在向后转的瞬间，可看出患肢的运动障碍。回转运动需连续进行几次，向左向右都要回转，以便比较。

b. 乘挽运动：伫立和运步都不能认出患肢时，可乘骑或适当拉挽运动，在乘挽运动过程中，有时可发现患肢。

c. 圆周运动：圆周运动时圈子不能太小，过小不但妨碍肢的运动，而且不便于两肢比较。支持器官患病时，圆周运动患肢在内侧可显出跛行。主动运动器官患病时，外侧肢可出现跛行。

d. 硬地、不平石子地运动：有些疾病，患肢在硬地和不平石子地运动时，可显出运动障碍。

e. 软地运动：在软地、沙地运步时，主动运动器官有疾病时，可表现出功能障碍加重。

f. 上坡和下坡运动：前肢悬跛和后肢悬跛、上坡时跛行都加重，后肢支跛在上坡时，跛行也加重；前肢的支持器官有疾病时，下坡时跛行明显。

（二）特殊诊断方法

在上述诊断方法不能确定时，可根据具体情况选用下列特殊诊断方法。

1. 触诊　触诊是确定跛行患部最基本的方法，通过对患肢或疑似患部采用触诊的方法，努力发现敏感或异常部位，并通过对患肢跛行种类和程度的合理分析以确定患部。

2. 测诊　测诊在判断疾病上，有时可提供确实的根据。测诊常用的工具有穹窿计、测尺（直尺和卷尺）、两角规等，如无上述工具，也可用绳子、小木棍等代替。

关节的测诊，常用卷尺量其周径，以确定其肿胀程度。怀疑四肢某部位增粗时，也可测其周径，与对侧同一部位进行比较。

怀疑髋骨骨折时，可测髋结节和荐结节的距离，髋结节和坐骨端的距离，髋结节和髋关节的距离，髋关节和坐骨端的距离等。

怀疑脱位时，也可测该骨突起和附近其他骨突起的距离，或肢的长短。

因测诊主要和健侧比较，所以动物必须在平地上站正，否则差异会很大。

3. 麻醉诊断　本法广泛应用于马属动物。麻醉诊断只应用于其他诊断方法不能确定的跛行，如一些急性炎症引起的跛行，用更简单的其他方法能确诊的，就不用麻醉诊断。

神经麻醉后，患部或神经所支配的部位疼痛暂时消失，跛行也可随痛觉消失而消失，这样便可鉴别诊断所怀疑的部位。麻醉诊断用于肢的下部，效果比较确实。

怀疑有骨裂和韧带、腱部分断裂时，不能应用麻醉诊断。

如果跛行是由关节僵直，腱、韧带的瘢痕挛缩，组织粘连和骨赘等机械障碍所引起，麻醉诊断不能达到预期的效果。

最合理的麻醉诊断顺序应该从肢的最下部开始，因为最下部麻醉呈阴性时，仍可顺势向上进行麻醉。

麻醉以后，经过 15～20 min，可观察马的运步。运步应在平坦的路面上行常步运动，避免快步、急剧及突然转弯，以及重剧的劳役，以免发生意外事故。

关节腔内和腱鞘内注射时，马匹必须保定确实和严密消毒。注射时应将皮肤向旁稍移动，以便注射后使皮肤上的针孔和腔壁上的针孔错开，以利于愈合。

4. 直肠检查　常用于马、牛等大动物骨盆骨折、腰椎骨折或荐髂关节脱位的诊断。

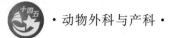

5. X 线检查　X 线检查是诊断患肢多种疾病或确诊患部的重要手段，尤其在小动物临床中使用

更普遍。应用X线摄影技术，可以对动物四肢骨与关节的各种疾病、肌肉组织中异物或肿胀等进行准确诊断，从而找出患部。

6. 关节内窥镜检查 本法是专门观察关节软骨、滑膜、十字韧带等关节内组织形态的仪器，在大动物和小动物临床中都有应用。

7. 热浴 当肢下部的骨、关节、腱和韧带有疾病时，可用热浴进行鉴别诊断。在水桶内放40 ℃的温水，将患肢热浴15～20 min，如为腱和韧带的疾病，或关节周围病理变化所引起的跛行，热浴以后，跛行可暂时消失或减轻，相反，如为闭锁性骨折，或骨关节所引起的跛行，应用热浴以后，跛行一般都加重。

8. 斜板(楔木)试验 斜板试验主要用于确诊蹄骨、屈腱、舟状骨(远籽骨)、远籽骨滑膜囊及蹄关节的疾病。斜板为长50 cm、高15 cm、宽30 cm的一块木板，检查时，迫使患肢蹄前壁在上，蹄踵在下，站在斜板上，然后提举健肢，此时，患肢的深屈腱非常紧张，上述器官有疾病时，动物由于疼痛不肯在斜板上站立(图5-1-2)。

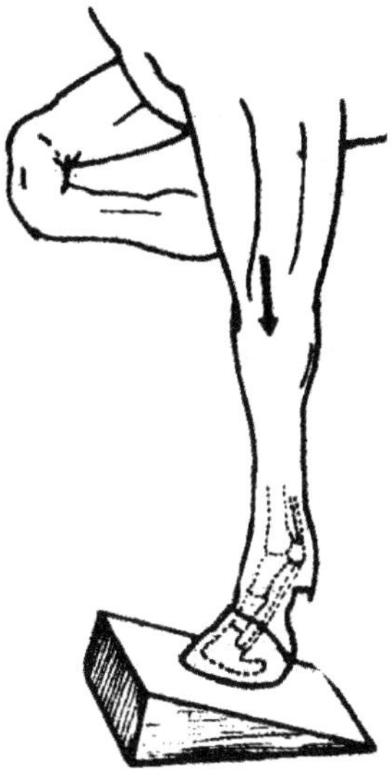
图 5-1-2 斜板试验

检查时应和对侧肢进行比较。

蹄骨和远籽骨有可疑骨折时，禁用斜板试验。

9. 电诊断 神经和肌肉麻痹时，其对电刺激应激性减弱。因而两侧肢同一部位比较，可确定患部和麻痹的程度。

10. 化验室诊断 化验室检查在跛行诊断上可起到辅助作用。通过化验室检查，对某些病的病理过程可以确诊。

当怀疑关节、腱鞘、黏液囊有炎症时，可抽出腔内液体进行检查。

11. 红内线温度记录仪诊断 国外近年来用各种红内线温度记录仪记录皮肤的温度，根据温度变化，说明局部有无炎症过程，从而协助诊断家畜的跛行。

12. 血管造影检查 蹄部的一些病变，可应用血管造影，判断病变的部位。

13. 电影摄影法 应用高速摄影机拍摄马在运动中的不同步法，以判断步幅长度、频度、蹄和关节的抬举状态、各关节的角度及活动范围等，找出患肢和患部。

14. 电测角计的应用 电测角计可连续记录关节的运动，可用于判断患病关节。

15. 动力描记图法 动力描记图法是通过测定肢蹄着地时，作用于地面上的力的大小，来找出患肢。

(三)跛行部位的判定

通过问诊、视诊、系统检查和特殊检查，可初步得出引起跛行的疾病和部位，但这时还没有完成最后的诊断。要对得到的材料和初步结论进行综合分析，判定跛行的部位，必要时，需进行反复诊断。

判定跛行部位时，应注意以下问题。

1. 解剖学变化和疼痛 疼痛是一种反射现象，可能在疼痛的部位有解剖学变化，也可能没有变化；反之，临床上有解剖学变化的局部，不见得都有疼痛现象。因此在判定跛行部位时非常重要，不能看到有解剖学变化的局部，就得出引起跛行的结论。

2. 局部和整体 诊断跛行和诊断其他疾病一样，应该注意局部和整体的关系，注意有机体的反射调节。有些疾病是机体全身功能障碍的局部反应。

3. 局部疼痛程度和跛行程度 在患肢上找到的局部病理过程，其疼痛程度(机械障碍和神经麻痹除外)应和跛行的程度一致，不一致时必有可疑之处，应该进一步检查。

4. 怀疑所发病器官的功能和跛行种类 初步确定的患部，其功能应该和所发跛行的种类一致，如不一致，应该再详细检查。

5. 病变新旧和跛行发生的时间 局部病变的新旧应该与跛行发生的时间一致，如不一致，应继续寻找引起跛行的疾病。

6. 运动时跛行的增减和疾病种类 有些疾病随运动而增剧，有些疾病随运动而减轻，应判断所怀疑跛行的增减情况和这些疾病的增减情况是否一致。

7. 跛行发生缓急和疾病种类 有些疾病是突然发生的，有些疾病是缓慢发生的，应判断所怀疑疾病跛行发生的缓急，是否和这些疾病发生的规律一致。

三、不同动物跛行诊断的特点

（一）牛跛行诊断的特点

牛的跛行一直未引起人们的注意。牛运动器官发病最多的部位是蹄，后蹄跛行中外侧趾多于内侧趾，前蹄则相反。除蹄外，其次的发病部位为球关节和膝关节。

要准确地对牛跛行进行诊断，必须掌握肢的解剖和功能、常发病的特征，以及诊断的方法。在诊断方法上有两个基本步骤：一是详尽地调查和掌握病史，二是进行细致周密的检查。

牛跛行诊断方法与马的诊断方法比较，许多诊断的原则是一致的，具体方法上也有不少共同点，现将牛跛行诊断时的一些特点分项叙述如下。

1. 病史 在调查牛病史时，要特别注意以下几点。

（1）发病的场所：在牛场进行跛行诊断时，必须先熟悉该牛场环境，寻找可能引起跛行或蹄病的因素，如：牛场的运动场如何？牛是否喜欢站立在某个地方？该地方的地面如何？牛棚的结构是否合理？特别是牛床大小、斜度、地面等。牛棚内和运动场的卫生如何？这些因素与肢蹄病的发生有密切关系。

（2）饲养管理，特别是护蹄情况：如饲料中酸性饲料占主体，或饲料中含有大量易消化的糖类，粗饲料过少，就很容易引起蹄叶炎。护蹄不良常常引起变形蹄，后者与肢蹄病互为因果关系。日粮中钙磷比例不适，常引起骨质疏松。

（3）同群牛中是否发生很多相似的案例：如有许多相似的案例，说明该牛场存在引起此病的某些因素。如群发蹄底溃疡和蹄踵部挫伤，常由于护蹄不良和在牛棚内站立不适、机械压迫引起，或由用炉灰渣垫运动场或铺地引起。

2. 视诊上的一些特殊性 牛跛行诊断时的视诊，除伫立视诊和运步视诊外，还有躺卧视诊，牛肢有疾病时，常常不站立而躺卧着。

（1）躺卧视诊：牛正常时经常是卧着休息，卧的姿势如发生改变或卧下不愿起立，往往说明运动器官有疾病。牛卧的正常姿势是两前肢腕关节完全屈曲，并将肢压于胸下，后部的体躯稍偏于一侧，一侧（下面的）后肢弯曲压于腹下，另一侧（上面的）后肢屈曲，放在腹部的旁边（图 5-1-3）。偶尔有一前肢向前伸出，或整个体躯平躺在地上。

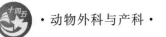

图 5-1-3 牛正常卧姿

如牛正常卧的姿势发生改变，多半有运动器官障碍，如牛脊髓损伤时，不能站立，往往用髂骨支持躺卧，两后肢伸于一侧；或患牛整个体躯平躺在地上，四肢伸直（图 5-1-4）。一侧或两侧闭孔神经

Note

麻痹时，一个或两个后肢伸直呈跨坐姿势(图 5-1-5)。股神经麻痹时，两后肢常向后伸直，用腹部着地。

图 5-1-4　牛脊髓损伤

图 5-1-5　闭孔神经麻痹

临床上在躺卧视诊时，还应注意牛由卧的姿势改变为站立姿势时的表现，有时可看出病变的肢和部位。

为了证明牛起立时有障碍，可先使其处于正常卧的姿势，然后给以刺激迫使其站起来，观察起立时的表现，为了比较，可让牛卧在相反的位置，用同样方法再进行试验观察。给患牛刺激后，在站立过程中观察哪个肢有障碍，或某个肢的哪个部位有障碍。如牛不能起立，或伸直前肢呈犬坐姿势，说明腰部有问题，可能是后躯麻痹，常常是脊髓的疾病。

躺卧视诊时，应注意蹄的情况，这时蹄底也可看到，为伫立视诊对蹄的观察打下一定基础。

(2)伫立视诊：在诊断牛运动障碍上也非常重要，能站立的患牛，应该在无控制情况下让其自然站立，从前面和侧面分别进行观察。通常牛体重心是从患肢向健肢转移的，因此在伫立视诊时，首先应注意头颈位置，头颈位置可说明牛体重心有无转移。低头和伸颈，牛体重心从后肢转移至前肢，抬头和屈颈，牛体重心则从前肢转向后肢，此时对患牛进行保定或牵拉时，则影响对头颈的观察。如后肢有疾病，牛体重心转移到前肢时，可见肘头移向胸的后上方；当疾病在前肢，牛体重心转移到后肢时，后肢的跗关节出现不正常的屈曲，此时前肢的肘头可移向前下方。

跛行如为一侧性的，从前面或后面视诊时，可见健肢内收，以健肢更多地支持体重，减轻患肢的负担，患肢则向外展，但减负体重的现象不明显。两后肢跛行时，常卧地不起。站立时，可见所有的肢都接近牛体重心，并且弓背。四个肢的跛行也表现为上述姿势。

蹄的外侧指(趾)有疾病时，可见患牛患肢外展，以内侧指(趾)负重。两前肢内侧指(趾)患病时，可见两前肢交叉负重，两后肢内侧指(趾)患病时，则看不到这种姿势。

伫立视诊时应对蹄进行重点观察，首先注意蹄角质生长情况，有无蹄壁过度生长和变形蹄，蹄角质有无崩裂。蹄变形在后肢发生较多，前肢较少，蹄变形有两种，一种是延蹄，一种是卷蹄，有的牛延蹄和卷蹄同时发生。卷蹄的特点：后肢发生在蹄的外侧趾，前肢则发生在内侧趾。后肢发生卷蹄时，外侧趾向内卷，严重时以蹄外侧壁着地，蹄尖向上翘，前肢发生卷蹄时，内侧趾向内卷。延蹄的特点：蹄壁延长，失去原来的蹄形和角度，有的变成高蹄，有的则向前延伸形成所谓“爬蹄”，角质可有不同程度的崩裂。由于蹄卷曲和延伸的结果，一蹄的两蹄尖有时交叉在一起，形成所谓“剪状蹄”，严重时称“蟹蹄”。蹄变形可见指(趾)轴发生改变，蹄冠处出现隆凸和凹陷。其次注意腐蹄病和指(趾)间皮炎、指(趾)间增殖情况，蹄冠有无肿胀，腐蹄病时除蹄冠肿胀外，有时可波及关节，注意指(趾)间是否潮湿、糜烂，有无溃疡，有无增殖，特别要注意指(趾)间前面有无菜花样增殖物，蹄踵处皮肤与角质有无分离。

前肢伫立视诊时，球关节以上应注意腕部的腕前黏液囊是否肿大、有无脱膊情况、肩胛骨是否下垂、肩关节是否肿大、肘头有无位置上的改变、有无肩胛上神经麻痹和桡神经麻痹的异常站立姿势。

后肢球关节以上伫立视诊时应注意膝部。膝部疾病在成年牛，特别是肉用牛，常常是造成跛行的原因，发病率仅次于蹄。膝部疾病主要由损伤引起半月板撕裂、十字韧带断裂、侧韧带撕脱等，青

Note

年牛常发转移性化脓性关节炎。在伫立视诊时，应注意膝关节的大小和负重情况。膝部也常发膝盖骨脱位，常见的为上方脱位，表现为膝、跗关节高度伸展，后肢向后伸直。跟腱断裂时可见跗关节过度屈曲。胫骨前肌断裂时可见跗关节伸直。股二头肌转位时，因股二头肌夹于转子后方，结果造成膝关节不能屈曲，伫立时肢呈伸展状态，并向后移。髋关节脱位时，由于股骨头脱出的方向不同，可出现不同的特征，患肢可能变长，也可能缩短，蹄尖可能外转，也可能内转，大转子处可出现凹陷，也可能出现隆起，应注意观察。后肢也常发生腓神经麻痹，应注意趾的伸展情况，如不能伸展，可能为腓神经麻痹。

骨折在牛也不少见，伫立视诊时应注意骨体有无变形，有无骨轴转位，局部有无肿胀和功能障碍。特别要注意髋结节的情况，因为髋结节骨折时易被忽略。

(3)运步视诊：机体由于保护有疼痛的患肢和患部而转移牛体重心，在运步视诊时更为明显。牛跛行类型，以支跛或以支跛为主的混合跛行较多。

牛在运步视诊时，肢除呈现像马跛行类型的支跛和悬跛外，常伴有肢的捻转和体躯摇摆。

从牛的摆头运动可判断患肢，在运步时，头常摆向健侧。

运步视诊的重点在于寻找患部，所以在运步视诊时要注意每一关节的屈伸有无异常，应特别注意蹄的活动，要注意听关节活动时有无异常的声响。也要注意躺卧视诊和伫立视诊所怀疑的疾病，在运步视诊时有无这些疾病的特殊表现。注意收集运步视诊时一些突出的症状，为进一步诊断提供新的线索。

在运步视诊时，可经常看到球节的突然屈曲，不要错误地认为病在球节，这是一种减轻患肢负担的保护性反应，有这种现象说明在球节上部或下部有疼痛性病理过程。

在肢痉挛和麻痹状态时，也可能出现不正常步态，此时，通常找不到敏感区，应从所表现的症状推断患病的神经和肌肉。

3. 外周神经麻醉诊断　牛前肢腕关节以上和后肢跗关节以上，因肌肉强大，麻醉诊断多不确实，临床上比较有意义的是掌(跖)部外周神经麻醉诊断和系部外周神经麻醉诊断。

临床应用时以2%盐酸普鲁卡因溶液80～100 ml，在系部和掌(跖)部做环状注射，或以4点注入皮下，10 min后观察麻醉效果。先在系部注射，如跛行消失，病在注射部位以下，如跛行不消失，则在掌(跖)部注射，如跛行消失，则病在2次注射点之间，如跛行不消失，则病在第2次注射点以上。

(二)犬跛行诊断的特殊性

引起犬跛行的原因，多为骨骼系统疾病，但肌肉、神经和内脏器官的疼痛也可引起跛行。犬跛行也涉及遗传引起的畸形，某些犬的病毒病也能引起跛行。

犬跛行诊断时，除注意四肢本身的问题外，应注意颈椎、腰椎(椎间盘病、骨折和肿瘤病)和腰荐部的疼痛性疾病，因为这些部位的疾病也可引起跛行。

病史和视诊在犬跛行诊断上有一些特殊性。

1. 病史　犬跛行诊断的病史调查非常重要，因为它可提供进一步诊断的思路。

要了解：跛行是突发的，还是渐渐发生的，是否是在意外事故后发生的，跛行是否仅出现在某些时间。也要了解：跛行的发展情况，跛行是否渐渐达到现在地步，还是中间有什么变化；中间有无减轻或反复发生；患犬跛行在一天的什么时间比较重；与天气变化有无关系；特别在运动以后，跛行是减轻，还是加重；攀登以后，跛行是否加重；是否不愿跳低的物体；跛行是否总是在一个肢上，还是别的肢也发生；是否不同时间，跛行发生在不同的肢上；治疗没有；用过什么药；等等。

也要了解患犬所处的环境和食用的食物。

2. 视诊上的一些特殊性

(1)伫立视诊：伫立视诊时，让犬安静站立，小型犬可站在桌上，观察犬体重心有无转移的情况，一个肢负重是否比别的肢少，关节有无屈曲。

观察四肢各部的肌肉有无萎缩，观察时要特别注意肩部和股部肌肉的状态。观察要与对侧同一部位反复比较。被毛长的某些品种犬观察比较困难。

(2)运步视诊:运步视诊在走步和快步时进行,一些犬只能在快步时才能看出问题。特殊的是赛犬,通常在奔跑时才能识别出异常。

运步视诊如果在走步时没有发现问题,就改用快步检查,检查大型犬,通常没有什么问题,小型犬由于正常运步就快,观察有更大的困难,如玩赏型犬普通走步都很快,几乎不易看出跛行的肢。应反复观察和考虑。

犬前肢有疾病时,点头运动明显。

后肢跛行时,步迈不出去,头稍下低,以减轻后肢的负重。髋部有疾病时,犬体重心转移到前肢,骨盆比正常犬更垂直。如跛行是单侧的,骨盆向一侧倾斜,运动时可看到向健侧有摆动运动。如髋部两侧有疾病,从后面观察,可见骨盆从一侧到另一侧摆动。当一髋关节有疾病时,健肢比患肢向前伸得快,以使患肢少负重并减轻它的疼痛。

视诊时注意各关节角度改变也是很重要的,某个关节活动的减少,是该关节有疼痛的表现。

视诊时也要注意蹄着地的状态,一般是掌(跖)枕先于指(趾)枕着地,如相反的着地状态,说明患犬不愿以该蹄负重。

展示与评价

一、任务分配单

跛行的诊断与治疗任务分配表

<table>
<tr><td>任务名称</td><td colspan="6"></td></tr>
<tr><td>班级</td><td></td><td>组号</td><td></td><td>指导教师</td><td colspan="2"></td></tr>
<tr><td>组长</td><td></td><td>实训时间</td><td></td><td>实训地点</td><td colspan="2"></td></tr>
<tr><td rowspan="4">组员</td><td>姓名</td><td>学号</td><td colspan="2">姓名</td><td colspan="2">学号</td></tr>
<tr><td></td><td></td><td colspan="2"></td><td colspan="2"></td></tr>
<tr><td></td><td></td><td colspan="2"></td><td colspan="2"></td></tr>
<tr><td></td><td></td><td colspan="2"></td><td colspan="2"></td></tr>
<tr><td>任务分工</td><td colspan="6"></td></tr>
<tr><td>实训材料准备</td><td colspan="6"></td></tr>
</table>

二、任务问题引导单

跛行的诊断与治疗任务问题引导表

任务名称	
引导问题 1	跛行的病因有哪些?
答案	

Note

续表

引导问题 2	跛行的症状有哪些?
答案	
引导问题 3	跛行如何诊断?
答案	
引导问题 4	简述不同动物跛行诊断的特点。
答案	

三、任务工作单

跛行的诊断与治疗任务工作表

任务名称	
操作过程描述	
操作照片	操作过程或项目成果照片粘贴处
任务反思	

四、任务评价单

跛行的诊断与治疗任务评价表

任务名称				
任务评价	小组评语	小组评价	评价日期	组长签名
	组间互评评语	组间互评评价	评价日期	组长签名
	指导教师评语	指导教师评价	评价日期	指导教师签名

Note

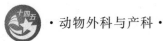

续表

	优秀标准	合格标准	不合格标准
考核标准	操作规范,安全有序 步骤正确,按时完成 全员参与,分工合理 结果准确,分析有理 保护环境,爱护设施	基本规范 基本正确 部分参与 分析不全 混乱无序	存在安全隐患 无计划,无步骤 个别人或少数人参与 不能完成,没有结果 环境脏乱,桌面未收
小组思政评价			
教师思政评价			

五、任务总评单

跛行的诊断与治疗任务总评表

任务名称:	班级:	姓名:	学号:
评价方式	分评得分	所占比例	终评得分
学生自评		40%	
学生互评		20%	
教师评价		40%	
合计			

任务二　关节疾病的诊断与治疗

扫码学课件 5.2

案例导入

2020 年 9 月,接诊一松狮犬。年龄:13 岁。发病时站起困难,不愿走路,一走路就颤抖哆嗦,强迫走两步就趴下,不愿再起来,曾检查后吃了半个月的消炎止痛药,未见明显效果,用药后食欲不佳,经人介绍,转诊到宠物医院。根据病史、临床检查及 DR 片可初步诊断为犬关节疾病。

视频:关节疾病的诊断与治疗

学习目标

熟悉关节疾病的病因;掌握关节疾病的临床症状并能做出正确的诊断,通过诊断进行准确临床防治;牢固树立救死扶伤的世界观;敬畏生命;作为新时代大学生也要不断学习进步、掌握技能、提高自己,尽可能地救助生命,不断为社会生产提供服务,树立良好的价值观,端正学习态度。

Note

技能一　关节扭伤

一、关节扭伤的概念

关节在突然受到间接的机械外力作用下，超越了生理活动范围，瞬时间的过度伸展、屈曲或扭转而发生的关节损伤，称为关节扭伤。

知识点：
骨关节检查法

二、关节扭伤的病因

1. 突然外力　在使役或运动中由于急转、急停、转倒、失足蹬空、嵌夹于穴洞的急速拔腿、跳跃障碍等使关节的伸展、屈曲或扭转超越了生理活动范围，引起关节周围韧带和关节囊的纤维剧伸，发生部分断裂所致。

2. 肢蹄不良　不合理的保定、肢势不良、装蹄失宜等引起关节周围韧带和关节囊的纤维剧伸，发生部分断裂所致。

三、关节扭伤的症状

(1)患部热、痛，触诊被损伤的关节，侧韧带有明显压痛点。

(2)扭伤后立即出现跛行：

①混跛：上部关节扭伤时为混跛。

②支跛：下部关节扭伤时为支跛。

(3)患部肿胀，但四肢上部关节扭伤时肿胀不明显。

(4)形成骨赘：慢性关节扭伤可继发骨化性骨膜炎，常在韧带、关节囊与骨结合部受损伤时形成骨赘。

四、关节扭伤的治疗

1. 制止出血和渗出　在伤后1～2天内，应用冷水浴或冷敷进行冷疗和包扎压迫绷带。症状严重时注射促凝血剂，使患畜安静。

2. 促进吸收　急性炎性渗出减轻后，应及时使用温热疗法，促进吸收。

3. 镇痛　注射镇痛剂。疼痛较重的患部注射盐酸普鲁卡因酒精溶液。

4. 装蹄疗法　肢势不良，蹄形不正时，在药物治疗的同时进行合理的削蹄或装蹄。

技能二　关节挫伤

一、关节挫伤的概念

致病的机械外力直接作用于关节，引起皮肤脱毛和擦伤，皮下组织溢血和挫灭。

视频：骨关节
检查法

二、关节挫伤的病因

1. 外力因素　外力打击、冲撞、跌倒、跳越沟崖、滑倒等引起。

2. 环境因素　牛棚地面不平，不铺垫草，缰绳系得过短，如牛在起卧时，腕关节碰撞饲槽，是发生腕关节挫伤的主要原因。

三、关节挫伤的症状

1. 轻度挫伤　皮肤脱毛，皮下出血，局部肿胀，有疼痛反应，轻度跛行。

2. 重度挫伤

(1)患部常有擦伤或明显伤痕。

(2)热痛、肿胀：初期肿胀柔软，以后坚实。

(3)有轻度体温升高：软骨或骨骺损伤症状加重时出现。

(4)跛行：站立时蹄尖着地或不能负重。运动时有中度或重度跛行。

(5)黏液囊炎或腱鞘炎：损伤黏液囊或腱鞘时并发。

Note

四、关节挫伤的治疗

1. 治疗原则 制止渗出、促进吸收、防止感染、抑制出血。

2. 治疗方法 治疗方法同关节扭伤；擦伤时，按创伤疗法处理。

技能三 关节创伤

一、关节创伤的概念

关节创伤是指各种不同外界因素作用于关节囊导致关节囊的开放性损伤。

二、关节创伤的病因

1. 锐性致伤 锐性物体导致的创伤，如刀、叉、枪弹、铁丝、铁条、犁桦等所引起的刺创等。

2. 钝性致伤 钝性物体导致的创伤，如车撞、蹦踢，特别是冬季冰掌的踢伤，在冬季因路滑跌倒等引起的挫创、挫裂创等。

三、关节创伤的症状

1. 关节非透创

(1)轻症：皮肤破裂或缺损、出血、疼痛，轻度肿胀。

(2)重症：伤口下方形成创囊，内含坏死组织和异物，易感染。

(3)跛行情况：病初跛行不明显，当腱和腱鞘损伤时，跛行显著。

2. 关节透创

(1)伤口特点：伤口流出黏稠透明、淡黄色的关节滑液，有时混有血液或由纤维素形成的絮状物。

(2)跛行特点：病初无明显跛行，严重挫创跛行明显，常为悬跛或混合跛行。

(3)伤后感染症状：

①化脓性关节炎：滑液带脓，疼痛剧烈，跛行明显。

②急性腐败性关节炎：滑液恶臭，组织坏死，全身症状明显。

四、关节创伤的治疗

1. 伤口处理

(1)新创口：①清理伤口；②穿刺，洗净关节创；③涂碘酊，包扎伤口。

(2)陈旧伤：①清除坏死组织及异物；②清洗消毒关节腔；③绷带包扎。

2. 局部理疗 应用温热疗法，如温敷、石蜡疗法、紫外线疗法、红外线疗法和超短波疗法，以及激光疗法。

3. 全身疗法

(1)抗生素疗法、普鲁卡因封闭疗法、碳酸氢钠疗法。

(2)自家血液和输血疗法及钙疗法(一次注射)，或氯化钙酒精疗法。

技能四 关节脱位

一、关节脱位的概念

关节脱位是指由于外力作用，关节头脱离关节窝，失去正常接触而出现移位，又称脱臼。

二、关节脱位的病因

(1)外伤性脱位：外力作用使关节韧带和关节囊受到破坏。

(2)先天性因素。

(3)病理性脱位：关节与附属器官病理异常，加上外力作用引发脱位。

(4)习惯性脱位：解剖学缺陷，或是曾经患过结核病、马腺疫，产后虚弱或者维生素缺乏。

三、关节脱位的症状

1. 关节变形 关节的骨端位置改变，使正常的关节部位出现隆起或凹陷。

2. 异常固定 构成关节的骨端离开原来的位置被卡住，使相应的肌肉和韧带高度紧张，关节被固定不动或者活动不灵活。

3. 关节肿胀 关节的异常造成关节周围组织受到破坏，因出血形成血肿及比较剧烈的局部急性炎症反应，引起关节的肿胀。

4. 肢势改变 呈现内收、外展、屈曲或者伸张的状态。

5. 功能障碍 关节骨端变位和疼痛，患肢发生程度不同的运动障碍，甚至不能运动。

四、关节脱位的治疗

1. 整复

(1)时间：宜早不宜迟，应在麻醉状态下实施，以减少阻力。

(2)方法：按、揣、揉、拉和抬。

(3)静养：整复后应当让动物安静 1～2 周。

2. 固定 下肢关节可用石膏或者夹板绷带固定，经过 3～4 周后去掉绷带。

3. 功能锻炼 固定解除后适当进行牵遛运动，并结合适当的理疗方法。

技能五 髋部发育异常

视频：骨的发育

一、髋部发育异常的概念

髋部发育异常是生长发育阶段的犬出现的一种髋关节病，患畜股骨头与髋臼错位，股骨头活动增多。

二、髋部发育异常的病因

病因是多因素的，与遗传、营养、骨盆部肌肉状态、髋关节的生物力学、滑液量等都有关系。

三、髋部发育异常的症状

1. 视诊表现

(1)活动减少，关节疼痛。

(2)运步不稳：后肢拖地，前肢负重，后肢抬起困难，运动后病情加重。

(3)跛行：负重时出现跛行，髋关节活动范围受限制。

(4)肌肉萎缩：髋关节肌肉萎缩无力，出现炎症、乏力等表现。

(5)关节软骨磨损，关节囊增厚。

2. X 线检查

视频：骨科的 X 线诊断

(1)轻度症状：变化不明显。

(2)中度以上症状：髋臼变浅，股骨头半脱位到脱位。

四、髋部发育异常的治疗

1. 手术疗法

视频：髋关节置换术的诊断与治疗

(1)股骨内翻切开术。

(2)髋臼固定术。

(3)骨盆切开术。

(4)股骨逆旋切术。

(5)髋关节的部分或全部置换术。

(6)股骨颈部切断术。

2. 药物使用 为了减轻疼痛，可用阿司匹林 5～35 mg/kg 体重，每 8 h 口服 1 次，或用类固醇制剂治疗等。

展示与评价

一、任务分配单

关节脱位任务分配表

<table>
<tr><td>任务名称</td><td colspan="5"></td></tr>
<tr><td>班级</td><td></td><td>组号</td><td></td><td>指导教师</td><td></td></tr>
<tr><td>组长</td><td></td><td>实训时间</td><td></td><td>实训地点</td><td></td></tr>
<tr><td rowspan="4">组员</td><td>姓名</td><td>学号</td><td>姓名</td><td colspan="2">学号</td></tr>
<tr><td></td><td></td><td></td><td colspan="2"></td></tr>
<tr><td></td><td></td><td></td><td colspan="2"></td></tr>
<tr><td></td><td></td><td></td><td colspan="2"></td></tr>
<tr><td>任务分工</td><td colspan="5"></td></tr>
<tr><td>实训材料
准备</td><td colspan="5"></td></tr>
</table>

二、任务问题引导单

关节脱位任务问题引导表

任务名称	
引导问题 1	关节脱位的病因有哪些？
答案	
引导问题 2	关节脱位的症状有哪些？
答案	
引导问题 3	如何诊断关节脱位？
答案	
引导问题 4	如何治疗关节脱位？
答案	

Note

三、任务工作单

关节脱位任务工作表

<table>
<tr><td>任务名称</td><td></td></tr>
<tr><td>操作过程描述</td><td></td></tr>
<tr><td>操作照片</td><td>操作过程或项目成果照片粘贴处</td></tr>
<tr><td>任务反思</td><td></td></tr>
</table>

四、任务评价单

关节脱位任务评价表

<table>
<tr><td>任务名称</td><td colspan="12"></td></tr>
<tr><td rowspan="6">任务评价</td><td colspan="3">小组评语</td><td colspan="3">小组评价</td><td colspan="3">评价日期</td><td colspan="3">组长签名</td></tr>
<tr><td colspan="3"></td><td colspan="3"></td><td colspan="3"></td><td colspan="3"></td></tr>
<tr><td colspan="3">组间互评评语</td><td colspan="3">组间互评评价</td><td colspan="3">评价日期</td><td colspan="3">组长签名</td></tr>
<tr><td colspan="3"></td><td colspan="3"></td><td colspan="3"></td><td colspan="3"></td></tr>
<tr><td colspan="3">指导教师评语</td><td colspan="3">指导教师评价</td><td colspan="3">评价日期</td><td colspan="3">指导教师签名</td></tr>
<tr><td colspan="3"></td><td colspan="3"></td><td colspan="3"></td><td colspan="3"></td></tr>
<tr><td rowspan="2">考核标准</td><td colspan="4">优秀标准</td><td colspan="4">合格标准</td><td colspan="4">不合格标准</td></tr>
<tr><td colspan="4">操作规范，安全有序
步骤正确，按时完成
全员参与，分工合理
结果准确，分析有理
保护环境，爱护设施</td><td colspan="4">基本规范
基本正确
部分参与
分析不全
混乱无序</td><td colspan="4">存在安全隐患
无计划，无步骤
个别人或少数人参与
不能完成，没有结果
环境脏乱，桌面未收</td></tr>
<tr><td>小组思政评价</td><td colspan="12"></td></tr>
<tr><td>教师思政评价</td><td colspan="12"></td></tr>
</table>

Note

五、任务总评单

关节脱位任务总评表

任务名称：	班级：	姓名：	学号：
评价方式	分评得分	所占比例	终评得分
学生自评		40%	
学生互评		20%	
教师评价		40%	
合计			

任务三 肌腱黏液囊疾病的诊断与治疗

扫码学课件 5.3

案例导入

苏格兰牧羊犬，10 kg，7 个月，公，最初右前肢肘头皮下有一核桃大肿胀，因无明显异常表现，未就诊，一个星期后肿胀迅速增大，并出现轻度跛行，触摸疼痛，来医院就诊。根据病史、B 超检查发现肿胀内有大面积液性暗区，外有强回声包膜，包膜面增厚，不光滑。X 线片显示尺骨鹰嘴处有一个白色圆形增生物，形状规则。在肿胀波动明显处穿刺，可见淡黄色清亮液体排出。可初步诊断为犬肌腱黏液囊疾病。

学习目标

熟悉肌腱黏液囊的病因；掌握肌腱黏液囊的临床症状并且做出正确的诊断，通过诊断进行准确的临床防治；牢固树立救死扶伤的世界观；敬畏生命；作为新时代大学生，要不断学习进步，掌握技能，提高自己，尽可能地救助生命，不断为社会生产提供服务，树立良好的价值观，端正学习态度。

视频：肌腱黏液囊疾病的诊断与治疗

技能一 肌 炎

一、肌炎的概念

肌纤维发生变性、坏死，肌纤维之间的结缔组织、肌束膜和肌外膜发生病理变化。多发生于马，牛、猪也有发生。

二、肌炎的病因

(1)外伤性肌炎：由踢、跌落、滑倒、角抵和马具的压迫等对肌肉造成直接或间接损伤所致，或繁重使役造成外伤性肌炎。护蹄不当、姿势异常、蹄形不正更易诱发外伤性肌炎。

(2)风湿性肌炎：病因不详，一般认为是一种变态反应性疾病。

(3)症候性肌炎：多因长期休闲后突然剧烈运动引起。

(4)化脓性肌炎：感染葡萄球菌、链球菌、大肠埃希菌等致病菌所致。

三、肌炎的症状

1. 急性肌炎

(1)指压患病肌肉部位有疼痛感。

(2)患部增温、肿胀。

(3)跛行：多数为悬跛，少数是支跛。

Note

2. 慢性肌炎

(1)患部肌纤维变性、萎缩。

(2)患部脱毛,皮肤肌肉肥厚变硬,缺乏热、痛和弹性。

(3)患肢功能障碍。

3. 化脓性肌炎

(1)有明显的热、痛。

(2)肿胀:随着脓肿的形成,局部出现软化、波动。进行穿刺检查时流出灰褐色脓汁。自然溃开时,易行成窦道。

(3)功能障碍。

四、肌炎的治疗

1. 急性肌炎

(1)病初停止使役。

(2)控制炎症发展或促进吸收:先冷敷后温敷,用青霉素盐酸普鲁卡因封闭,涂刺激剂和软膏。

(3)镇痛:注射安替比林合剂、2%盐酸普鲁卡因、维生素 B_1,或用安乃近、安痛定、水杨酸制剂及肾上腺糖皮质激素。

2. 慢性肌炎

(1)应用针灸、石蜡疗法、超短波和红外线疗法。

(2)注射青霉素:每隔 3 天用药 1 次,注意适当运动。

3. 化脓性肌炎 应用抗生素。形成脓肿后,适时切开。依病情全身治疗。

4. 装蹄疗法 多用于治疗某些四肢疾病,配合正确的装蹄和削蹄可提高疗效;对于有些四肢疾病,药物治疗无效时,合理应用装蹄、削蹄,能使患畜继续保持役用或繁殖能力。

技能二 腱 炎

一、腱炎的概念

动物超生理耐受范围负重,使腱过度牵张,引起的炎症性病理过程称腱炎。一般屈腱比伸腱发病多。

二、腱炎的病因

(1)装蹄不当、滑倒、超强度使役。

(2)少数因外伤或局部感染。

(3)蟠尾丝虫的寄生,引起非化脓性或化脓性腱炎。

三、腱炎的症状

1. 急性无菌性腱炎

(1)突然跛行。

(2)患部增温,肿胀疼痛。

(3)腱的机械障碍:腱变粗变硬,腱短缩,弹性降低。

2. 慢性纤维性腱炎

(1)患部硬固、疼痛、肿胀。运动休息之后患部迅速出现淤血,疼痛反应加剧。

(2)跛行:运动开始时有严重的跛行,随着运动跛行减轻或消失。

3. 化脓性腱炎 常发部位在腱束间的结缔组织,并发局限性蜂窝织炎,最终引起腱的坏死。

四、腱炎的治疗

1. 急性炎症的治疗

(1)使患畜安静。

(2)矫形装蹄和削蹄。

(3)冷疗法。

Note

(4)温敷法:为了消炎和促进吸收,用酒精热绷带、酒精鱼石脂温敷,或涂擦复方醋酸铅散加鱼石脂等,或用中药消炎散。

(5)封闭疗法:将盐酸普鲁卡因注射液注于炎症患部。

知识点:局部封闭术

视频:局部封闭术

2. 亚急性和转为慢性经过时间不久的治疗

(1)热疗法:如电疗、离子透入疗法、石蜡疗法。

(2)封闭:可的松 3～5 ml 加等量 0.5%盐酸普鲁卡因注射液在患肢两侧皮下进行点注,每点间隔 2～3 cm,每点注入 0.5～1 ml,每 4～6 天一次,3～4 次为一个疗程。

3. 慢性经过时间较久的治疗

(1)涂擦碘汞软膏 2～3 次,并包扎厚的绷带。

(2)涂擦红色碘化汞软膏和凡士林,然后包扎保温绷带。

(3)用药后注意护理,预防家畜咬、舔患部。

4. 化脓性腱炎的治疗 应按照外科感染疗法治疗。

技能三 黏液囊炎

一、黏液囊炎的概念

黏液囊是由于机械作用引起的浆液性、浆液纤维素性及化脓性炎症。

二、黏液囊炎的病因

(1)挫伤、剧烈冲击、蹴踢、跌打、冲撞,地面坚硬粗糙,牛床不平,钉头外露,垫草不足。

(2)反复压迫、摩擦刺激,挽具、饲槽、墙壁等的压迫与摩擦。

(3)全身性疾病、腺疫、副伤寒、布氏杆菌病等疾病。

三、黏液囊炎的症状

1. 共同症状

(1)黏液囊紧张膨胀:容积增大,热痛,波动,有功能障碍。

(2)皮下黏液囊炎:肿胀轻微,无波动,功能障碍显著。

(3)慢性炎症:患部无热、无痛,肿胀小,功能障碍不明显。

(4)浆液性炎症:黏液囊显著增大,波动明显,皮肤可移动。

(5)浆液纤维素性炎:肿胀大小不等,有波动。

(6)纤维组织:囊腱变小,囊壁肥厚,触诊硬固坚实,皮肤肥厚,甚至形成胼肌或骨化。

2. 肘结节皮下黏液囊炎

(1)慢性炎症:肿胀大小不等,无痛,无跛行。

(2)急性或化脓性炎症:肘头部热痛,呈弥漫性肿胀。运步时避免屈曲肘关节,悬跛明显。

(3)排脓:炎症继续发展可形成脓疡,不断外排脓,易形成瘘管。

3. 腕前皮下黏液囊炎

(1)肿胀明显:患部呈无痛肿胀,可达排球大,有的坚硬,有的柔软有波动。

(2)一般无跛行,但肿胀过大时出现跛行。

四、黏液囊炎诊断

知识点:关节穿刺、关节液检查

1. 特定的解剖部位

(1)结节间滑液囊炎:臂二头肌腔质部。

(2)肘头皮下黏液囊炎:肘头部位。

(3)腕前皮下黏液囊炎:腕关节前面略下方。

(4)跟骨头皮下黏囊炎:跟骨头顶端。

2. 穿刺检查 正常为透明黏胶状滑液,有炎症则表现混浊。

3. 麻醉诊断 囊内注射 3%盐酸普鲁卡因,症状减轻或消失。

Note

视频:关节穿刺、关节液的检查

五、黏液囊炎的治疗

1. 急性或慢性案例治疗

(1)无菌抽出渗出液。

(2)皮下注射激素及消炎药:关节腔内或关节周围分点皮下注射 0.5%氢化可的松 2.5～5 ml(加青霉素 20 万 IU)。

(3)腐蚀:肿胀过大时,注入 10%碘酊或 5%硫酸铜溶液或 5%硝酸银溶液等进行腐蚀。

(4)手术摘除:若囊壁肥厚,出现硬结时,可行手术摘除。

2. 化脓性黏液囊炎治疗

(1)排脓:应早期切开,彻底排脓后,再按化脓创处理。

(2)加强术后管理:搞好饲养管理,防止局部压迫和摩擦。

①地面与厩床要平整,多铺褥草。

②畜舍、畜栏要宽敞。

展示与评价

一、任务分配单

黏液囊炎任务分配表

<table>
<tr><td>任务名称</td><td colspan="6"></td></tr>
<tr><td>班级</td><td></td><td>组号</td><td></td><td>指导教师</td><td colspan="2"></td></tr>
<tr><td>组长</td><td></td><td>实训时间</td><td></td><td>实训地点</td><td colspan="2"></td></tr>
<tr><td>组员</td><td colspan="6"><table>
<tr><td>姓名</td><td>学号</td><td>姓名</td><td>学号</td></tr>
<tr><td></td><td></td><td></td><td></td></tr>
<tr><td></td><td></td><td></td><td></td></tr>
<tr><td></td><td></td><td></td><td></td></tr>
</table></td></tr>
<tr><td>任务分工</td><td colspan="6"></td></tr>
<tr><td>实训材料准备</td><td colspan="6"></td></tr>
</table>

二、任务问题引导单

黏液囊炎任务问题引导表

任务名称	
引导问题 1	黏液囊炎的病因有哪些?
答案	

续表

引导问题2	黏液囊炎的症状有哪些？
答案	
引导问题3	如何诊断黏液囊炎？
答案	
引导问题4	如何治疗黏液囊炎？
答案	

三、任务工作单

黏液囊炎任务工作表

任务名称	
操作过程描述	
操作照片	操作过程或项目成果照片粘贴处
任务反思	

四、任务评价单

黏液囊炎任务评价表

任务名称				
任务评价	小组评语	小组评价	评价日期	组长签名
	组间互评评语	组间互评评价	评价日期	组长签名
	指导教师评语	指导教师评价	评价日期	指导教师签名

续表

	优秀标准	合格标准	不合格标准
考核标准	操作规范，安全有序 步骤正确，按时完成 全员参与，分工合理 结果准确，分析有理 保护环境，爱护设施	基本规范 基本正确 部分参与 分析不全 混乱无序	存在安全隐患 无计划，无步骤 个别人或少数人参与 不能完成，没有结果 环境脏乱，桌面未收
小组思政评价			
教师思政评价			

五、任务总评单

黏液囊炎任务总评表

任务名称：	班级：	姓名：	学号：
评价方式	分评得分	所占比例	终评得分
学生自评		40%	
学生互评		20%	
教师评价		40%	
合计			

项目六　常见外科手术技术

扫码学课件
项目六

项目简介

常见外科手术技术包括常见的断尾术、阉割术等外科手术。

主要内容包括宠物外科基本技能操作，如切开、止血、结扎、缝合、换药、拆线等；洗手、穿手术衣、消毒、铺巾等无菌技术内容；相关麻醉、术前术后处理等内容；常规手术教学，如阉割术、公猫尿道口再造术、瘤胃切开术等基本技能教学。在教学中注意发挥学生的主观能动性，并将各种手术等操作的训练方法应用于教学过程中，使得学生建立严格的无菌观念，学会正确使用手术器械的方法，熟练掌握外科基本操作，了解临床常见手术的操作步骤，为学生今后进入宠物医学临床工作打下良好的基础。

项目目标

知识目标：主要学习各类外科器械特点和应用注意事项；各类外科手术结的打结和注意事项；组织分离的原则和注意事项；组织切开原理和步骤；手术出血的止血原理和止血材料的应用原则；缝合材料的特性和选择方法。熟知各种外科手术缝合方法和注意事项。

能力目标：能熟练使用各类外科器械；能进行各类外科手术结打结、组织分离，掌握外科手术中出血的止血方法，各类组织不同的缝合方法；能够进行断尾术、立耳术、导尿术、公猫尿道口再造术、节育术、眼球摘除术、气管切开术、声带切除术、腹腔切开与探查术、瘤胃切开术、肠管切开吻合术、膀胱切开术等常见手术的操作。

素质目标：培养学生树立深厚的家国情怀、国家认同感、民族自豪感和社会责任感；培养学生献身"三农"的强国复兴情怀；培养学生参与常见外科手术技术学习活动的积极性，培养学生良好的学习兴趣和求知欲；在学习活动中帮助学生获得成功的体验，培养克服困难的意志，建立自信心；使学生养成严格遵守操作规程的安全意识；培养学生吃苦耐劳、爱岗敬业的职业道德；引导学生树立职业意识，严格遵循企业的"6S"(整理、整顿、清扫、清洁、素养、安全)质量管理体系；培养学生良好的心理品质，建立和谐的人际关系的能力，人际交往的能力与合作精神；培养学生科学严谨的探索精神和实事求是、独立思考的工作态度；培养学生求真务实、勇于实践的工匠精神和创新精神。

任务一　导　尿　术

案例导入

5 岁泰迪犬，公，3 kg。排尿困难，频繁出现排尿姿势，拟实施导尿术。通过本案例的学习，掌握

Note

实施导尿术的常见病因、具体操作方法以及术后护理。

学习目标

熟悉导尿术适应证；熟练导尿术操作；通过对犬进行导尿术的操作，牢固树立救死扶伤的世界观；敬畏生命；作为新时代大学生，要不断学习进步，掌握技能，提高自己，尽可能地救助生命，不断为社会生产提供服务，树立良好的价值观，端正学习态度。

技能一　母犬导尿法

母犬生殖系统如图 6-1-1 所示。

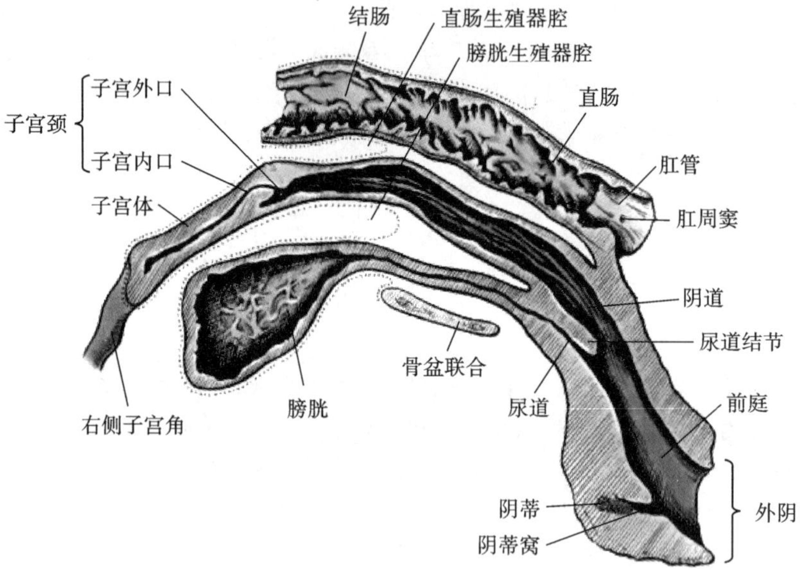

图 6-1-1　母犬生殖系统

母犬导尿法一般仅适用于阴门及阴道宽大的成年大型犬。导尿时母犬俯卧，后躯抬高保定（图 6-1-2），用 0.05%～0.1%新洁尔灭溶液清洗阴门及阴道前庭。助手用光源照明或操作者头戴头灯，左手持人用小号开膣器开张阴门（图 6-1-3），右手持质地略硬的导尿管插入尿道口，并徐徐向膀胱推进，直至有尿液从导尿管流出。

导尿完毕，向膀胱内注入 0.02%～0.05%新洁尔灭、碘酊、氯己定或适宜抗生素溶液（图 6-1-4），然后拔出导尿管。

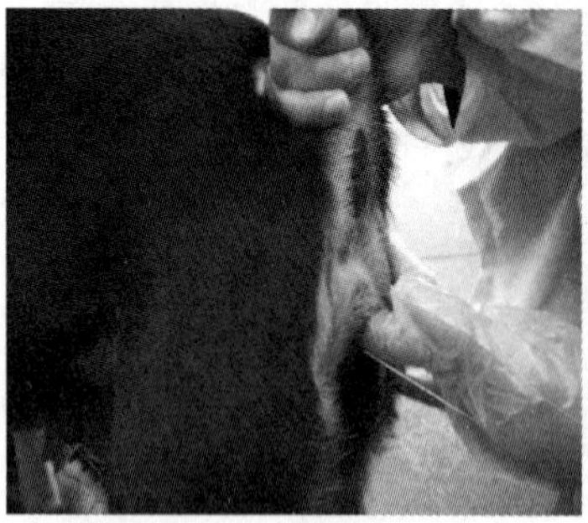

图 6-1-2　母犬俯卧，后躯抬高保定

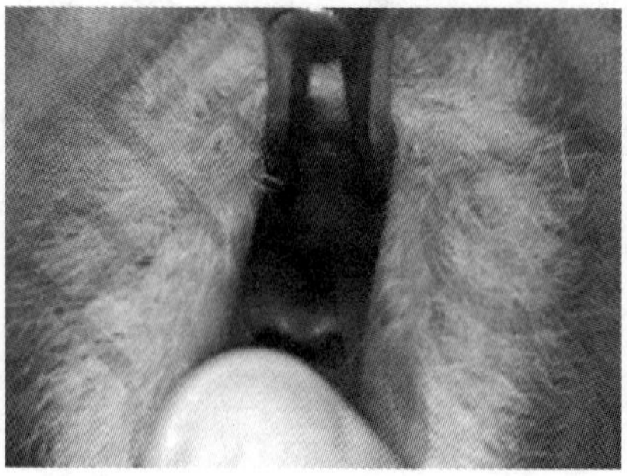

图 6-1-3　小号开膣器开张阴门

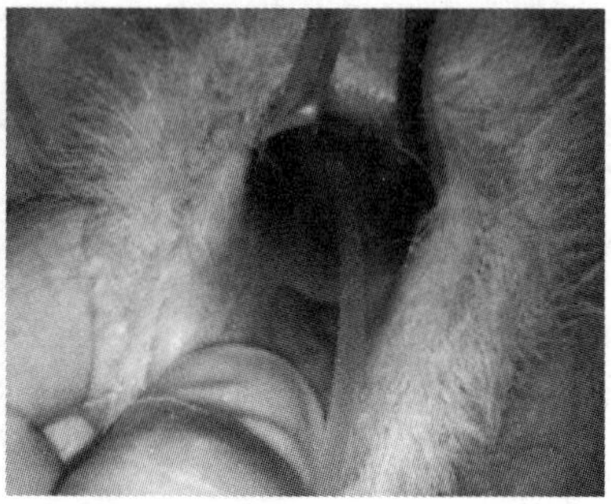

图 6-1-4　导尿完毕，向膀胱内注入溶液

技能二 公犬导尿法

公犬生殖系统如图 6-1-5 所示。

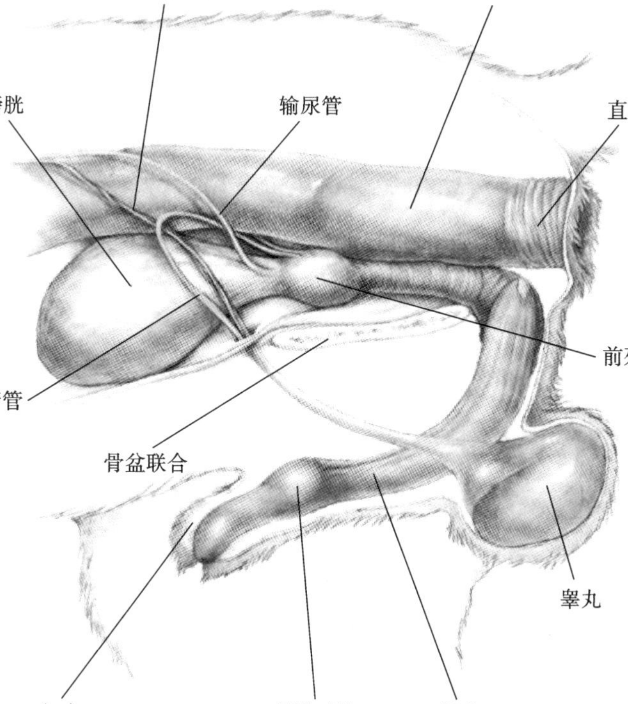

图 6-1-5 公犬生殖系统

导尿时公犬侧卧保定，将上面的后肢拉向前方固定。事先根据犬的体型选择合适的导尿管（一般直径为 1～3 mm）并浸入 0.1%新洁尔灭溶液中消毒备用。操作者戴无菌乳胶手套，一只手推动包皮使阴茎充分暴露，另一只手将导尿管经尿道外口徐徐插入尿道内，并缓慢向膀胱内推进。插入过程中，应防止导尿管污染。当导尿管顶端到达坐骨弓处时，用手指隔着皮肤向深部压迫，有助于导尿管进入膀胱。导尿管一旦进入膀胱，即见尿液流出（图 6-1-6）。如果尿道中有结石堵塞，可用 2 ml 利多卡因溶液松弛尿道，同时用生理盐水加压冲洗排堵。

导尿完毕，向膀胱内注入 0.02%～0.05%新洁尔灭、碘酊、氯已定或适宜抗生素溶液（图 6-1-7），然后拔出导尿管。

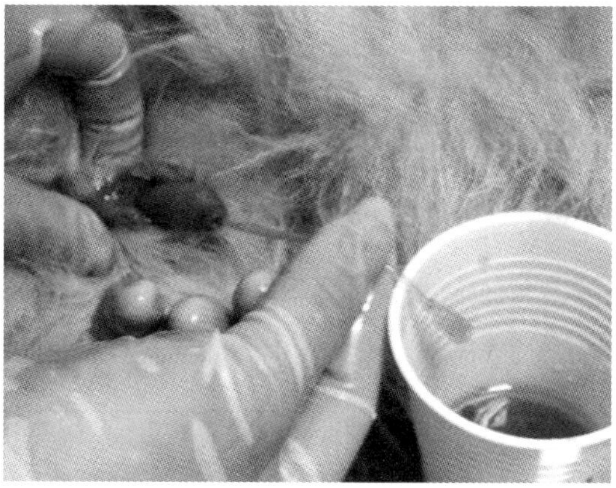

图 6-1-6 导尿管进入膀胱，尿液流出

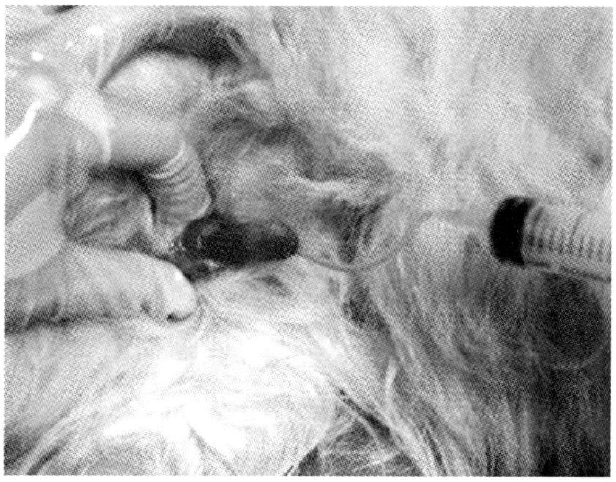

图 6-1-7 向膀胱内注入溶液

Note

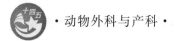

技能三　公猫导尿

公猫生殖系统如图 6-1-8 所示。

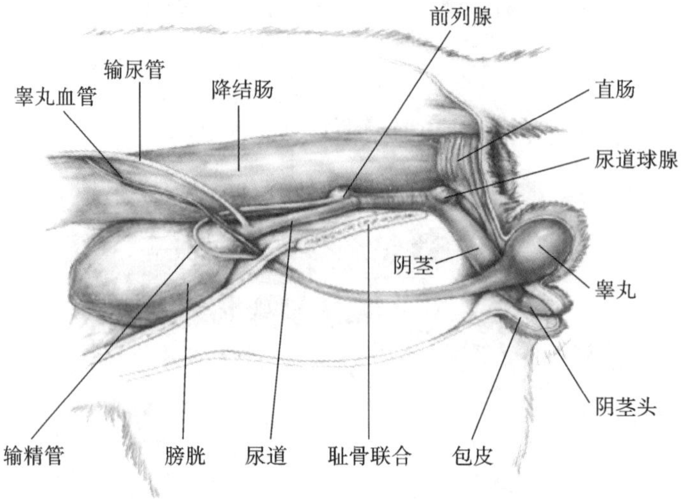

图 6-1-8　公猫生殖系统

公猫导尿操作方法与公犬导尿法基本相同。公猫阴茎很短，且尿道极细，猫本身又有抓咬的特性，所以给公猫导尿通常需要全身麻醉或镇静，并须选择口径、硬度适宜的专用导尿管。猫的导尿管质地稍硬且有弹性，内有不锈钢芯，在插入尿道时起关键的支撑作用，保证导尿管顺利插入(图6-1-9)。

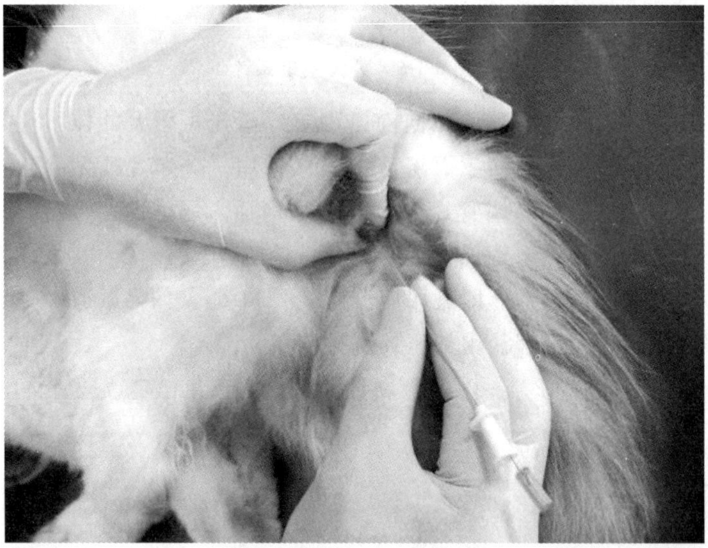

图 6-1-9　导尿管顺利插入公猫尿道

展示与评价

一、任务分配单

导尿术任务分配表

任务名称					
班级		组号		指导教师	
组长		实训时间		实训地点	

续表

<table>
<tr><td>组员</td><td><table><tr><td>姓名</td><td>学号</td><td>姓名</td><td>学号</td></tr><tr><td></td><td></td><td></td><td></td></tr><tr><td></td><td></td><td></td><td></td></tr><tr><td></td><td></td><td></td><td></td></tr></table></td></tr>
<tr><td>任务分工</td><td></td></tr>
<tr><td>实训材料
准备</td><td></td></tr>
</table>

二、任务问题引导单

导尿术任务问题引导表

任务名称	
引导问题 1	公猫导尿术适应证有哪些?
答案	
引导问题 2	公猫导尿术怎么进行止血?
答案	
引导问题 3	母犬导尿术操作有什么技巧?
答案	
引导问题 4	公犬导尿术后怎样护理?
答案	

三、任务工作单

导尿术任务工作表

任务名称	
操作过程描述	
操作照片	操作过程或项目成果照片粘贴处
任务反思	

四、任务评价单

犬导尿术任务评价表

<table>
<tr><td>任务名称</td><td colspan="4"></td></tr>
<tr><td rowspan="6">任务评价</td><td>小组评语</td><td>小组评价</td><td>评价日期</td><td>组长签名</td></tr>
<tr><td></td><td></td><td></td><td></td></tr>
<tr><td>组间互评评语</td><td>组间互评评价</td><td>评价日期</td><td>组长签名</td></tr>
<tr><td></td><td></td><td></td><td></td></tr>
<tr><td>指导教师评语</td><td>指导教师评价</td><td>评价日期</td><td>指导教师签名</td></tr>
<tr><td></td><td></td><td></td><td></td></tr>
<tr><td rowspan="2">考核标准</td><td>优秀标准</td><td>合格标准</td><td colspan="2">不合格标准</td></tr>
<tr><td>操作规范,安全有序
步骤正确,按时完成
全员参与,分工合理
结果准确,分析有理
保护环境,爱护设施</td><td>基本规范
基本正确
部分参与
分析不全
混乱无序</td><td colspan="2">存在安全隐患
无计划,无步骤
个别人或少数人参与
不能完成,没有结果
环境脏乱,桌面未收</td></tr>
<tr><td>小组思政评价</td><td colspan="4"></td></tr>
<tr><td>教师思政评价</td><td colspan="4"></td></tr>
</table>

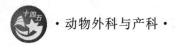

五、任务总评单

导尿术任务总评表

任务名称：	班级：	姓名：	学号：
评价方式	分评得分	所占比例	终评得分
学生自评		40%	
学生互评		20%	
教师评价		40%	
合计			

任务二　立　耳　术

案例导入

3 月龄雪纳瑞犬，母，1.8 kg。耳不能自立，拟实施立耳术。通过本案例的学习，掌握实施立耳术的适应证、具体操作方法以及术后护理。

学习目标

掌握立耳术适应证；能协助他人或独立进行立耳术的操作；通过对犬进行立耳术的操作，牢固树立救死扶伤的世界观；敬畏生命；作为新时代大学生，要不断学习进步，掌握技能，提高自己，尽可能地救助生命，不断为社会生产提供服务，树立良好的价值观，端正学习态度。

一、适应证

犬的美容立耳术，常见于大丹犬、拳师犬、杜宾犬、高加索犬、雪纳瑞犬、纽波利顿犬等品种，这类手术通常用于满足犬比赛的要求以及人们对犬外观的喜好。

立耳术一般应在头部发育已稳定，软骨发育旺盛的 2～3 月龄进行，手术应考虑不同品种犬耳的标准类型、主人的爱好及脸型等。

二、器械

常用组织切开、止血、缝合器械，耳夹或肠钳。

三、手术流程

1. 保定与麻醉　俯卧保定，全身麻醉（最好使用吸入麻醉）。

2. 手术方法　术部常规处理。用耳夹（或肠钳）固定耳部手术部位，用手术刀或手术剪沿耳尖外侧边缘切除耳夹固定的耳外侧部分（图 6-2-1）。参照切除部分，同法切除对侧耳缘。较大的血管用止血钳捻转止血。用前刀尖分出约 0.2 cm 的耳内侧皮肤，使其边缘与耳软骨组织分离，然后用可吸收肠线（3 号或 4 号）缝合，缝合尽可能不穿透软骨，缝合后用碘酊消毒（图 6-2-2）。可用肠线在耳根部和耳上 1/4 处缝合固定。几种犬的断耳模式见图 6-2-3。

3. 术后护理　大多数犬耳手术后不用绷带包扎，但要戴防抓脖圈。每日用碘酊消毒。

四、注意事项

（1）耳部有耳螨等寄生虫感染或患有软骨病的犬，最好不要进行立耳手术。

（2）加强护理，防止术后感染。

Note

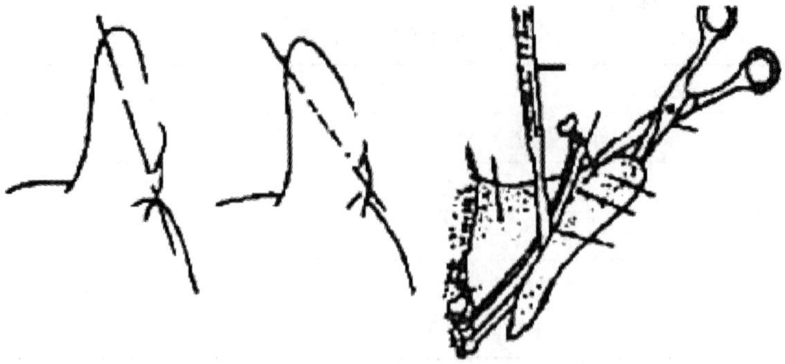

图 6-2-1　手术刀或手术剪沿耳尖外侧边缘切割

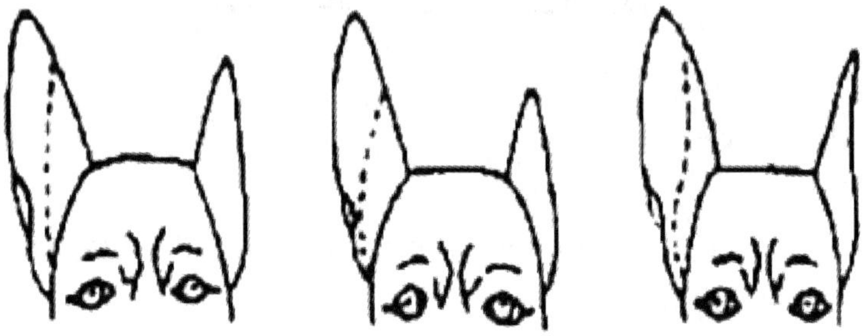

(a)　(b)　(c)

图 6-2-2　耳壳的剪断

(a) 大丹犬　(b) 杜宾犬　(c) 波士顿犬　(d) 斗牛犬

图 6-2-3　几种犬的断耳模式

(3)完全消肿后，可以做立耳固定。一般需要用绷带或抗过敏胶带固定 1～2 周，放开后隔 1 周再固定一次。

展示与评价

一、任务分配单

立耳术任务分配表

<table>
<tr><td>任务名称</td><td colspan="5"></td></tr>
<tr><td>班级</td><td></td><td>组号</td><td></td><td>指导教师</td><td></td></tr>
<tr><td>组长</td><td></td><td>实训时间</td><td></td><td>实训地点</td><td></td></tr>
<tr><td>组员</td><td colspan="5"><table>
<tr><td>姓名</td><td>学号</td><td>姓名</td><td>学号</td></tr>
<tr><td></td><td></td><td></td><td></td></tr>
<tr><td></td><td></td><td></td><td></td></tr>
<tr><td></td><td></td><td></td><td></td></tr>
</table></td></tr>
</table>

续表

任务分工	
实训材料准备	

二、任务问题引导单

立耳术任务问题引导表

任务名称	
引导问题 1	立耳术的适应证有哪些?
答案	
引导问题 2	立耳术怎么进行止血?
答案	
引导问题 3	立耳术怎么进行缝合?
答案	
引导问题 4	立耳术后怎样护理?
答案	

三、任务工作单

立耳术任务工作表

任务名称	
操作过程描述	

Note

续表

操作照片	操作过程或项目成果照片粘贴处
任务反思	

四、任务评价单

立耳术任务评价表

<table>
<tr><td>任务名称</td><td colspan="12"></td></tr>
<tr><td rowspan="6">任务评价</td><td colspan="3">小组评语</td><td colspan="3">小组评价</td><td colspan="3">评价日期</td><td colspan="3">组长签名</td></tr>
<tr><td colspan="3"></td><td colspan="3"></td><td colspan="3"></td><td colspan="3"></td></tr>
<tr><td colspan="3">组间互评评语</td><td colspan="3">组间互评评价</td><td colspan="3">评价日期</td><td colspan="3">组长签名</td></tr>
<tr><td colspan="3"></td><td colspan="3"></td><td colspan="3"></td><td colspan="3"></td></tr>
<tr><td colspan="3">指导教师评语</td><td colspan="3">指导教师评价</td><td colspan="3">评价日期</td><td colspan="3">指导教师签名</td></tr>
<tr><td colspan="3"></td><td colspan="3"></td><td colspan="3"></td><td colspan="3"></td></tr>
<tr><td rowspan="2">考核标准</td><td colspan="4">优秀标准</td><td colspan="4">合格标准</td><td colspan="4">不合格标准</td></tr>
<tr><td colspan="4">操作规范,安全有序
步骤正确,按时完成
全员参与,分工合理
结果准确,分析有理
保护环境,爱护设施</td><td colspan="4">基本规范
基本正确
部分参与
分析不全
混乱无序</td><td colspan="4">存在安全隐患
无计划,无步骤
个别人或少数人参与
不能完成,没有结果
环境脏乱,桌面未收</td></tr>
<tr><td>小组思政评价</td><td colspan="12"></td></tr>
<tr><td>教师思政评价</td><td colspan="12"></td></tr>
</table>

五、任务总评单

立耳术任务总评表

任务名称：	班级：	姓名：	学号：
评价方式	分评得分	所占比例	终评得分
学生自评		40%	
学生互评		20%	
教师评价		40%	
合计			

任务三　断　尾　术

案例导入

2 日龄泰迪,母,0.15 kg。拟实施断尾术。通过本案例的学习,掌握实施断尾术的适应证、具体操作方法以及术后护理。

学习目标

熟悉断尾术的适应证;熟悉犬猫断尾术的方法及流程;通过学习和实训,能正确进行犬猫断尾术,牢固树立救死扶伤的世界观;敬畏生命;作为新时代大学生,要不断学习进步,掌握技能,提高自己,尽可能地救助生命,不断为社会生产提供服务,树立良好的价值观,端正学习态度。

一、适应证

犬猫的美容;动物尾部肿瘤、溃疡、外伤;防止仔猪咬尾,节省饲料,降低死亡率等。断尾术一般在幼畜出生后 3 天内进行。

二、器械与用品

常规器械,止血带。

三、手术流程

1. 保定与麻醉　全身麻醉;仔猪和幼犬可以不麻醉。俯卧保定。

2. 术部　因美容而断尾一般选在第 2～3 尾椎;仔猪在尾根后 2.5 cm 处,其他视情况而定。

3. 手术方法　3～10 日龄的幼犬可实施美容性尾切除术(图 6-3-1)。此时进行手术,出血少,应激反应轻。且无需麻醉,但为了缓解疼痛和利于处理,可以利用盐酸普鲁卡因或利多卡因等局部麻醉药进行局部麻醉,具体操作时可以用一些镇静剂。幼犬出生后 1 周若不做断尾术,可推迟到 8～12 周龄再做,但此时手术需使用全身麻醉。

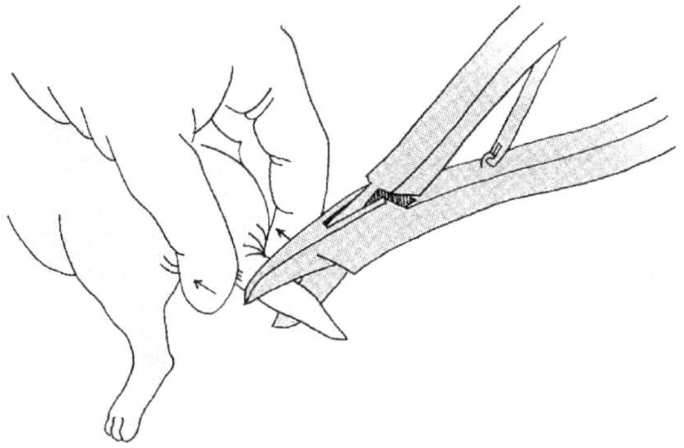

图 6-3-1　3～5 日龄犬断尾方法

由助手保定幼犬。清洗并消毒尾部后,将幼犬握于掌内保定,于尾根部扎止血带。术者一手捏住预断处,并向尾根方向移动皮肤,另一手在预截断的部位持骨剪或外科剪在尾的两侧做两个侧方皮肤皮瓣(图 6-3-2),在要横断的位置放置刀片,将刀片以执笔式持于手中,牢固地接触皮肤并前推皮肤,使手术刀片始终保持在这个位置,垂直该部位旋转刀片经椎间空隙平整地横断尾椎(图6-3-3),松手后皮肤恢复原位,将上下皮肤创缘对合(图 6-3-4),包住尾椎断端,应用吸收性缝线对皮肤做结节缝合,最后解除止血带并观察有无出血(图 6-3-5)。

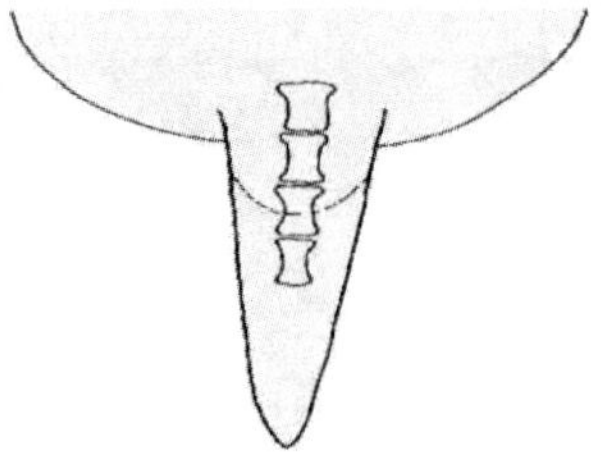

图 6-3-2　尾部截断模式(半圆形切开尾部皮肤)

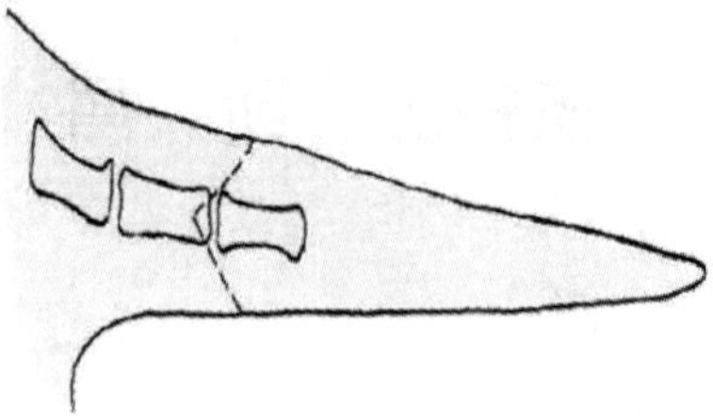

图 6-3-3　横断尾椎

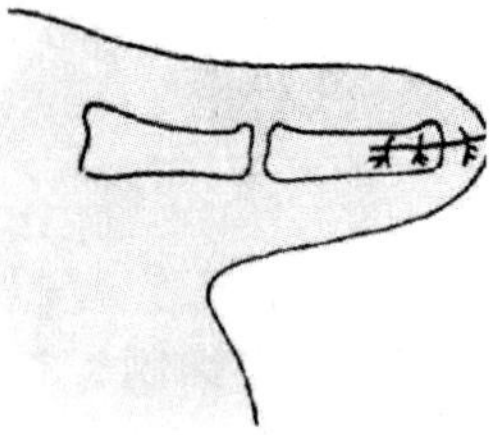

图 6-3-4　缝合皮肤切口

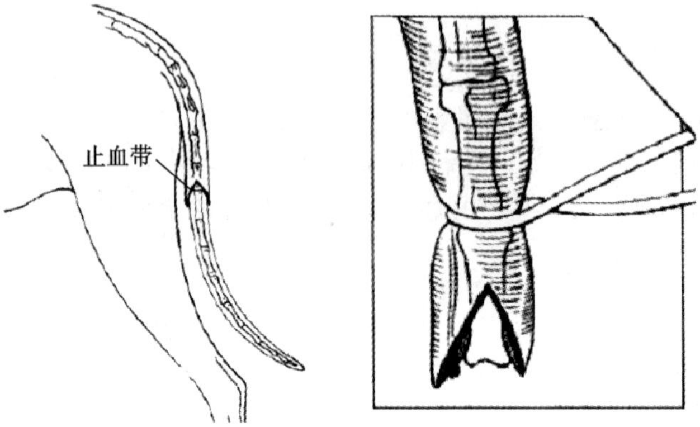

图 6-3-5　成犬断尾止血

4. 术后护理　术部要避免被舔咬,以防感染。7～10 天拆线。

展示与评价

一、任务分配单

断尾术任务分配表

任务名称					
班级		组号		指导教师	
组长		实训时间		实训地点	
组员	姓名	学号	姓名	学号	
任务分工					
实训材料准备					

二、任务问题引导单

断尾术任务问题引导表

任务名称	
引导问题 1	断尾术常见适应证有哪些？
答案	
引导问题 2	断尾术怎么进行止血？
答案	
引导问题 3	断尾术怎么进行缝合？
答案	
引导问题 4	断尾术后怎样护理？
答案	

三、任务工作单

断尾术任务工作表

任务名称	
操作过程描述	
操作照片	操作过程或项目成果照片粘贴处
任务反思	

四、任务评价单

断尾术任务评价表

<table>
<tr><td>任务名称</td><td colspan="12"></td></tr>
<tr><td rowspan="6">任务评价</td><td colspan="3">小组评语</td><td colspan="3">小组评价</td><td colspan="3">评价日期</td><td colspan="3">组长签名</td></tr>
<tr><td colspan="3"></td><td colspan="3"></td><td colspan="3"></td><td colspan="3"></td></tr>
<tr><td colspan="3">组间互评评语</td><td colspan="3">组间互评评价</td><td colspan="3">评价日期</td><td colspan="3">组长签名</td></tr>
<tr><td colspan="3"></td><td colspan="3"></td><td colspan="3"></td><td colspan="3"></td></tr>
<tr><td colspan="3">指导教师评语</td><td colspan="3">指导教师评价</td><td colspan="3">评价日期</td><td colspan="3">指导教师签名</td></tr>
<tr><td colspan="3"></td><td colspan="3"></td><td colspan="3"></td><td colspan="3"></td></tr>
<tr><td rowspan="2">考核标准</td><td colspan="4">优秀标准</td><td colspan="4">合格标准</td><td colspan="4">不合格标准</td></tr>
<tr><td colspan="4">操作规范,安全有序
步骤正确,按时完成
全员参与,分工合理
结果准确,分析有理
保护环境,爱护设施</td><td colspan="4">基本规范
基本正确
部分参与
分析不全
混乱无序</td><td colspan="4">存在安全隐患
无计划,无步骤
个别人或少数人参与
不能完成,没有结果
环境脏乱,桌面未收</td></tr>
<tr><td>小组思政评价</td><td colspan="12"></td></tr>
<tr><td>教师思政评价</td><td colspan="12"></td></tr>
</table>

五、任务总评单

断尾术任务总评表

<table>
<tr><td colspan="4">任务名称:　　　　　　　班级:　　　　　　　姓名:　　　　　　　学号:</td></tr>
<tr><td>评价方式</td><td>分评得分</td><td>所占比例</td><td>终评得分</td></tr>
<tr><td>学生自评</td><td></td><td>40%</td><td></td></tr>
<tr><td>学生互评</td><td></td><td>20%</td><td></td></tr>
<tr><td>教师评价</td><td></td><td>40%</td><td></td></tr>
<tr><td colspan="3">合计</td><td></td></tr>
</table>

任务四　眼球摘除术

案例导入

3 岁比熊,母,3.5 kg。主述:由于两只犬发生冲突,左眼球突出已经超过一周,经检查已经坏死,拟实施眼球摘除术。通过本案例的学习,掌握实施眼球摘除术的适应证、具体操作方法以及术后护理。

学习目标

掌握眼球摘除术的适应证；熟悉犬猫眼球摘除术的方法与步骤；通过学习和实训，能正确进行眼球摘除术的基本操作，牢固树立救死扶伤的世界观；敬畏生命；作为新时代大学生，要不断学习进步，掌握技能，提高自己，尽可能地救助生命，不断为社会生产提供服务，树立良好的价值观，端正学习态度。

一、适应证

眼球半脱出（图 6-4-1）、化脓性眼球炎（图 6-4-2）治疗无效，眼球内肿瘤，高度角膜变形、眼球严重损伤无法治愈（图 6-4-3）等。

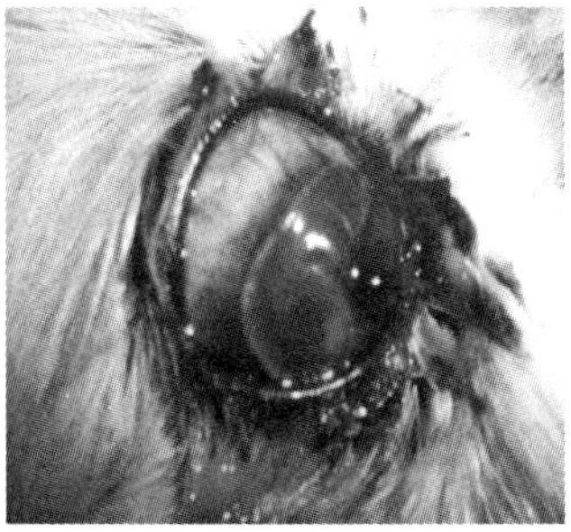

图 6-4-1　眼球半脱出

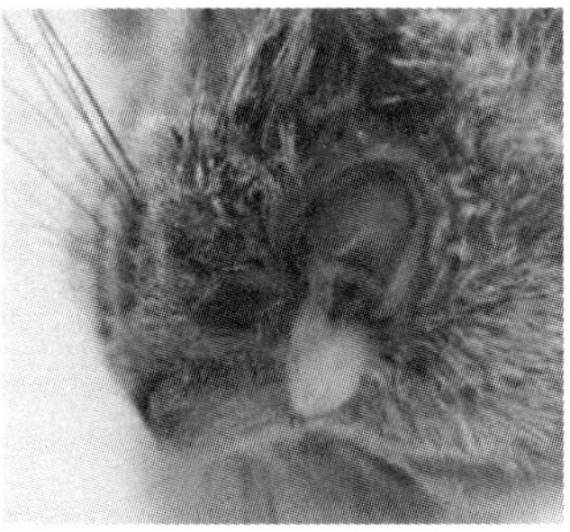

图 6-4-2　化脓性眼球炎

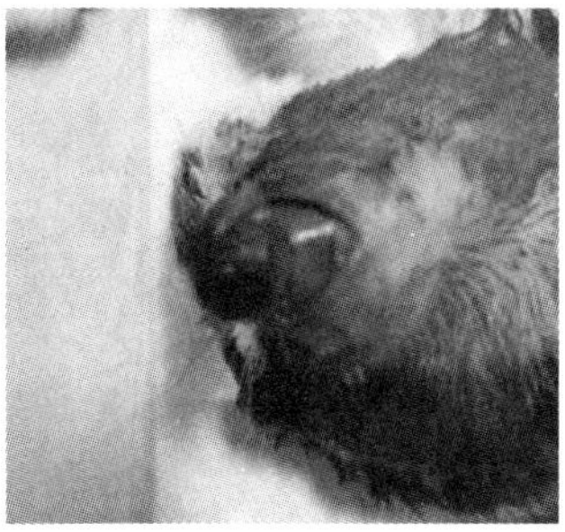

图 6-4-3　眼球严重损伤无法治愈

二、器械

常规手术器械及眼科弯剪。

三、手术流程

1. 保定与麻醉　健侧卧保定。全身麻醉，配合眼球周围浸润麻醉或眼窝裂沟传导麻醉。

2. 手术方法　用创巾钳张开上下眼睑，沿眼外眦切开皮肤 1～2 cm 以扩大眼裂（图 6-4-4），以镊子夹住巩膜以固定眼球，沿眼球周围作环形切口，或用眼科弯剪剪开球结膜；用钳子夹住或用锐钩牵拉眼球，同时分离结膜下脂肪组织，暴露眼的内外上下 4 条眼肌和上下斜肌、直肌，剪断肌肉与眼球附着部（图 6-4-5），直至眼球能够完全转动；结扎眼球后神经，血管可不结扎，然后将弯剪伸至球后剪断眼球肌及视神经，取出眼球（图 6-4-6）后，立即将适量纱布塞入眶内，进行压迫止血，连续缝合眼结膜及筋膜，然后将上下眼睑作间断缝合，包扎眼部（图 6-4-7）。

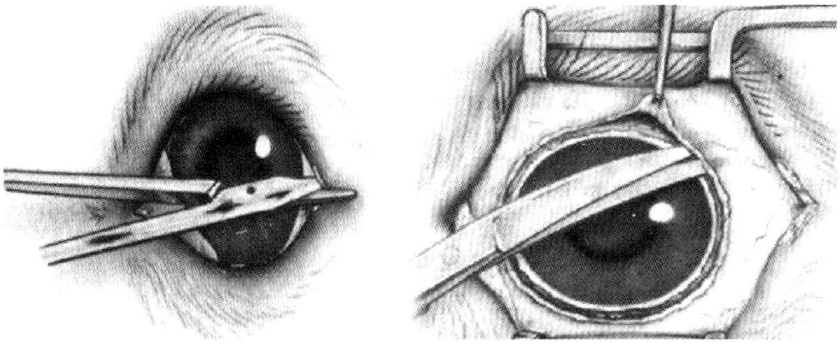

图 6-4-4　张开眼睑

3. 术后护理　术后注射抗生素 5～7 天，一周后拆除眼睑缝合线。

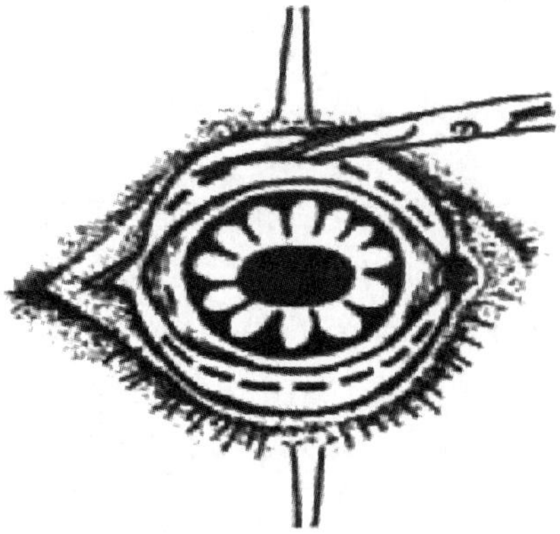

图 6-4-5　剥离角膜

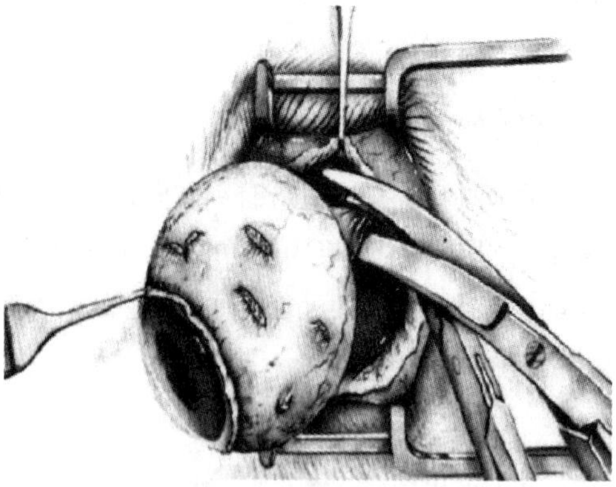

图 6-4-6　取出眼球

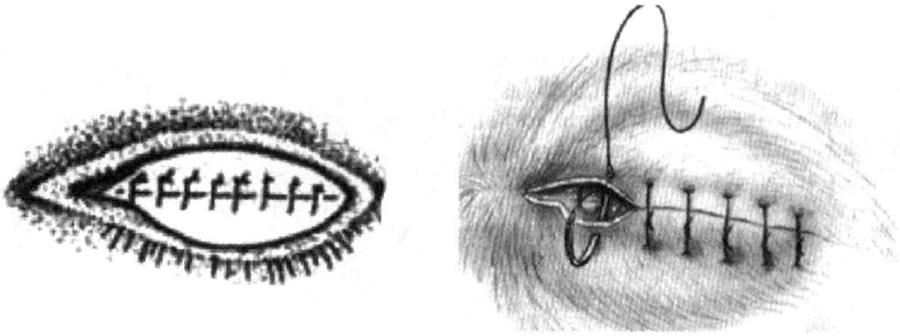

图 6-4-7　缝合眼睑

展示与评价

一、任务分配单

眼球摘除术任务分配表

<table>
<tr><td>任务名称</td><td colspan="6"></td></tr>
<tr><td>班级</td><td></td><td>组号</td><td></td><td>指导教师</td><td colspan="2"></td></tr>
<tr><td>组长</td><td></td><td>实训时间</td><td></td><td>实训地点</td><td colspan="2"></td></tr>
<tr><td>组员</td><td colspan="6"><table>
<tr><td>姓名</td><td>学号</td><td>姓名</td><td>学号</td></tr>
<tr><td></td><td></td><td></td><td></td></tr>
<tr><td></td><td></td><td></td><td></td></tr>
<tr><td></td><td></td><td></td><td></td></tr>
</table></td></tr>
<tr><td>任务分工</td><td colspan="6"></td></tr>
<tr><td>实训材料
准备</td><td colspan="6"></td></tr>
</table>

二、任务问题引导单

眼球摘除术任务问题引导表

任务名称	
引导问题 1	眼球摘除术的常见病因是什么?
答案	
引导问题 2	眼球摘除术怎么进行止血?
答案	
引导问题 3	眼球摘除术怎么进行缝合?
答案	
引导问题 4	眼球摘除术怎么进行术后护理?
答案	

三、任务工作单

眼球摘除术任务工作表

任务名称	
操作过程描述	
操作照片	操作过程或项目成果照片粘贴处
任务反思	

Note

四、任务评价单

眼球摘除术任务评价表

<table>
<tr><td>任务名称</td><td colspan="4"></td></tr>
<tr><td rowspan="6">任务评价</td><td>小组评语</td><td>小组评价</td><td>评价日期</td><td>组长签名</td></tr>
<tr><td></td><td></td><td></td><td></td></tr>
<tr><td>组间互评评语</td><td>组间互评评价</td><td>评价日期</td><td>组长签名</td></tr>
<tr><td></td><td></td><td></td><td></td></tr>
<tr><td>指导教师评语</td><td>指导教师评价</td><td>评价日期</td><td>指导教师签名</td></tr>
<tr><td></td><td></td><td></td><td></td></tr>
<tr><td rowspan="2">考核标准</td><td>优秀标准</td><td colspan="2">合格标准</td><td>不合格标准</td></tr>
<tr><td>操作规范,安全有序
步骤正确,按时完成
全员参与,分工合理
结果准确,分析有理
保护环境,爱护设施</td><td colspan="2">基本规范
基本正确
部分参与
分析不全
混乱无序</td><td>存在安全隐患
无计划,无步骤
个别人或少数人参与
不能完成,没有结果
环境脏乱,桌面未收</td></tr>
<tr><td>小组思政评价</td><td colspan="4"></td></tr>
<tr><td>教师思政评价</td><td colspan="4"></td></tr>
</table>

五、任务总评单

眼球摘除术任务总评表

<table>
<tr><td colspan="4">任务名称：　　　　　班级：　　　　　姓名：　　　　　学号：</td></tr>
<tr><td>评价方式</td><td>分评得分</td><td>所占比例</td><td>终评得分</td></tr>
<tr><td>学生自评</td><td></td><td>40%</td><td></td></tr>
<tr><td>学生互评</td><td></td><td>20%</td><td></td></tr>
<tr><td>教师评价</td><td></td><td>40%</td><td></td></tr>
<tr><td colspan="3">合计</td><td></td></tr>
</table>

任务五　公猫尿道口再造术

案例导入

5 岁英国短毛猫,公,8 kg。尿道结石阻塞,反复发作,排尿困难,拟实施公猫尿道口再造术。通过本案例的学习,掌握实施公猫尿道口再造术的适应证、具体操作方法以及术后护理。

Note

学习目标

掌握公猫尿道口再造术的适应证；熟练进行公猫尿道口再造术的操作；通过进行公猫尿道口再造术的操作，牢固树立救死扶伤的世界观；敬畏生命；作为新时代大学生，要不断学习进步，掌握技能，提高自己，尽可能地救助生命，不断为社会生产提供服务，树立良好的价值观，端正学习态度。

一、适应证

公猫由于阴茎段尿道顽固性或是频繁堵塞，黏膜严重破坏，或是先天畸形等原因造成排尿困难。解决的方法只有切开尿道，将比较宽敞部位的尿道缝合到皮肤或是黏膜上，使尿路通畅。目的是使原来狭窄或是堵塞的部位变得通畅。除了会阴部尿道造口，还有耻骨前尿道造口。

公猫尿道再造术适用于反复性尿道梗阻（如由于尿道结石、下泌尿道综合征等）、插导尿管或冲洗解决不了的尿道梗阻、尿道闭锁、尿道损伤和尿道肿瘤。

手术操作前，必须先了解清楚公猫会阴部的局部解剖结构。主要要认清坐骨尿道肌和坐骨海绵体肌以及阴茎退缩肌和尿道球腺位置。

二、器械与用品

手术刀、手术剪、止血钳、纱布、75%酒精、2%碘酊、新洁尔灭溶液稀释液、可吸收缝合线、创巾钳、持针器、导尿管、镊子、无菌冲洗液、纱布、注射器、超声刀等。

三、麻醉

吸入麻醉或静脉麻醉。

四、手术入路

阴囊包皮口环切，切口上端距离肛门至少 1 cm。

五、保定

一般取俯卧位，尾巴向上贴背固定。猫腹部可垫上大小、高度合适的气囊垫或替代物。

六、手术流程

常规剃毛消毒（注意尾根部毛发的清理，防止术后感染）。荷包缝合肛门，做去势手术。环绕阴囊和包皮椭圆形切开皮肤，切口顶端距离肛门 1 cm 左右。沿阴茎钝性分离坐骨海绵体肌、坐骨尿道肌，沿坐骨剪开阴茎坐骨附着部和腹侧耻骨附着部，使阴茎和骨盆尿道游离。充分暴露出阴茎退缩肌、坐骨海绵体肌和尿道球腺。沿阴茎尿道从阴茎头至尿道球腺平行剪开，去掉远端部分阴茎（图 6-5-1）。在切开的骨盆部尿道顶端与尿道球腺中的切口顶端缝合，其余切开尿道边缘与相对应皮肤切口对合（图 6-5-2）。注意保证缝合处皮肤的张力适度。

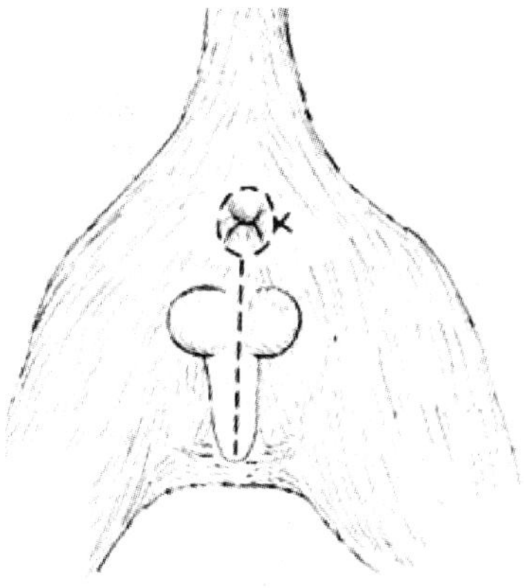

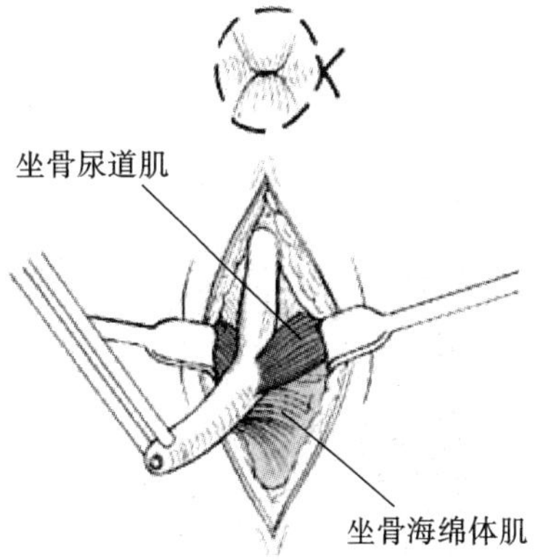

图 6-5-1　去势及分离尿道阴茎段

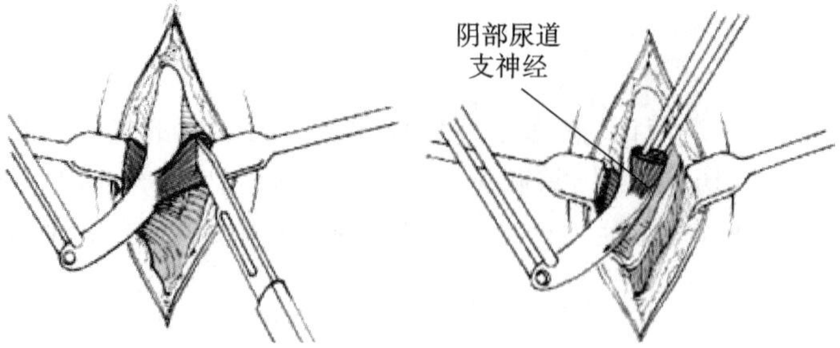

续图 6-5-1

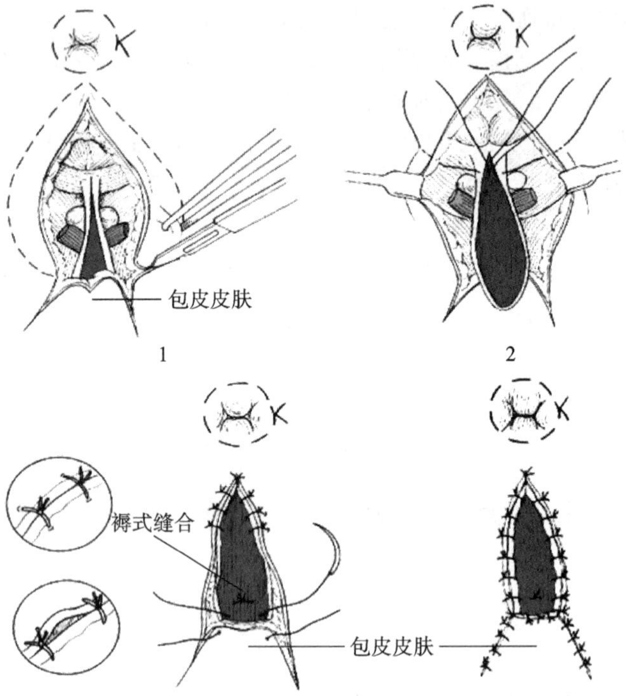

图 6-5-2　尿道造口切除部分尿道后创口的缝合

七、术后护理

术后为防止舔咬，可使用伊丽莎白脖圈直到拆线。术后连续使用 7～15 天抗生素，半年内检测伤口变化以及排尿情况(图 6-5-3)。导尿管留置时间不能太久，一般不超过 5 天，否则容易造成尿道及膀胱的损伤。术后用软纸代替猫砂做垫料以防止尿路感染。

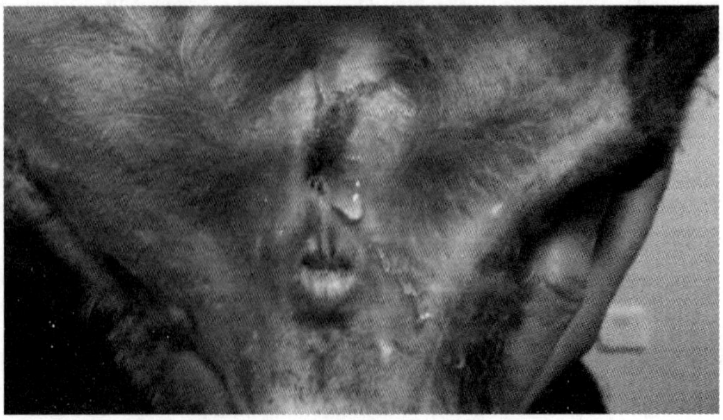

图 6-5-3　尿道口再造术后愈合后的排尿

展示与评价

一、任务分配单

公猫尿道口再造术任务分配表

<table>
<tr><td>任务名称</td><td colspan="5"></td></tr>
<tr><td>班级</td><td></td><td>组号</td><td></td><td>指导教师</td><td></td></tr>
<tr><td>组长</td><td></td><td>实训时间</td><td></td><td>实训地点</td><td></td></tr>
<tr><td rowspan="4">组员</td><td>姓名</td><td>学号</td><td>姓名</td><td colspan="2">学号</td></tr>
<tr><td></td><td></td><td></td><td colspan="2"></td></tr>
<tr><td></td><td></td><td></td><td colspan="2"></td></tr>
<tr><td></td><td></td><td></td><td colspan="2"></td></tr>
<tr><td>任务分工</td><td colspan="5"></td></tr>
<tr><td>实训材料准备</td><td colspan="5"></td></tr>
</table>

二、任务问题引导单

公猫尿道口再造术任务问题引导表

任务名称	
引导问题 1	公猫尿道口再造术常见病因是什么？
答案	
引导问题 2	公猫尿道口再造术怎么进行止血？
答案	
引导问题 3	公猫尿道口再造术怎么进行缝合？
答案	
引导问题 4	公猫尿道口再造术怎么进行术后护理？
答案	

Note

三、任务工作单

公猫尿道口再造术任务工作表

任务名称	
操作过程描述	
操作照片	操作过程或项目成果照片粘贴处
任务反思	

四、任务评价单

公猫尿道口再造术任务评价表

<table>
<tr><td>任务名称</td><td colspan="4"></td></tr>
<tr><td rowspan="6">任务评价</td><td>小组评语</td><td>小组评价</td><td>评价日期</td><td>组长签名</td></tr>
<tr><td></td><td></td><td></td><td></td></tr>
<tr><td>组间互评评语</td><td>组间互评评价</td><td>评价日期</td><td>组长签名</td></tr>
<tr><td></td><td></td><td></td><td></td></tr>
<tr><td>指导教师评语</td><td>指导教师评价</td><td>评价日期</td><td>指导教师签名</td></tr>
<tr><td></td><td></td><td></td><td></td></tr>
<tr><td rowspan="2">考核标准</td><td>优秀标准</td><td>合格标准</td><td colspan="2">不合格标准</td></tr>
<tr><td>操作规范，安全有序
步骤正确，按时完成
全员参与，分工合理
结果准确，分析有理
保护环境，爱护设施</td><td>基本规范
基本正确
部分参与
分析不全
混乱无序</td><td colspan="2">存在安全隐患
无计划，无步骤
个别人或少数人参与
不能完成，没有结果
环境脏乱，桌面未收</td></tr>
<tr><td>小组思政评价</td><td colspan="4"></td></tr>
<tr><td>教师思政评价</td><td colspan="4"></td></tr>
</table>

Note

五、任务总评单

公猫尿道口再造术任务总评表

任务名称：	班级：	姓名：	学号：
评价方式	分评得分	所占比例	终评得分
学生自评		40%	
学生互评		20%	
教师评价		40%	
合计			

任务六　阉　割　术

案例导入

1 岁蓝猫，母，5.5 kg。食欲减退，频繁发情，体况日渐消瘦。拟实施猫绝育术。通过本案例的学习，掌握实施阉割术的适应证、具体操作方法以及术后护理。

学习目标

熟悉公猪去势、母猪卵巢摘除的方法和步骤；熟练掌握公牛、公羊的去势和公鸡阉割术的方法；通过对公犬、公猫的阉割，牢固树立救死扶伤的世界观；敬畏生命；作为新时代大学生，要不断学习进步，掌握技能，提高自己，尽可能地救助生命，不断为社会生产提供服务，树立良好的价值观，端正学习态度。

摘除或破坏雄性动物的睾丸、雌性动物的卵巢统称阉割术，雄性动物的阉割术又叫去势术。

一、公畜阴囊、睾丸的局部解剖

（一）阴囊

阴囊的位置因动物种类的不同而有所差别。牛、羊、马阴囊较大，悬吊于耻骨部下方、两后肢之间。猪的阴囊位于肛门下方，距肛门很近。阴囊为阴囊皮肤、肉膜、睾外提肌和鞘膜组成的袋状囊，内含睾丸、附睾和一部分精索。

阴囊上方狭窄为阴囊颈，远端游离为阴囊底。反刍动物阴囊颈部细长，公猪的阴囊颈部不发达。

1. 阴囊皮肤　公畜的阴囊皮肤较薄，易于移动和伸展。阴囊表面正中线上有一条阴囊缝际，将阴囊分成左右两半。在行阉割手术时，阴囊缝际是手术的定位标志。

2. 肉膜与肉膜下筋膜　肉膜位于皮肤内面，由少量弹性纤维、平滑肌构成。肉膜沿阴囊缝际形成一隔膜，叫阴囊中隔。肉膜与阴囊皮肤牢固结合，当肉膜收缩时，阴囊皮肤起皱褶。肉膜下筋膜薄而坚韧，与肉膜紧密相连。肉膜下筋膜在阴囊底部的纤维与鞘膜紧密结合，构成阴囊韧带（胎儿期睾丸引带的遗迹）。

3. 睾外提肌　睾外提肌位于总鞘膜外，是一条宽的横纹肌，向下则逐渐变薄。

4. 鞘膜　鞘膜由总鞘膜和固有鞘膜组成。

（1）总鞘膜：由腹横筋膜与紧贴于其内的腹膜壁层延伸至阴囊内形成，呈灰白色。

质地坚硬而富有弹性的薄膜包在睾丸外面。总鞘膜与固有鞘膜之间，形成鞘膜腔。在阴囊和腹股沟管内形成鞘膜管。精索通过鞘膜管。鞘膜管的上端有销环(内环)与腹腔相通。总鞘膜折转到固有鞘膜的腹膜褶,称为睾丸系膜或鞘膜韧带。

(2)固有鞘膜:腹膜的脏层,此膜向上经腹股沟管和腹膜脏层相连。固有鞘膜包着睾丸、附睾和精索。固有鞘膜在整个精索及附睾尾的后缘和总鞘膜折转来的腹膜褶睾丸系膜相连。睾丸系膜的下端即附睾后缘的加厚部分称为附睾尾团带。露睾去势时必须剪开附睾尾韧带,撕开睾丸系膜,睾丸才不会缩回。

(二)睾丸与附睾

马、猪和犬的睾丸呈椭圆形,牛、羊的睾丸呈长椭圆形。附睾体紧贴在睾丸上,附睾尾部分游离,并移行为输精管。公马的睾丸水平地位于阴囊内,附睾紧贴在睾丸背面;牛羊的睾丸垂直地位于阴囊内,附睾附着在睾丸的后面,附睾尾在下。公猪的睾丸呈斜位,附睾紧贴在睾丸的前面,附睾尾位于其上方。犬的附睾盖在睾丸的背侧端,一直绕到睾丸上端的前缘;附睾体很细,位于睾丸后缘的外侧;附睾尾比较大,附于睾丸的尾端。

(三)精索

精索为一索状组织,呈扁平的圆锥形,由血管、神经、输精管、淋巴管和睾内提肌等组成。上起腹股沟管内口(内环),下止于睾丸的附睾。精索分为两部分,一部分含有弯曲的精索内动脉、精索内静脉及其蔓状丛,以及由不太发达的平滑肌组成的睾内提肌、精索神经丛和淋巴管;另一部分为由浆膜形成的输精管褶,褶内有输精管通过。腹股沟管是漏斗形的肌肉缝隙,位于腹股沟部的腹外斜肌和腹内斜肌之间,长达 10 cm(马),有两个口,外口又称皮下环(外环),是一个长 10～13 cm 的裂隙(马),由腹外斜肌的腱膜构成。内口又称为腹环(内环),以腹内斜肌的后缘为前界,以腹股沟韧带为后界,口的形状为卵圆形,长径为 3～4 cm(马)。进行直肠检查时,在耻骨前缘两侧前方 3～4 cm 距腹正中线侧方 11～14 cm 处,容易摸到腹股沟内口(内环)。

鞘膜管是腹膜的延续部分,位于腹股沟管内,它和腹股沟管一样,也有内口和外口。内口与腹腔相通,外口与鞘膜腔相通。管内有精索通过,睾丸提肌位于鞘膜管的外侧壁外面。整个鞘膜管因为在上 1/3 处有一缩小的峡,因此它的形状是上下粗,中间细。去势后一旦发生肠管脱出,这一狭窄部分常妨碍脱出肠管的还纳。

二、母畜生殖器解剖特点

猪的卵巢位于盆腔入口顶部两旁,左右各一。2～4 月龄时,呈卵圆形、肾形,豆粒大,表面光滑,淡红色,在第一荐骨岬两旁。5～6 月龄时,表面高低不平,有小卵泡,桑葚状,位于髂结节前端断面上。猪的子宫为双角、长角子官,2～4 月龄时,为粗面条状或小鸡小肠样,色较淡。膀胱圆韧带和小肠的区别:膀胱圆韧带为乳白色,整体较细,实心管状,质地硬;小肠壁薄,色深,有肠系膜。

犬猫的卵巢位于同侧肾脏后方 1～2 cm 处。卵巢通过固有韧带附着于子宫角;通过悬韧带附着于最后肋骨内侧的筋膜上。子宫阔韧带将卵巢、输卵管、子宫固定于腰下外侧壁(腹膜褶)上。卵巢动脉起自肾动脉和髂外动脉之间的中点,分布于卵巢、输卵管和子宫角,在子宫系膜内与子宫动脉吻合。子宫动脉起自阴部内动脉,在子官阔韧带内行走,经过子宫颈、子宫体并与卵巢动脉相吻合。母羊生殖器有一对卵巢,位于骨盆入口处的左、右侧缘,椭圆形,长 1～15 cm;输卵管比母猪的直且短;子宫角直,比母猪的子宫角短得多,但子宫角比母猪的粗,长 10～20 cm;子宫体则比母猪的长,长约 2 cm。休情期的子宫壁较硬,表面有细细的纵深皱纹。

技能一　公猪的阉割术

1. 适应证　出生后 1～2 月龄、体重 5～20 kg 的健康小公猪最为适宜。

2. 保定　左侧横卧保定。术者右手握住猪的右后肢,将猪提起,左手抓住其右侧膝前皱襞,向前摆动猪头部,使其左侧卧于地上,左脚踩住猪颈部,猪背朝向术者,把猪尾拉向臀后,用脚踩住猪尾根(图 6-6-1)。

3. 手术方法

(1)消毒阴囊部:用消毒液清洗→涂碘→脱碘。

(2)固定睾丸:左手掌外缘将猪的右后肢压向前方,中指屈曲压在阴囊颈前部,同时用无名指及食指将睾丸固定在阴囊内,使睾丸纵轴与阴囊纵轴平行(图 6-6-2)。

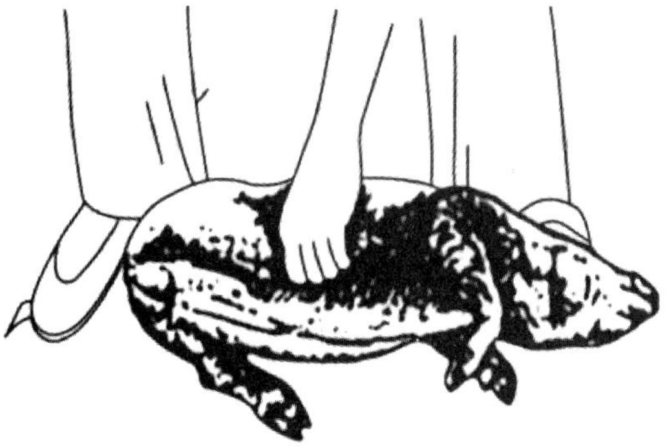

图 6-6-1 小公猪保定

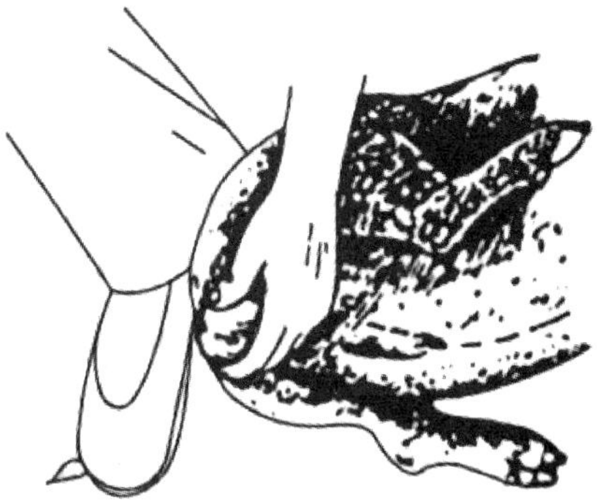

图 6-6-2 固定睾丸

(3)切开阴囊及总鞘膜:右手持刀,沿阴囊缝际外侧 1 cm 左右作一与缝际相平行的切口,长度以能挤出睾丸为宜,一次切开阴囊壁和总鞘膜露出睾丸,切断鞘膜韧带以露出精索,挤出睾丸(另一侧同此方法),如图 6-6-3 所示。

(4)摘除睾丸:左手固定精索,右手将睾丸精索剪断,摘除睾丸(另一侧方法相同),如图 6-6-4 所示。

(5)术部涂碘酊,切口不须缝合。

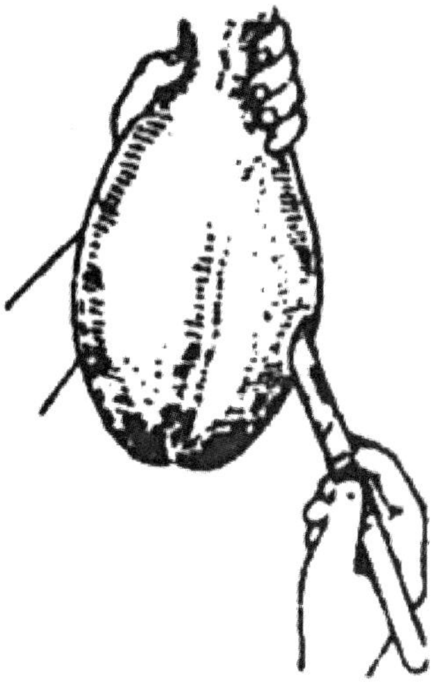

图 6-6-3 纵行切开阴囊

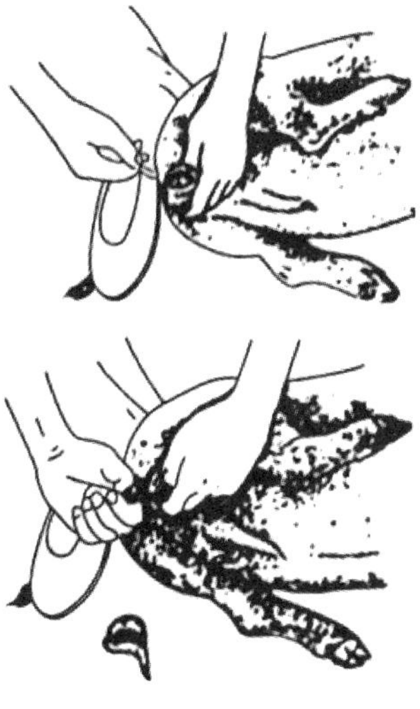

图 6-6-4 摘除睾丸

大公猪不受年龄和体重的限制。左侧卧保定。手术方法与小公猪基本相同。只是在断离精索时,在精索的稍上方,先用丝线作贯穿结扎牢固后,再摘除睾丸。

技能二 母猪卵巢摘除术

1. 小挑法

(1)应用:适用于体重 15 kg 以下的小母猪。

(2)保定:右侧卧保定,术者左手提起猪左后肢,使猪右侧卧于地,用右脚踩住猪左侧颈部,将猪的左后肢向后伸展,使其后躯转为仰卧姿势,并以左脚踩住其左后肢跖部,蹬紧并固定(图 6-6-5)。

(3)术部:左手指抵于左侧荐结节,左手拇指用力下压术部腹壁,此时拇指、中指正好相对,此时

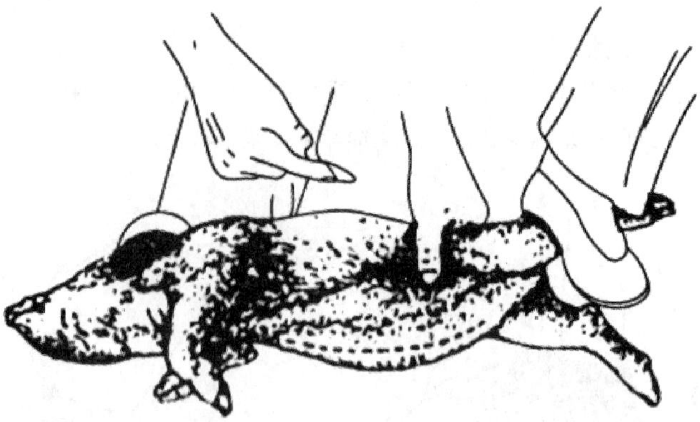

图 6-6-5　小母猪保定

拇指按压的部位就是术部，或在左侧倒数第二个乳头外方 1～2 cm 处。

(4)手术方法：在术部周围消毒后，用刀尖(可用桃形刀、管形刀或手术刀)刺开拇指前术部皮肤，形成一 0.5～1 cm 长的纵切口。用刀柄或管形刀顺势插入腹腔，右手拇指用力按压腹壁，子宫角常随腹水一起涌出。立即用右手捏住宫角，以两手的拇指、食指轻轻地轮流向外引导出两侧卵巢、子宫角和子宫体前部，随后用指腹挫断子宫体，除去卵巢、子宫角。切口涂碘酊，提起后肢稍稍摆动一下，即可放开。

2. 大挑法

(1)应用：适用于大母猪。发情期母猪不宜手术。术前应停饲一顿。

(2)保定：左侧卧保定。

(3)术部：在髋结节前下方 5～10 cm 处。

(4)手术方法：术部剪毛消毒，局部浸润麻醉。皮肤切开 3～5 cm 长切口，用右手食指垂直戳破腹肌及腹膜，止血，将食指伸入腹腔，沿脊柱及侧腹壁由前向后至盆腔入口探摸卵巢，并将其导引至腹腔外，用止血钳将卵巢根部夹住，用缝线结扎后除去一侧卵巢。然后再沿子宫角导出另一侧卵巢，用同样方法除去。连续缝合腹膜，对肌肉及皮肤做结节缝合。术部涂碘酊。

技能三　公牛、公羊去势术

1. 去势年龄　肥育牛在 4～6 月龄施行去势术。役用水牛在 1～3 岁、黄牛在 1 岁左右较为适宜。淘汰的公牛则不受年龄限制。术前一天晚上禁食，可以饮水。公羊进行阉割的最适年龄为 3～4 周龄，也有至 1 岁时再阉割的。

2. 保定与麻醉　采取站定或侧卧保定。幼牛一般不麻醉，倒提保定，腹部朝向术者，或侧卧保定。成年牛在必要时用 3%普鲁卡因进行精索内麻醉。

3. 手术方法

(1)有血去势：常规消毒阴囊部后，术者左手握住阴囊颈部，将睾丸挤向阴底部。在阴囊缝际一侧 2 cm 处，作一与阴囊缝际相平行的切口。向下切 4～5 cm 长，切口的下端至阴囊最底部，一次切开阴囊和总鞘膜，睾丸露出后撕裂睾丸系膜，剪断阴囊韧带，挤出睾丸，结扎精索并摘除睾丸。最后向阴囊内撒入消炎药，阴囊创口涂碘酊，切口不作缝合。同法摘除右侧睾丸。成年牛一般采取纵切口法，幼年牛则采取横切口法。如图 6-6-6 所示。

(2)无血去势：由助手于阴囊颈部将一侧精索挤到阴囊的一侧并固定，术者用无血去势钳在阴囊颈部夹住精索并迅速用力关闭钳柄，听到类似腱被切断的声音后继续钳压 1 min，再缓缓张开钳嘴，如图 6-6-7 所示。为确保精索被彻底钳断，可在第一次钳夹的下方 2 cm 处再钳夹一次，按同法钳夹另一侧精索，最后术部皮肤涂碘酊。

羊的手术方法与牛基本相同。

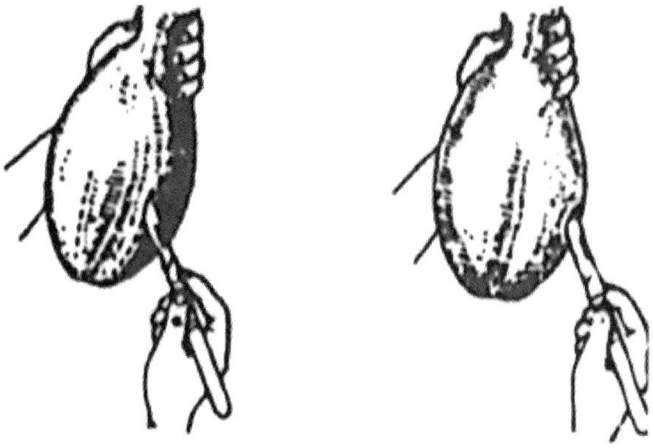

(a) 阴囊纵切口法　　(b) 阴囊横切口法

图 6-6-6　牛阴囊切开法

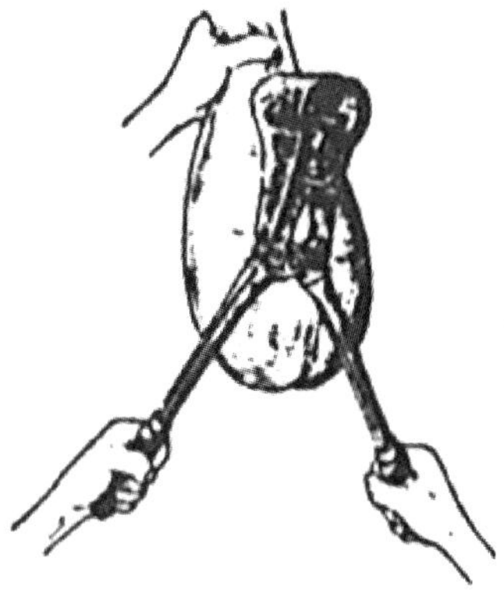

图 6-6-7　牛无血去势法

技能四　母羊阉割术

1. 应用　母羊阉割术适用于 3～6 月龄母羊；术前禁饲半天至一天。有病或者发病的羊不宜手术。

2. 保定方法　采用右侧卧保定，助手一只手握住羊角及头部的同时，另一只手握住羊的两前肢，另外一名助手一只手握住左后肢，并伸直，使之与头部成一条直线，右后肢适当固定，术者右脚踩住羊的左侧颈部，左脚可以踩住羊的左后肢，也可以不踩。

3. 术部确定　术部位于左侧髋结节与腹正中线连线上稍偏后，距腹正中线 3～5 cm 处的髋窝中，切口位置依据羊的个体大小而定，其方法基本与猪相同。术部也可以选在右侧，但多不使用。

4. 消毒　剪毛或者剃毛后取 1%～2%来苏尔溶液刷洗术部，用灭菌纱布擦干，用 5%碘酊涂擦消毒，75%酒精脱碘。或者取 0.5%新洁尔灭溶液用灭菌纱布刷洗术部及周围皮肤两遍，然后用灭菌纱布擦干术部。0.5%新洁尔灭溶液同时可用于手术器械和术者手臂的消毒；也可以单独分开消毒和使用，此时术者和器械消毒采用 0.1%新洁尔灭溶液。

5. 手术方法及步骤

(1)寻找和固定切口位置。左手食指抵于左侧髋结节，拇指于正前下方稍偏后处，用力下压使拇指尽量抵于髋窝中，固定并保持。

(2)切开皮肤，暴露卵巢及子宫角。于左侧拇指前方切开皮肤及腹肌 1～1.5 cm，调转刀柄后成 45°～60°角刺破腹肌和腹膜，此时腹水流出；向外拨动刀柄并下压，直至输卵管冒出后，用右手拉出卵巢及子宫角的同时拔出刀柄，然后左手用力下压切口，拉出卵巢及子宫角，拉至子宫角分叉处时，用手指捏住另一侧子宫角，直至拉出另一侧卵巢。注意，在拉出卵巢的时候一定要小心，不要将输卵管拉断，否则卵巢无法拉出而使冒花方法失败；用止血钳夹住并固定子宫角及其输卵管，贯穿结扎子宫角及其输卵管韧带的血管。

(3)摘除卵巢及子宫角。3～6 月龄的小母羊可以直接冒花，当输卵管冒出来后，采用直接切除或止血钳夹持后，在止血钳的上面切除，必要时可以采用结扎法切除，有条件时可以在采用电凝止血法止血后摘除。老母羊、淘汰羊卵巢较大、子宫角较粗、输卵管也同样变粗，不能冒花时，可将腹膜扩大后用手指或挑花刀柄勾出，然后进行结扎，在贯穿结扎线 1 cm 外摘除卵巢及大部分子宫角。确认不出血后，用手指还纳子宫体及网膜等，还纳后用食指探查腹膜的破裂孔外还有没有内脏钳闭在腹膜外，也可以提起两后肢使之还纳，然后再用食指探查确认内脏器官是否还纳腹腔内，缝合皮肤切口，涂碘酊，对扩大腹膜的羊只采取皮肤、腹肌、腹膜一同进行缝合，防止小肠及网膜等脱出。

技能五　犬、猫的阉割术

1. 公犬、公猫的阉割术

(1)应用：一般在 6～12 月龄施行手术。

(2)保定与麻醉：仰卧或侧卧保定，局部浸润麻醉或全身麻醉。

(3)手术方法。

①阴囊部剪毛、消毒和局部麻醉。

②左手将睾丸挤入阴囊底部，用食指、中指和拇指固定睾丸。在阴囊缝际两侧距缝际 0.5 cm 处作一与缝际相平行的长 3 cm 左右的切口，切开阴囊和总鞘膜。

③左手随之把睾丸挤出切口处，轻拉睾丸，剪开阴囊韧带，向上撕开睾丸系膜，结扎精索。摘除睾丸，精索断端退缩入鞘膜腔内。同法摘除另一侧睾丸。

④创口涂碘酊，不须缝合(图 6-6-8)。

2. 母犬、母猫的阉割术

(1)应用：一般在 6～12 月龄施行手术，如果为了治疗某些疾病则不受年龄限制。

(2)保定与麻醉：仰卧保定，局部浸润麻醉或全身麻醉。

(3)术部：母犬在脐后 4～10 cm 腹白线上；母猫在脐后 1～5 cm 腹白线上。

(4)手术方法。

①消毒：术部常规消毒。

②切开腹壁：在术部作切口(长 4～5 cm)切开腹壁后，再切开腹膜。

③切除卵巢：伸入食指到骨盆入口的上侧方，在肾脏的后方探摸卵巢和子宫角并将它轻轻地引出切口，然后用止血钳在卵巢下方夹住卵巢系膜，用丝线结扎卵巢系膜，切除卵巢；用同一方法摘除另一侧卵巢。

④缝合切口：两侧卵巢摘除后，连续缝合腹膜，再缝肌层、结节，缝合皮肤。术部涂碘酊。

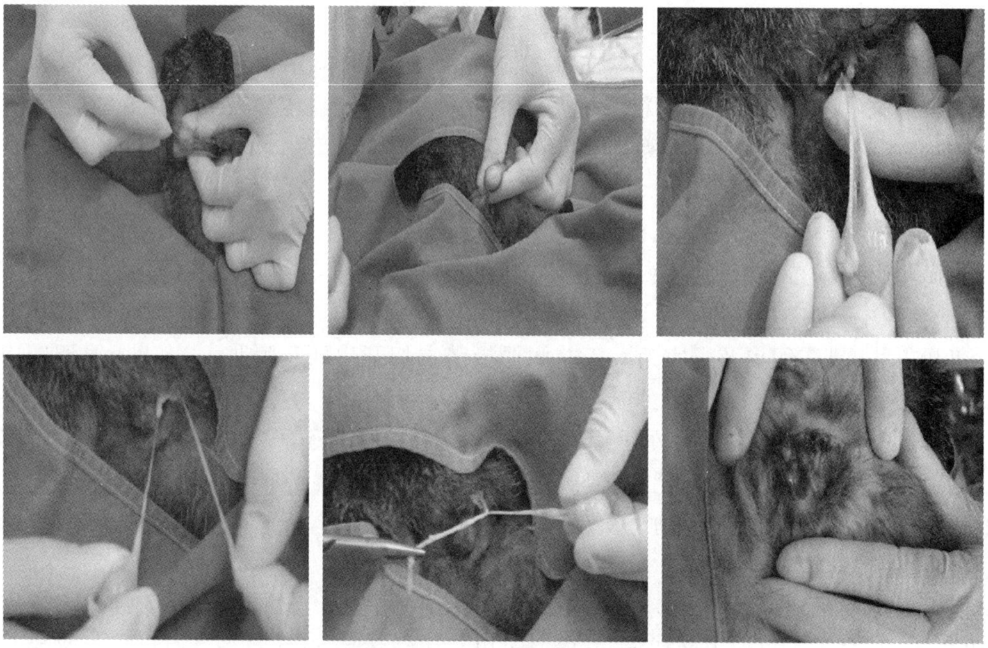

图 6-6-8 公猫绝育术图解

技能六 公鸡阉割术

1. 应用 传统为 2～4 月龄，目前多在 20 日龄最为适宜。术前停饲一顿，最好在早晨饲喂前进行。有传染病流行的区域暂不施行阉割术。

2. 保定 术者坐在小凳上，铺上一块塑料布。将鸡的两翅在其根部绞扭，两肢并拢向后方拉直，左侧卧，右侧向上，鸡背朝外，术者一脚踩着翅膀，另一脚踩着鸡脚。

3. 术部 右侧倒数第 1～2 肋骨之间，背最长肌的外缘，适用于 2～3 月龄的小鸡；最后肋骨的后方约 0.5 cm 处，背最长肌的外缘，适用于体型较大的鸡。

4. 手术方法

(1)将术部皮肤后移,左手拇指按压住切口处,右手持刀在左手拇指端前线作切口,长 2～3 cm。

(2)用扩创钩扩大创口,以探针或镊子捣破腹膜后,即可看到右侧睾丸,如有肠管遮盖时,将其轻轻拨开,露出睾丸。对侧睾丸位于其下,由一层薄膜(肠系膜)相隔,将薄膜轻轻扯破,就能看到对侧睾丸。操作时不要损伤肾脏和睾丸附近的血管。然后分别或同时摘除两侧睾丸。分别摘除时,左手持睾丸套签伸入腹腔,右手持睾丸勺,伸向睾丸,先套住下面的睾丸,拉动睾丸套签上的马尾毛的线端勒除睾丸,取出睾丸。同法勒除上面的睾丸。如同时摘除时,用睾丸勺将下面的睾丸托起,使其靠拢上面的睾丸,将它们同时套住后一起勒除。

(3)摘除两睾丸后,解除扩创钩,切口无须缝合。如切口大,作 1～2 针结节缝合,术部涂碘酊。

5. 阉割并发症及处理

(1)术后出血:阴囊壁血管出血,一般不作处理,不久即可自行止血。阴囊内肉膜及总鞘膜出血,可用大块灭菌纱布堵塞压迫止血。当精索动脉出血时,应立即使家畜倒卧保定,寻找精索断端,重新结扎。

(2)创液滞留:阴囊切口位置不当,或皮肤切口与总鞘膜切口不一致,阻碍创液排出,久而久之阴囊肿大。此时应在无菌操作下,重新扩大创口,使阴囊切口处于最低位置,并将坏死组织一起排出。

(3)阴囊炎:多发生在术后一周内,阴囊逐渐肿胀,有时波及阴茎及下腹部,肿胀部痛、发热、变软、化脓,由创口排出脓汁及坏死组织,患畜步态强拘并出现全身症状,此时,应及时扩大创口进行排液,用防腐消毒药冲洗创腔,外敷鱼石脂软膏或樟脑软膏,并采用青霉素及磺胺疗法。出现化脓时,则按化脓创进行处理。

(4)腹腔内容物及精索断端脱出:精索残留太长,可重新结扎后切除多余部分。若网膜及肠脱出,及时用生理盐水或 0.1%新洁尔灭溶液洗净,然后还纳腹腔,用结节缝合法闭合腹股沟管口和鞘膜管。当发生肠嵌闭甚至坏死时,则按嵌闭性疝进行处理。

(5)精索炎:发生精索炎时,精索断端肿胀,局部发热、疼痛。严重时可波及阴囊,引起阴囊蜂窝织炎,此时阴囊迅速肿大,家畜步态强拘,行走困难,出现全身症状。此时,可进行穿刺或切开阴囊排液。如果精索断端坏死、增生、肿大等,应在阴囊基部作切口,切除坏死及肿大的增生组织,按手术创进行处理。如果病初期呈炎症发展趋势,可在阴囊基部用盐酸普鲁卡因加上青霉素进行封闭。化脓及形成瘘管后则分别按化脓创及瘘管进行处理,并配合全身治疗。

(6)腹壁疝及肠管(或子宫)嵌:切口过大,缝合不确实造成。肠管或子宫未完全还纳腹腔即作缝合。缝合时,食指入腹腔并屈曲,没入腹壁切口旋转一周以确认脱出的肠管及子宫是否已全部还纳腹腔。使用小挑法或大挑法切口时,腹膜的缝合要确实。发现呕吐、厌食、术部膨隆等要及时进行二次手术。

6. 术后护理 术后注意伤口处的清洁,每天用碘酊消毒伤口 2 次,可连续口服抗生素 3 天。

技能七 母猫绝育术

一、材料准备

手术刀、手术剪、止血钳、卵巢拉钩、创巾钳、持针器、带齿镊、组织钳、缝合线(带针)、超声刀、内窥镜、创巾、纱布、75%酒精、2%碘酊、0.1%新洁尔灭。

二、麻醉

选择全身麻醉(吸入麻醉或注射麻醉)。

三、手术操作

切口位置距倒数第二对乳头向前 3～4 cm,与腹部中线平行(图 6-6-9)。对于患有子宫脓肿的病猫,子宫和卵巢可以一起切除。当同时切除子宫时,切口可向后延伸,以便于手术。

剃光切口处被毛,用 0.1%新洁尔灭清洁,用 2%碘酊消毒,然后用 75%酒精棉球涂抹脱碘,贴上伤口创巾固定。外科医生用刀切开皮肤一次，然后剪开皮下脂肪和腹直肌肌腱（图 6-6-10），切开腹膜，打开腹腔，然后将食指伸入腹腔，沿着腹壁向左或向右寻找卵巢。触摸卵巢后，将其压在腹壁上，用拉钩或组织钳勾住卵巢底部，用食指将卵巢引出切口，或者可以用卵巢拉钩迁出（图 6-6-11）。用止血钳钳住卵巢底部并固定（图 6-6-12）。用缝合针避开血管，使用交叉双单结结扎在卵巢底部（图 6-6-13），用手拉尾线，在距淋巴结 0.3 cm 处切除卵巢。观察无出血后，剪下尾线，送回腹腔。

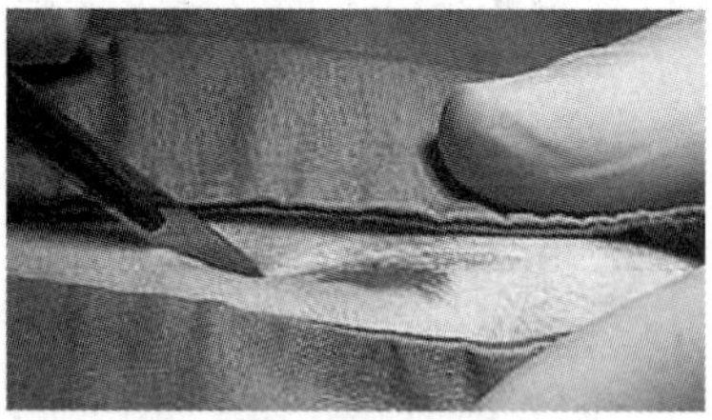

图 6-6-9　皮肤切口

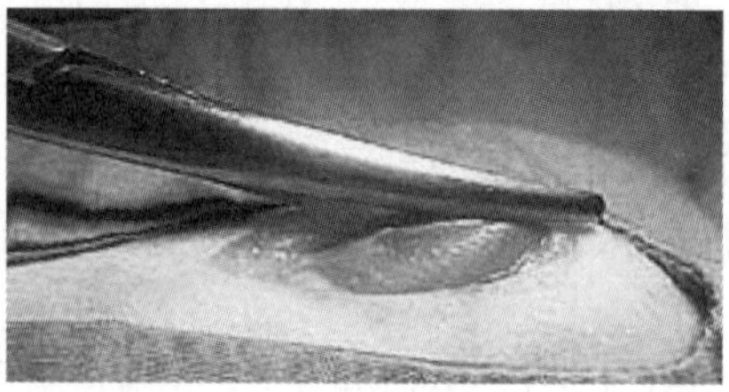

图 6-6-10　剪开肌肉

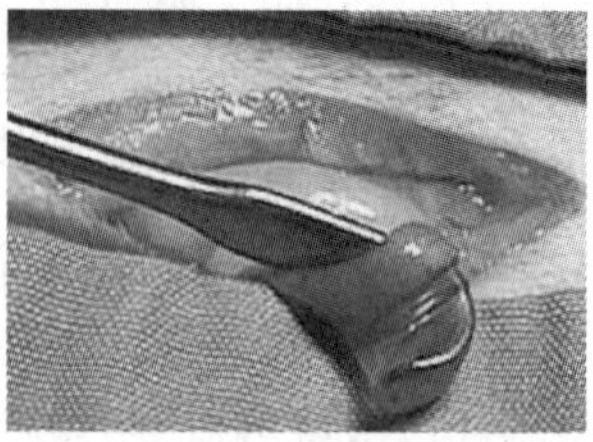

图 6-6-11　卵巢迁出

用同样的方法，找到并切除对侧卵巢。之后牵出子宫（图 6-6-14）将子宫结扎，切断（图 6-6-15），取出卵巢和子宫（图 6-6-16）。最后对腹直肌肌腱和腹膜做连续或结节缝合（图 6-6-17），然后对皮肤做结节缝合（图 6-6-18），切口用碘酊消毒。用消毒纱布覆盖伤口，然后穿上手术服，绑好，固定。注意不要让腹巾挡住会阴，否则会影响排尿。

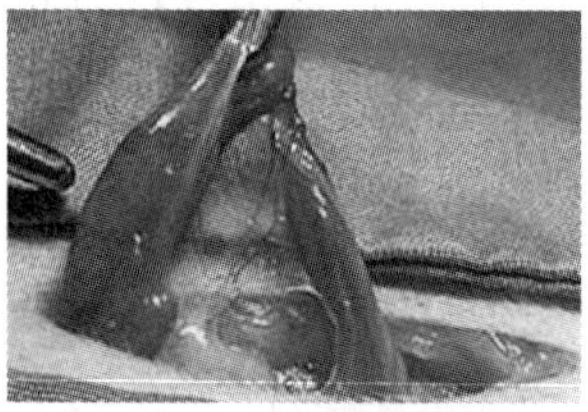

图 6-6-12　固定卵巢

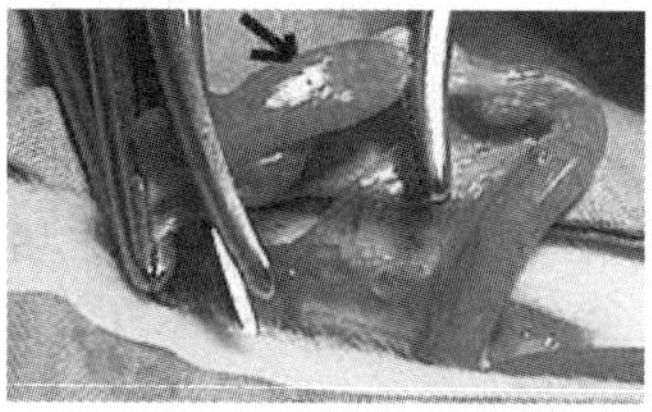

图 6-6-13　结扎卵巢

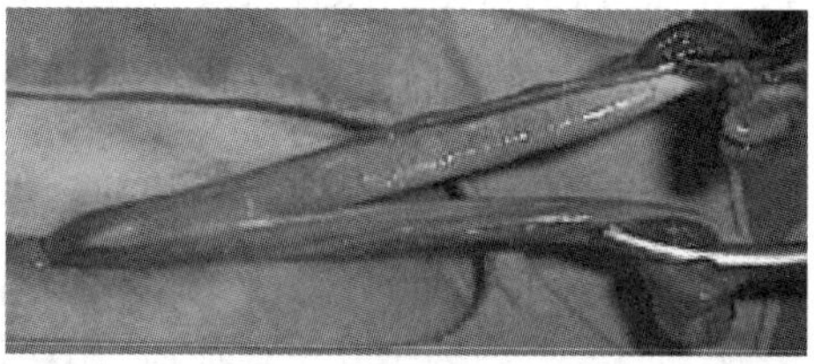

图 6-6-14　牵出子宫

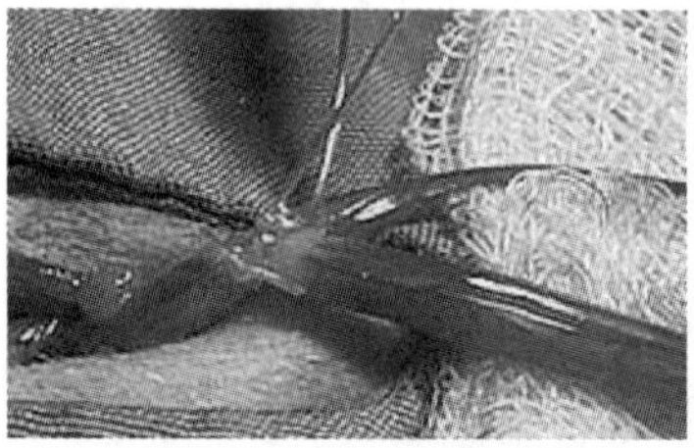

图 6-6-15　结扎子宫

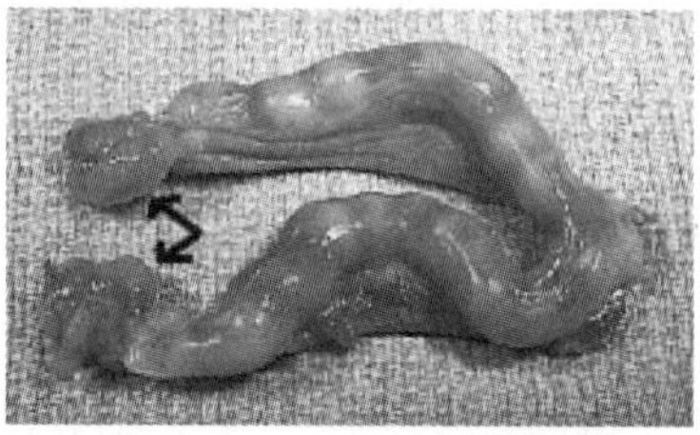

图 6-6-16　取出卵巢和子宫

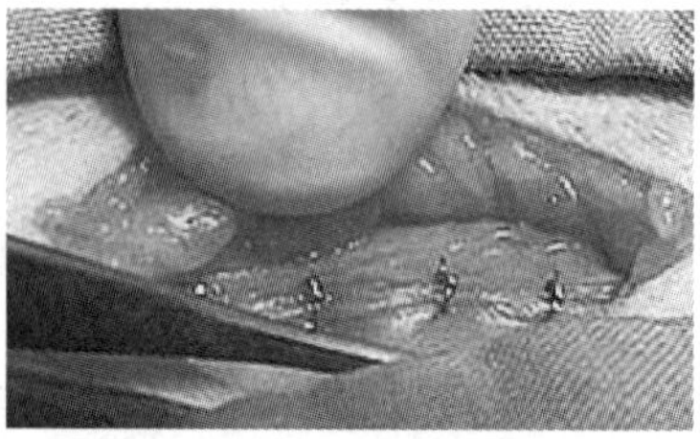

图 6-6-17　缝合肌肉

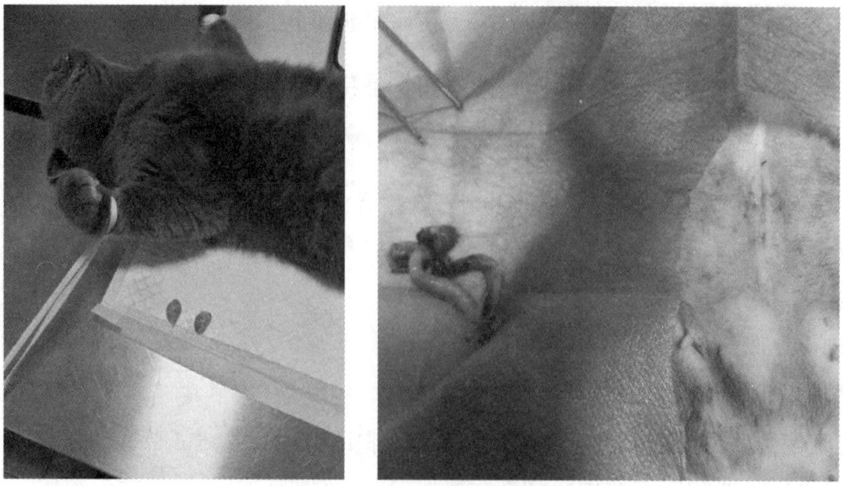

图 6-6-18　缝合皮肤

展示与评价

一、任务分配单

阉割术任务分配表

<table>
<tr><td>任务名称</td><td colspan="4"></td></tr>
<tr><td>班级</td><td></td><td>组号</td><td></td><td>指导教师</td><td></td></tr>
<tr><td>组长</td><td></td><td>实训时间</td><td></td><td>实训地点</td><td></td></tr>
<tr><td>组员</td><td colspan="5"><table><tr><td>姓名</td><td>学号</td><td>姓名</td><td>学号</td></tr><tr><td></td><td></td><td></td><td></td></tr><tr><td></td><td></td><td></td><td></td></tr><tr><td></td><td></td><td></td><td></td></tr></table></td></tr>
<tr><td>任务分工</td><td colspan="5"></td></tr>
<tr><td>实训材料
准备</td><td colspan="5"></td></tr>
</table>

二、任务问题引导单

阉割术任务问题引导表

任务名称	
引导问题 1	母猫绝育术常见病因是什么?
答案	
引导问题 2	母猫绝育术怎么进行止血?
答案	
引导问题 3	母猫绝育术怎么进行缝合?
答案	
引导问题 4	母猫绝育术怎么进行术后护理?
答案	

Note

三、任务工作单

阉割术任务工作表

任务名称	
操作过程描述	
操作照片	操作过程或项目成果照片粘贴处
任务反思	

四、任务评价单

阉割术任务评价表

<table>
<tr><td>任务名称</td><td colspan="12"></td></tr>
<tr><td rowspan="6">任务评价</td><td colspan="3">小组评语</td><td colspan="3">小组评价</td><td colspan="3">评价日期</td><td colspan="3">组长签名</td></tr>
<tr><td colspan="3"></td><td colspan="3"></td><td colspan="3"></td><td colspan="3"></td></tr>
<tr><td colspan="3">组间互评评语</td><td colspan="3">组间互评评价</td><td colspan="3">评价日期</td><td colspan="3">组长签名</td></tr>
<tr><td colspan="3"></td><td colspan="3"></td><td colspan="3"></td><td colspan="3"></td></tr>
<tr><td colspan="3">指导教师评语</td><td colspan="3">指导教师评价</td><td colspan="3">评价日期</td><td colspan="3">指导教师签名</td></tr>
<tr><td colspan="3"></td><td colspan="3"></td><td colspan="3"></td><td colspan="3"></td></tr>
<tr><td rowspan="2">考核标准</td><td colspan="4">优秀标准</td><td colspan="4">合格标准</td><td colspan="4">不合格标准</td></tr>
<tr><td colspan="4">操作规范,安全有序
步骤正确,按时完成
全员参与,分工合理
结果准确,分析有理
保护环境,爱护设施</td><td colspan="4">基本规范
基本正确
部分参与
分析不全
混乱无序</td><td colspan="4">存在安全隐患
无计划,无步骤
个别人或少数人参与
不能完成,没有结果
环境脏乱,桌面未收</td></tr>
<tr><td>小组思政评价</td><td colspan="12"></td></tr>
<tr><td>教师思政评价</td><td colspan="12"></td></tr>
</table>

Note

五、任务总评单

阉割术任务总评表

任务名称：	班级：	姓名：	学号：
评价方式	分评得分	所占比例	终评得分
学生自评		40%	
学生互评		20%	
教师评价		40%	
合计			

任务七　声带切除术

案例导入

2 岁半巨贵犬，母，25 kg。总是半夜嚎叫，邻居反应多次扰民，拟实施声带切除术。通过本案例的学习，掌握实施声带切除术适应证、具体操作方法以及术后护理。

学习目标

熟悉声带切除术的方法和步骤；熟练进行声带切除术的相关操作；通过对犬进行声带切除术的操作，牢固树立救死扶伤的世界观；敬畏生命；作为新时代大学生，要不断学习进步，掌握技能，提高自己，尽可能地救助生命，不断为社会生产提供服务，树立良好的价值观，端正学习态度。

一、适应证

犬常因吠叫影响周围邻居休息，采用声带切除术可消除或降低犬的叫声。

二、器械

常规器械、鳄鱼钳。

三、局部解剖

胸骨舌骨肌是一条较大的肌肉，其起始部主要为第 1 肋软骨。其上 1/3 覆盖喉的腹部。犬的喉头比较短。环状软骨的软骨板很宽广。后关节面在一嵴状隆起的后侧方，距离后缘较远，为凹面，与甲状软骨后角为关节。环状软骨弓的前缘下部凹入，有环甲软骨韧带附着。环甲软骨呈三角形，底边附着于环状软骨弓的前缘，三角的两侧边附于甲状切迹的两侧缘。腹面有纵走的增强纤维，背侧甲状切迹有横行纤维。甲状软骨的软骨板高而短，腹侧缘互相融接形成软骨体，体的前部有一显著的隆起，可用手触之，但在生活状态不易看到(图 6-7-1)。

四、手术流程

1. 保定与麻醉　仰卧保定，头颈伸展，头的位置低于喉部。全身麻醉。

2. 术部　实施口腔摘除法可用开口器将犬的口腔打开；实施喉切开摘除法，以甲状软骨突起为手术切开部位。

3. 手术方法　可分为两种手术路径。

(1)口腔摘除法：不切开喉部，在口腔内摘除声带。首先用压舌板压低会厌软骨尖端以暴露喉的入口,"V"字形的声带位于喉口里边的喉腹面的基部。用一弯形长止血钳,钳夹声带并拉紧,用鳄鱼钳(声带钳)切除声带,同法切除另一侧。电灼止血或用纱布压迫止血。术后要将犬的头部位置放低,尽量减少引起动物咳嗽的因素。

(2)喉切开摘除法:颈部腹侧正中线上皮肤常规剃毛、消毒。以甲状软骨突起处为切口中心,向上下切开皮肤 3 cm,分离胸骨舌骨肌至喉腹正中线两侧,充分暴露环甲软骨韧带和喉的甲状软骨,并充分止血。以甲状软骨突起为中点,切开甲状软骨 2～3 cm,暴露喉室、声带,用镊子夹持声带黏膜,用手术剪完整地剪除声带。手术中应尽量避开声带背面附近喉动脉的分支。如果喉动脉的分支发生出血,可结扎止血。彻底止血后,间断缝合甲状软骨,全层连续缝合胸骨舌骨肌,最后对皮肤做结节缝合(图 6-7-2)。

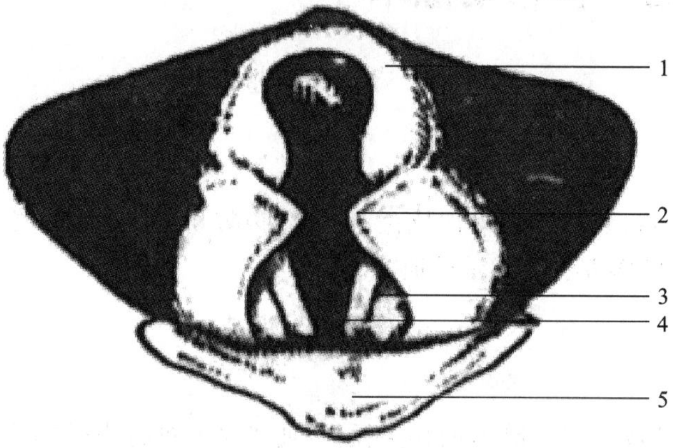

图 6-7-1　口腔喉室解剖

1.小角状突　2.楔状突　3.杓状会厌壁　4.声带　5.会厌软骨

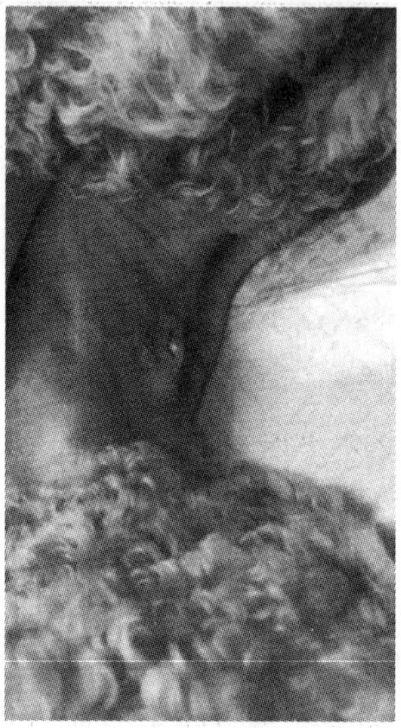

图 6-7-2　缝合伤口

4. 术后护理　注射抗生素,术后为防止声带创面出血,可注射止血剂,并将其头部放低。10 天后拆线。

展示与评价

一、任务分配单

声带切除术任务分配表

<table>
<tr><td>任务名称</td><td colspan="6"></td></tr>
<tr><td>班级</td><td></td><td>组号</td><td></td><td>指导教师</td><td colspan="2"></td></tr>
<tr><td>组长</td><td></td><td>实训时间</td><td></td><td>实训地点</td><td colspan="2"></td></tr>
<tr><td>组员</td><td colspan="6"><table><tr><td>姓名</td><td>学号</td><td>姓名</td><td>学号</td></tr><tr><td></td><td></td><td></td><td></td></tr><tr><td></td><td></td><td></td><td></td></tr><tr><td></td><td></td><td></td><td></td></tr></table></td></tr>
<tr><td>任务分工</td><td colspan="6"></td></tr>
</table>

Note

续表

实训材料准备	

二、任务问题引导单

声带切除术任务问题引导表

任务名称	
引导问题 1	声带切除术常见病因是什么?
答案	
引导问题 2	声带切除术怎么进行止血?
答案	
引导问题 3	声带切除术怎么进行缝合?
答案	
引导问题 4	声带切除术怎么进行术后护理?
答案	

三、任务工作单

声带切除术任务工作表

任务名称	
操作过程描述	
操作照片	操作过程或项目成果照片粘贴处

续表

任务反思	

四、任务评价单

声带切除术任务评价表

<table>
<tr><td>任务名称</td><td colspan="4"></td></tr>
<tr><td rowspan="6">任务评价</td><td>小组评语</td><td>小组评价</td><td>评价日期</td><td>组长签名</td></tr>
<tr><td></td><td></td><td></td><td></td></tr>
<tr><td>组间互评评语</td><td>组间互评评价</td><td>评价日期</td><td>组长签名</td></tr>
<tr><td></td><td></td><td></td><td></td></tr>
<tr><td>指导教师评语</td><td>指导教师评价</td><td>评价日期</td><td>指导教师签名</td></tr>
<tr><td></td><td></td><td></td><td></td></tr>
<tr><td rowspan="2">考核标准</td><td>优秀标准</td><td colspan="2">合格标准</td><td>不合格标准</td></tr>
<tr><td>操作规范,安全有序
步骤正确,按时完成
全员参与,分工合理
结果准确,分析有理
保护环境,爱护设施</td><td colspan="2">基本规范
基本正确
部分参与
分析不全
混乱无序</td><td>存在安全隐患
无计划,无步骤
个别人或少数人参与
不能完成,没有结果
环境脏乱,桌面未收</td></tr>
<tr><td>小组思政评价</td><td colspan="4"></td></tr>
<tr><td>教师思政评价</td><td colspan="4"></td></tr>
</table>

五、任务总评单

声带切除术任务总评表

<table>
<tr><td colspan="4">任务名称：　　　　班级：　　　　姓名：　　　　学号：</td></tr>
<tr><td>评价方式</td><td>分评得分</td><td>所占比例</td><td>终评得分</td></tr>
<tr><td>学生自评</td><td></td><td>40%</td><td></td></tr>
<tr><td>学生互评</td><td></td><td>20%</td><td></td></tr>
<tr><td>教师评价</td><td></td><td>40%</td><td></td></tr>
<tr><td colspan="3">合计</td><td></td></tr>
</table>

Note

任务八 腹腔切开与探查术

案例导入

4 岁金毛，母，32 kg。呕吐，食欲减退，X 线和 B 超检查均未发现异常，拟实施腹腔切开与探查术。通过本案例的学习，掌握实施腹腔切开与探查术的适应证、具体操作方法以及术后护理。

学习目标

熟悉开腹手术的方法及手术流程；熟练进行腹腔切开与探查术的操作；通过对动物进行开腹手术，牢固树立救死扶伤的世界观；敬畏生命；作为新时代大学生，要不断学习进步，掌握技能，提高自己，尽可能地救助生命，不断为社会生产提供服务，树立良好的价值观，端正学习态度。

一、适应证

开腹术是各种腹腔手术的基础。常用于肠切开术、肠吻合术、肠套叠或肠扭转整复术、瘤胃切开术、犬胃切开术及剖宫产术等。

二、器械

常规手术器械及其他器械，具体依据手术的种类及手术方法而定。

三、手术流程

1. 保定与麻醉 根据手术目的、疾病性质及手术的繁简，可以采取站立、侧卧或仰卧保定。一般采用全身麻醉，必要时配合腰旁神经干传导麻醉及局部浸润麻醉。

2. 术部 术部应根据手术种类及目的而定，常用的部位有侧腹壁和下腹壁。

侧腹壁切开法常用于肠切开、肠扭转、肠变位、肠套叠及牛羊的瘤胃切开术等；下腹壁切开法多用于犬胃切开术、剖宫产及小动物的腹腔手术。

(1)侧腹壁切开部位。

①牛左髂部正中垂直切口：在左髂部，由髋结节向最后肋骨下端引直线，自此直线中点向下垂直切开 20～25 cm。此切口适用于以检查左侧腹腔器官为主的腹腔探查术、瘤胃切开术，也适用于网胃探查、瓣胃冲洗等手术。

②牛左髂部肋后斜切口：在左髂部，距最后肋骨 5 cm 自腰椎横突下方 8～10 cm 处起，向下平行于肋骨切开 20～25 cm。此切口适用于体型较大病牛的网胃探查及瓣胃冲洗等手术。

③牛右髂部正中垂直切口：与左髂部正中相对应。此切口适用于以检查右侧腹腔器官为主的腹腔探查术及十二指肠第二段的手术。

④牛右髂部肋后斜切口：在右髂部、距最后肋骨 5～10 cm 自腰椎横突下方 15 cm 起，向下平行于肋骨及肋弓切开 20 cm。此切口适用于空肠、回肠及结肠等手术。

⑤牛右侧肋弓下斜切口：在右侧最后肋骨下端水平位处向下、距肋弓 5～15 cm 并平行于肋弓切开 20～25 cm。此切口适用于皱胃切开术(图 6-8-1)。

⑥马左髂部切口：由髋结节到最后肋骨作背中线的平行线，由此线的中点下方 3～5 cm 处开始向下作 20～25 cm 长切口，这一切口部位依据手术目的不同，可以靠前、靠后或偏下方与肋平行以利于手术的进一步实施。此切口适用于小结肠、小肠及左侧大结肠手术。

⑦马右髂部切口：右侧大结肠、胃状膨胀大部及盲肠手术时，在靠近右侧剑状软骨部，与肋弓平行，具体部位与左侧大结肠部位相对应(图 6-8-2)。

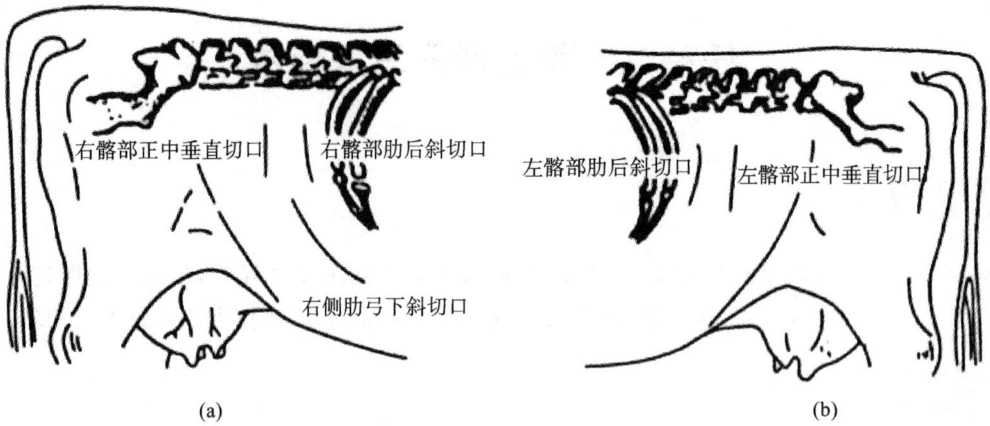

图 6-8-1　牛侧腹壁切开部位

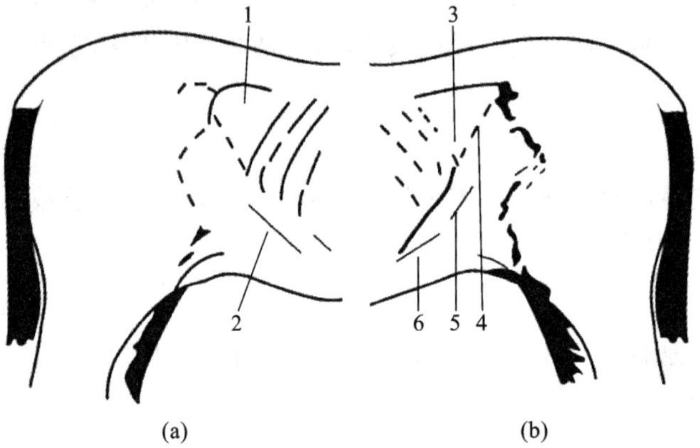

图 6-8-2　马侧腹壁切开部位

1. 盲肠穿刺部位；2. 到右侧大结肠、胃状膨大部及盲肠；3. 到卵巢；4. 到小结肠；5. 到小肠；6. 到左侧大结肠

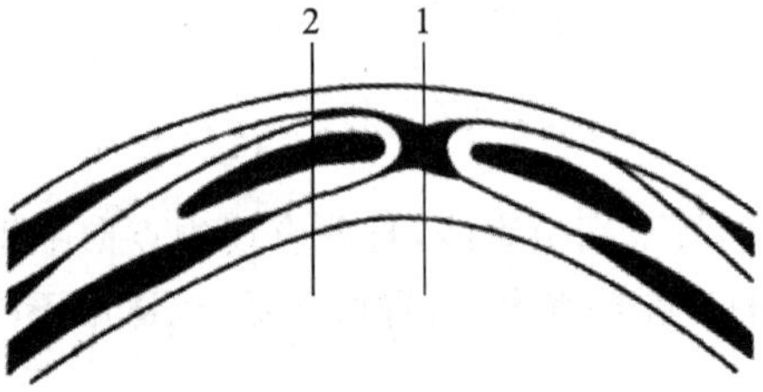

图 6-8-3　正中线切口与正中旁线切口

1. 正中线切口手术通路　2. 正中旁线切口手术通路

(2)下腹壁切开部位(图 6-8-3)。

①正中线切开法：切口部位在腹下正中白线上，脐的前部或后部。公畜在脐前部，切口长度视需要而定。

②正中旁线切开法：切口部位不受性别限制。在正中白线一侧 2～4 cm 处，作一与正中线平行的切口，切口长度视需要而定。

3. 手术方法

(1)侧腹壁切开法。

①切开皮肤，显露腹外斜肌。术部常规处理后，在预定切口部位作 20～25 cm 长的切口，切开皮肤、皮肌、皮下结缔组织及筋膜，用扩创钩扩大创口，充分显露腹外斜肌。

②分离腹外斜肌，显露腹内斜肌。按肌纤维的方向在腹外斜肌及其腱膜上作一小切口，用钝性分离法将腹外斜肌切口分离至一定长度，如有横过切口的血管，进行双重结扎后切断，充分显露腹内斜肌(图 6-8-4)。

③分离腹内斜肌，显露腹横肌。按肌纤维方向分离腹内斜肌，作一切口，并扩大腹内斜肌切口，充分显露腹横肌。各层肌肉及其腱膜的切口大小应与皮肤切口大小一致，避免越来越小(图 6-8-5)。

④显露腹膜。分离腹壁肌肉后，充分止血，清洁创面，助手用腹壁拉钩扩开腹壁肌肉切口，充分显露腹膜(图 6-8-6)。

⑤剪开腹膜。由术者及助手用镊子于切口两侧的一端共同提起腹膜，用皱襞切开法在腹膜过滤

图 6-8-4　钝性分离腹外斜肌，显露腹内斜肌

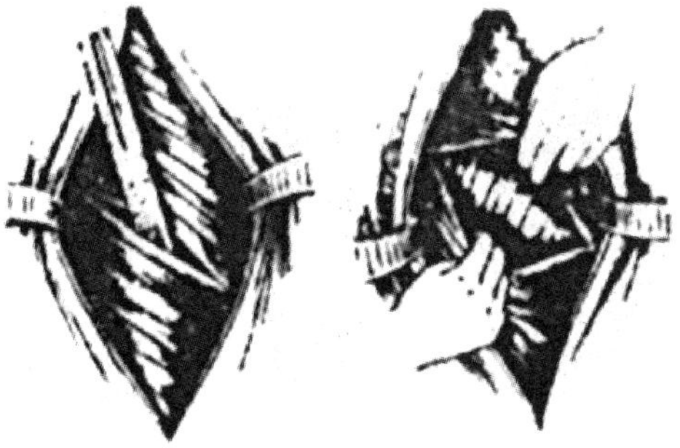

图 6-8-5　钝性分离腹内斜肌，显露腹横肌

上作一小的切口，插入有沟控针，采用反挑式运刀法，切开腹膜。或由此切口伸入食指与中指，由二指缝中剪开腹膜。腹膜切口应略小于皮肤切口。然后用大块灭菌纱布浸生理盐水，衬托腹壁切口的创缘，进行术野隔离。此时，应防止肠管脱出。然后按照手术目的实施下一步手术(图 6-8-7)。

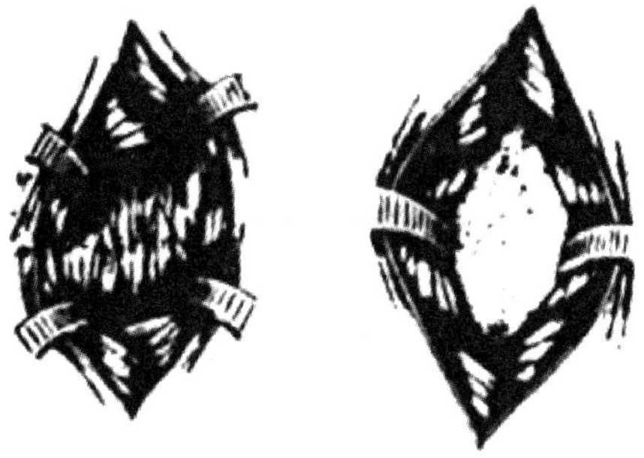

图 6-8-6　钝性分离腹内外斜肌、腹横肌后，显露腹膜

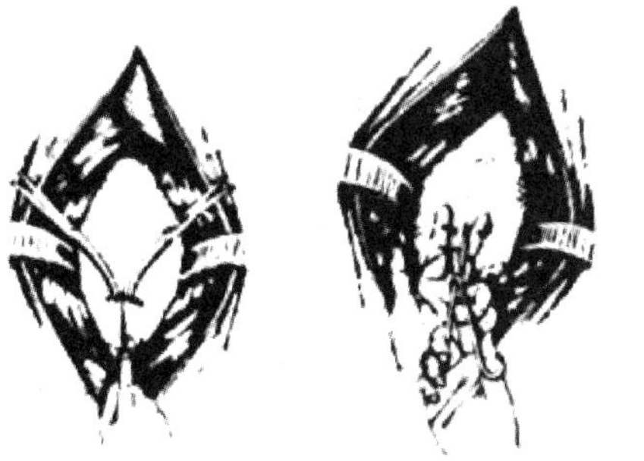

图 6-8-7　剪开腹膜

(2)下腹壁切开法。

①正中线切开法：常规处理术部后，切开皮肤，钝性分离皮下结缔组织，及时止血并清洁创面，扩大创口以显露术野。然后切开白线，显露腹膜，此部位没有肌肉组织。按照腹膜切开的方法切开腹膜。

②正中旁线切开法：切开皮肤后，钝性分离皮下结缔组织及腹直肌鞘的外板，然后按肌纤维的方向钝性分离腹直肌切口，继续切开腹直肌鞘内板，并向两侧分离扩大创口以显露腹膜，按腹膜切口法切开腹膜。

(3)腹腔探查：根据临床检查及术前检查的结果，有目的地进行重点探查，探查时由近及远仔细触摸，发现异常现象后，应进一步确认其部位及性质，然后采取进一步的处理措施。

(4)压结术：术者右手通过切口进入腹腔，由后向前仔细地触摸寻找结粪阻塞的肠段。将阻塞的肠段尽量拿出切口之外，下面衬上浸有生理盐水的纱布，用手指把结粪捏扁。再由两头开始，逐渐将结粪捏成若干小粪肥团。倘若结粪内顽草很多，难以达到分割的目的，可将结粪两端的肠管向结粪段中央推挤，然后，两手分别捏住粪结的两头并向两端牵引，结粪即可分开。如果不能取出结粪的肠段，可在腹腔内进行按压、捏碎。如结粪坚硬，可向结粪内注入生理盐水，促使结粪软化，然后再行按压捏碎。在结粪压开之后，于结粪内注入生理盐水 300～500 ml，使结粪顺利排出。

(5)肠侧壁切开术：严重的肠阻塞经按摩无效，肠结石及大量异物存在时，需要进行肠切开术。应尽量将切开的部位拉到腹壁切口外，下面衬垫浸有生理盐水的纱布。选择血管稀少的部位，沿肠管纵轴一次切开肠壁，切开的长度以便于取出阻塞物为宜。当肠管内有稀薄的内容物时，应先将肠管作一小切口，使内容物流入污物盘内，然后再延长切口。在取出结粪及内容物时，严防其掉入腹腔及污染创口。取出结粪、异物后用温热的灭菌生理盐水冲洗肠壁切口并用胃肠缝合法闭合肠壁切口，再用温生理盐水冲洗肠管。创口涂油剂青霉素后送入腹腔原位，然后闭合腹腔切口。

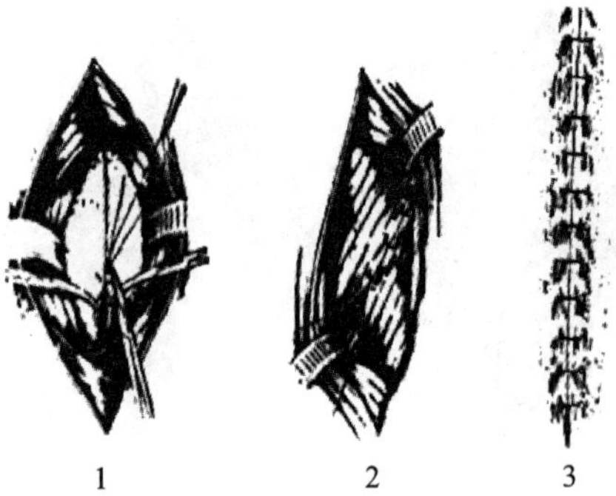

图 6-8-8　闭合腹壁创口

1. 缝合腹膜　2. 缝合肌层　3. 缝合皮肤

(6)闭合腹壁创口：腹腔手术完成后，除去术野隔离纱布，清点器械、物品。在压肠板引导下用螺旋缝合法缝合腹膜。缝至最后几针时，通过切口向腹腔注入青霉素、链霉素溶液 200～400 ml(每毫升含 500 IU)。缝完后用青霉素溶液冲洗肌肉切口，采用结节缝合法分别缝合腹横肌、腹内斜肌、腹外斜肌及皮肤。用 18 号缝线结节减张缝合皮肤创口。冲洗擦净后涂碘酊，装置结系绷带(图 6-8-8)。

4. 术后护理　术后 6～8 h 内禁止饲水、饲料，防止误咽；保温，防寒，防止感冒；应用抗生素，补液强心，防止脱水，对症治疗。

展示与评价

一、任务分配单

腹腔切开与探查术任务分配表

<table>
<tr><td>任务名称</td><td colspan="5"></td></tr>
<tr><td>班级</td><td></td><td>组号</td><td></td><td>指导教师</td><td></td></tr>
<tr><td>组长</td><td></td><td>实训时间</td><td></td><td>实训地点</td><td></td></tr>
<tr><td>组员</td><td colspan="5"><table><tr><td>姓名</td><td>学号</td><td>姓名</td><td>学号</td></tr><tr><td></td><td></td><td></td><td></td></tr><tr><td></td><td></td><td></td><td></td></tr><tr><td></td><td></td><td></td><td></td></tr></table></td></tr>
<tr><td>任务分工</td><td colspan="5"></td></tr>
<tr><td>实训材料准备</td><td colspan="5"></td></tr>
</table>

二、任务问题引导单

腹腔切开与探查术任务问题引导表

任务名称	
引导问题 1	腹腔切开与探查术常见适应证有哪些?
答案	

Note

续表

引导问题 2	腹腔切开与探查术怎么进行止血？
答案	
引导问题 3	腹腔切开与探查术怎么进行缝合？
答案	
引导问题 4	腹腔切开与探查术能够探查哪些脏器？
答案	

三、任务工作单

腹腔切开与探查术任务工作表

任务名称	
操作过程描述	
操作照片	操作过程或项目成果照片粘贴处
任务反思	

四、任务评价单

腹腔切开与探查术任务评价表

任务名称				
任务评价	小组评语	小组评价	评价日期	组长签名
	组间互评评语	组间互评评价	评价日期	组长签名
	指导教师评语	指导教师评价	评价日期	指导教师签名

Note

续表

	优秀标准	合格标准	不合格标准
考核标准	操作规范,安全有序 步骤正确,按时完成 全员参与,分工合理 结果准确,分析有理 保护环境,爱护设施	基本规范 基本正确 部分参与 分析不全 混乱无序	存在安全隐患 无计划,无步骤 个别人或少数人参与 不能完成,没有结果 环境脏乱,桌面未收
小组思政评价			
教师思政评价			

五、任务总评单

腹腔切开与探查术任务总评表

任务名称:	班级:	姓名:	学号:
评价方式	分评得分	所占比例	终评得分
学生自评		40%	
学生互评		20%	
教师评价		40%	
合计			

任务九　气管切开术

案例导入

8岁金毛,公,40 kg。洗澡后呼吸困难,检查发现喉头水肿,拟实施气管切开术。通过本案例的学习,掌握实施气管切开术的适应证、具体操作方法以及术后护理。

学习目标

掌握气管切开术的适应证;熟练气管切开术的方法及步骤;通过进行气管切开术的操作,牢固树立救死扶伤的世界观;敬畏生命;作为新时代大学生,要不断学习进步,掌握技能,提高自己,尽可能地救助生命,不断为社会生产提供服务,树立良好的价值观,端正学习态度。

Note

一、适应证

适用于各种病因引起动物上呼吸道完全或不完全阻塞而危及生命时。

二、器械与用品

常规手术器械，金属气导管或"T"形橡胶导管及一般软组织切开、止血、缝合器械。

三、手术流程

1. 保定与麻醉 侧卧或仰卧保定，使颈伸直。局部浸润麻醉或全身麻醉。

2. 术部 在颈侧上 1/3 与中 1/3 交界处，颈腹侧正中线上作切口。

3. 手术方法 沿颈腹侧正中线切开 5～7 cm 的皮肤切口（图 6-9-1），切开浅筋膜、皮肌，用爪式拉钩扩开创口，充分止血并清洗创面。在创口的深部寻找两侧胸骨舌骨肌之间的白线，用外科刀切开，张开肌肉，再切开深层气管筋膜，使气管完全暴露（图 6-9-2）。在切开气管之前再次止血，以防创口血液流入气管。在两个相邻的气管环上各切一半圆形切口，即形成一椭圆形创口（图 6-9-3）。切气管环时要用镊子牢固夹住，避免软骨片落入气管中。然后将准备好的气导管正确地插入气管内，用线或绷带固定于颈部。皮肤切口上、下角各作 1～2 个结节缝合，有助于气管的固定。特殊情况下，无可用的气导管时，可用铁丝制成"双 W"形代替气导管。为防止灰尘、蚊蝇、异物吸入气管内，可用纱布覆盖气导管的外口。

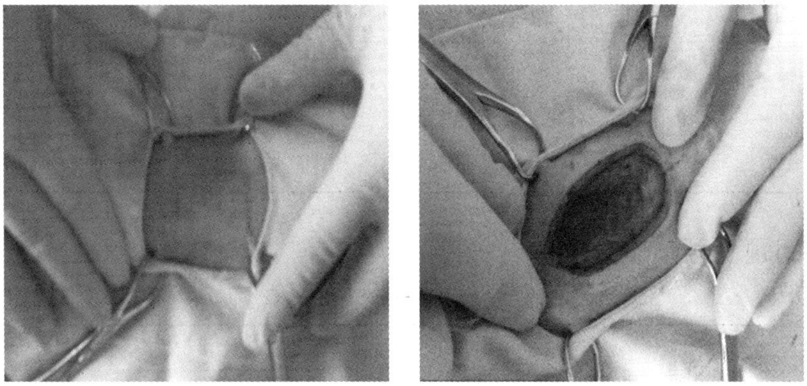

图 6-9-1 切开皮肤

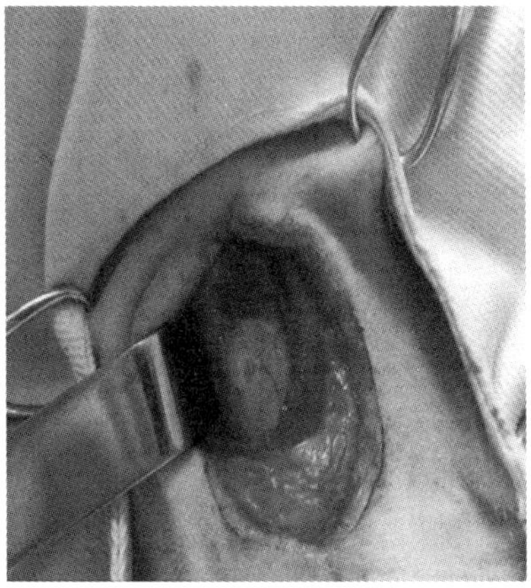

图 6-9-2 暴露气管

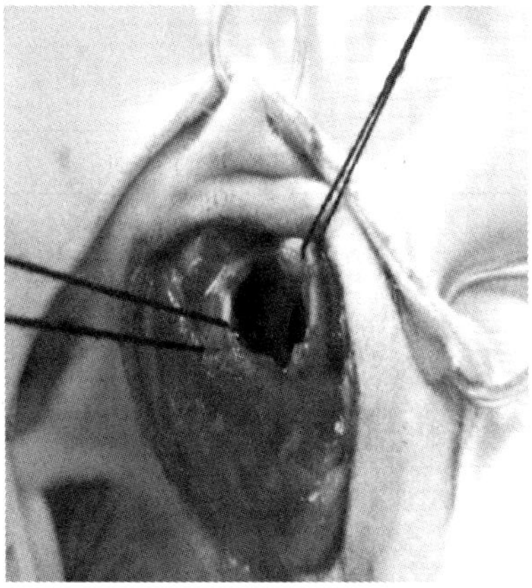

图 6-9-3 切开气管

4. 术后护理 气管切开后要注意观察护理，防止犬摩擦术部或用爪抓掉气导管。每日清洗气导管，除去附着的分泌物和干涸血痂。注意气导管气流声音的变化，如有异常，立即纠正。根据上部呼吸道病势的情况处理术部。若确认已痊愈，可将气管环取下，创口作一般处理，皮肤作结节缝合；如有感染，则待第二期愈合，十余天后拆线。

展示与评价

一、任务分配单

气管切开术任务分配表

<table>
<tr><td>任务名称</td><td colspan="6"></td></tr>
<tr><td>班级</td><td></td><td>组号</td><td></td><td>指导教师</td><td colspan="2"></td></tr>
<tr><td>组长</td><td></td><td>实训时间</td><td></td><td>实训地点</td><td colspan="2"></td></tr>
<tr><td>组员</td><td colspan="6"><table><tr><td>姓名</td><td>学号</td><td>姓名</td><td>学号</td></tr><tr><td></td><td></td><td></td><td></td></tr><tr><td></td><td></td><td></td><td></td></tr><tr><td></td><td></td><td></td><td></td></tr></table></td></tr>
<tr><td>任务分工</td><td colspan="6"></td></tr>
<tr><td>实训材料
准备</td><td colspan="6"></td></tr>
</table>

二、任务问题引导单

气管切开术任务问题引导表

任务名称	
引导问题 1	气管切开术的适应证是什么？
答案	
引导问题 2	气管切开术怎么进行止血？
答案	
引导问题 3	气管切开术怎么进行缝合？
答案	
引导问题 4	气管切开术怎么进行术后护理？
答案	

Note

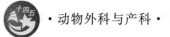

三、任务工作单

气管切开术任务工作表

任务名称	
操作过程 描述	
操作照片	操作过程或项目成果照片粘贴处
任务反思	

四、任务评价单

气管切开术任务评价表

<table>
<tr><td>任务名称</td><td colspan="12"></td></tr>
<tr><td rowspan="6">任务评价</td><td colspan="3">小组评语</td><td colspan="3">小组评价</td><td colspan="3">评价日期</td><td colspan="3">组长签名</td></tr>
<tr><td colspan="3"></td><td colspan="3"></td><td colspan="3"></td><td colspan="3"></td></tr>
<tr><td colspan="3">组间互评评语</td><td colspan="3">组间互评评价</td><td colspan="3">评价日期</td><td colspan="3">组长签名</td></tr>
<tr><td colspan="3"></td><td colspan="3"></td><td colspan="3"></td><td colspan="3"></td></tr>
<tr><td colspan="3">指导教师评语</td><td colspan="3">指导教师评价</td><td colspan="3">评价日期</td><td colspan="3">指导教师签名</td></tr>
<tr><td colspan="3"></td><td colspan="3"></td><td colspan="3"></td><td colspan="3"></td></tr>
<tr><td rowspan="2">考核标准</td><td colspan="4">优秀标准</td><td colspan="4">合格标准</td><td colspan="4">不合格标准</td></tr>
<tr><td colspan="4">操作规范，安全有序
步骤正确，按时完成
全员参与，分工合理
结果准确，分析有理
保护环境，爱护设施</td><td colspan="4">基本规范
基本正确
部分参与
分析不全
混乱无序</td><td colspan="4">存在安全隐患
无计划，无步骤
个别人或少数人参与
不能完成，没有结果
环境脏乱，桌面未收</td></tr>
<tr><td>小组思政
评价</td><td colspan="12"></td></tr>
<tr><td>教师思政
评价</td><td colspan="12"></td></tr>
</table>

五、任务总评单

气管切开术任务总评表

任务名称：	班级：	姓名：	学号：
评价方式	分评得分	所占比例	终评得分
学生自评		40%	
学生互评		20%	
教师评价		40%	
合计			

任务十　食管切开术

案例导入

3 岁半柯基，母，未绝育，免疫齐全。该犬饲喂鸡骨头后食欲废绝，饮欲少许，有干呕表现，趴在地上不愿走动。触诊该犬颈腹侧，有抗拒表现，进行颈部侧位 X 线片拍摄，发现颈段食管有高密度异物梗阻，拟实施食管切开术。通过本案例的学习，掌握实施食管切开术的适应证、具体操作方法以及术后护理。

学习目标

熟悉食管切开术的适应证及麻醉方法；熟练进行食管切开术的操作；通过掌握食管切开术的方法及步骤，能正确进行食管切开术的基本操作，牢固树立救死扶伤的世界观；敬畏生命；作为新时代大学生，要不断学习进步，掌握技能，提高自己，尽可能地救助生命，不断为社会生产提供服务，树立良好的价值观，端正学习态度。

一、适应证

保守治疗无效的食管梗塞、食管憩室及食管外伤等。

二、器械

常规手术器械及肠钳。

三、手术流程

1. 保定　侧卧保定，伸张头颈，固定头部。采用全身麻醉或局部浸润麻醉。

2. 术部　依病变部位而定，一般在颈静脉沟的下 1/3 处，可在颈静脉与臂头肌之间（上部切口）或颈静脉与胸头肌之间（下部切口）作切口。犬、猫食管阻塞在贲门段时可以采用胃切开术完成。

3. 手术方法

（1）切开皮肤、浅筋膜和颈皮肌，钝性分离颈静脉与肌肉间的筋膜，切开颈深筋膜以显露食管（图 6-10-1）。

（2）拉出食管，用纱布隔离，切开食管全层，取出异物或作其他处置。

（3）清洗食管。可用青霉素或生理盐水清洗。

（4）缝合切口。用肠线或丝线连续缝合食管黏膜层，再次清洗，用丝线对食管肌层和外膜作内翻缝合。将食管送回原处。对肌肉和皮肤做结节缝合。涂碘酊，装置结系绷带。

4. 术后护理 术后禁食 2～4 天，以后给予流质饮食或柔软饲料，任其饮水，应用抗生素预防感染。注意：胸部食管梗塞时，也可通过切口用长柄钳取出异物，或用胃探管把异物推入胃内。

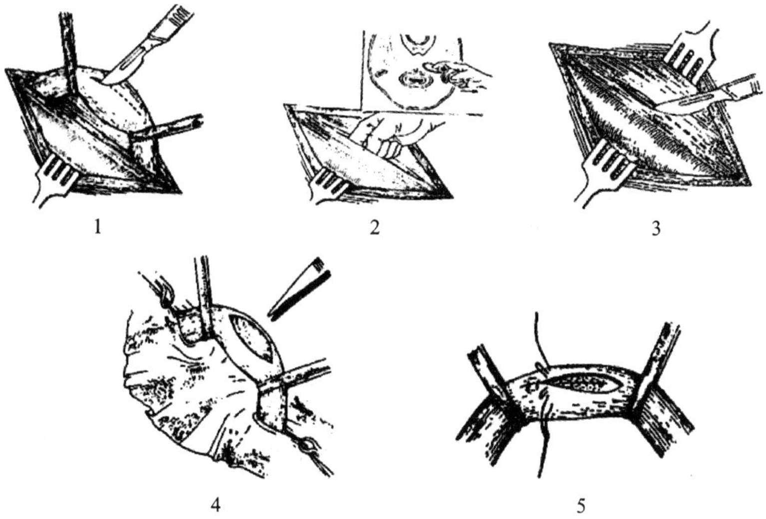

图 6-10-1 食管切开术

1. 钝性分离颈静脉与肌肉；2. 用手指确定食管；3. 切开食管；4. 取出异物；5. 缝合食管

展示与评价

一、任务分配单

食管切开术任务分配表

任务名称					
班级		组号		指导教师	
组长		实训时间		实训地点	
组员	姓名	学号	姓名	学号	
任务分工					
实训材料准备					

二、任务问题引导单

食管切开术任务问题引导表

任务名称	
引导问题 1	食管切开术常见病因是什么？
答案	
引导问题 2	食管切开术怎么进行麻醉？
答案	
引导问题 3	食管切开术怎么进行具体操作？
答案	
引导问题 4	食管切开术怎么进行术后护理？
答案	

三、任务工作单

食管切开术任务工作表

任务名称	
操作过程描述	
操作照片	操作过程或项目成果照片粘贴处
任务反思	

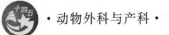

四、任务评价单

食管切开术任务评价表

<table>
<tr><td>任务名称</td><td colspan="4"></td></tr>
<tr><td rowspan="6">任务评价</td><td>小组评语</td><td>小组评价</td><td>评价日期</td><td>组长签名</td></tr>
<tr><td></td><td></td><td></td><td></td></tr>
<tr><td>组间互评评语</td><td>组间互评评价</td><td>评价日期</td><td>组长签名</td></tr>
<tr><td></td><td></td><td></td><td></td></tr>
<tr><td>指导教师评语</td><td>指导教师评价</td><td>评价日期</td><td>指导教师签名</td></tr>
<tr><td></td><td></td><td></td><td></td></tr>
<tr><td rowspan="2">考核标准</td><td>优秀标准</td><td colspan="2">合格标准</td><td>不合格标准</td></tr>
<tr><td>操作规范,安全有序
步骤正确,按时完成
全员参与,分工合理
结果准确,分析有理
保护环境,爱护设施</td><td colspan="2">基本规范
基本正确
部分参与
分析不全
混乱无序</td><td>存在安全隐患
无计划,无步骤
个别人或少数人参与
不能完成,没有结果
环境脏乱,桌面未收</td></tr>
<tr><td>小组思政评价</td><td colspan="4"></td></tr>
<tr><td>教师思政评价</td><td colspan="4"></td></tr>
</table>

五、任务总评单

食管切开术任务总评表

<table>
<tr><td colspan="4">任务名称:　　　　班级:　　　　姓名:　　　　学号:</td></tr>
<tr><td>评价方式</td><td>分评得分</td><td>所占比例</td><td>终评得分</td></tr>
<tr><td>学生自评</td><td></td><td>40%</td><td></td></tr>
<tr><td>学生互评</td><td></td><td>20%</td><td></td></tr>
<tr><td>教师评价</td><td></td><td>40%</td><td></td></tr>
<tr><td colspan="3">合计</td><td></td></tr>
</table>

任务十一　肠管切开吻合术

案例导入

5岁泰迪,母,5.2 kg。呕吐,食欲废绝,并有少量稀薄粪便排出,腹腔触诊时病犬频频闪避并伴有明显的疼痛反应,腹腔内约有 10 cm 长香肠样硬物,硬物两边与肠道有粘连感。进行钡餐造影 X

线检查，见套叠部位明显较正常肠管粗大约一倍，套叠肠管前部分含有气体与液体，确诊为犬肠套叠，拟实施肠管切开吻合术。通过本案例的学习，掌握实施肠管切开吻合术的适用情况、具体操作方法以及术后护理。

学习目标

熟悉肠管切开吻合术的手术适应证；熟练进行肠管切开吻合术的操作；通过对肠管切开吻合术的操作，牢固树立救死扶伤的世界观；敬畏生命；作为新时代大学生，要不断学习进步，掌握技能，提高自己，尽可能地救助生命，不断为社会生产提供服务，树立良好的价值观，端正学习态度。

一、适应证

本手术适用于取出肠道内的异物及结粪，肠套叠、肠扭转、肠变位、肠坏死及肠粘连等的治疗。

二、器械

一般软组织切开、止血、缝合器械 2 套，肠钳 4 把。

三、手术流程

1. 保定与麻醉　大动物侧卧保定，小动物仰卧保定，全身麻醉。

2. 术部

(1)大动物：侧腹壁切口。马左侧切口用于小结肠骨盆曲，右侧切口用于胃状膨大部、盲肠。牛选择右侧切口。

(2)小动物：脐下腹正中线或正中旁线切口。例如犬，于脐下 1～2 cm 腹正中线上切开腹壁各层组织，剪开腹膜(公犬采用正中旁线切口)。

3. 手术方法

(1)肠管侧壁切开：先将手伸进腹腔探查病变肠段，发现病变结肠段后将其轻轻牵引至腹壁外(大结肠拉出困难时可以采用固定法将肠管固定于创口，防止肠内容物进入腹腔)，用温湿大纱布隔离；判断肠管有无活力，若有活力，用两把肠钳分别夹住病灶两端的预定肠管(健康肠管)，在靠近异物或结粪膨隆处沿肠管纵带纵向一次全层切开肠管，取出异物或结粪。肠壁切口用温热的含青霉素、链霉素的生理盐水冲洗后开始缝合，先作第一层连续全层缝合，再作第二层浆膜肌层内翻缝合。在缝合第二层前撤除隔离巾，再用含青霉素、链霉素的温生理盐水冲洗消毒肠壁切口。手术转为无菌手术。

(2)肠管断端吻合术。

①寻找坏死肠管，肠系膜双重结扎。全层切开腹壁后，探查腹腔，找到坏死肠管，轻轻拉出病变肠段，将病变肠管隔离，确定切除范围，对为切除段肠管供血的肠系膜及其边缘分支的血管作“V”字形双重结扎。

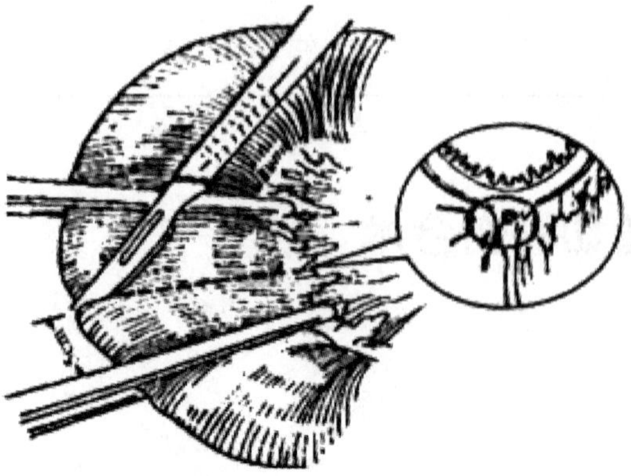

图 6-11-1　肠管切除

②切除坏死肠管。在预定切除线两端(病健交界处)外侧的健康肠段上分别用两把肠钳夹住(两肠钳之间的距离 4～5 cm)，预定切除线应成一定角度以保证肠管有良好的血液供应。用剪刀剪去结扎线之间的肠系膜，切除病变肠段，剪去外翻的肠黏膜，肠壁切口用含青霉素、链霉素的温生理盐水彻底冲洗(图 6-11-1)。

③肠管断端吻合。由助手将两肠钳并拢固定，

使肠管断端浆膜区对准浆膜区，防止发生扭转，然后分别在有浆膜区和无浆膜区两端作两根固定线，由另一助手固定，使肠管外翻（进针时先从一侧肠腔内向肠腔外穿出，另一侧再由肠壁向肠腔内穿入；另一端的方法相同）。再进行断端缝合，先从远端作肠管前壁全层连续缝合，缝合至吻合口的近端后反转运针，作后壁的康奈尔式缝合，也可以作螺旋形缝合（图 6-11-2、图 6-11-3）。浆膜肌层用丝线作间断内翻缝合。肠系膜作螺旋形连续缝合，用含青霉素、链霉素的温生理盐水冲洗后送纳腹腔（图 6-11-4、图 6-11-5）。

图 6-11-2　肠管前壁缝合

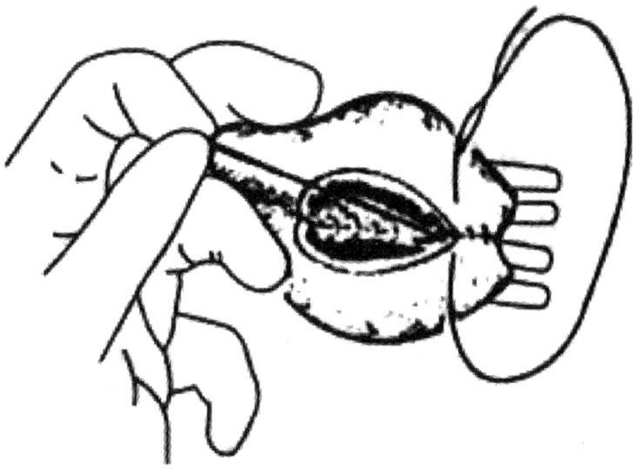

图 6-11-3　肠管后壁缝合

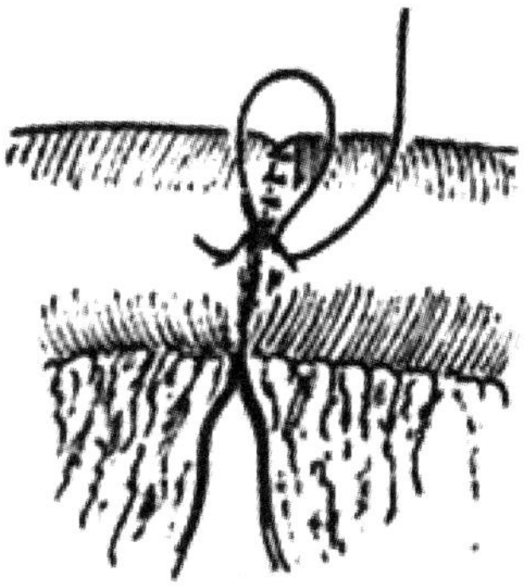

图 6-11-4　肠管浆膜肌层内翻缝合

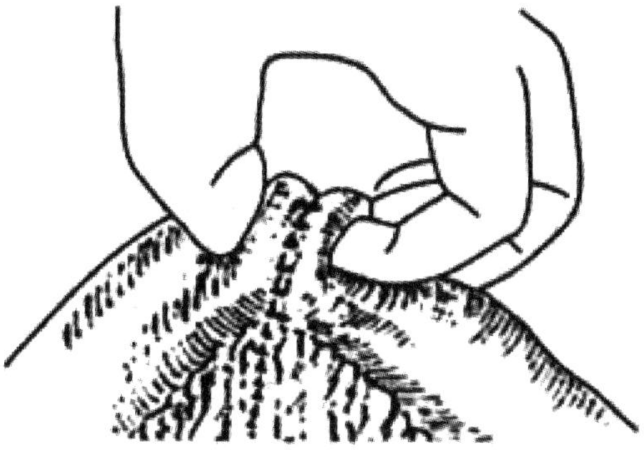

图 6-11-5　检查肠管内是否畅通

（3）闭合腹壁切口：闭合腹壁切口的操作同开腹术，装置腹绷带。

4. 术后护理　术后禁食 48 h，然后给予少量流食，强心补液，加强护理。术后 5～7 天内应用抗生素。10 天后拆线。

展示与评价

一、任务分配单

肠管切开吻合术任务分配表

<table>
<tr><td>任务名称</td><td colspan="6"></td></tr>
<tr><td>班级</td><td></td><td>组号</td><td></td><td>指导教师</td><td colspan="2"></td></tr>
<tr><td>组长</td><td></td><td>实训时间</td><td></td><td>实训地点</td><td colspan="2"></td></tr>
<tr><td rowspan="4">组员</td><td>姓名</td><td>学号</td><td>姓名</td><td>学号</td><td colspan="2"></td></tr>
<tr><td></td><td></td><td></td><td></td><td colspan="2"></td></tr>
<tr><td></td><td></td><td></td><td></td><td colspan="2"></td></tr>
<tr><td></td><td></td><td></td><td></td><td colspan="2"></td></tr>
</table>

Note

续表

任务分工	
实训材料准备	

二、任务问题引导单

肠管切开吻合术任务问题引导表

任务名称	
引导问题 1	肠管切开吻合术常见病因是什么?
答案	
引导问题 2	肠管切开吻合术怎么进行止血?
答案	
引导问题 3	肠管切开吻合术怎么进行缝合?
答案	
引导问题 4	肠管切开吻合术怎么进行术后护理?
答案	

三、任务工作单

肠管切开吻合术任务工作表

任务名称	
操作过程描述	

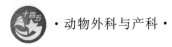

续表

操作照片	操作过程或项目成果照片粘贴处
任务反思	

四、任务评价单

肠管切开吻合术任务评价表

<table>
<tr><td>任务名称</td><td colspan="12"></td></tr>
<tr><td rowspan="6">任务评价</td><td colspan="3">小组评语</td><td colspan="3">小组评价</td><td colspan="3">评价日期</td><td colspan="3">组长签名</td></tr>
<tr><td colspan="3"></td><td colspan="3"></td><td colspan="3"></td><td colspan="3"></td></tr>
<tr><td colspan="3">组间互评评语</td><td colspan="3">组间互评评价</td><td colspan="3">评价日期</td><td colspan="3">组长签名</td></tr>
<tr><td colspan="3"></td><td colspan="3"></td><td colspan="3"></td><td colspan="3"></td></tr>
<tr><td colspan="3">指导教师评语</td><td colspan="3">指导教师评价</td><td colspan="3">评价日期</td><td colspan="3">指导教师签名</td></tr>
<tr><td colspan="3"></td><td colspan="3"></td><td colspan="3"></td><td colspan="3"></td></tr>
<tr><td rowspan="2">考核标准</td><td colspan="4">优秀标准</td><td colspan="4">合格标准</td><td colspan="4">不合格标准</td></tr>
<tr><td colspan="4">操作规范，安全有序
步骤正确，按时完成
全员参与，分工合理
结果准确，分析有理
保护环境，爱护设施</td><td colspan="4">基本规范
基本正确
部分参与
分析不全
混乱无序</td><td colspan="4">存在安全隐患
无计划，无步骤
个别人或少数人参与
不能完成，没有结果
环境脏乱，桌面未收</td></tr>
<tr><td>小组思政评价</td><td colspan="12"></td></tr>
<tr><td>教师思政评价</td><td colspan="12"></td></tr>
</table>

五、任务总评单

肠管切开吻合术任务总评表

<table>
<tr><td colspan="4">任务名称：　　　　班级：　　　　姓名：　　　　学号：</td></tr>
<tr><td>评价方式</td><td>分评得分</td><td>所占比例</td><td>终评得分</td></tr>
<tr><td>学生自评</td><td></td><td>40%</td><td></td></tr>
<tr><td>学生互评</td><td></td><td>20%</td><td></td></tr>
<tr><td>教师评价</td><td></td><td>40%</td><td></td></tr>
<tr><td colspan="3">合计</td><td></td></tr>
</table>

Note

任务十二　瘤胃切开术

案例导入

某奶牛养殖户的一头3岁黑白相间花片的荷斯坦奶牛，母，舍饲，出现不明原因前胃弛缓，间歇性瘤胃鼓胀和渐进性消瘦。初步诊断为瘤胃异物，拟实行瘤胃切开术。通过本案例的学习，掌握实施瘤胃切开术的适用证、具体操作方法以及术后护理。

学习目标

熟悉瘤胃切开术的适应证；熟练进行瘤胃切开术的操作；通过操作瘤胃切开术牢固树立救死扶伤的世界观；敬畏生命；作为新时代大学生，要不断学习进步，掌握技能，提高自己，尽可能地救助生命，不断为社会生产提供服务，树立良好的价值观，端正学习态度。

一、适应证

瘤胃积食、误食有毒饲料、创伤性网胃炎、创伤性心包炎、瓣胃梗塞、皱胃积食以及食入塑料、金属等异物。

二、器械与用品

常规器械，温生理盐水湿纱布块等。

三、手术流程

1. 保定　站立或侧卧保定。

2. 麻醉　局部浸润麻醉、传导麻醉，必要时全身麻醉。

3. 术部　术部依手术目的而定，一般在左侧最后肋骨与髋结节中间，自腰椎横突向下3～4 cm处，作15～20 cm长的切口；若手术目的是检查网胃，其切口应稍向前下方，距最后肋骨后缘3～4 cm，腰椎横突向下8～10 cm处。

4. 手术方法

(1)切开皮肤与腹壁：术部常规消毒后，切开皮肤与腹壁。

(2)切开瘤胃：切开腹壁后，将瘤胃的一部分拉出腹壁切口外，选择胃壁血管少的地方(瘤胃左侧纵沟之上)作瘤胃切口，先于胃壁四角作牵引线以固定胃壁切口(图6-12-1)，在切口周围用温生理盐水湿纱布块隔离瘤胃，然后在牵引线中央作10～20 cm的切口。

(3)取出积食或异物：术者伸手入瘤胃内，取出异物或取出胃内1/2或1/3的积食，缠结成团的应尽量取出，然后使手经瘤网胃孔进入网胃，检查网胃内异物及其造成的创伤情况。

(4)缝合胃壁：先用温生理盐水冲洗胃壁创缘，然后对胃壁分别作连续缝合与内翻缝合(图6-12-2)，最后用含青霉素的生理盐水冲洗胃壁切口，将瘤胃还纳腹腔。

(5)缝合腹壁：处置创口完毕，除去牵引线，用温生理盐水冲净附着在腹壁切口处的污物。用螺旋缝合法缝合腹膜与腹横直肌，用结节缝合法缝合腹内、腹外斜肌及皮肌，再用结节法缝合皮肤切口，最后冲洗并擦净切口后涂碘酊，装置结系绷带。

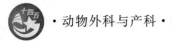

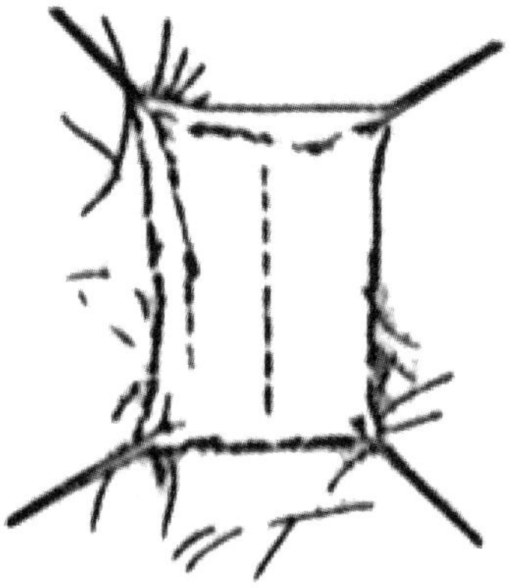

图 6-12-1　用牵引线固定胃壁切口

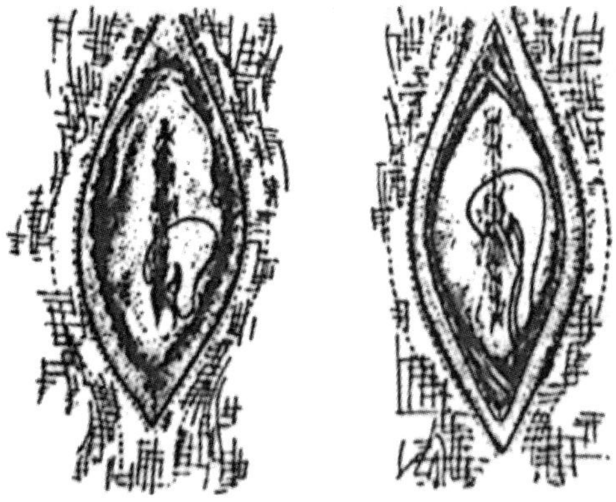

图 6-12-2　瘤胃壁缝合

1. 全层连续缝合胃壁；2. 浆膜肌层内翻缝合

展示与评价

一、任务分配单

瘤胃切开术任务分配表

<table>
<tr><td>任务名称</td><td colspan="4"></td></tr>
<tr><td>班级</td><td></td><td>组号</td><td></td><td>指导教师</td><td></td></tr>
<tr><td>组长</td><td></td><td>实训时间</td><td></td><td>实训地点</td><td></td></tr>
<tr><td>组员</td><td colspan="5"><table><tr><td>姓名</td><td>学号</td><td>姓名</td><td>学号</td></tr><tr><td></td><td></td><td></td><td></td></tr><tr><td></td><td></td><td></td><td></td></tr><tr><td></td><td></td><td></td><td></td></tr></table></td></tr>
<tr><td>任务分工</td><td colspan="5"></td></tr>
<tr><td>实训材料
准备</td><td colspan="5"></td></tr>
</table>

二、任务问题引导单

瘤胃切开术任务问题引导表

任务名称	
引导问题 1	瘤胃切开术常见病因是什么？
答案	

续表

引导问题 2	瘤胃切开术怎么进行止血？
答案	
引导问题 3	瘤胃切开术怎么进行缝合？
答案	
引导问题 4	瘤胃切开术怎么进行术后护理？
答案	

三、任务工作单

瘤胃切开术任务工作表

任务名称	
操作过程描述	
操作照片	操作过程或项目成果照片粘贴处
任务反思	

四、任务评价单

瘤胃切开术任务评价表

任务名称				
任务评价	小组评语	小组评价	评价日期	组长签名
	组间互评评语	组间互评评价	评价日期	组长签名
	指导教师评语	指导教师评价	评价日期	指导教师签名

Note

续表

	优秀标准	合格标准	不合格标准
考核标准	操作规范,安全有序 步骤正确,按时完成 全员参与,分工合理 结果准确,分析有理 保护环境,爱护设施	基本规范 基本正确 部分参与 分析不全 混乱无序	存在安全隐患 无计划,无步骤 个别人或少数人参与 不能完成,没有结果 环境脏乱,桌面未收
小组思政评价			
教师思政评价			

五、任务总评单

瘤胃切开术任务总评表

任务名称: 班级: 姓名: 学号:			
评价方式	分评得分	所占比例	终评得分
学生自评		40%	
学生互评		20%	
教师评价		40%	
合计			

任务十三 真胃移位复位术

案例导入

某奶牛养殖户的一头 6 岁黑白相间花片的荷斯坦奶牛,分娩后 1 周,食欲废绝、消化紊乱、排便迟滞、腹部胀痛,经诊断拟实行真胃移位复位术。通过本案例的学习,掌握实施真胃移位复位术的适应证、具体操作方法以及术后护理。

学习目标

熟悉真胃左方变位和右方变位的方法及流程;熟练掌握真胃左方变位和右方变位的基本操作;通过进行真胃移位复位术的操作,牢固树立救死扶伤的世界观;敬畏生命;作为新时代大学生,要不断学习进步,掌握技能,提高自己,尽可能地救助生命,不断为社会生产提供服务,树立良好的价值观,端正学习态度。

一、适应证

真胃左方变位及右方变位。

Note

二、器械

常规器械，18 号缝合线。

三、手术流程

1. 保定　站立保定或侧卧保定。

2. 麻醉　同开腹术。

3. 术部　依变位情况而定。

4. 手术方法

（1）真胃左方变位复位术：该方法又称左髂部切口、胃腔减压真胃复位法。切开左腹壁后，术者将手伸入腹腔，在瘤胃与腹膜之间即可摸到左方变位的真胃。当真胃内含有大量气体及液体时，尽量将变位的真胃拉向腹壁切开处，而后用带长胶管的穿刺针头穿刺真胃壁。排出真胃内气体和液体，或用 100 ml 注射器反复抽吸以便加速排出气体和液体。当真胃内气体与液体排出后，在胃大弯处的大网膜附着部，用肠线缝合一针后打结，剪去一端余线，另一端带针的缝合肠线，先带出腹壁切口之外，当术者将真胃推送到右腹底部的正常位置后，再将带肠线的缝针带到右腹底部穿过腹壁，另一术者在体外拔出缝针，抽紧缝合的肠线，并于穿出部位皮下缝合一针，打结固定。

（2）真胃右方变位复位术：在右髂部上 1/3 最后肋骨直后方并平行于肋骨，切开腹壁至需要的长度。按常规方法切开腹壁，显露真胃后，将腹膜与真胃壁浆膜肌层进行隔离缝合。当真胃内蓄积大量气体和液体时，可先用带长胶管的针头穿刺，排出部分真胃内的气体与液体，而后在真胃壁上做一荷包缝合。在荷包缝合的中央作 3～4 cm 的切口，切开真胃壁，然后迅速插入粗胶管（或胃导管），抽紧荷包缝合线以固定，继续排出真胃内积液。待液体排尽后，拔出胶管，抽紧荷包缝合线，缝合真胃切口。如果真胃下面液体未排尽或直胃内蓄积食物尚需排出，可延长真胃壁切口，再将胃内容物排出。最后，对真胃壁切口先进行全层连续缝合，再行浆膜肌层缝合，拆除腹腔隔离缝合线，将真胃复位还纳于正常位置，并尽可能地按真胃左方变位复位后的固定缝合法，将大网膜或胃底部缝合固定于右侧腹壁，以防真胃变位的复发。

（3）腹正中线旁切口复位术：腹壁切开后，术者右手由切口伸入，经腹腔下缘伸至左侧，将左移的真胃拉向创口，在真胃底部或真胃后端的网膜上，作 5～6 个结节缝合，固定在白线旁切口的右侧，最后，按常规闭合腹壁切口。

5. 术后护理　对大多数病牛，术后应给予补液强心，改善心功能，改善血液循环，整肠健胃，消除消化紊乱，抗菌消炎，控制感染。

术后第 1 天给予少量、富有营养、易于消化的饲料，停喂多汁及易发酵的饲料。以后逐日适当增加饲喂量，至第 5～7 天可恢复全量。

展示与评价

一、任务分配单

真胃移位复位术任务分配表

<table>
<tr><td>任务名称</td><td colspan="6"></td></tr>
<tr><td>班级</td><td></td><td>组号</td><td></td><td>指导教师</td><td colspan="2"></td></tr>
<tr><td>组长</td><td></td><td>实训时间</td><td></td><td>实训地点</td><td colspan="2"></td></tr>
<tr><td>组员</td><td colspan="6">
<table>
<tr><td>姓名</td><td>学号</td><td>姓名</td><td>学号</td></tr>
<tr><td></td><td></td><td></td><td></td></tr>
<tr><td></td><td></td><td></td><td></td></tr>
<tr><td></td><td></td><td></td><td></td></tr>
</table>
</td></tr>
</table>

续表

任务分工	
实训材料准备	

二、任务问题引导单

真胃移位复位术任务问题引导表

任务名称	
引导问题 1	真胃移位复位术常见病因是什么?
答案	
引导问题 2	真胃移位复位术怎么进行止血?
答案	
引导问题 3	真胃移位复位术怎么进行操作?
答案	
引导问题 4	真胃移位复位术怎么进行术后护理?
答案	

三、任务工作单

真胃移位复位术任务工作表

任务名称	
操作过程描述	

Note

续表

操作照片	操作过程或项目成果照片粘贴处
任务反思	

四、任务评价单

真胃移位复位术任务评价表

<table>
<tr><td>任务名称</td><td colspan="4"></td></tr>
<tr><td rowspan="6">任务评价</td><td>小组评语</td><td>小组评价</td><td>评价日期</td><td>组长签名</td></tr>
<tr><td></td><td></td><td></td><td></td></tr>
<tr><td>组间互评评语</td><td>组间互评评价</td><td>评价日期</td><td>组长签名</td></tr>
<tr><td></td><td></td><td></td><td></td></tr>
<tr><td>指导教师评语</td><td>指导教师评价</td><td>评价日期</td><td>指导教师签名</td></tr>
<tr><td></td><td></td><td></td><td></td></tr>
</table>

<table>
<tr><td rowspan="2">考核标准</td><td>优秀标准</td><td>合格标准</td><td>不合格标准</td></tr>
<tr><td>操作规范,安全有序
步骤正确,按时完成
全员参与,分工合理
结果准确,分析有理
保护环境,爱护设施</td><td>基本规范
基本正确
部分参与
分析不全
混乱无序</td><td>存在安全隐患
无计划,无步骤
个别人或少数人参与
不能完成,没有结果
环境脏乱,桌面未收</td></tr>
<tr><td>小组思政评价</td><td colspan="3"></td></tr>
<tr><td>教师思政评价</td><td colspan="3"></td></tr>
</table>

五、任务总评单

真胃移位复位术任务总评表

<table>
<tr><td colspan="4">任务名称:　　　　　　班级:　　　　　　姓名:　　　　　　学号:</td></tr>
<tr><td>评价方式</td><td>分评得分</td><td>所占比例</td><td>终评得分</td></tr>
<tr><td>学生自评</td><td></td><td>40%</td><td></td></tr>
<tr><td>学生互评</td><td></td><td>20%</td><td></td></tr>
<tr><td>教师评价</td><td></td><td>40%</td><td></td></tr>
<tr><td colspan="3">合计</td><td></td></tr>
</table>

Note

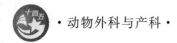

任务十四 犬胃切开术

案例导入

博美犬，公，6 岁，3.2 kg，表现为食欲废绝，腹围增大，鼻镜干燥，精神高度。触诊右下腹部敏感，肠音低沉，排粪减少，仅排出少量黏液样粪便，尾根部及肛门两侧附着黑色粪痂。初步诊断为幽门阻塞，经诊断拟实行犬胃切开术。通过本案例的学习，掌握实施犬胃切开术的适应证、具体操作方法以及术后护理。

学习目标

掌握犬胃切开术的适应证；熟练掌握犬胃切开术的方法及手术流程；通过进行犬胃切开术的操作，牢固树立救死扶伤的世界观；敬畏生命；作为新时代大学生，要不断学习进步，掌握技能，提高自己，尽可能地救助生命，不断为社会生产提供服务，树立良好的价值观，端正学习态度。

一、适应证

取出胃内异物，摘除胃内肿瘤，急性胃扩张-扭转整复术。

二、器械

一般软组织切开、止血、缝合器械，胃钳。

三、手术流程

1. 保定与麻醉 仰卧保定。全身麻醉。

2. 术部 剑状软骨与脐连线的腹正中线上。

3. 手术方法 于剑状软骨与脐连线的腹正中线切开腹壁腹膜，显露腹腔。引出镰状韧带，于切口两侧腹膜连接处剪开，至肝左叶与方叶之间的附着处用止血钳夹住，经结扎后切除镰状韧带。将胃的大半部分轻轻拉出。在胃的周围以及腹腔及腹壁之间用温湿大纱布进行隔离，以防切开胃时污染腹腔。在胃大弯与胃小弯之间（要注意避开血管）的预定切口线两端用组织钳夹持浆膜肌层以固定，或是用缝合线在预定切口线的两端作 1～2 cm 浆膜肌层钮孔状缝合以固定。

在胃大弯与胃小弯之间的无血管区用手术刀纵向切开一个小口后，改用手术剪剪开扩创。为防止胃内容物浸入腹腔，创缘用胃钳牵拉固定。必要时扩大切口，取出胃内异物或探查胃内各部（贲门、胃底、幽门窦、幽门）或进行其他手术。用温热的含有青霉素、链霉素的生理盐水冲洗或擦拭胃壁切口，然后作全层连续缝合，第二层作浆膜肌层的伦勃特氏内翻缝合，也可以作浆膜肌层的连续水平褥式内翻缝合。再用温热的含有青霉素、链霉素的生理盐水冲洗胃壁，除去舌钳或固定缝合线，将其还纳于腹腔并整复，常规闭合腹壁，如图 6-14-1 至图 6-14-6 所示。

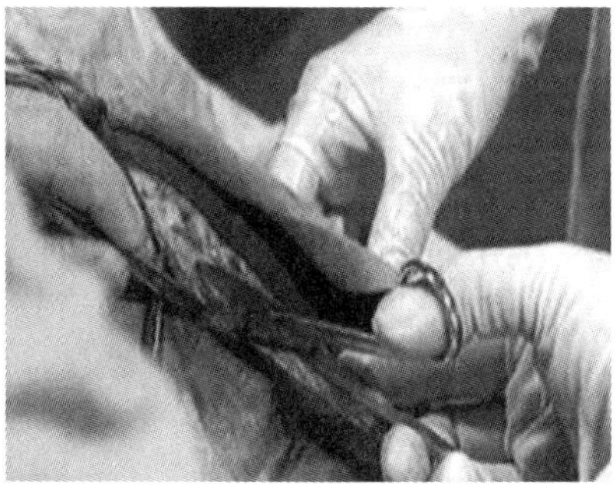

图 6-14-1 切开腹腔

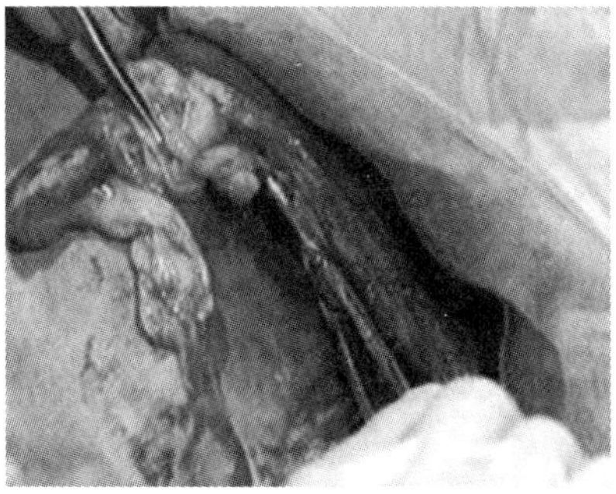

图 6-14-2 切除镰状韧带

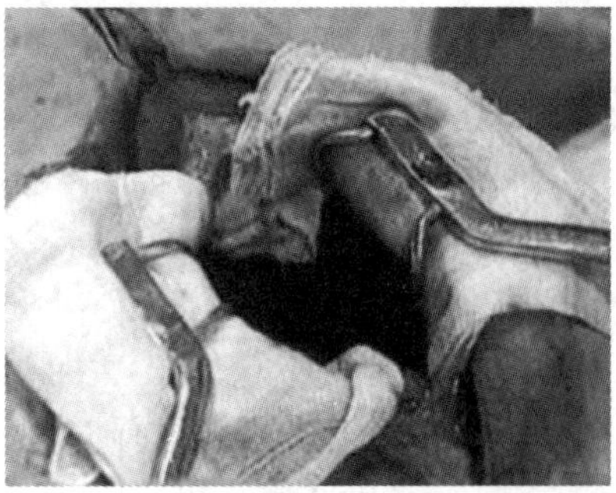

图 6-14-3　固定

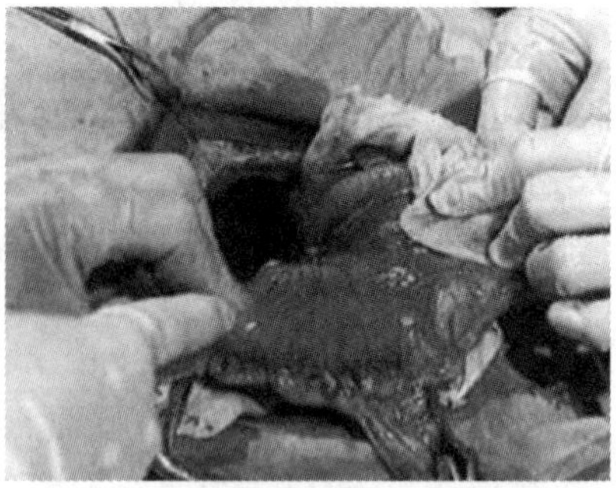

图 6-14-4　暴露胃

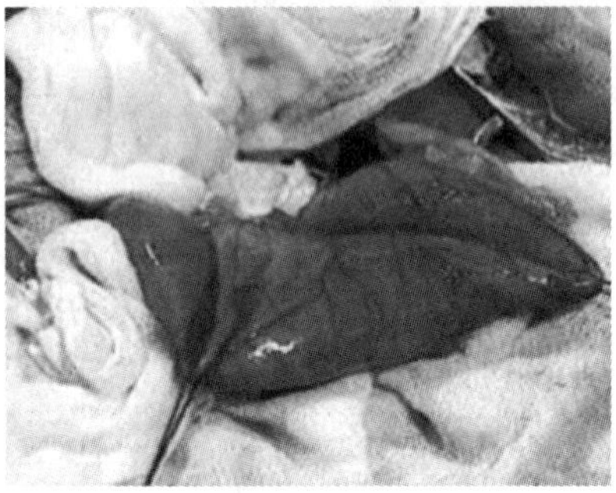

图 6-14-5　胃牵引

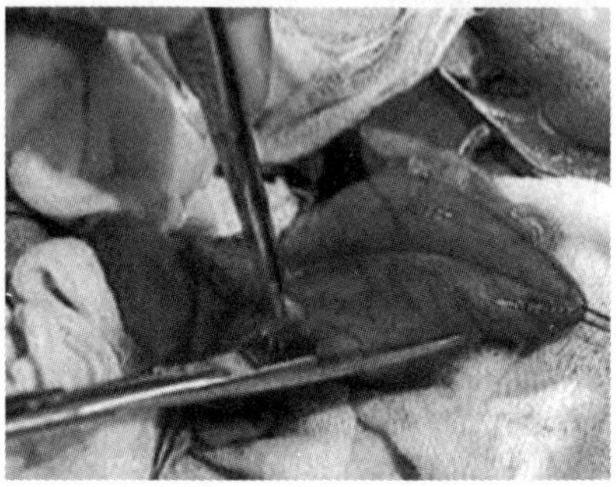

图 6-14-6　胃切开

4. 术后护理　术后 48 h 开始给予少量易消化的流食，补充营养物质。经静脉补液，使用抗生素抗感染 5～7 天。十余天后拆线。

展示与评价

一、任务分配单

犬胃切开术任务分配表

<table>
<tr><td>任务名称</td><td colspan="6"></td></tr>
<tr><td>班级</td><td></td><td>组号</td><td></td><td>指导教师</td><td colspan="2"></td></tr>
<tr><td>组长</td><td></td><td>实训时间</td><td></td><td>实训地点</td><td colspan="2"></td></tr>
<tr><td rowspan="4">组员</td><td colspan="2">姓名</td><td>学号</td><td>姓名</td><td colspan="2">学号</td></tr>
<tr><td colspan="2"></td><td></td><td></td><td colspan="2"></td></tr>
<tr><td colspan="2"></td><td></td><td></td><td colspan="2"></td></tr>
<tr><td colspan="2"></td><td></td><td></td><td colspan="2"></td></tr>
<tr><td>任务分工</td><td colspan="6"></td></tr>
<tr><td>实训材料
准备</td><td colspan="6"></td></tr>
</table>

Note

二、任务问题引导单

犬胃切开术任务问题引导表

任务名称	
引导问题 1	犬胃切开术常见病因是什么？
答案	
引导问题 2	犬胃切开术怎么选择手术位置？
答案	
引导问题 3	犬胃切开术怎么进行缝合？
答案	
引导问题 4	犬胃切开术怎么进行操作？
答案	

三、任务工作单

犬胃切开术任务工作表

任务名称	
操作过程描述	
操作照片	操作过程或项目成果照片粘贴处
任务反思	

四、任务评价单

犬胃切开术任务评价表

<table>
<tr><td>任务名称</td><td colspan="6"></td></tr>
<tr><td rowspan="6">任务评价</td><td>小组评语</td><td colspan="2">小组评价</td><td colspan="2">评价日期</td><td>组长签名</td></tr>
<tr><td></td><td colspan="2"></td><td colspan="2"></td><td></td></tr>
<tr><td>组间互评评语</td><td colspan="2">组间互评评价</td><td colspan="2">评价日期</td><td>组长签名</td></tr>
<tr><td></td><td colspan="2"></td><td colspan="2"></td><td></td></tr>
<tr><td>指导教师评语</td><td colspan="2">指导教师评价</td><td colspan="2">评价日期</td><td>指导教师签名</td></tr>
<tr><td></td><td colspan="2"></td><td colspan="2"></td><td></td></tr>
<tr><td rowspan="2">考核标准</td><td colspan="2">优秀标准</td><td colspan="2">合格标准</td><td colspan="2">不合格标准</td></tr>
<tr><td colspan="2">操作规范,安全有序
步骤正确,按时完成
全员参与,分工合理
结果准确,分析有理
保护环境,爱护设施</td><td colspan="2">基本规范
基本正确
部分参与
分析不全
混乱无序</td><td colspan="2">存在安全隐患
无计划,无步骤
个别人或少数人参与
不能完成,没有结果
环境脏乱,桌面未收</td></tr>
<tr><td>小组思政
评价</td><td colspan="6"></td></tr>
<tr><td>教师思政
评价</td><td colspan="6"></td></tr>
</table>

五、任务总评单

犬胃切开术任务总评表

<table>
<tr><td>任务名称:</td><td>班级:</td><td>姓名:</td><td>学号:</td></tr>
<tr><td>评价方式</td><td>分评得分</td><td>所占比例</td><td>终评得分</td></tr>
<tr><td>学生自评</td><td></td><td>40%</td><td></td></tr>
<tr><td>学生互评</td><td></td><td>20%</td><td></td></tr>
<tr><td>教师评价</td><td></td><td>40%</td><td></td></tr>
<tr><td colspan="3">合计</td><td></td></tr>
</table>

任务十五　膀胱切开术

案例导入

4 岁法国斗牛犬,公,12 kg。排尿困难,血尿,经 X 线检查确诊膀胱结石,拟实施膀胱切开术。通过本案例的学习,掌握实施膀胱切开术的适应证、具体操作方法以及术后护理。

学习目标

掌握膀胱切开术的适应证；熟练进行膀胱切开术的操作；通过进行膀胱切开术的操作，牢固树立救死扶伤的世界观；敬畏生命；作为新时代大学生，要不断学习进步，掌握技能，提高自己，尽可能地救助生命，不断为社会生产提供服务，树立良好的价值观，端正学习态度。

一、适应证

膀胱结石、膀胱肿瘤及尿道结石，需经膀胱取出。

二、器械与用品

导尿管，一般软组织切开、止血、缝合器械，组织钳。

三、手术流程

1. 保定与麻醉 仰卧保定。全身麻醉。

2. 术部 耻骨前缘至脐部剃毛消毒，雄性动物在阴茎侧方 2～3 cm 作腹正中线的平行切口；雌性动物从耻骨前缘向脐部的腹白线上切开 7～10 cm。

3. 手术方法

(1)正中线切口：常规处理术部后，切开皮肤，钝性分离皮下结缔组织，充分止血并清洁创面，扩大创口以显露术野；然后切开白线，显露腹膜，切开腹膜。

(2)正中旁线切口：切开皮肤后，钝性分离皮下结缔组织及腹直肌鞘的外板，然后按肌纤维的方向钝性分离腹直肌切口，继而切开腹直肌鞘内板，并向两侧分离以扩大创口，显露腹膜，切开腹膜。手指伸入腹腔探查，膀胱内充满尿液时，易触及到膀胱体，膀胱空虚时则退到骨盆腔内，手指伸向骨盆腔，将膀胱拉到创口。如尿液充满时，应进行导尿；也可以用装有细管的针头(避开膀胱血管)刺入膀胱排出尿液。膀胱缩小后用组织钳固定膀胱尖部并向上牵拉，避开或钳住膀胱壁血管，在膀胱尖部切开 2～3 cm。用麦粒钳或锐匙除去结石。若有膀胱肿瘤，可在膀胱尖或膀胱体切开 4～6 cm，翻转膀胱黏膜面，除去肿瘤。探查结束后，用生理盐水冲洗膀胱腔、用肠线连续缝合膀胱切口的全层，再作浆膜肌层内翻缝合。常规闭合腹腔(图 6-15-1、图 6-15-2)。

4. 术后护理 术后按常规给予抗生素，强心补液，加强饲养管理。10 天后拆线。

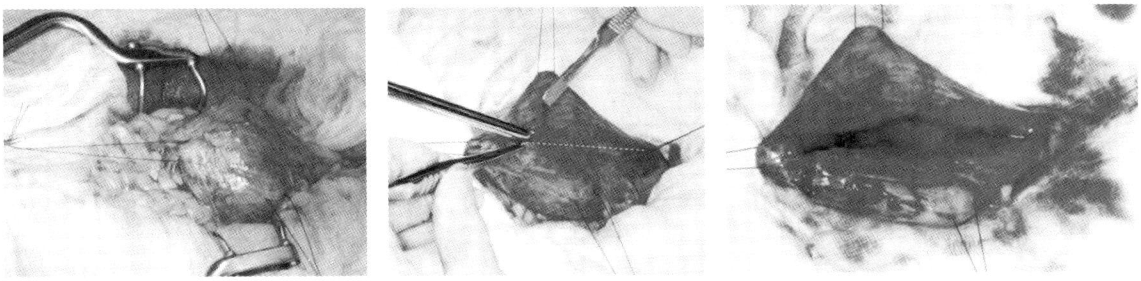

图 6-15-1 膀胱的切开

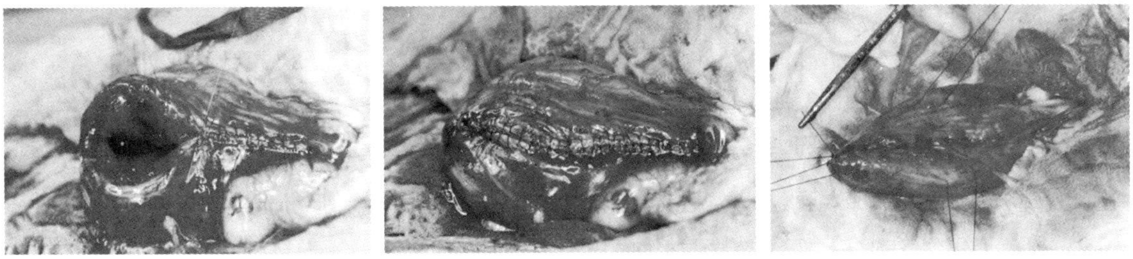

图 6-15-2 膀胱的缝合

展示与评价

一、任务分配单

膀胱切开术任务分配表

任务名称					
班级		组号		指导教师	
组长		实训时间		实训地点	
组员	姓名	学号	姓名	学号	
任务分工					
实训材料准备					

二、任务问题引导单

膀胱切开术任务问题引导表

任务名称	
引导问题 1	膀胱切开术的适应证有哪些？
答案	
引导问题 2	膀胱切开术怎么选择手术部分？
答案	
引导问题 3	膀胱切开术怎么进行缝合？
答案	
引导问题 4	膀胱切开术怎么进行操作？
答案	

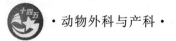

三、任务工作单

膀胱切开术任务工作表

任务名称	
操作过程描述	
操作照片	操作过程或项目成果照片粘贴处
任务反思	

四、任务评价单

膀胱切开术任务评价表

<table>
<tr><td>任务名称</td><td colspan="12"></td></tr>
<tr><td rowspan="6">任务评价</td><td colspan="3">小组评语</td><td colspan="3">小组评价</td><td colspan="3">评价日期</td><td colspan="3">组长签名</td></tr>
<tr><td colspan="3"></td><td colspan="3"></td><td colspan="3"></td><td colspan="3"></td></tr>
<tr><td colspan="3">组间互评评语</td><td colspan="3">组间互评评价</td><td colspan="3">评价日期</td><td colspan="3">组长签名</td></tr>
<tr><td colspan="3"></td><td colspan="3"></td><td colspan="3"></td><td colspan="3"></td></tr>
<tr><td colspan="3">指导教师评语</td><td colspan="3">指导教师评价</td><td colspan="3">评价日期</td><td colspan="3">指导教师签名</td></tr>
<tr><td colspan="3"></td><td colspan="3"></td><td colspan="3"></td><td colspan="3"></td></tr>
<tr><td rowspan="2">考核标准</td><td colspan="4">优秀标准</td><td colspan="4">合格标准</td><td colspan="4">不合格标准</td></tr>
<tr><td colspan="4">操作规范,安全有序
步骤正确,按时完成
全员参与,分工合理
结果准确,分析有理
保护环境,爱护设施</td><td colspan="4">基本规范
基本正确
部分参与
分析不全
混乱无序</td><td colspan="4">存在安全隐患
无计划,无步骤
个别人或少数人参与
不能完成,没有结果
环境脏乱,桌面未收</td></tr>
<tr><td>小组思政评价</td><td colspan="12"></td></tr>
<tr><td>教师思政评价</td><td colspan="12"></td></tr>
</table>

Note

五、任务总评单

膀胱切开术任务总评表

任务名称：	班级：	姓名：	学号：
评价方式	分评得分	所占比例	终评得分
学生自评		40%	
学生互评		20%	
教师评价		40%	
合计			

数字资源拓展与链接

动画视频

公犬尿道结石冲洗过程动画

公犬去势手术动画

母犬绝育手术动画

母犬卵巢摘除手术动画

母犬尿道结石冲洗过程动画

犬白内障手术动画

犬鼻泪管疏通手术动画

犬持久乳牙拔除动画

犬大量耳垢耳镜检查视频

犬耳道耳镜检查视频

犬耳道切除动画

犬耳道切开手术动画

犬耳道清洗动画

犬耳道摘除手术动画

犬耳膜耳镜检查视频

犬耳塌陷手术动画

犬耳血肿手术动画

犬耳药的使用方法动画

犬晶状体脱落手术动画

犬臼齿拔除动画

犬上眼睑内翻手术修复动画

犬深部耳垢清除视频

犬洗牙操作视频

犬眼球脱出手术修复动画

Note

项目七　常见骨科手术

扫码学课件
项目七

项目简介

常见骨科手术主要是指运用骨外科手术技术解决宠物临床常见的骨折结构力学异常引起的疾病，属于矫形外科范畴。

主要内容包括宠物骨科基本操作技能，如切开复位、常见骨科手术通路的识别与应用、骨折内置物的放置实操等；宠物全身各部位骨折复位技术；相关骨科手术麻醉、术前术后处理等内容；常规骨科手术教学，如骨断端牵引、外固定等基本技能教学。在教学中注意发挥学生的主观能动性，并将各种手术等操作示教训练方法应用于教学过程中，使学生建立严格的无菌观念，学会正确使用手术器械的方法，熟练地掌握骨科手术的基本操作，了解临床常见简单骨折的手术操作步骤，为学生今后进入宠物医学临床工作打下良好的基础。

项目目标

知识目标：学习各类骨科器械特点和应用注意事项；各类骨科手术器械及耗材的识别；骨科手术经典通路及组织分离的原则和注意事项；常见各部位骨折的原理和步骤；骨科手术失败的常见原因和处理原则；骨折内置物的特性和选择方法；熟知各种骨科手术术后外固定方法和注意事项。

能力目标：能熟练使用各类骨科手术器械；能规范进行各类骨科手术的操作，了解各类不同部位骨折相应的处理方法，能够在教师的指导下进行桡尺骨骨折固定术、肱骨骨折固定术、骨盆骨折内固定术、股骨骨折固定术、胫腓骨骨折固定术、跖骨骨折固定术、掌骨骨折固定术等常见宠物临床骨科手术的操作。

素质目标：在骨科手术操作过程中，对一个骨钉、一个骨板的操作都要求非常严格，需要精益求精。作为新时代的大学生，一定要具备科学严谨的探索精神和实事求是、独立思考的工作态度和求真务实、勇于实践的工匠精神与创新精神，才能在疾病诊疗过程中为宠物减轻痛苦。

任务一　骨科器械的识别

案例导入

雪纳瑞犬，母，体重 4 kg，4 岁。被自家车撞倒，四肢不能站立、无法行走，呼吸困难，排粪排尿正常，DR 检查显示该犬左前肢、左后肢骨折，拟实施手术治疗。通过本案例的学习，熟知骨科手术器械的型号和相应手术耗材的配型，掌握骨科器械的名称和使用方法。

学习目标

熟悉骨科手术的应用范围和具体功能；识别常见的骨科手术器械，在教师的指导下练习使用常见骨科手术器械。牢固树立救死扶伤的世界观；敬畏生命；作为新时代大学生，要不断学习进步，掌握技能，提高自己，尽可能地救助生命，不断为社会生产提供服务，树立良好的价值观，端正学习态度。

任务资讯

随着宠物诊疗行业的发展，骨科手术技术已经成为很多临床宠物医生的必备技能，因此我们应当学好骨科手术技术，为将来的临床实践打好基础。骨科器械一般指专门用于骨科手术的专业医疗器械。按国家药品监督管理局的分类标准常分为一类、二类和三类。按照使用用途和性能主要分为骨科用刀、骨科用剪、骨科用钳、骨科用钩、骨科用针、骨科用刮、骨科用锥、骨科用钻、骨科用锯、骨科用凿、骨科用锉/铲等。小动物临床常见的骨科器械有100余种。有的大型宠物医院会有专门的护士管理骨科器械。

一、简介

视频：骨科器械的识别

按照常用用途，骨科器械一般包括骨科用剪、骨科用刀、骨科用钳、骨科用钩、骨科用针、骨科用刮、骨科用锥及常见耗材等等。

如图7-1-1所示，这是目前比较常见的骨科手术所需要的骨科器械，也称为骨科通用器械，是宠物临床较为常见的可以完成一般骨科手术的手术器械套组。

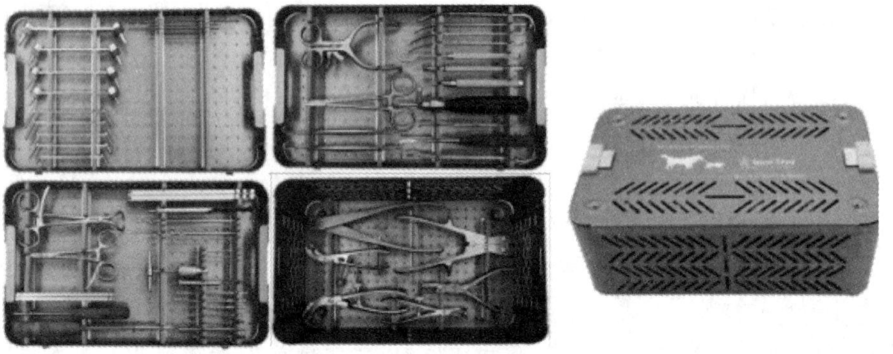

图 7-1-1　骨科通用器械

1. 骨科用刀

（1）骨科内窥镜用刀：通常由头部、杆部和手柄组成，头部为一刃口片，通过手柄操作传递、控制头部工作。头部一般采用不锈钢材料制成。手术中在内窥镜下操作，用于骨科微创手术中，对病变组织进行切除、剥离。例如椎间盘铰刀、关节镜用手术刀。小动物临床应用较少，但随着小动物临床技术的发展，将来很大可能会应用于临床。

（2）截骨用刀：通常由刀片和手柄组成，远端有坚硬、锋利、单刃配置的切割刀片，近端为手柄。一般采用不锈钢材料制成。用于切除、截断骨。常见的有骨刀、截骨刀、胫骨切刀、胫骨切割器、削切刀。在小动物临床比较常见。

（3）石膏切割用刀：通常由刀片和刀柄组成，刀片的远端可以有不同形状，通常是圆形。一般采用不锈钢材料制成。用于切割石膏、绷带。

2. 骨科用剪

（1）骨科内窥镜用剪：通常由头部、杆部或软性导管和手柄组成，头部为一对带刃口的叶片，通过手柄操作传递、控制头部工作。一般头部采用不锈钢材料制成。手术中在内窥镜下操作，用于剪切组织。常见的有关节镜用手术剪。

(2)骨及组织用剪：通常由一对中间连接的叶片组成，头部为刀刃。一般采用不锈钢材料制成。用于剪断骨、韧带或组织。常见的有骨剪、咬骨剪、双关节咬骨剪、双关节棘突骨剪、膝关节韧带手术剪。

(3)植入物或石膏用剪：通常由一对中间连接的叶片组成，头部为刀刃。一般采用不锈钢材料制成。用于剪断植入物或石膏。常见的有钢丝剪、台式钢丝剪、钢针剪、钛笼剪、钛网剪、石膏剪。

3. 骨科用钳

(1)骨科内窥镜用钳：通常由头部、杆部或软性导管和手柄组成，头部为一对带钳喙的叶片，通过手柄操作传递、控制头部工作。头部一般采用不锈钢材料制成。手术中在内窥镜下操作，用于钳夹组织或器械。常见的有关节镜用手术钳、半月板篮钳。

(2)夹持/复位用钳：这一类骨科钳在小动物临床中最为常见。常由钳柄、钳头和鳃轴螺钉组成，钳头内表面多设有齿，钳柄之间可设置锁合装置。一般采用不锈钢材料制成。手术中在内窥镜下操作，用于钳夹组织或夹持椎体。常见的有持骨钳、三爪持骨钳、持钉钳、持板钳、持棒钳、持钩钳、持针钳、螺杆夹持钳、复位钳、髌骨钳、三爪骨复位钳、骨盆复位钳、经皮复位钳、滑车关节钳、转棒钳、取出钳、夹持钳。

(3)咬骨钳：通常由钳柄、钳头、弹簧片和鳃轴螺钉组成，型式可有单关节、双关节、颅骨。其中单关节咬骨钳钳头可分为直型和角(前)弯型，双关节咬骨钳钳头有直型、角(前)弯型和棘突型。头部一般采用不锈钢材料制成。用于咬取死骨或修整骨残端。常见的有椎板咬骨钳、椎骨咬骨钳、颈椎咬骨钳、颈椎双关节咬骨钳、弯头平口棘突骨钳、枪形咬骨钳、咬骨钳、单关节咬骨钳、双关节咬骨钳、腐骨钳、关节咬骨钳。

(4)组织用钳：通常由钳柄、钳头、弹簧片和鳃轴螺钉组成。钳头一般采用不锈钢材料制成。在骨科手术中用于咬除组织或息肉。常见的有膝关节息肉钳、肌腱钳、髓核钳。

(5)撑开钳：手柄坚固，头部渐薄，其型式有直型和弯型，有多种尺寸，牵引刀片位于工作端，通过一个单或双枢轴动作，枢轴传递牵引所需的力。一般采用不锈钢材料制成。在骨科手术中用于撑开椎体、组织或植入物。常见的有骨科撑开钳、椎体张开钳、脊柱撑开钳、股骨撑开钳、颈椎撑开钳、椎体撑开钳、骨盆撑开钳、椎间撑开钳、脊柱后路撑开钳、锥板撑开钳。

(6)压缩钳：通常由左右钳柄、弹簧片和齿条组成，单关节或双关节。一般采用不锈钢材料制成。在骨科手术中用于压缩固定金属钩、钉或在脊柱手术中用于椎体间加压。常见的有压缩钳、加压钳。

(7)植入物塑形用钳：通常由手柄和钳口通过单或双连接轴连接组成，具有直型或弯曲手柄，有各种尺寸。一般采用不锈钢材料或硬质合金制成。在骨科手术中用于剪断、弯曲、结扎。常见的有骨克丝钳、钢丝钳、骨板弯曲钳、钢丝结扎钳、剪断钳、剪切钳、弯棒钳、钢针钳、折弯钳、断棒钳。

(8)热弯曲钳：在骨科手术中用于加热可塑性骨接合材料(如骨板)并使之弯曲。通常由电源、温控器、发热管、医用硅胶管、不锈钢夹等组成。

4. 骨科用钩

(1)拉钩：通常由头部和柄部组成，头部带钩头。一般采用不锈钢材料制成。在骨科手术中用于显露手术视野，使手术易于进行，并保护组织，避免意外损伤；或用于骨科手术中剥离、牵开或遮挡神经根。常见的有骨拉钩、单侧椎板拉钩、下肢截断拉钩、半月板拉钩、颈椎拉钩、椎板拉钩、弯曲拉钩、腹腔S拉钩、髋关节拉钩、膝关节拉钩、肩胛骨拉钩、骨科用神经根拉钩、(椎间)神经根拉钩、脊柱手术用神经拉钩、脊柱手术用神经档钩。

(2)牵开器：通常为各种形式(如钝型、锐型、开窗型、深型)的钩状结构，为手动操作、自锁式手术器械。一般采用不锈钢材料制成。在骨科手术中用于显露手术视野，使手术易于进行，并保护组织，避免意外损伤。常见的有骨用牵开器、手摇式牵开器、多向牵开器、双向牵开器、可调式牵开器、微创牵开器、胫骨牵开器、关节微创牵开器、后颅牵开器等。

Note

（3）骨钩：通常由钩和手柄组成。钩的头部一般采用不锈钢材料制成。用于矫形外科手术时提拉骨骼。

5. 骨科用针

（1）骨牵引针：通常由头部、针体和尾部组成，可分为螺纹型和光杆型两种型式。一般采用不锈钢材料或钛合金材料制成。用于在骨折手术过程中牵引、定位或固定。

（2）定位导引针：通常由头部、针体和尾部组成，可分为螺纹型和光杆型两种型式。一般采用不锈钢材料或钛合金材料制成。用于在骨科手术过程中导向、导引或定位。常见的有螺纹钉导引针、加压螺纹钉导引针、骨导引针、骨定位针、钻孔器导引针、定位针。

（3）固定针：通常由头端锐尖的金属棒制成。一般采用金属材料制成。用于关节置换手术中固定试模或其他器械。常见的有固定针、试模固定针。

（4）穿孔针：通常由手柄、锥杆和锥头组成。一般采用不锈钢、硬铝或聚乙烯材料制成。用于非脊柱手术时穿孔或穿线。常见的有骨科用穿孔针、骨科用穿线器。

（5）切割针：通常由头部和柄部组成，根据柄部不同，型式可分为圆棒花纹钩针、六角形棒钩针、扁柄式钩针。在骨科手术中用于切割软组织。例如骨科用钩针。

（6）骨用刮匙：通常由头部和柄部组成。近端为手柄，远端为具锋利边缘的匙形凹尖，也可以是双端的。一般采用不锈钢材料制成。用于刮除病灶、窦道内的瘢痕、肉芽组织，以及骨腔和潜在腔隙的死骨或病理组织等。常见的有刮匙、骨刮匙、空心骨刮匙、直杯状骨刮匙、椎板刮匙、颈椎刮匙、椎体成形用刮匙器、终板刮匙、椎体刮匙、刮刀等。

6. 骨科用锥

（1）介入术用骨锥：通常由导针、带手柄的空心钻和工作通道组成。金属部分一般为不锈钢材料，手柄一般采用工程塑料制成。在骨科微创介入手术中（经皮椎体成形术、椎体后凸成形术等）用于钻孔，建立工作通道。例如骨科微创介入术用骨锥。

（2）开口用锥：通常由头部和手柄组成，头部有截止设计。头部一般采用不锈钢材料制成。在骨科手术中用于在骨骼上开孔。常见的有骨锥、开口锥、手锥。

（3）攻丝用锥：通常由刃部和柄部组成。刃部一般采用不锈钢材料制成，柄部一般采用不锈钢、铝材等材料制成。在骨科手术中用于在骨骼上攻螺纹孔。常见的有丝锥、丝攻、骨用丝锥、骨用丝攻。

除了骨科器械，骨科手术中还需要用到一些耗材和植入物，小动物临床的骨科植入物一般包括动物骨科骨板、克氏针扎丝、交锁髓内钉套装、ESF 外固定支架系统、TEN 弹性髓内钉、HCS 套装、多功能定位器、韧带铆钉系统、脊柱神经外科、电动工具等等。

（4）动物骨科螺钉。

二、各类骨科器械的识别

知识点：骨的发育

1. 各类骨模型

（1）如图 7-1-2、图 7-1-3、图 7-1-4 所示，胫骨、桡尺骨常见的骨模型一般由复合材料制成，它的作用是模拟骨的形态，作为初学骨科技术时的练习材料，但是这些模型往往和真实的手术对象有一定差别，初学者应当在模型上反复练习后再使用实验动物进行练习。

图 7-1-2　尺骨模型

图 7-1-3　胫骨模型

（2）如图 7-1-5 所示，骨盆部的模型模拟成年宠物骨盆，相似度较高，也作为初学者的练习模型。

图 7-1-4　桡骨模型

图 7-1-5　骨盆骨模型

Note

(3)如图 7-1-6、图 7-1-7 所示，这是股骨及肱骨模型。学习四肢骨骨折内固定手术，开始阶段应当在骨模型上多加练习。

图 7-1-6　股骨模型

图 7-1-7　肱骨模型

(4)如图 7-1-8 所示，管型骨模型是假想模拟的标准骨骼标本，可以用于一些最基础的练习。

(5)如图 7-1-9 所示，这是小型犬桡尺骨模型。小型犬桡尺骨骨折在临床发病率很高，应当针对此类手术多加练习。

图 7-1-8　管型骨模型

图 7-1-9　小型犬桡尺骨模型

2. 各类骨科手术器械

(1)如图 7-1-10 所示，这是撑开复位器套装。骨科手术往往以深部手术居多，在手术中撑开复位器可以扩大手术视野，以便深部操作。

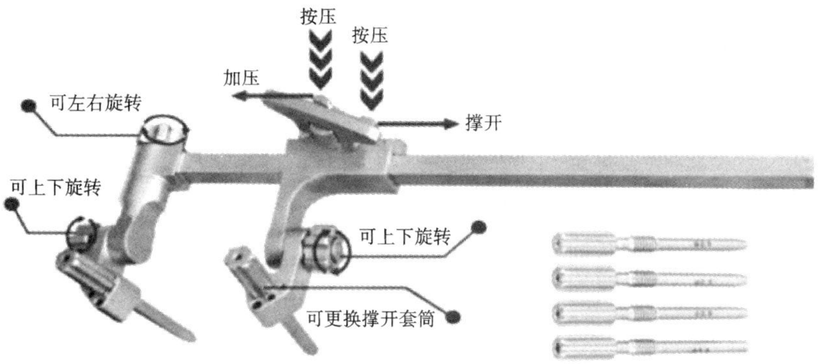

图 7-1-10　撑开复位器套装

(2)如图 7-1-11 所示，自锁骨科手术器械可以帮助固定骨折断端，尤其是骨折手术时，可以很好地帮助医生解决人力不足的问题，并能有效进行强力固定和准确测量。

(3)如图 7-1-12 所示，点式复位钳在手术过程中可使骨折的断端尽可能达到解剖学复位，以方便下一步的固定操作。

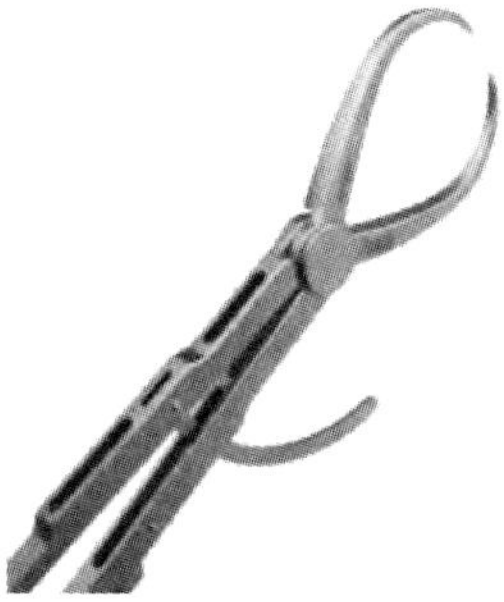

图 7-1-11　自锁骨科手术器械

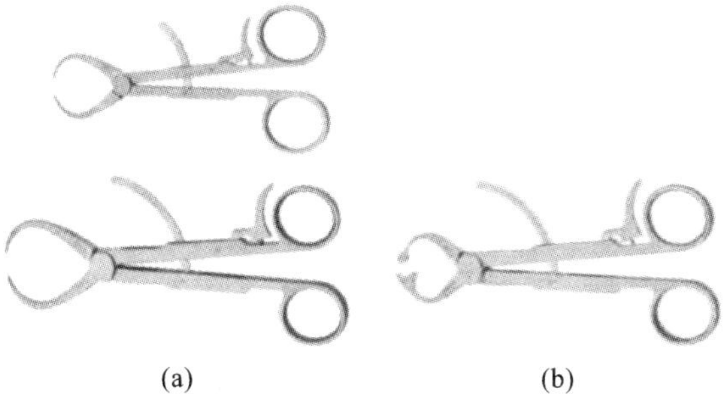

图 7-1-12　点式复位钳

(4)如图 7-1-13 所示，骨板把持钳用于固定骨板和操作目标区域骨组织，为下一步螺钉的打入做准备。

(5)如图 7-1-14 所示，限位复位钳可以很好地固定骨折断端，使断端的形变很小，方便固定和打入内置物。

(6)如图 7-1-15 所示，瞄准复位钳在某些手术中可以精准定位钻孔，例如股骨头脱位整复手术中

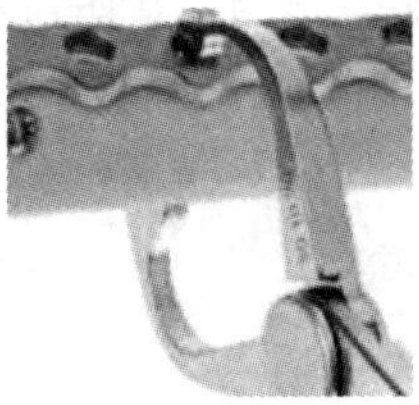

图 7-1-13　骨板把持钳

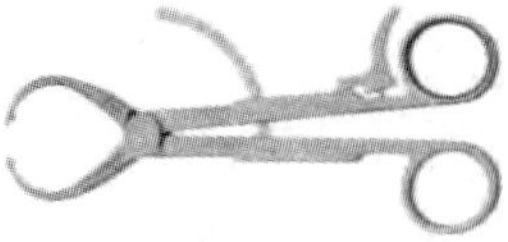

图 7-1-14　限位复位钳

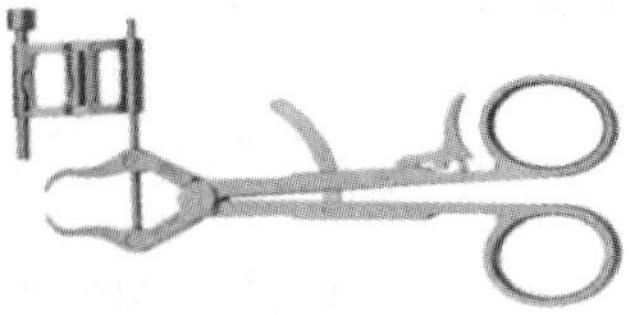

图 7-1-15　瞄准复位钳

圆韧带再造中的标准钻孔，可以避免人为钻孔的误差。

(8)如图 7-1-16 所示，螺杆型点式复位钳可以更好地固定复位的断端，夹持骨的力量要比点式复位钳更大。骨折手术需要根据不同的情况选用不同的手术器械，当需要对脆弱的手术部位进行复位时，齿条形复位钳达不到理想的手感，可使用带螺旋杆的复位钳，首先把自旋螺丝旋到最外侧，将钳口开到最大，再将自旋螺丝旋到适当位置，然后逐渐旋紧，注意力度要适中，避免医源性骨损伤。

(9)如图 7-1-17 所示，带齿复位钳是常用骨科复位钳，增加了器械与骨之间的摩擦，防止骨断端滑脱。一般带齿复位钳有较好的摩擦力，与骨接触面也较大。

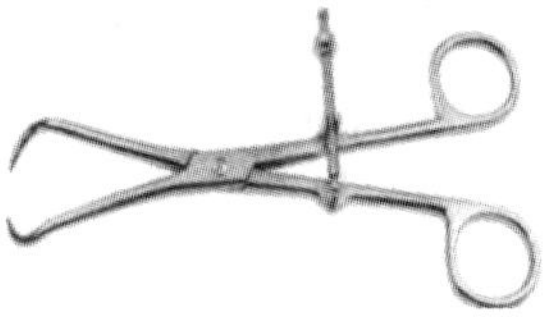

图 7-1-16　螺杆型点式复位钳

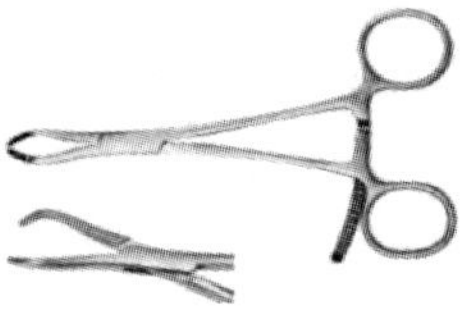

图 7-1-17　带齿复位钳

(10)如图 7-1-18 所示，特大号点式复位钳适用于比较宽的骨折间隙复位，或者骨折干骺端的复位。

(11)如图 7-1-19 所示，精工系列复位钳相对于普通复位钳，减少了锁齿之间的间距，使得锁紧复位时，手感更加细腻，避免了过度用力夹裂或夹碎骨骼的风险，其中小尖头款和球头款式是夹持骨板和复位松质骨的最佳选择。

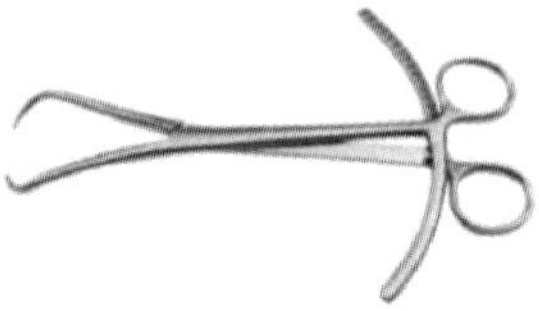

图 7-1-18　特大号点式复位钳

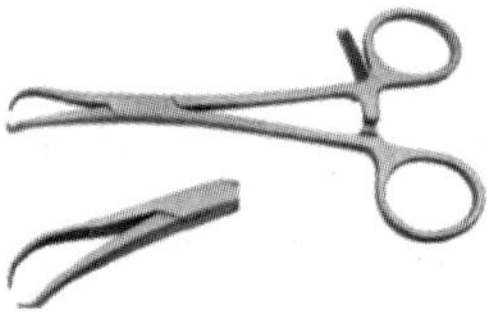

图 7-1-19　精工系列复位钳

(12)如图 7-1-20 所示，这是各种型号的复位钳。当用点式复位钳复位以及加压骨骺端的碎片时，复位钳的尖头正是拉力螺钉进钉的部位。使用双点式复位钳可以在正确的位置精准地钻出导向孔，这种尺寸的复位钳适用于大多数肱骨远端的尺寸，尤其是猎犬的肱骨。

图 7-1-20　各种型号的复位钳

骨折的病因多种多样，小动物骨折在某些情况下是复杂的，单一器械难以完成复杂的复位或固定。在骨折复位时使用持骨钳便于植入骨针；对于拉力螺钉和骨板，钻头和螺钉可以在最大程度加压复位的情况下，准确穿过钳口的中心。

(13)如图 7-1-21 所示，这是自锁带齿复位钳，其有带齿的钳口和自旋螺杆，控制起来更加安全可靠。

(14)如图 7-1-22 所示，这是 mini 持骨钳。常见的持骨钳在夹持猫和小型犬的长骨时有一定难度，力度稍有不慎即可造成骨皮质碎裂。这种复位钳的齿状钳口设计成圆环状，可以最大程度夹持和固定骨折区域，钳口的齿是锋利的。这种钳子可以作为小的骨折复位钳来使用。

(15)如图 7-1-23 所示，这是 BW 带齿复位钳，可以较好地控制小的骨骼和小骨碎片，对于一些复杂骨折或粉碎性骨折比较实用。

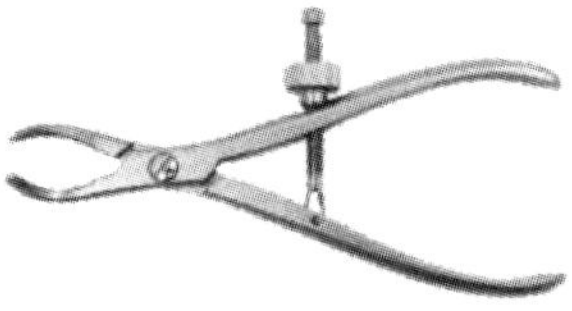

图 7-1-21　自锁带齿复位钳

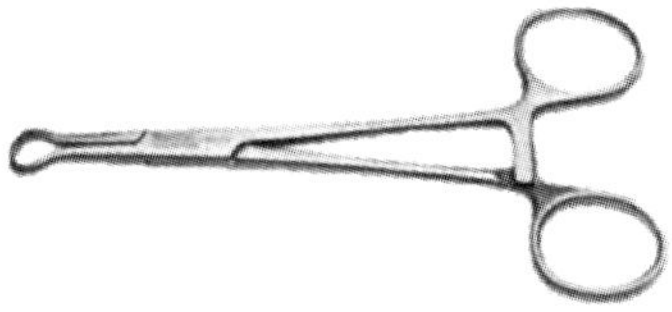

图 7-1-22　mini 持骨钳

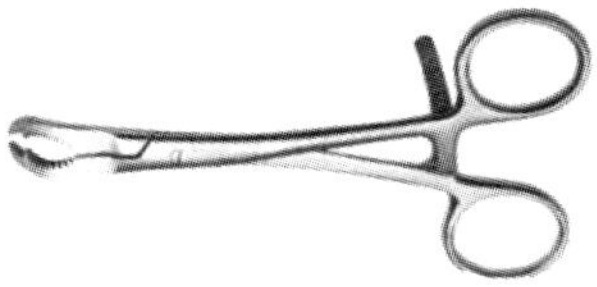

图 7-1-23　BW 带齿复位钳

(16)如图 7-1-24 所示，这是自动中心化持骨钳。当遇到某些复杂骨折时，复位时需要使持骨钳钳口与手柄呈一定的角度。这样的复位钳需要同时满足以下条件：复杂的中枢原理，可以使钳口张开或者闭合时呈直线；可以与中枢松弛配合的特殊的锁定装置；针对小动物独特的骨骼解剖形状需要有特殊设计角度与尺寸的器械。

(17)如图 7-1-25 所示，这是科恩持骨钳。科恩持骨钳能够非常有效地抓持管状长骨，快速进行骨折复位操作。这种持骨钳通用程度较高，适用于股骨干内固定、骨盆三刀切手术(TPO)、髋关节脱位固定术、髋臼骨折内固定等。

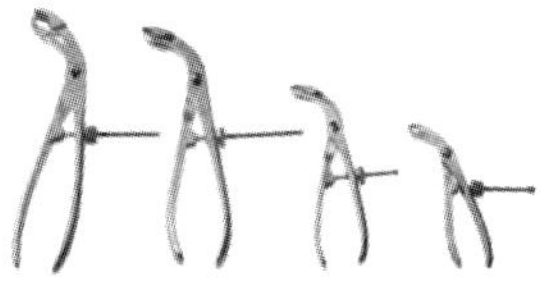

图 7-1-24　自动中心化持骨钳

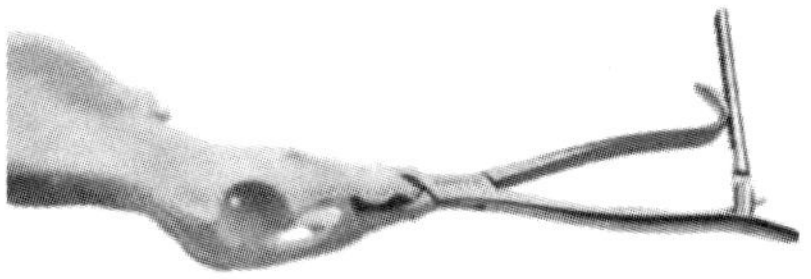

图 7-1-25　科恩持骨钳

(18)如图 7-1-26 所示，宠物用三爪复位钳是广泛应用于中小动物包括猫和中小型犬等的一种传统复位器械，用于最小化的接触，用于长斜型骨折的复位(在植入螺钉之前，用于确定骨板与骨折部位之间的贴合)。

(19)骨板把持钳：主要功能是通过骨板的孔来固定骨板的位置，将骨板固定在骨头表面钳口尖端的球体设计，能够有效地防止骨板与骨表面的滑动，同样对于骨质较疏松的髂骨部位的复位也比较实用，因为球体可以有效防止钳子的尖端刺入骨皮质以内从而刺裂骨皮质。

(20)如图 7-1-27 所示，AO 自锁骨板把持钳是一种具有锁定功能的骨板把持钳。

图 7-1-26　宠物用三爪复位钳

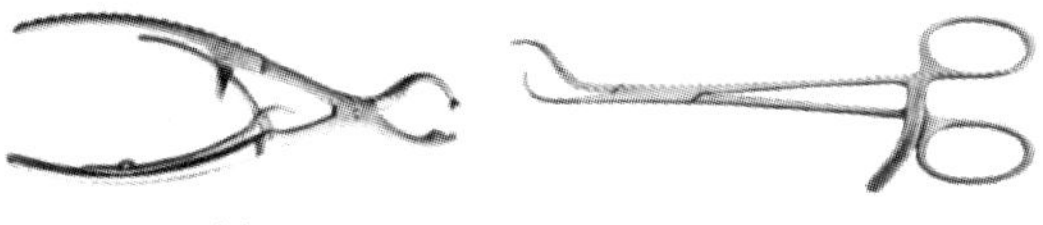

(a)　(b)

图 7-1-27　AO 自锁骨板把持钳

(21)精工持板复位钳：用于较深部的骨折手术中骨板的夹持固定。

(22)如图 7-1-28 所示，安全断棒器可以平整地截断克氏针，减少克氏针的锐利断端对组织的刺激划伤。在有条件的宠物医院，安全断棒器是非常实用的骨科器械。

(23)如图 7-1-29 所示，大力剪用于截断 1.8 mm 直径以上的克氏针，某些情况下可剪断骨板，这是一般宠物临床工作中的必备耗材。

(24)如图 7-1-30 所示，双关节斜口钢丝剪和断针钳用于截断钢丝和克氏针。

(25)如图 7-1-31 所示，顶切剪和小力剪用于截断较细的克氏针和钢丝。在临床工作中非常常用。

(26)如图 7-1-32 所示，平头钢丝钳和镶片钢丝钳均用于截断不同规格型号的钢丝。

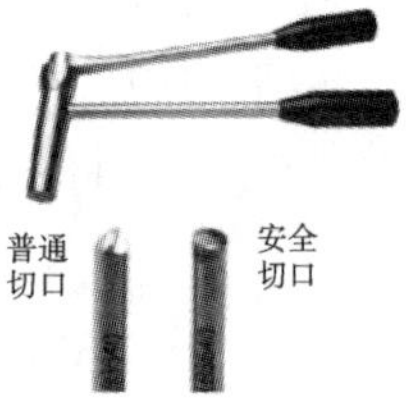

图 7-1-28　安全断棒器

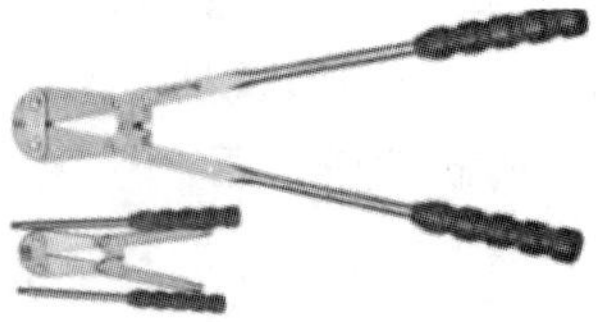

图 7-1-29　大力剪

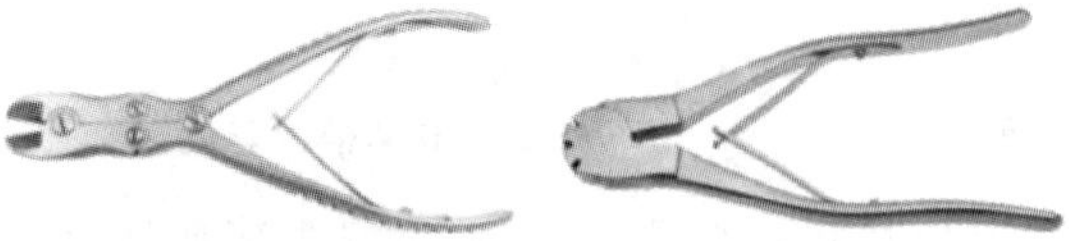

(a) 双关节斜口钢丝剪　　(b) 断针钳

图 7-1-30　双关节斜口钢丝剪和断针钳

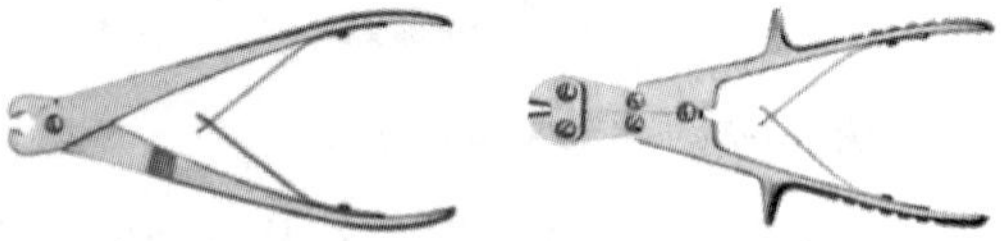

(a) 顶切剪　　(b) 小力剪

图 7-1-31　顶切剪和小力剪

(a) 平头钢丝钳　　(b) 镶片钢丝钳

图 7-1-32　平头钢丝钳和镶片钢丝钳

(27)平头克氏钳与普通的克氏针剪子和钳子不同。带剪平头克氏钳(图 7-1-33)主要用于折弯、夹持、剪断小号的克氏针和钢丝,也可以与骨板折弯器配合使用,折弯小号的骨板。

(28)如图 7-1-34 所示,镶片斜口钢针剪用于剪断较细的克氏针和钢丝,镶片器械更美观、耐用。

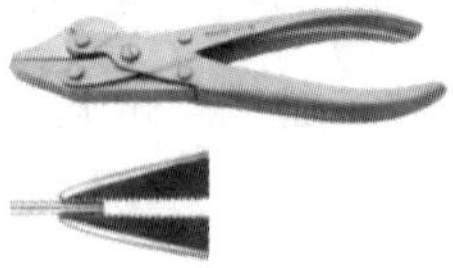

图 7-1-33　带剪平头克氏钳

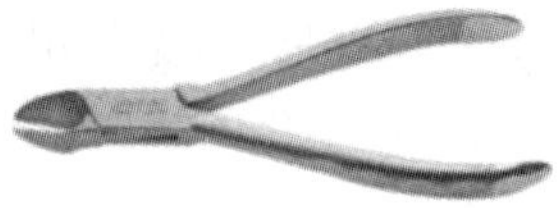

图 7-1-34　镶片斜口钢针剪

(29)如图 7-1-35 所示,镶片斜口钢丝剪和镶片小力剪主要用于剪断耗材。

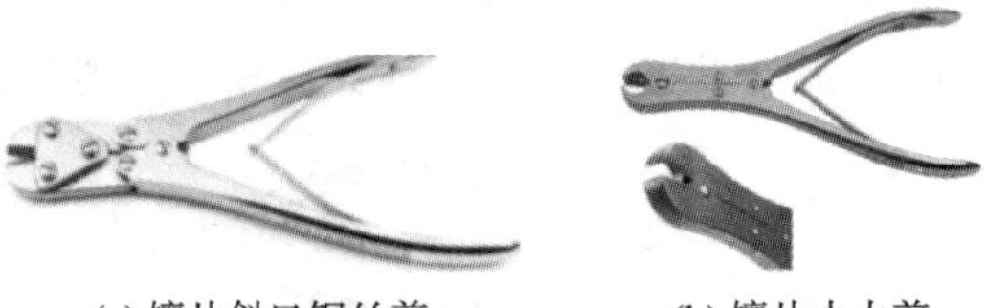

(a) 镶片斜口钢丝剪　　(b) 镶片小力剪

图 7-1-35　镶片斜口钢丝剪和镶片小力剪

(30)如图 7-1-36 所示,镶片两用钢丝剪。镶片器械更美观、耐用,价格也较贵。

(31)如图 7-1-37 所示,镶片顶切剪是临床常用的器械,用于剪断某些组织表面突出的针尖或钢丝等内置物。

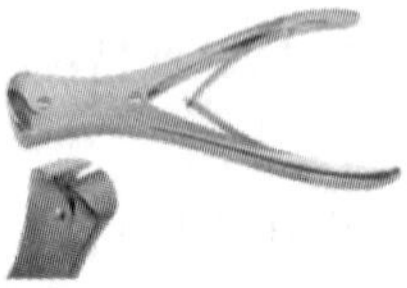

图 7-1-36　镶片两用钢丝剪

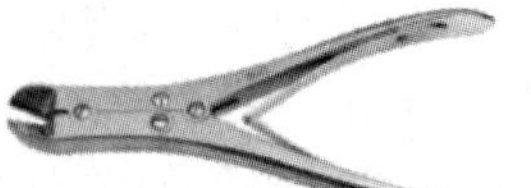

图 7-1-37　镶片顶切剪

(32)如图 7-1-38 所示,空心手钻用于在骨的表面钻孔或钻入克氏针。空心手钻 T 型手柄(自

Note

锁)如图 7-1-39 所示。

图 7-1-38　空心手钻

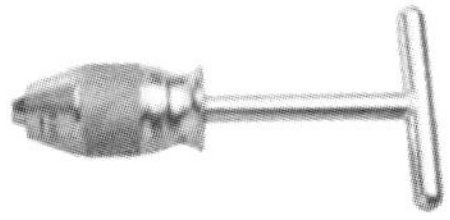

图 7-1-39　空心手钻 T 型手柄

(33)如图 7-1-40 所示,双面刃滚花柄骨刀用于骨的人工塑形。

(34)如图 7-1-41 所示,单面刃口骨刀可以精确地切断某段骨骼部位,例如股骨大转子、股骨头等。单面刃口骨刀适用于骨密度较高的皮质骨的病残骨的切除。

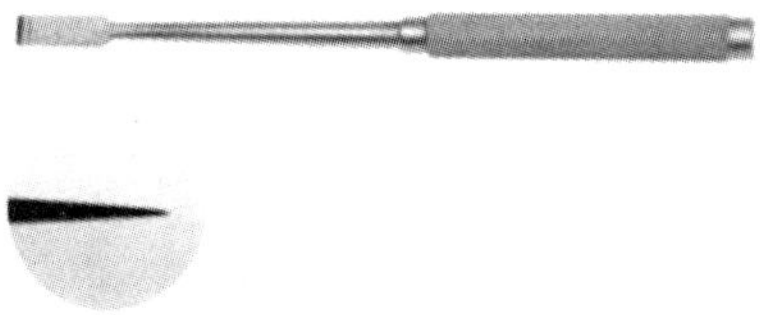

图 7-1-40　双面刃滚花柄骨刀

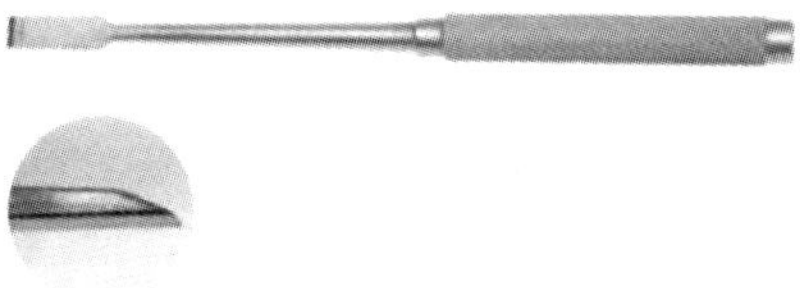

图 7-1-41　单面刃口骨刀

(35)如图 7-1-42 所示,AO 骨刀是可换多种刀头的一种多功能骨刀,用于多种情况下的骨的塑形。

(36)骨锤、骨锤硅胶柄(图 7-1-43、图 7-1-44)和骨锉(图 7-1-45)用于骨的切挫和塑形。

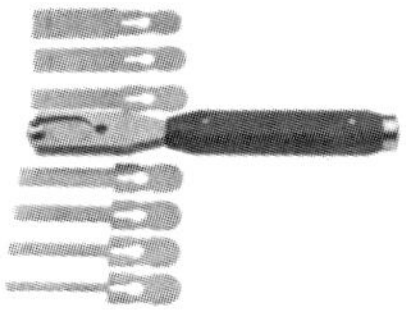

图 7-1-42　AO 骨刀

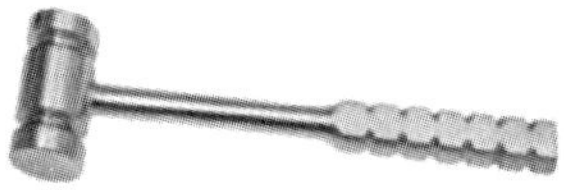

图 7-1-43　骨锤

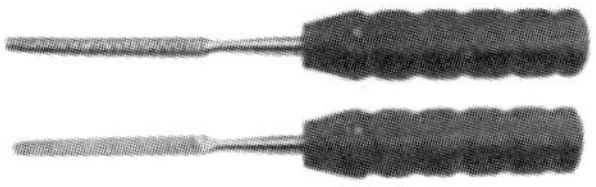

图 7-1-44　骨锤硅胶柄

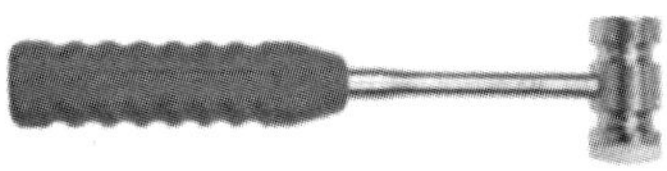

图 7-1-45　骨锉

(37)如图 7-1-46 所示,滑车锉用于滑车沟的改建塑形,是宠物临床治疗犬猫髌骨脱位手术中必不可少的工具。

(38)如图 7-1-47 所示,超薄骨锯(小号)的不锈钢锯片和金属手柄可以高温消毒,坚硬的手柄可以更好地控制骨锯,操作者拿起来非常舒适,锯深 25 mm。

图 7-1-46　滑车锉

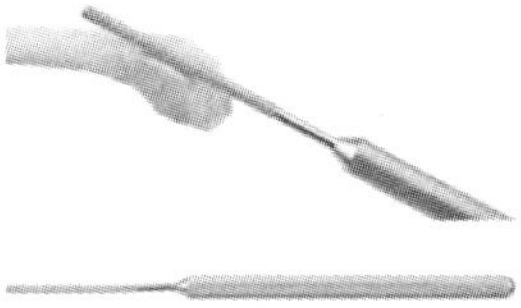

图 7-1-47　超薄骨锯(小号)

(39)如图 7-1-48 所示,骨刮匙用于处理残骨片和骨痂等病理性组织。

(40)如图 7-1-49 所示,AO 骨膜剥离器的孤型头具有很好的操作性能,对组织的损伤小。

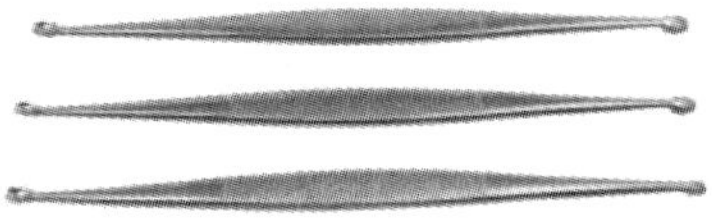

图 7-1-48　骨刮匙

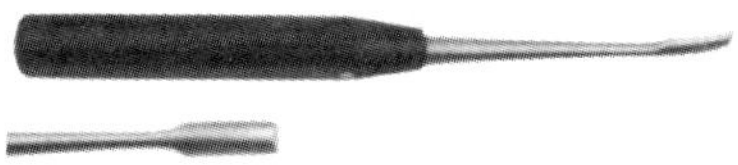

图 7-1-49　AO 型骨膜剥离器

(41)如图 7-1-50 所示,骨撬是一种多功能的器械,用于帮助复位、牵拉器械骨断端等。骨撬可用于各种手术。

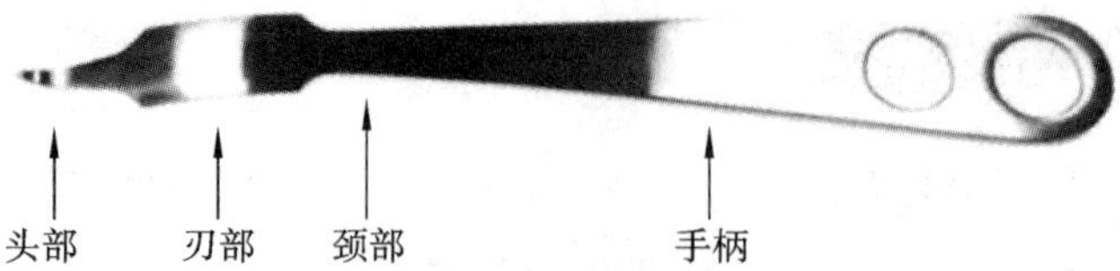

图 7-1-50　骨撬的构造

(42)如图 7-1-51 所示,骨撬在各种手术中发挥作用。

(a) 术中增加视野　　(b) 关节牵开　　(c) 放置钢板

图 7-1-51　骨撬在各种手术中发挥的作用

(43)如图 7-1-52 所示,微型骨撬(6 mm,8 mm,12 mm)适用于较小体积的骨的复位。

(44)如图 7-1-53 所示,长刃型骨撬适用于肩关节手术等需要牵开复位的手术,尤其是大型犬手术。

(45)如图 7-1-54 所示,天鹅颈骨撬是髋关节手术专用骨撬。

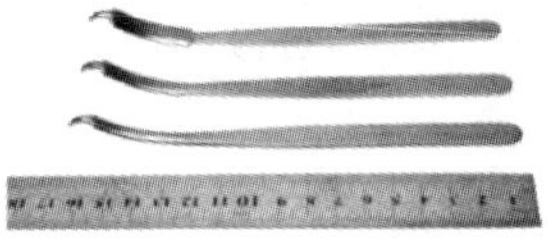

图 7-1-52　微型骨撬(6 mm,8 mm,12 mm)

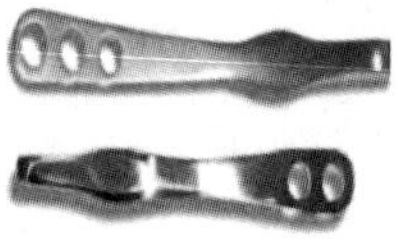

图 7-1-53　长刃型骨撬

图 7-1-54　天鹅颈骨撬

(46)如图 7-1-55 所示,股骨头骨撬用于全髋关节置换术。如图 7-1-56 所示,这是宽头型骨撬,如图 7-1-57 所示,这是微型骨撬(4 mm)。

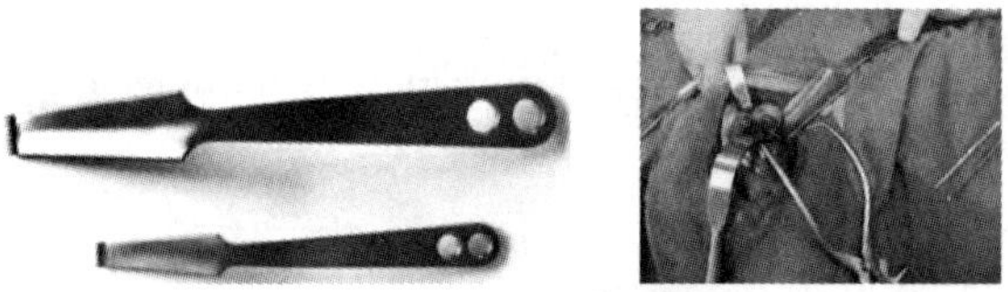

图 7-1-55　股骨头骨撬

图 7-1-56　宽头型骨撬

(47)如图 7-1-58 所示,圆韧带切割器用于切断圆韧带翘起股骨头。

图 7-1-57　微型骨撬(4 mm)

图 7-1-58　圆韧带切割器

(48)如图 7-1-59 所示,单关节咬骨钳主要用于修剪,如剪除棘突及修剪植骨材料等。除了有各种不同的宽度和角度类型外,还有单关节和双关节之分。供一般骨科手术剪切骨骼、修正骨骼和植骨术用。

(49)如图 7-1-60 所示,这是 Lempert 直型咬骨钳。

(50)如图 7-1-61 所示,Littauer 咬骨剪(直型)常用于剪除骨残端或病理组织。

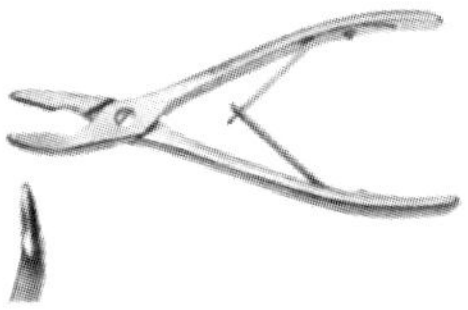

图 7-1-59　单关节咬骨钳

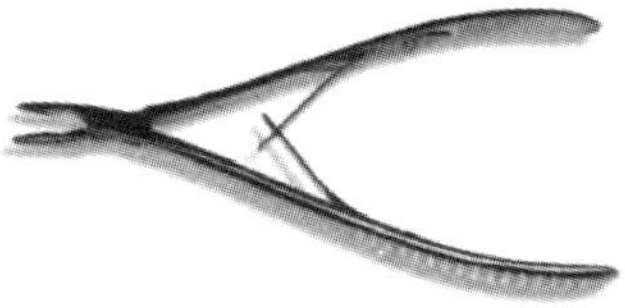

图 7-1-60　Lempert 直型咬骨钳

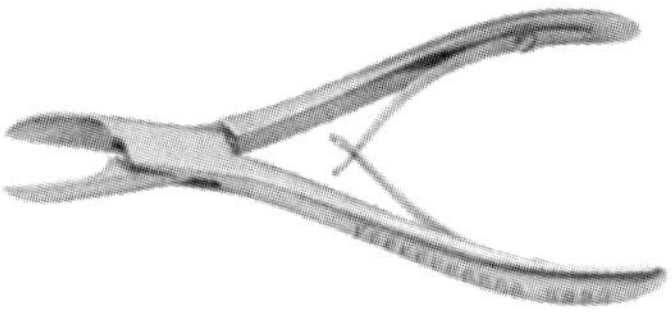

图 7-1-61　Littauer 咬骨钳(直型)

(51)如图 7-1-62 所示,这是自动牵开器。当缺少助手时,自动牵开器是很重要的手术器械,可以更好地暴露创口和骨折部位。另外,使用自动牵开器可以对软组织的伤害降到最低。

(52)如图 7-1-63 所示,单勾牵开器对于大多数手术步骤都很实用。

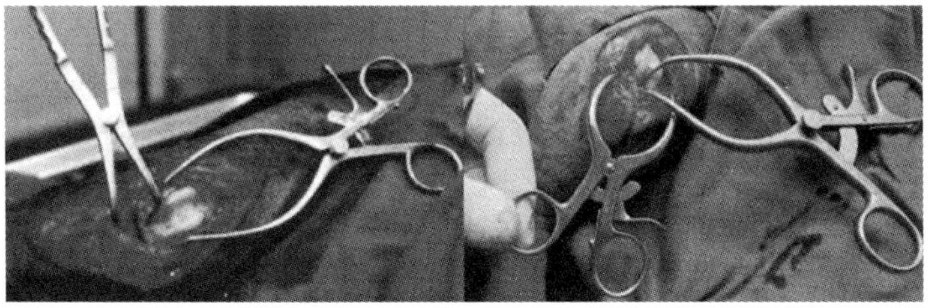

图 7-1-62　自动牵开器

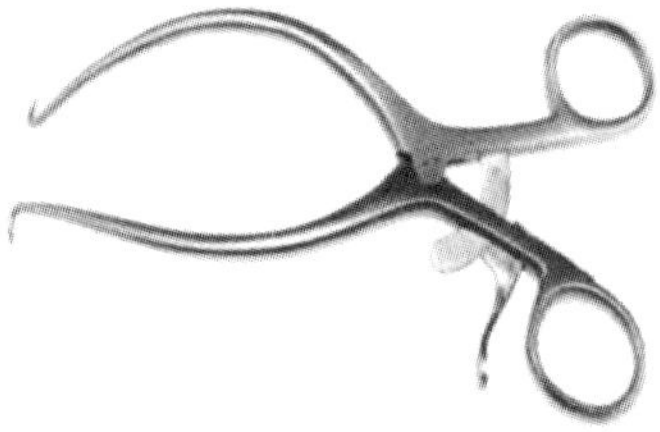

图 7-1-63　单勾牵开器

(53)如图 7-1-64 所示,这是高脚撑开器和脊柱深沟撑开器。

(54)如图 7-1-65 所示,多勾牵开器可用于获取良好的手术术野。

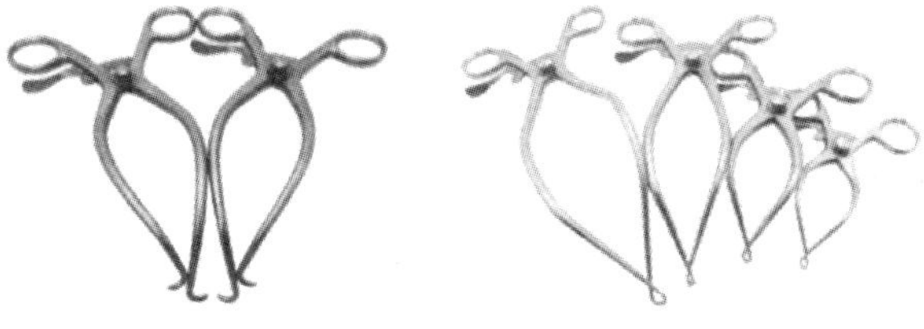

(a) 高脚撑开器　(b) 脊柱深沟撑开器

图 7-1-64　高脚撑开器和脊柱深沟撑开器

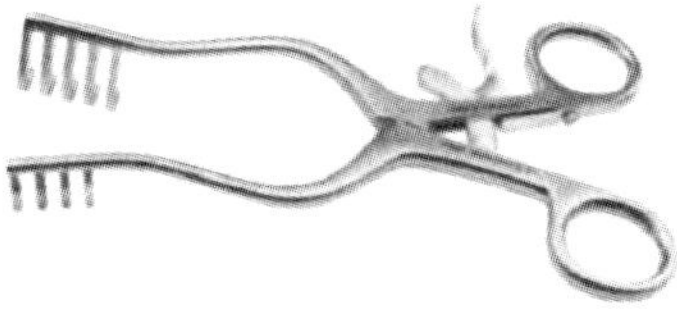

图 7-1-65　多勾牵开器

(55)如图 7-1-66 所示,皮肤拉钩用于牵开皮肤以暴露手术部位。

图 7-1-66　皮肤拉钩

(56)如图 7-1-67 所示,螺钉起子用于松动或固定骨螺钉。

(57)如图 7-1-68 所示,AO 快装螺钉起子可以用于多种螺钉的操作。

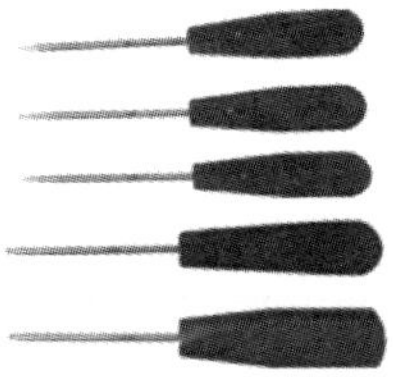

图 7-1-67　螺钉起子

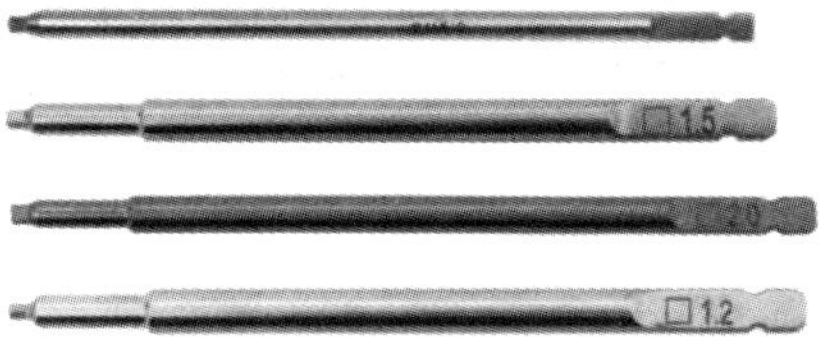

图 7-1-68　AO 快装螺钉起子

(58)如图 7-1-69 所示,骨科医用钻头用于打孔,放置骨螺钉,需要注意的是,钻头是一种耗材,应当节约使用,并规范操作。

(59)如图 7-1-70 所示,这是通用导钻。如图 7-1-71 所示,平行导钻用于特殊部位的钻孔,导钻可

Note

图 7-1-69　骨科医用钻头

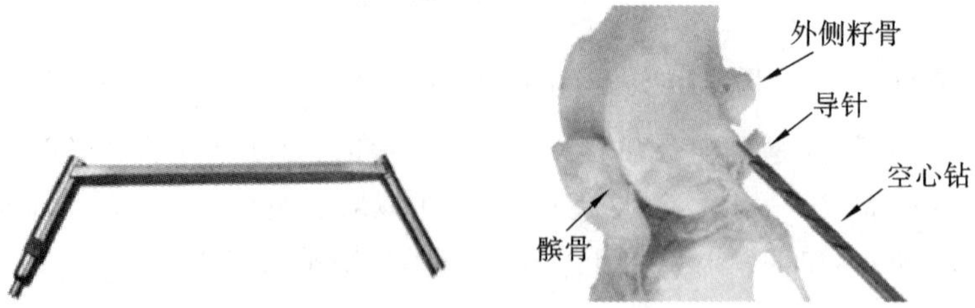

图 7-1-70　通用导钻

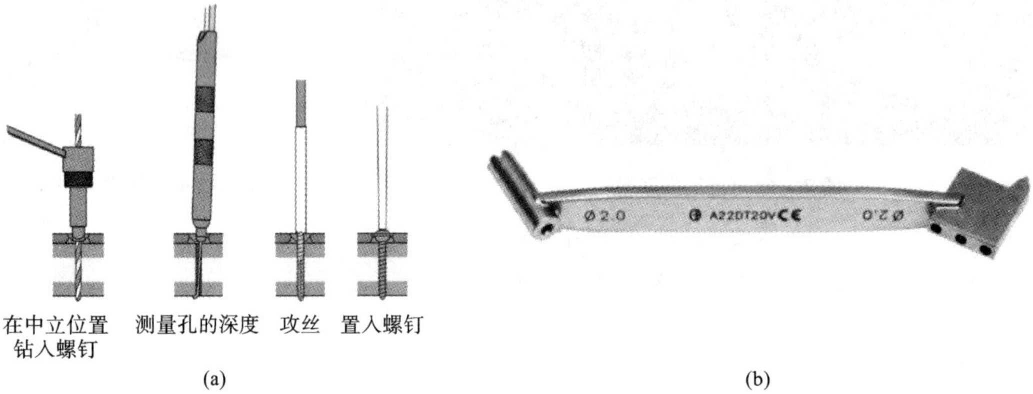

图 7-1-71　平行导钻

以更好地辅助钻头,为钻头辅助打孔的方向。如图 7-1-72 所示,这是中立偏心导钻。

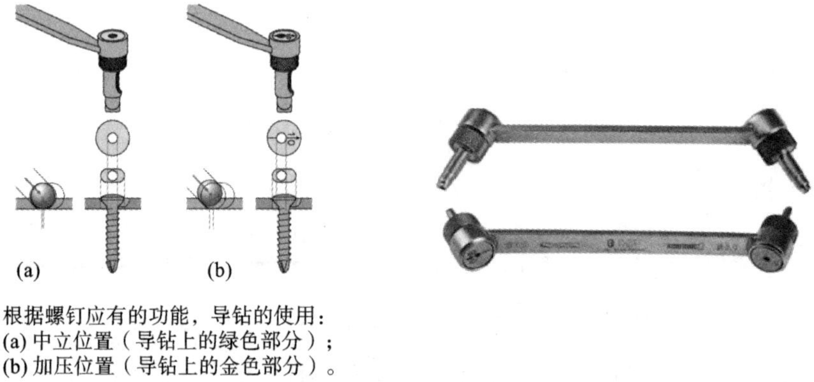

(a)
(b)
根据螺钉应有的功能，导钻的使用：
(a) 中立位置（导钻上的绿色部分）；
(b) 加压位置（导钻上的金色部分）。

图 7-1-72　中立偏心导钻

(60)如图 7-1-73 所示,测深器用于探测对侧骨皮质的距离,为选用螺钉提供依据。

(61)如图 7-1-74 所示,骨板折弯器用于骨板的塑形改造。

图 7-1-73　测深器

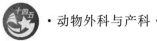

图 7-1-74　骨板折弯器

(62)如图 7-1-75 所示,重建骨板折弯器为骨板塑形提供力学基础。

(63)如图 7-1-76 所示,AO 多功能骨板折弯器可以从更多角度对骨板进行塑形并且可用于多种

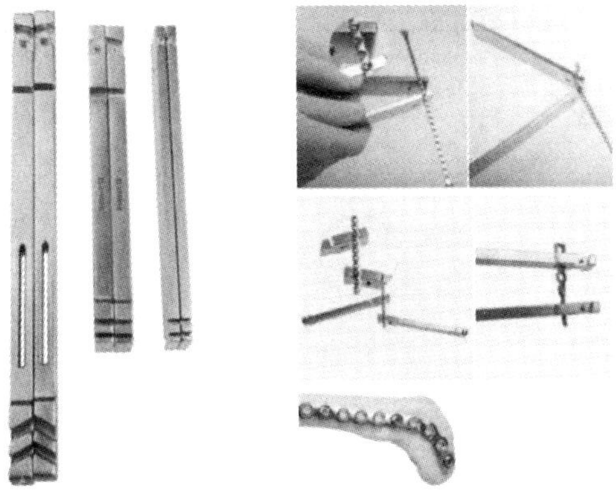

图 7-1-75　重建骨板折弯器

骨板型号和类型，适用于 4～9 mm 宽的重建型骨板，包括 ALPS 和普通 MCP，可侧向和纵向折弯。

(64)如图 7-1-77 所示，台式骨板折弯器具有更大的力量和稳定性。

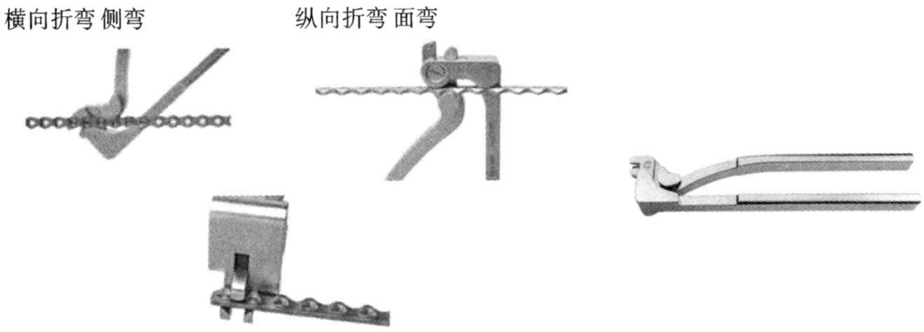

图 7-1-76　AO 多功能骨板折弯器

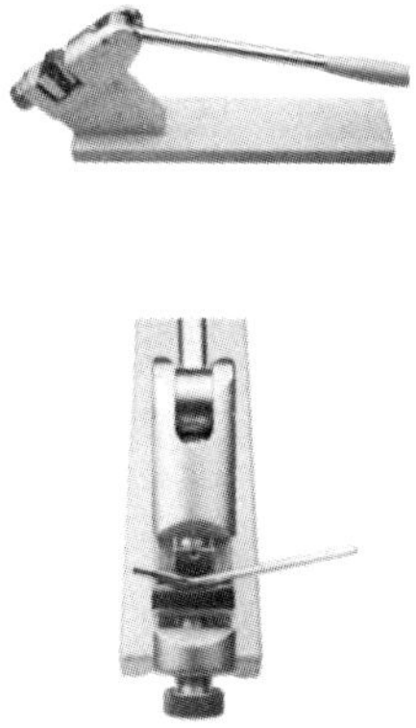

图 7-1-77　台式骨板折弯器

(65)如图 7-1-78 所示，螺钉取出环锯用于取出断钉。

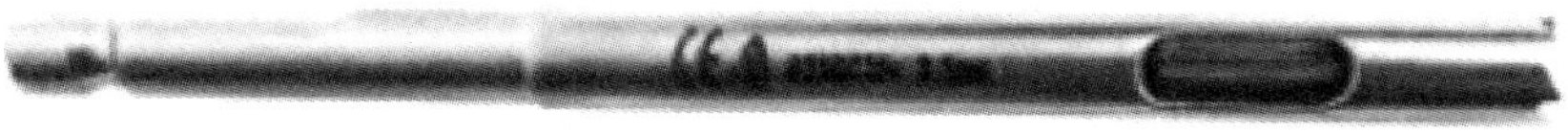

图 7-1-78　螺钉取出环锯

以上就是临床常见的骨科器械，各位同学应当熟悉以上手术器械的性能和使用方法。在熟练掌握普通外科技术的基础上，对以上器械活学活用，经过一段时间便可获得良好的外科素养。

此外，骨科临床技术还对骨科耗材有很高的要求，尤其是骨板、克氏针等，一般根据不同的骨折部位及动物大小来选用。选择骨科耗材时，应当综合考虑动物骨折的特殊性和耗材的坚固程度，要以内固定内置物的稳定因素为第一考虑因素。

展示与评价

一、任务分配单

骨科器械的识别任务分配表

任务名称					
班级		组号		指导教师	
组长		实训时间		实训地点	

续表

<table>
<tr><td rowspan="4">组员</td><td>姓名</td><td>学号</td><td>姓名</td><td>学号</td></tr>
<tr><td></td><td></td><td></td><td></td></tr>
<tr><td></td><td></td><td></td><td></td></tr>
<tr><td></td><td></td><td></td><td></td></tr>
<tr><td>任务分工</td><td colspan="4"></td></tr>
<tr><td>实训材料准备</td><td colspan="4"></td></tr>
</table>

二、任务问题引导单

骨科器械的识别任务问题引导表

任务名称	
引导问题 1	常见骨科器械的种类有哪些?
答案	
引导问题 2	常见各类骨模型有哪些?
答案	
引导问题 3	常见各类骨针包括哪些?
答案	
引导问题 4	常见骨科器械的注意事项有哪些?
答案	

三、任务工作单

骨科器械的识别任务工作表

任务名称	
操作过程描述	

Note

续表

操作照片	操作过程或项目成果照片粘贴处
任务反思	

四、任务评价单

骨科器械的识别任务评价表

<table>
<tr><td>任务名称</td><td colspan="4"></td></tr>
<tr><td rowspan="6">任务评价</td><td>小组评语</td><td>小组评价</td><td>评价日期</td><td>组长签名</td></tr>
<tr><td></td><td></td><td></td><td></td></tr>
<tr><td>组间互评评语</td><td>组间互评评价</td><td>评价日期</td><td>组长签名</td></tr>
<tr><td></td><td></td><td></td><td></td></tr>
<tr><td>指导教师评语</td><td>指导教师评价</td><td>评价日期</td><td>指导教师签名</td></tr>
<tr><td></td><td></td><td></td><td></td></tr>
</table>

<table>
<tr><td rowspan="2">考核标准</td><td>优秀标准</td><td>合格标准</td><td>不合格标准</td></tr>
<tr><td>操作规范,安全有序
步骤正确,按时完成
全员参与,分工合理
结果准确,分析有理
保护环境,爱护设施</td><td>基本规范
基本正确
部分参与
分析不全
混乱无序</td><td>存在安全隐患
无计划,无步骤
个别人或少数人参与
不能完成,没有结果
环境脏乱,桌面未收</td></tr>
<tr><td>小组思政评价</td><td colspan="3"></td></tr>
<tr><td>教师思政评价</td><td colspan="3"></td></tr>
</table>

五、任务总评单

骨科器械的识别任务总评表

<table>
<tr><td colspan="4">任务名称： 班级： 姓名： 学号：</td></tr>
<tr><td>评价方式</td><td>分评得分</td><td>所占比例</td><td>终评得分</td></tr>
<tr><td>学生自评</td><td></td><td>40%</td><td></td></tr>
<tr><td>学生互评</td><td></td><td>20%</td><td></td></tr>
<tr><td>教师评价</td><td></td><td>40%</td><td></td></tr>
<tr><td colspan="3">合计</td><td></td></tr>
</table>

Note

任务二　骨裂的诊断与治疗

案例导入

柯基犬，母，体重 9 kg，8 岁。下雪天奔跑时突然摔倒，随后右后肢不敢着地，三肢跳跃行走，DR 检查显示该犬右后肢股骨远端骨裂，拟实施手术治疗。通过本案例的学习，详细了解动物股骨解剖结构，同时学会术前检查、麻醉、股骨骨裂的诊断与治疗、骨科手术器械的使用等技能。

学习目标

掌握骨裂的基本原理和骨裂的处理方案；熟悉宠物常见骨裂的诊断方法、治疗原则及术后护理；配合影像学、血液学等相关技术对骨裂进行评估；在教师的指导下练习使用与骨科手术相关的常见骨科手术器械。牢固树立敬畏生命、救死扶伤的世界观，尽快掌握知识和技能，不断为社会生产提供服务；树立良好的价值观，端正学习态度。

一、概念

骨裂，又称裂纹骨折，属骨折类型中的一种。在临床上，无明显移位的裂纹骨折最常见，一般由直接的打击伤、轻微的撞击跌倒等导致。

二、骨裂的病因

1. 直接暴力　直接暴力作用于骨骼某一部位而致该部位骨折，常伴有不同程度软组织破坏。

2. 间接暴力　间接暴力作用时通过纵向传导、杠杆作用或扭转作用使远处发生骨折，如从高处跌下脚部着地时，躯干因重力关系急剧向前屈曲，胸腰脊柱交界处椎体受力的作用而发生压缩性骨折（传导作用）。

3. 积累性劳损　长期、反复、轻微的直接或间接损伤可致使肢体某一特定部位骨折。

三、骨裂的症状

（一）全身表现

首先会出现发热的症状。当骨裂比较严重，出现大量出血或者是血肿被吸收了之后，患畜的体温升高得比较多，但是一般患畜的体温不会超过 40 ℃。

（二）局部表现

骨裂局部出现严重的疼痛感和肿胀感。当骨裂形成时，患畜的骨髓、骨膜等周围的血管组织会出现破裂出血的现象，并且软组织受伤导致水肿，使患畜出现行动困难。若处理不及时，会导致张力性水疱和皮下淤斑的出现，表面可能会呈紫色或者是青色和黄色，这都是由于血红蛋白的分解导致的。

四、骨裂的诊断

普通 X 线片常会漏诊，在没有明显移位时常看不见裂纹，需要 CT 和核磁共振（MRI）来进一步确诊，MRI 可根据组织在磁场中的信号强度变化来显示包括骨水肿在内的病变。

知识点：
小夹板治疗

五、骨裂的治疗

对于无明显移位的骨裂可用石膏或小夹板简单固定，伤处可快速愈合，愈合后通常没有后遗症。但如果裂纹骨折移位，则需要手术治疗。

Note

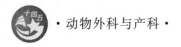

当患畜的局部疼痛不断加剧时，患畜的肢体活动严重受限，这属于完全性骨折，病情比较严重，很有可能导致患畜丧失活动的功能，对于这样的症状，一定不能忽视。

一般老年宠物出现骨裂的概率比较高，这与身体内的钙物质流失和一些意外的发生有着密切联系。对于患畜的护理工作也要重视起来，在饮食的时候尽量多吃一些含钙比较丰富的食物，多晒阳光，避免由于缺钙影响到疾病的恢复。

视频：小夹板治疗

展示与评价

一、任务分配单

骨裂的诊断与治疗任务分配表

<table>
<tr><td>任务名称</td><td colspan="4"></td></tr>
<tr><td>班级</td><td></td><td>组号</td><td></td><td>指导教师</td><td></td></tr>
<tr><td>组长</td><td></td><td>实训时间</td><td></td><td>实训地点</td><td></td></tr>
<tr><td rowspan="4">组员</td><td>姓名</td><td>学号</td><td>姓名</td><td>学号</td></tr>
<tr><td></td><td></td><td></td><td></td></tr>
<tr><td></td><td></td><td></td><td></td></tr>
<tr><td></td><td></td><td></td><td></td></tr>
<tr><td>任务分工</td><td colspan="4"></td></tr>
<tr><td>实训材料准备</td><td colspan="4"></td></tr>
</table>

二、任务问题引导单

骨裂的诊断与治疗任务问题引导表

任务名称	
引导问题 1	常见宠物临床骨裂的种类有哪些？
答案	
引导问题 2	常见宠物临床骨裂的处理方式都有哪些？
答案	

Note

续表

引导问题 3	针对常见宠物临床骨裂手术所需要的骨科器械包括哪些?
答案	
引导问题 4	常见宠物临床骨裂手术技术要点有哪些?
答案	

三、任务工作单

骨裂的诊断与治疗任务工作表

任务名称	
操作过程描述	
操作照片	操作过程或项目成果照片粘贴处
任务反思	

四、任务评价单

骨裂的诊断与治疗任务评价表

任务名称				
任务评价	小组评语	小组评价	评价日期	组长签名
	组间互评评语	组间互评评价	评价日期	组长签名
	指导教师评语	指导教师评价	评价日期	指导教师签名

续表

	优秀标准	合格标准	不合格标准
考核标准	操作规范,安全有序 步骤正确,按时完成 全员参与,分工合理 结果准确,分析有理 保护环境,爱护设施	基本规范 基本正确 部分参与 分析不全 混乱无序	存在安全隐患 无计划,无步骤 个别人或少数人参与 不能完成,没有结果 环境脏乱,桌面未收
小组思政评价			
教师思政评价			

五、任务总评单

骨裂的诊断与治疗任务总评表

任务名称:	班级:	姓名:	学号:
评价方式	分评得分	所占比例	终评得分
学生自评		40%	
学生互评		20%	
教师评价		40%	
合计			

任务三　头部骨折的诊断与治疗

案例导入

中华田园犬,母,体重 8 kg,4 岁。被其他犬撕咬后下颌骨合不上,不能吞咽,DR 检查显示该犬下颌骨骨折,拟实施手术治疗。通过本案例的学习,详细了解动物头部解剖结构,同时学会术前检查、麻醉、头部骨折的诊断与治疗、骨科手术器械的使用等技能。

学习目标

掌握头部骨折的诊断方法、治疗原则及术后护理;配合影像学、血液学等相关技术对头部骨折进行评估,在教师的指导下练习使用与头部骨折相关的常见骨科手术器械。牢固树立救死扶伤的世界观,敬畏生命,作为新时代大学生,要不断学习进步,掌握技能,提高自己,尽可能地救助生命,不断为社会生产提供服务,树立良好的价值观,端正学习态度。

任务资讯

在小动物临床工作中头部各部位骨折往往多见于犬，猫偶见。其中上颌骨骨折和下颌骨骨折(图 7-3-1)较为多见。外力冲击，以及人为因素等多方面共同影响造成的骨折，一般都会对动物的颅脑造成不同程度的损伤，因此在治疗头部骨折时应当尽可能先考虑动物的整体生命体征，同时综合考虑麻醉风险，选择最佳的手术时机。

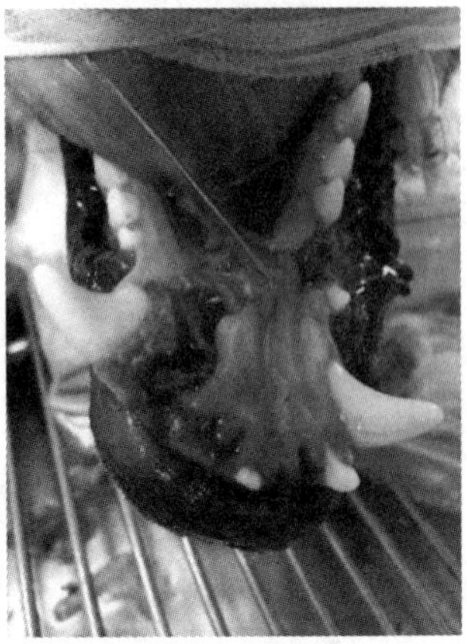

图 7-3-1　下颌骨骨折

兽医外科学中上颌骨骨折与下颌骨骨折是指由多种外力、外伤、严重的牙周炎(齿根脓肿)或者头部肿瘤等引起的骨折。其中牙周炎是齿龈炎症蔓延到牙周组织的结果，也是本病的诱因之一。在检查头部骨折的同时，应当同时检查动物有无牙科疾病，尤其是患有牙结石的老龄犬猫以及有坠楼或外伤史的动物。

一、发病特征

宠物临床常见的外伤性头部骨折可以发生于任何年龄的犬猫，但以犬的发病率较高，多由发情季节动物之间撕咬打斗及不可预知的外力导致。未进行阶段性常规牙科预防和进食柔软食物(常年不吃狗粮或主人自制软狗粮)的老年、小品种及观赏性犬(如京巴犬、蝴蝶犬等)也会经常发生病理性的上颌骨骨折。

二、病史调查

对于动物主人的描述信息的采集和问诊尤其重要，一般宠物的头部外伤性骨折案例通常都有外伤的病史(如车祸、人为击打等)。有些猫在坠楼或外伤后，会发生进食及上呼吸道异常，猫下颌骨并发性骨折和上腭板骨折很有可能是高空坠落引起的，因此在小动物临床对于坠楼的猫，应当仔细检查口腔尤其是上颌。对于老龄犬，牙齿的脱落可能与有严重牙周炎和病理性骨折有关。

三、X 线检查

知识点：骨科的 X 线诊断

知识点：CT 和 MRI 诊断技术

视频：CT 与 MRI 诊断技术

目前我国大多数的宠物医院都具备 DR(数字化 X 线摄影)检查的条件，但是头骨的摆位需要有一定的技术。对下颌骨和上颌骨进行 DR 检查时，可以对动物进行麻醉或深度镇静，但是需要和动物主人就麻醉风险方面进行充分的沟通。在影像学方面，对犬猫颅骨的 X 线检查通常要求至少 5 个部位：背腹位、侧位、左斜位、右斜位及口内位。由于在 X 线片上，颅骨存在多重覆盖结构，X 线检查很难确诊，所以有必要辅助正常的颅骨结构作对照。注意观察颅骨两侧的对称性。CT 有助于鉴别下颌骨骨体后部垂直枝及下颌骨骨节的骨折，这些用 X 线检查鉴别可能比较困难(图 7-3-2)。在某些宠物医院已经具备了核磁技术，这在很大程度上提高了对颅脑疾病诊断的准确性。

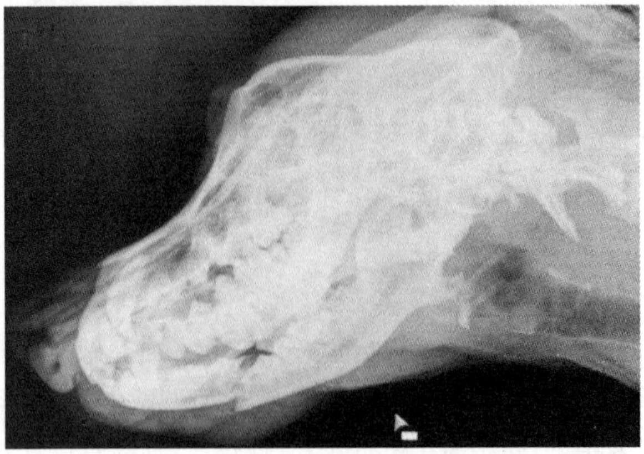

图 7-3-2　X 线下下颌骨骨折图片

Note

四、药物治疗和保守治疗

一般建议内固定治疗，在某些情况下，如果骨折碎片出现微小的错位，牙齿充分闭合，综合 X 线显示的骨折评价良好及病情处于早期阶段等，可以考虑使用一个用带子做的外固定器来固定下颌骨。

五、手术通路

手术通路可以分为头骨尾侧面手术入路、头骨背外侧面手术入路、颞下颌关节手术入路、下颌支手术入路、下颌骨尾段及下颌支手术入路与下颌骨吻端手术入路。

六、手术治疗

在进行外科手术前应当进行充分的准备，对于颅骨骨折，首先应当依据骨折评价分值和骨折部位，选择最佳的上颌骨和下颌骨骨折治疗方法。对于某些骨折的特殊情况，保守治疗或者药物治疗可能是最佳方法。临床用于下颌骨骨折的固定系统包括矫形钢丝（如基尔希讷（氏）钢丝、接骨板、螺钉及外固定器。某些犬猫体征良好，对于没有错位的上颌骨骨折，只需要进行保守治疗。但是，对于部分上颌骨骨折或骨折评价分值低的骨折需要进行复位和固定。正常部位发生改变的上颌骨或下颌骨骨折需要进行复位和固定（图 7-3-3）。因鼻发生错位或不稳定引起的上颌骨骨折也需要复位和固定。固定碎片的钢丝通常也可用于固定上颌骨骨折，如将钢丝并成几股用于上颌骨固定术中。颌鼻甲骨小型板也可用于上颌骨骨折内固定。

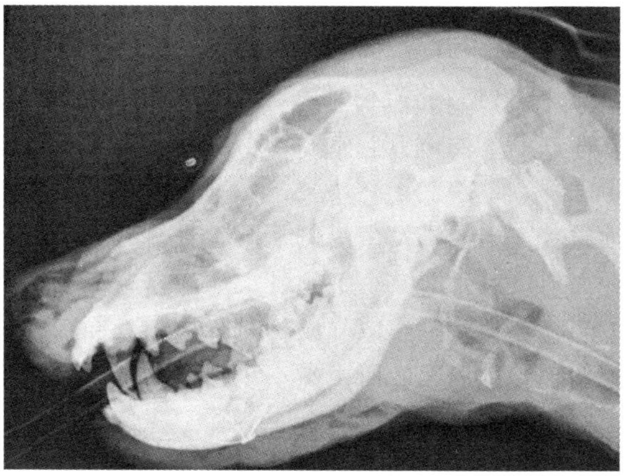

图 7-3-3 X 线下颌骨骨折内固定图

（一）各类器械的应用

1. 术中接骨板和骨螺钉的应用 目前小动物临床的骨板及骨科耗材已经相当丰富。骨科接骨板用于固定简单或粉碎性下颌骨骨折。接骨板必须放置在下颌骨的腹外侧。接骨板的塑性很重要，应正确地选择骨板的形状，因为用接骨板整复下颌后是用骨螺钉收紧的，若整复不齐，会出现错位咬合。在固定骨螺钉时要避开牙根面，小型接骨板有利于上颌骨和下颌骨骨折的整复和骨螺钉的放置。

2. 外用骨骼固定器的应用（外固定支架） 外固定支架用于上颌骨骨折时，骨骼应有充足的操作空间来安置固定针以固定骨体。固定针经皮通过上颌骨骨体植入，操作时应当尽量避开牙根。Ⅰ型固定器用在上颌骨腹外侧的表面，在骨折线的两侧至少插入 2 根针。正侧面的针用于增加固定器的力度。对于上颌骨骨体两侧的骨折，可以使用两侧或单侧有固定针的Ⅱ型固定器。

知识点：外固定支架

视频：外固定支架技术

3. 固定牙齿钢丝的应用 在骨折时对牙齿的固定也有重要的意义。在邻近骨折线的牙齿周围使用固定牙齿的钢丝，钢丝不应该过粗，钢丝要安全确实地固定在齿颈周围的骨头上，防止发生滑脱或断裂。使钢丝穿过牙齿间钻透骨表层质的引导孔，缠绕在牙齿上并收紧。钢丝头应弯曲到黏膜层，加以固定。

4. 固定碎片钢丝的应用 一般宠物临床固定相对单纯的上颌骨和下颌骨骨折，使用钢丝还是比较理想的。适当地应用大规格的钢丝（0.5 以上规格），可为骨折提供足够的支持力。但是钢丝不容

Note

易定位和收紧，同时也没有良好的加压能力，可考虑之后应用引导线进行处理。所以骨科医生应当尽量在允许范围内应用最大规格的钢丝。在离骨折线 5～10 mm 的骨表面上钻洞。这些钻孔可使被收紧的钢丝垂直于骨折线。沿骨折线方向钻孔可使骨头与其形成钝角的边侧钢丝容易被收紧。这个位置又容许钢丝滑到浅的位置，便于增加收紧力度，在钢丝弯曲的任意段都可以收紧钢丝。通常用一个螺旋结或紧张环来收紧钢丝。2 根钢丝要以同等力度收紧。在拧紧钢丝时，可用引高器或大号组织钳平衡矫形钢丝和消除松弛。当收紧后，切断钢丝，弯曲钢丝头，并将其扭向骨表面。

在临床实践中，最理想的是钢丝被固定于口腔边缘，用以平衡对骨折处产生的压力。因为这些边缘也有牙齿存在，所以在牙齿或牙根间钻孔时应仔细定位。当使用多根钢丝时，要把所有的孔都钻好，把所有的钢丝都穿好后再收紧。先收紧骨体后部的钢丝，这样有利于骨体的愈合。

（二）麻醉

知识点：骨科手术的麻醉选择

对大多数患病动物的下颌骨皮质进行重建或重新排列时必须进行全身麻醉，可防止牙齿紧闭。简单的下颌骨骨折可以通过皮质骨作为向导进行间接麻醉，如果骨折复杂或皮质骨丢失，牙齿可用于引导下颌骨的重排。因为下颌骨和上颌骨的牙齿紧密地交错在一起，精确地重排上弓和下弓是必要的。本手术呼吸麻醉是首选的麻醉方式。手术期间要求口腔完全闭合，便于确定牙齿充分咬合。术后尽快取出气管插管，进行咬合矫正。

（三）术式

上颌骨骨折的动物腹卧保定，下颌骨骨折的仰卧保定。如果需要自体松质骨移植，动物需要仰卧保定并系紧前肢，首先要获得移植物，并避免细菌污染供体区。在肱部近端的皮肤处进行无菌手术准备。这个部位是进入肱部近端干骺端和口腔的共同入口，是进行骨头移植的难得术部，所以在手术前术者一定要仔细确定手部。

1. 下颌骨骨折的开放性整复 当犬猫发生双侧下颌骨骨折时，在下颌骨之间的皮肤上做一个腹正中线切口。向两边充分分离切口以暴露 2 个下颌骨。如果是单侧下颌骨骨折，直接在该侧下颌骨上做腹正中线切口。提起下颌骨旁的软组织以暴露骨折部。整复和固定骨折。如果有骨折碎片，首先固定后段的骨折。因为下颌骨骨体周围的肌肉组织少，整复一般比较容易完成。下颌骨皮质内的开放性整复需要重新排列牙齿。

在术前应对犬猫口腔中的开放性伤口进行评估。如果有大的伤口，缝合部分黏膜以减小伤口。不要完全闭合受污染的伤口，术后要进行引流。如果出现或疑似有感染，应安置引流管。用适合的缝线缝合外科切口。

2. 垂直支和颞下颌关节骨折的开放性整复 在下颌骨骨体尾部的腹外侧缘做一皮肤切口，分离颈阔肌以暴露二腹肌。提起咬肌，暴露表面的、有角的和喙状的下颌骨侧部通道。整复骨折并固定。修复口腔内大的、开放的伤口。用合适的缝线缝合外科切口。

3. 上颌骨骨折的开放性整复 在骨折处做一皮肤切口，轻轻地提起骨头上的软组织。整复并固定骨折。修复大的、开放的口腔内的伤口。

4. 固定下颌骨联合处骨折 联合处骨折最好用环扎术钢丝进行内固定。单股钢丝用于处理联合处骨折是比较经典的方案。联合处的环扎术钢丝从下颌骨尾部传入，环绕在犬齿上。当骨折愈合后（一般 6～8 周），可以取走钢丝，把钢丝暴露在外面的部分用金属钳钳断。

在下颌骨联合的腹面的皮肤上做一小切口，通过该切口，沿一侧的下颌骨表面（皮下组织下方）插入皮下注射针。在犬齿尾部使针进入口腔，并将钢丝穿入皮下。在下颌骨的另一侧重新插针，把钢丝弯向犬牙的后方，再从皮下注射针处重新插入。沿着最初插入点的皮肤切口退针。骨折整复后即可收紧钢丝。钢丝末端通过皮肤切口外露，应防止弯曲钢丝的末端伤到主人和医务人员。

（1）下颌骨横向骨折的固定。横向骨折应该重新排列并整平。在垂直于骨折线的方向上，使用 1～2 根固定碎片的钢丝整平骨折。如果患病动物骨折需要更结实的固定，那么就要选用外用固定器或加压接骨板。

Note

(2)斜向骨折线的固定。斜向骨折时应对钢丝收紧时的样子加以选择。用 2 根钢丝分别以一定的角度固定后段到前段的斜向骨折。在一个钻孔中可以安置多根钢丝。在 2 个垂直面上放置相互垂直的 2 根钢丝来固定背侧和腹侧的斜向骨折。在这两种情况下,当钢丝被收紧时,第 2 根钢丝可以预防骨折的松动。

(3)粉碎性骨折的固定。对于有较长骨折线的犬猫和在解剖学上可以重建的粉碎性骨折,首选钢丝进行固定。齿桥的粉碎性骨折不能用接骨板和外用固定器固定。一定要注意确定牙齿是否吻合。

展示与评价

一、任务分配单

头部骨折的诊断与治疗任务分配表

<table>
<tr><td>任务名称</td><td colspan="6"></td></tr>
<tr><td>班级</td><td></td><td>组号</td><td></td><td>指导教师</td><td colspan="2"></td></tr>
<tr><td>组长</td><td></td><td>实训时间</td><td></td><td>实训地点</td><td colspan="2"></td></tr>
<tr><td>组员</td><td colspan="6"><table>
<tr><td>姓名</td><td>学号</td><td>姓名</td><td>学号</td></tr>
<tr><td></td><td></td><td></td><td></td></tr>
<tr><td></td><td></td><td></td><td></td></tr>
<tr><td></td><td></td><td></td><td></td></tr>
</table></td></tr>
<tr><td>任务分工</td><td colspan="6"></td></tr>
<tr><td>实训材料准备</td><td colspan="6"></td></tr>
</table>

二、任务问题引导单

头部骨折的诊断与治疗任务问题引导表

任务名称	
引导问题 1	宠物头部骨折的常见种类有哪些?
答案	
引导问题 2	头部骨折的症状是什么?
答案	

续表

引导问题3	头部骨折的处理方式有哪些？
答案	
引导问题4	上颌骨骨折的术式是什么？
答案	

三、任务工作单

头部骨折的诊断与治疗任务工作表

任务名称	
操作过程描述	
操作过程描述	操作过程或项目成果照片粘贴处
任务反思	

四、任务评价单

头部骨折的诊断与治疗任务评价表

<table>
<tr><td>任务名称</td><td colspan="4"></td></tr>
<tr><td rowspan="6">任务评价</td><td>小组评语</td><td>小组评价</td><td>评价日期</td><td>组长签名</td></tr>
<tr><td></td><td></td><td></td><td></td></tr>
<tr><td>组间互评评语</td><td>组间互评评价</td><td>评价日期</td><td>组长签名</td></tr>
<tr><td></td><td></td><td></td><td></td></tr>
<tr><td>指导教师评语</td><td>指导教师评价</td><td>评价日期</td><td>指导教师签名</td></tr>
<tr><td></td><td></td><td></td><td></td></tr>
<tr><td rowspan="2">考核标准</td><td>优秀标准</td><td>合格标准</td><td colspan="2">不合格标准</td></tr>
<tr><td>操作规范，安全有序
步骤正确，按时完成
全员参与，分工合理
结果准确，分析有理
保护环境，爱护设施</td><td>基本规范
基本正确
部分参与
分析不全
混乱无序</td><td colspan="2">存在安全隐患
无计划，无步骤
个别人或少数人参与
不能完成，没有结果
环境脏乱，桌面未收</td></tr>
</table>

Note

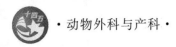

续表

小组思政 评价	
教师思政 评价	

五、任务总评单

头部骨折的诊断与治疗任务总评表

任务名称：	班级：	姓名：	学号：
评价方式	分评得分	所占比例	终评得分
学生自评		40%	
学生互评		20%	
教师评价		40%	
合计			

任务四 脊柱骨折的诊断与治疗

案例导入

腊肠犬，母，体重 11 kg，3 岁。从二楼窗户掉到一楼，呼吸困难，四肢不能站立、无法行走，排粪排尿困难，DR 检查显示该犬第 4～5 脊椎骨折，拟实施手术治疗。通过本案例的学习，详细了解动物脊柱部位解剖结构，同时学会术前检查、麻醉、脊柱骨折的诊断与治疗、骨科手术器械的使用等技能。

学习目标

掌握脊柱骨折的诊断方法、治疗原则及术后护理；配合影像学、血液学等相关技术对脊柱骨折进行评估，在教师的指导下练习使用与脊柱骨折相关的常见骨科手术器械。牢固树立救死扶伤的世界观，敬畏生命，作为新时代大学生，要不断学习进步，掌握技能，提高自己，尽可能地救助生命，不断为社会生产提供服务，树立良好的价值观，端正学习态度。

一、颈椎骨折或脱位

颈椎椎骨和支撑性软组织结构的外伤性或病理性破裂导致椎骨骨折或脱位，随后压迫脊髓和神经根。

颈椎骨折动物通常有外伤史。脊髓挫伤或压迫的数量不同，表现也不同。主要表现有疼痛、颈部僵硬、自卫姿势和(或)不同程度的四肢轻瘫。有时在表现初期临床症状时，患病动物可能没有显著的神经系统功能性缺损症状，损伤数天后才可能表现出来。只有仔细进行体格和神经系统检查，才能检查到微小的异常。

Note

1. X 线检查　探查性 X 线检查和 X 线造影术有助于脊椎骨折或脱位的精确诊断。对有意识的或麻醉的动物均可做探查性 X 线检查。对于有意识的动物，在保定过程中，要会预防骨折或者脱位；不合作的动物，在其 X 线片中看不到细微的异常。对有意识的动物应先进行探查性 X 线检查，以评价其脊髓的损伤。如果需要进行手术，则需进行麻醉。麻醉的优点在于，拍片时可采取很好的体位，拍到质量优良的片子。缺点在于，固有支持的丧失与在运送和保定过程中脊椎的不稳定性增加。

颈椎骨折或脱位动物典型的 X 线检查可发现包括骨结构（即棘突、椎板、椎弓根、椎体）的不连续性、椎间隙和（或）关节面排列错乱、受损椎骨的椎体和（或）棘突出现骨折线、椎管连续性的丧失或排列错乱或任何这些情况的联合发生。对于颈椎的 X 线检查结果可能较难分析，除了标准的侧位片和腹背位片，通常还需要斜位片。C_3、C_4 或 C_5 骨折的动物有 85%都有第二处骨折。

根据 X 线检查结果和导致损伤的力可将骨折分为稳定型和不稳定型。椎板和（或）椎弓根骨折、背侧棘突骨折、关节面骨折和棘突上或棘突间韧带（背侧层）破裂一般认为属于不稳定型；腹侧纵韧带破裂和腹侧椎体（腹侧层）的撕脱骨折一般认为属于稳定型；背侧和腹侧层的复合损伤一般认为属于不稳定型。

知识点：骨科围术期镇痛

视频：骨科围术期镇痛

2. 药物治疗　稳定动物的病情是首要问题。对有严重外伤的动物应先治疗其休克。颈部应用颈支具加以稳定。用镇痛药控制疼痛。建议将动物限制于笼中。在稳定动物病情后，通过体格和神经系统检查确定骨折或脱位的部位。在患病动物有意识时做颈椎的 X 线检查，以做出初步评价。根据最初的神经状态、脊柱稳定性的 X 线检查评价和系列的神经系统检查决定采取保守治疗或手术处理。

患病动物的稳定型骨折，通常可通过保守治疗成功恢复有力的自主运动，包括严格的笼养、颈支具和抗炎药的使用。每天进行两次神经系统检查，确定治疗的效果。如果动物不能保持安静并导致骨折或脱位处进一步的错位，或保持异常的安静，或神经状态恶化，应考虑手术治疗。如果骨折或脱位表现不稳定，存在走动无力，或四肢轻瘫、不能走动，或保守治疗不成功时，也应考虑手术治疗。

3. 手术治疗　外伤性或病理性颈椎骨折或脱位动物施行手术的目的是对脊髓和神经根进行减压以及固定椎骨。对于病理性骨折动物，在进行外科手术修复骨折或脱位之前，应先治疗其原发病。控制原发病病因后，再针对外伤性骨折或脱位进行治疗。

当选择固定技术时应考虑诸多因素：骨折或脱位位点、特殊解剖结构、椎管中是否存在压迫性损伤（如骨碎片、椎间盘物质）、年龄、体型、可利用的仪器和医师的经验。如果确诊了椎管中的压迫性损伤，就要考虑在损伤部位行切除术。腹侧损伤通常采取腹侧槽技术切除，背侧和背外侧损伤分别通过背侧椎板和背外侧半椎板切除术解决。患病动物的体型大小影响用于稳定骨折或脱位的移植物的大小和类型：体型越大的动物，移植物越大。患病动物的年龄影响手术技术的选择。年幼动物通常骨较软，骨松质多，而年老动物骨骼较硬，骨密质多。根据颈椎不同区域的附着力选择移植物。一些同样成功的骨折或脱位稳定技术也可选择，但也依靠特殊器械的应用或医师的经验。

注意：利于骨折或脱位的复位及保持复位状态的技术有两种：①在骨折或脱位前面和后面的椎骨椎体腹侧钻孔，ASIF 复位钳放在孔中夹住；②在邻近椎间盘开窗或钻孔进入相邻的椎体，以插入椎骨扩张器，轻轻分开受损的椎体。

对于 C_1～C_7 椎体骨折或脱位、创伤性颈间盘突出和寰枢椎不稳定一般采取腹侧径路。其方法按腹侧槽所述进行。手术中会用到 ASIF 复位钳维持颈椎骨折或脱位的复位状态。用施氏针和异丁烯酸甲酯（骨水泥）可使某些案例的颈椎骨折或脱位成功复位。在 C_1～C_7 椎体半脱位或椎体骨折可用这项技术进行充分固定。在充分暴露骨折或脱位点前面和后面 1～2 个椎体后，进行施氏针和骨水泥的安装。

对于椎骨脱位动物，建议采取腹侧槽技术并用自体骨松质填塞促进椎体间融合。腹侧椎体间螺钉固定技术不适用于固定椎体骨折或脱位，因为移植失败和椎体骨折的发病率高。

对于 C_1 椎板和 C_2 的椎板、背侧棘突、椎弓根骨折可采取背侧径路进入，并用矫形钢丝、单丝线或不易吸收缝线、骨水泥将错位的骨碎片连接起来。如果碎骨在椎管中对脊髓造成压迫，则用半椎板切除

Note

术减压。因为椎板或半椎板切除术会使脊椎的不稳定程度加剧，所以这些操作不常用。

4. 手术技术

(1)骨针和骨水泥固定术。该技术的局限性在于：颈椎前段的椎体相对狭窄，所以能安装的骨针数量有限。对于 C_2 椎体骨折的动物，安装时，两根骨针向前，分别从两侧穿过寰枢关节，两根骨针向后插入 C_2 椎体的后面，对 C_2 中段骨折的固定效果比较好。但如果 C_2 椎体后端骨折，则后面的两根骨针应插入 C_3 椎体中。

在骨折或脱位复位后，在骨折或脱位点之前和之后椎体的腹侧表面安插两根大小合适的施氏针，与中线成 20°～25°角入针。推动每根针穿过内、外皮层。切断骨针，留 3～4 cm 突出椎体即可。用骨针切割器在暴露的部分作切迹，并用骨水泥完全覆盖每根骨针。用冷的生理盐水分散聚合作用的热量。缝合骨水泥前面和后面的颈长肌。常规缝合胸骨舌骨肌、皮下组织和皮肤。

(2)腹侧交叉骨针固定术。对于 C_1～C_2 脱位或半脱位的患病动物安装横跨腹侧的交叉骨针或螺钉固定。对于 C_2～C_7 骨折或脱位可以用腹侧脊椎接骨板固定。如腹侧槽所述方法暴露骨折或脱位处，骨折或脱位点前面和后面的椎体也要暴露。螺钉不可能确实地穿过内外皮层，除非以一个角度安插。从肱骨头收集自体骨松质放置于骨折缺损处。缝合接骨板和移植物上的颈长肌。常规缝合皮下组织和皮肤。

(3)关节面螺钉固定术。骨折或脱位很少发生于 C_3～C_7。这个区域的背侧棘突小，所以排除了背侧棘突接骨板的使用。C_3～C_7 固定仅有的背侧技术是安插关节面螺钉。

识别骨折或脱位椎骨的关节面。用骨刮匙或高速气钻切除每边的关节面。用巾钳夹持骨折或脱位处前面和后面的背侧棘突，以复位骨折或脱位。在每个关节面钻大小合适的孔。然后将螺钉安装在孔中，把关节面连接起来。从暴露椎骨的背侧棘突收集骨松质。将移植物放置在已固定的关节面周围。常规缝合轴上肌、皮下组织和皮肤。

二、胸腰段脊椎骨折或脱位

胸段或腰段脊椎骨折或脱位是骨和支持性软组织由于外伤或病理性破裂而引起，并导致脊髓和神经根受压。

腰椎骨折常由车祸引起。由于脊髓和神经根受到不同程度的压迫，所以出现不同程度的背部疼痛和后肢轻瘫。有时，动物会出现轻微的神经功能性缺损，必须仔细地进行体格和神经系统检查才能发现异常。

知识点：肢体肌力与神经功能的检查

1. X 线检查和超声波检查 对于诊断胸段和腰段的脊柱损伤，X 线检查有一定的局限性。在拍 X 线片时，可以进行探查性 X 线检查，确定骨折或脱位的位置和脊椎移位的严重程度。但 X 线片不能展示损伤时移位的最大程度，因为半脱位、脱位和骨折通常在拍片前自发性复位。因此，脊髓损伤的程度可能与 X 线检查出的损伤不同。当脊椎移位很严重，从侧位和腹背位投影看，椎管直径减少了 80％时，X 线检查有助于确定预后，这些患病动物通常具有不可逆的脊髓和神经根压迫。

视频：肢体肌力与神经功能的检查

2. 手术治疗 合适的药物治疗失败或出现严重的神经功能性缺损的患病动物可以使用手术治疗。手术治疗的目的包括脊髓和神经根的减压及脊椎骨折或脱位的稳定。骨折或脱位的复位通常可以达到减压效果。很少需要进行椎板切除术和团块(如椎间盘物质、骨碎片)切除。通过多种手术均能达到稳定效果，单一的技术及其各种变化形式在临床上或生物物理上已被证明能充分固定脊椎，包括应用施氏针和骨水泥、椎体接骨板、背侧棘突矫形板、改良型脊柱分节固定或以上技术的联合。根据骨折的位置、大小、患病动物的情况、可利用的器械和术者的经验选择手术方法。

3. 手术技术

(1)骨针和骨水泥固定法。本技术为脊柱固定提供了一个有效的方法。它适用于脊柱的任何部位(如胸廓、胸腰段、腰段、腰荐段)的骨折或脱位、任何年龄或大小的动物，并且用到的特殊器械很少。掌握完整的脊椎解剖学知识和不断参考合适的解剖样本是十分必要的。体重小于 15 kg 的犬，靠近终板处骨折或脱位固定时可用一袋 20 g 的骨水泥。体重超过 15 kg，要求使用两袋 20 g 骨水泥。通常,当骨折线跨过椎体或使用椎板切除术时,要求使用两包或三包 20 g 的骨水泥。因为施氏针的位置十分关键,并且椎骨解剖标志的变化比较大,所以手术时应该适当参考骨架结构。

按改良背侧椎板切除术径路进入脊柱。用巾钳夹住骨折或脱位处前后椎骨的背侧棘突,从椎板和椎弓根上剥离轴上肌时应使用牵引和对抗牵引。这有助于避免分离时骨折或脱位处移位。

从腹侧继续分离,如果患病部位在胸椎,则分离到横突肋凹的水平部位;如果患病部位在腰椎,则分离到横突的基部。如果使用椎板切除术或半椎板切除术,在背侧棘突使用持骨钳或巾钳固定,以复位椎骨骨折或脱位。两个助手轻轻牵引头和尾巴协助复位。用巾钳牵引,保持骨折或脱位的复位状态,或不使用背侧椎板切除术,用环扎钢丝贯穿每一个关节面。用电钻或气钻在骨折或脱位处每侧的椎体钻孔,将施氏针插进椎体。在胸处,将施氏针插进椎弓根,然后进入椎体,应用肋骨的突起和副突基部作为解剖标志。施氏针的前腹侧走向为从椎体的外侧进入中部并到达骨折或脱位部位前面;后腹侧走向为从椎体的外侧到中部并到达骨折或脱位部位后面。使每根施氏针从椎体腹侧穿出 2～3 mm。在背侧棘突水平线以下 3～4 mm 处切断施氏针。用骨针切割器在每根针的背侧作切迹。如果使用椎板切除术,则用自体脂肪移植物覆盖切除部位。把液体和骨水泥混匀,当不黏术者手套后,将其敷在施氏针周围,确保包裹住施氏针的每一面并覆盖背侧面。如果施行了背侧椎板切除术或半椎板切除术,则将骨水泥敷在施氏针周围塑成圆环形。操作时要小心,避免骨水泥接触到脊髓和神经根。如果没施行椎板切除术,则用骨水泥敷在施氏针、关节面、椎板、椎弓根和邻近的背侧棘突上,塑成圆形团块。如果必须跨越骨折的椎体,则将施氏针插入骨折椎体前后的椎体。如上所述使用同样的技术。用冷的生理盐水冲洗骨水泥 5 min 以消除聚合作用产生的热量。如果有必要,可切除邻近骨水泥的部分轴上肌,以便于缝合。用不可吸收的单丝线、单纯间断缝合法缝合背侧中间的腰背部筋膜,常规缝合皮下组织和肌肉。

(2)背外侧脊椎接骨板固定法。这个技术可以有效地稳定脊柱。建议在放置钢板与螺钉时参考适当的解剖样本。安装背外侧椎体钢板需要充分暴露腰椎椎板的背外侧、椎弓根、关节面和横突或胸椎的椎板、椎弓根、关节面和肋骨头。建议暴露需安装钢板脊椎的关节突和前后脊椎的关节突,以便安置接骨板。如果靠近椎间隙处发生脱位、半脱位或骨折,则固定两个邻近脊椎就足够。如果椎体中间骨折,则接骨板需跨越 3 个椎体。

要找到并保护骨折或脱位部位前后的神经根。使用双极电灼术,小心灼烧血管和从椎孔出来的夹在椎骨和钢板之间的神经根。小心切断神经根。如果需施行椎板切除术,则可立即操作。选择一块可在患病椎间隙(脱位、半脱位)或患病椎体(骨折)前后的椎体安置两个螺钉的接骨板。用巾钳夹住骨折或脱位点前后椎骨的背侧棘突,通过牵引使骨折或脱位复位和固定。如果没有施行椎板切除术,穿过复位的关节面安置钢丝,以维持复位。在复位的脊椎关节面腹侧或椎板切除缺口的背外侧表面安置钢板。攻丝,以保证骨折或脱位前后共有 4 个孔。通过参考解剖样本,判断每个孔的适当角度。如果施行了椎板切除术,则以脊髓和椎管的解剖位置作为参考点确定合适的角度。钻孔后,用深度测量尺测量深度,攻丝,选择合适长度的螺钉,将钢板固定到椎体上。

为了固定胸椎,暴露要安置钢板的椎体的肋骨。用骨剪把肋骨头与椎体连接的部分切断。用修骨钳修整横突的轮廓,直到钢板可平贴在椎体上。如上所述固定钢板。用钢丝把肋骨头连接到背侧棘突上。用无菌生理盐水冲洗手术部位,用脂肪皮瓣覆盖椎板切除术的部位,用不可吸收的单丝线合并轴上肌。常规缝合皮下组织和皮肤。

(3)背侧棘突矫形板固定法。背侧棘突使用矫形板即可提供有效的脊柱固定。矫形板设计的曲率与正常脊柱的相同,并且有不同的型号和大小。使用矫形板要求暴露背侧棘突和关节面。这项技术用来复位并保持骨折或脱位的复位。

在背侧棘突的每一侧做一切口,保留棘上韧带和棘间韧带。分离骨折或脱位前后至少三节椎骨的背侧棘突和关节面上的轴上肌。不要切断关节突外侧附着的肌肉。选择两个大小合适的矫形板,放在每侧椎骨的背侧棘突和关节面之间的空隙上。确保矫形板的长度能包含骨折或脱位处每侧三节椎骨的棘突。把粗糙不平的面贴近背侧棘突。检查椎板特别突出的部位并用高速气钻切除，以保证矫形板与脊椎保持一致。重新放好矫形板，穿过棘突间每一矫形板上预先打好的孔，依次安置不锈钢螺钉、垫圈和螺母。保持骨折或脱位的复位状态，拧紧螺母，直到棘突间的矫形板部分能合并在一起。用生理盐水冲洗手术部位，清创并去除失活的肌肉，用不可吸收的单丝线缝合轴上肌。常规缝合皮下组织和皮肤。

(4)改良型脊柱分节固定法。这个技术操作简单、通用，且修复后恢复良好。使用纵向骨针和中间骨针的数量和大小取决于患病动物的大小、活动性及骨折或脱位的相对稳定性。通常，患有不稳定型骨折或脱位的大患病动物，使用相对大的中间骨针和较多的纵向骨针(3～6 根)。此外，中间骨针和纵向骨针的大小可以变化，纵向骨针的长度可以逐渐减小。如果希望更稳定，则可以分离关节面外侧附着的肌肉和肌腱，以相同的方式在关节面外侧再安置一根骨针暴露骨折或脱位点前后 2～3 个棘突和关节面，具体数量取决于患病动物的大小、活动性和骨折或脱位点固有的稳定性。使骨折或脱位复位和维持复位的方法同上。穿过关节面(不要经过关节)、背侧棘突基部钻孔，并与背侧椎板正切。孔径以能穿过 18 号或 20 号矫形钢丝为准。经过每个孔放置矫形钢丝，其末端保留一定长度，以便能缠绕施氏针几圈。选择两根较长的施氏针(称作纵向骨针)，至少可以包围患病脊椎(骨折)或椎间空隙(脱位、半脱位)前后的两个脊椎。将纵向骨针的每个末端都弯成直角，使其能进入棘突间空隙或横穿背侧棘突的基部钻好的孔。在背侧棘突和关节面之间的空隙放置纵向骨针。在靠近骨折或脱位最近的背侧棘突两侧的基部安置中间骨针。弯曲中间骨针的末端，使其钩住背侧棘突的基部。用预先放置的矫形钢丝把中间骨针和纵向骨针与关节面基部、背侧椎板和背侧棘突绑在一起。用生理盐水冲洗手术部位，清创并去除失活肌肉，用不可吸收的单丝线缝合轴上肌。常规缝合皮下组织和皮肤。

展示与评价

一、任务分配单

脊柱骨折的诊断与治疗任务分配表

<table>
<tr><td>任务名称</td><td colspan="6"></td></tr>
<tr><td>班级</td><td></td><td>组号</td><td></td><td>指导教师</td><td colspan="2"></td></tr>
<tr><td>组长</td><td></td><td>实训时间</td><td></td><td>实训地点</td><td colspan="2"></td></tr>
<tr><td>组员</td><td colspan="6"><table><tr><td>姓名</td><td>学号</td><td>姓名</td><td>学号</td></tr><tr><td></td><td></td><td></td><td></td></tr><tr><td></td><td></td><td></td><td></td></tr><tr><td></td><td></td><td></td><td></td></tr></table></td></tr>
<tr><td>任务分工</td><td colspan="6"></td></tr>
<tr><td>实训材料准备</td><td colspan="6"></td></tr>
</table>

Note

二、任务问题引导单

脊柱骨折的诊断与治疗任务问题引导表

任务名称	
引导问题 1	常见脊柱骨折的种类有哪些？
答案	
引导问题 2	常见脊柱骨折的处理方式有哪些？
答案	
引导问题 3	针对脊柱骨折所需要的骨科器械包括哪些？
答案	
引导问题 4	常见脊柱骨折手术技术要点有哪些？
答案	

三、任务工作单

脊柱骨折的诊断与治疗任务工作表

任务名称	
操作过程描述	
操作过程描述	操作过程或项目成果照片粘贴处
任务反思	

Note

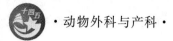

四、任务评价单

脊柱骨折的诊断与治疗任务评价表

<table>
<tr><td>任务名称</td><td colspan="6"></td></tr>
<tr><td rowspan="6">任务评价</td><td>小组评语</td><td colspan="2">小组评价</td><td>评价日期</td><td colspan="2">组长签名</td></tr>
<tr><td></td><td colspan="2"></td><td></td><td colspan="2"></td></tr>
<tr><td>组间互评评语</td><td colspan="2">组间互评评价</td><td>评价日期</td><td colspan="2">组长签名</td></tr>
<tr><td></td><td colspan="2"></td><td></td><td colspan="2"></td></tr>
<tr><td>指导教师评语</td><td colspan="2">指导教师评价</td><td>评价日期</td><td colspan="2">指导教师签名</td></tr>
<tr><td></td><td colspan="2"></td><td></td><td colspan="2"></td></tr>
<tr><td rowspan="2">考核标准</td><td colspan="2">优秀标准</td><td colspan="2">合格标准</td><td colspan="2">不合格标准</td></tr>
<tr><td colspan="2">操作规范，安全有序
步骤正确，按时完成
全员参与，分工合理
结果准确，分析有理
保护环境，爱护设施</td><td colspan="2">基本规范
基本正确
部分参与
分析不全
混乱无序</td><td colspan="2">存在安全隐患
无计划，无步骤
个别人或少数人参与
不能完成，没有结果
环境脏乱，桌面未收</td></tr>
<tr><td>小组思政评价</td><td colspan="6"></td></tr>
<tr><td>教师思政评价</td><td colspan="6"></td></tr>
</table>

五、任务总评单

脊柱骨折的诊断与治疗任务总评表

<table>
<tr><td colspan="4">任务名称：　　　　班级：　　　　姓名：　　　　学号：</td></tr>
<tr><td>评价方式</td><td>分评得分</td><td>所占比例</td><td>终评得分</td></tr>
<tr><td>学生自评</td><td></td><td>40%</td><td></td></tr>
<tr><td>学生互评</td><td></td><td>20%</td><td></td></tr>
<tr><td>教师评价</td><td></td><td>40%</td><td></td></tr>
<tr><td colspan="3">合计</td><td></td></tr>
</table>

任务五　肋骨骨折的诊断与治疗

案例导入

博美犬，母，体重 3 kg，3 岁。丢失 1 天，自己回家，性情大变，主人欲抱，该犬嚎叫，对主人做出攻击动作，左胸部凸起，呼吸困难，排粪排尿均正常，四肢能站立，但不愿走动，DR 检查显示该犬左肋骨

2 根骨折，拟实施手术治疗。通过本案例的学习，详细了解动物肋骨部位解剖结构，同时学会术前检查、麻醉、肋骨骨折的诊断与治疗、骨科手术器械的使用等技能。

学习目标

熟悉动物常见肋骨骨折的诊断方法、治疗原则及术后护理；配合影像学、血液学等相关技术对肋骨骨折进行评估，在教师的指导下练习使用与骨外科手术相关的常见骨科手术器械。牢固树立救死扶伤的世界观，敬畏生命，作为新时代大学生，要不断学习进步，掌握技能，提高自己，尽可能地救助生命，不断为社会生产提供服务，树立良好的价值观，端正学习态度。

一、概念

犬猫肋骨共 13 对，平分在胸部两侧，前与胸骨、后与胸椎相连，构成一个完整的胸廓。胸部损伤时，无论是闭合性损伤，还是开放性损伤，肋骨骨折最为常见，约占胸廓骨折的 90%。在幼年犬猫，肋骨富有弹性，不易折断，而在成年动物，尤其是老年动物，肋骨弹性减弱，容易骨折。

二、病因

视频：骨科疾病的基础理论

(1)肋骨骨折一般由外来暴力所致，直接暴力作用于胸部时，肋骨骨折常发生于受打击部位，骨折端向内折断，同时胸内脏器损伤。

(2)间接暴力作用于胸部时，如胸部受挤压的暴力，肋骨骨折发生于暴力作用点以外的部位，骨折端向外，容易损伤胸壁软组织，产生胸部血肿。

(3)开放性骨折多见于烧伤或锐器直接损伤。

(4)当肋骨有病理性改变如骨质疏松、骨质软化，或在原发性和转移性肋骨肿瘤的基础上，也容易发生病理性肋骨骨折。

三、症状

(1)局部疼痛是肋骨骨折最明显的症状，且随咳嗽、深呼吸或身体转动等运动而加重，有时听诊可听到骨摩擦音，或触诊到骨摩擦感。

(2)疼痛以及胸廓稳定性受破坏，可使呼吸动度受限，呼吸浅快和肺泡通气减少，患畜不敢咳嗽，导致痰潴留，从而引起下呼吸道分泌物梗阻，导致肺实变或肺不张，对于老弱患畜或原有肺部疾病的患畜尤应予以重视。

(3)当患畜出现两根以上相邻肋骨各自发生两处或以上骨折(又称“连枷胸”)时，吸气时，胸腔负压增加，软化部分胸壁向内凹陷；呼气时，胸腔压力增高，损伤的胸壁浮动凸出，这与其他胸壁的运动相反，称为“反常呼吸运动”，反常呼吸运动可使两侧胸腔压力不平衡，纵隔随呼吸而向左右来回移动，称为“纵隔摆动”，影响血液回流，造成循环功能紊乱，是导致和加重休克的重要因素之一。

四、诊断

知识点：基本病变的 X 线表现

视频：基本病变的 X 线表现

X 线片上大都能够显示肋骨骨折，但对于肋软骨骨折、青枝骨折、骨折无错位或肋骨中段骨折(在 X 线片上常因两侧的肋骨相互重叠处而不易发现)，应行 CT 等进一步检查并结合临床表现来判断以免漏诊。

肋骨骨折的诊断主要依据受伤史、临床表现和 X 线检查。如有胸部外伤史、胸壁有局部疼痛和压痛、胸廓挤压试验阳性，应考虑胸廓骨折可能，结合 X 线检查可确诊，如果压痛点可触到摩擦感，或者胸壁出现反常呼吸运动，即可确诊。

五、治疗

肋骨骨折的治疗原则为镇痛，清理呼吸道分泌物，固定胸廓，恢复胸壁功能和防治并发症。

1. 单处闭合性肋骨骨折的治疗　骨折两端因有上下肋骨和肋间肌支撑，发生错位、活动很少，多能自动愈合。固定胸廓主要是为了减少骨折端活动和减轻疼痛。用多条胸布固定或用弹力胸带固

Note

定。单纯性肋骨骨折的治疗原则是止痛、固定和预防肺部感染。硬膜外或者静脉注射止痛剂，可有效长期镇痛。

2. 连枷胸的治疗 纠正反常呼吸运动，抗休克，防治感染和处理合并损伤。当胸壁软化范围小或位于背部时，反常呼吸运动可不明显或不严重，可采用局部夹垫加压包扎。但是，当浮动幅度达3 cm以上时可引起严重的呼吸与循环功能紊乱，当超过5 cm或为双侧连枷胸软胸综合征时，可迅速导致死亡，必须进行紧急处理。

3. 开放性骨折的治疗 应及早彻底清创治疗。清除碎骨片及无生机的组织，将骨折断端处理平整，以免刺伤周围组织。如有肋间血管破损，应分别缝扎破裂血管远近端。对胸膜破损者按开放性气胸处理。术后常规注射破伤风抗毒血清和给予抗生素防治感染。

肋骨骨折多可在2～4周内自行愈合，治疗中也不像对四肢骨折那样强调对合断端。

展示与评价

一、任务分配单

肋骨骨折的诊断与治疗任务分配表

<table>
<tr><td>任务名称</td><td colspan="6"></td></tr>
<tr><td>班级</td><td></td><td>组号</td><td></td><td>指导教师</td><td></td></tr>
<tr><td>组长</td><td></td><td>实训时间</td><td></td><td>实训地点</td><td></td></tr>
<tr><td>组员</td><td colspan="5"><table><tr><td>姓名</td><td>学号</td><td>姓名</td><td>学号</td></tr><tr><td></td><td></td><td></td><td></td></tr><tr><td></td><td></td><td></td><td></td></tr><tr><td></td><td></td><td></td><td></td></tr></table></td></tr>
<tr><td>任务分工</td><td colspan="5"></td></tr>
<tr><td>实训材料准备</td><td colspan="5"></td></tr>
</table>

二、任务问题引导单

肋骨骨折的诊断与治疗任务问题引导表

任务名称	
引导问题1	常见动物肋骨骨折的种类有哪些?
答案	
引导问题2	常见动物肋骨骨折的处理方式有哪些?
答案	

续表

引导问题 3	针对常见动物肋骨骨折所需要的骨科器械包括哪些？
答案	
引导问题 4	常见动物肋骨骨折治疗技术要点有哪些？
答案	

三、任务工作单

肋骨骨折的诊断与治疗任务工作表

任务名称	
操作过程描述	
操作照片	操作过程或项目成果照片粘贴处
任务反思	

四、任务评价单

肋骨骨折的诊断与治疗任务评价表

<table>
<tr><td>任务名称</td><td colspan="4"></td></tr>
<tr><td rowspan="6">任务评价</td><td>小组评语</td><td>小组评价</td><td>评价日期</td><td>组长签名</td></tr>
<tr><td></td><td></td><td></td><td></td></tr>
<tr><td>组间互评评语</td><td>组间互评评价</td><td>评价日期</td><td>组长签名</td></tr>
<tr><td></td><td></td><td></td><td></td></tr>
<tr><td>指导教师评语</td><td>指导教师评价</td><td>评价日期</td><td>指导教师签名</td></tr>
<tr><td></td><td></td><td></td><td></td></tr>
</table>

<table>
<tr><td rowspan="2">考核标准</td><td>优秀标准</td><td>合格标准</td><td>不合格标准</td></tr>
<tr><td>操作规范，安全有序
步骤正确，按时完成
全员参与，分工合理
结果准确，分析有理
保护环境，爱护设施</td><td>基本规范
基本正确
部分参与
分析不全
混乱无序</td><td>存在安全隐患
无计划，无步骤
个别人或少数人参与
不能完成，没有结果
环境脏乱，桌面未收</td></tr>
</table>

Note

续表

小组思政评价	
教师思政评价	

五、任务总评单

肋骨骨折的诊断与治疗任务总评表

任务名称：	班级：	姓名：	学号：
评价方式	分评得分	所占比例	终评得分
学生自评		40%	
学生互评		20%	
教师评价		40%	
合计			

任务六 胸骨骨折的诊断与治疗

案例导入

比熊犬，母，体重 2.5 kg，2 岁。与几只犬互相打架，主人抱起来时该犬嚎叫，呼吸困难，对主人做出攻击动作，排粪排尿均正常，四肢能站立，但不愿走动，DR 检查显示该犬胸骨骨折，拟实施手术治疗。通过本案例的学习，详细了解动物胸骨部位解剖结构，同时学会术前检查、麻醉、胸骨骨折的诊断与治疗、骨科手术器械的使用等技能。

学习目标

掌握胸骨骨折的诊断方法、治疗原则及术后护理；配合影像学、血液学等相关技术对胸骨骨折进行评估；在教师的指导下练习使用与骨外科手术相关的常见骨科手术器械。牢固树立敬畏生命、救死扶伤的世界观，尽快掌握知识和技能，提高自己，不断为社会生产提供服务；树立良好的价值观，端正学习态度。

一、胸骨骨折的概念

胸骨骨折非常罕见，常因暴力直接作用于胸骨区或挤压所致。骨折常发生在靠近胸骨体与胸骨柄连接的部位，骨折线多为横形，如有移位，下折片向前方移位，其上端重叠在上胸骨片下端，胸骨后的骨膜常保持完整。临床表现为胸骨肿胀、疼痛，可伴有呼吸、循环功能障碍。

二、胸骨骨折的病因

通常由直接暴力冲击所致。

三、胸骨骨折的症状

胸骨处肿胀、压痛，可伴有呼吸道、胸腔血管或脊柱损伤。

Note

四、胸骨骨折的诊断

根据胸前区撞击后出现局部疼痛及压痛可做出初步诊断。如骨折移位，可见局部变形；合并数条肋骨或肋软骨骨折时，可出现反常呼吸运动，可伴有呼吸、循环功能障碍。斜位及侧位 X 线片可明确胸骨骨折的诊断。

X 线表现多为横断形，可有两处以上骨折线，并可发生移位。侧位片显示更佳。

五、胸骨骨折的治疗

视频：骨科手术的麻醉与选择

单纯性无移位的胸骨骨折的治疗以静养、少运动、止痛为主，有移位者待全身病情稳定后，早期行骨折复位。

1. 闭式手法复位 患畜仰卧，用普鲁卡因局部麻醉，必要时全身麻醉，在胸骨骨折的下折段用力加压使之复位。此法适用于胸骨横断并有移位的骨折。

2. 手术固定 手术固定用于骨折移位明显，手法复位困难或胸骨骨折伴有连枷胸者。手术在全麻下进行，在骨折处正中切口，用骨膜剥离器或持骨器撬起骨折端，使之上下端对合，然后在骨折上、下折段钻孔，以不锈钢钢丝固定缝合。

展示与评价

一、任务分配单

胸骨骨折的诊断与治疗任务分配表

<table>
<tr><td>任务名称</td><td colspan="6"></td></tr>
<tr><td>班级</td><td></td><td>组号</td><td colspan="2"></td><td>指导教师</td><td></td></tr>
<tr><td>组长</td><td></td><td>实训时间</td><td colspan="2"></td><td>实训地点</td><td></td></tr>
<tr><td rowspan="4">组员</td><td colspan="2">姓名</td><td colspan="2">学号</td><td>姓名</td><td>学号</td></tr>
<tr><td colspan="2"></td><td colspan="2"></td><td></td><td></td></tr>
<tr><td colspan="2"></td><td colspan="2"></td><td></td><td></td></tr>
<tr><td colspan="2"></td><td colspan="2"></td><td></td><td></td></tr>
<tr><td>任务分工</td><td colspan="6"></td></tr>
<tr><td>实训材料
准备</td><td colspan="6"></td></tr>
</table>

二、任务问题引导单

胸骨骨折的诊断与治疗任务问题引导表

任务名称	
引导问题 1	简述胸骨骨折的概念。
答案	

续表

引导问题 2	常见胸骨骨折的病因是什么？
答案	
引导问题 3	针对胸骨骨折的诊断包括哪些？
答案	
引导问题 4	常见胸骨骨折的治疗方式有哪些？
答案	

三、任务工作单

胸骨骨折的诊断与治疗任务工作表

任务名称	
操作过程描述	
操作照片	操作过程或项目成果照片粘贴处
任务反思	

四、任务评价单

胸骨骨折的诊断与治疗任务评价表

任务名称				
任务评价	小组评语	小组评价	评价日期	组长签名
	组间互评评语	组间互评评价	评价日期	组长签名
	指导教师评语	指导教师评价	评价日期	指导教师签名

Note

续表

	优秀标准	合格标准	不合格标准
考核标准	操作规范，安全有序 步骤正确，按时完成 全员参与，分工合理 结果准确，分析有理 保护环境，爱护设施	基本规范 基本正确 部分参与 分析不全 混乱无序	存在安全隐患 无计划，无步骤 个别人或少数人参与 不能完成，没有结果 环境脏乱，桌面未收
小组思政评价			
教师思政评价			

五、任务总评单

胸骨骨折的诊断与治疗任务总评表

任务名称：	班级：	姓名：	学号：
评价方式	分评得分	所占比例	终评得分
学生自评		40%	
学生互评		20%	
教师评价		40%	
合计			

任务七　骨盆骨折的诊断与治疗

案例导入

泰迪犬，公，体重 5 kg，1 岁。早晨 9 点左右被车撞到，头先被撞，后被压到后肢，下午 4 点呕吐 1 次，排粪排尿均正常。后肢不能站立。DR 检查示该犬骨盆骨折，拟实施手术治疗。通过本次动物骨盆骨折的诊断与治疗任务学习，学生需要熟悉动物骨盆部位解剖结构，同时学会术前检查、麻醉、骨盆骨折的诊断与治疗、骨科手术器械使用等技能。

学习目标

熟悉宠物骨盆部位解剖结构、骨盆骨折的诊断方法；配合影像学、血液学等相关技术对骨盆骨折进行评估，在教师的指导下练习使用骨盆骨折相关的骨科手术器械。牢固树立救死扶伤的世界观，敬畏生命，作为新时代大学生，更要不断学习进步、掌握技能、提高自己，尽可能地救助生命，不断为社会生产提供服务，树立良好的价值观，端正学习态度。

Note

骨盆部位及髋关节疾病在动物临床中非常常见，随着我国宠物数量的增加，犬、猫骨盆疾病发病率也在不断升高，本任务将在介绍骨盆、髋关节基础外科疾病的基础上，重点讨论骨盆骨折的诊断与治疗。

一、髋臼骨折

髋臼骨折(acetabular fractures)通常发生于髋臼的关节面和关节窝的中部。髋臼骨折通常由外力撞击如车祸引起，但是也可能与一些钝力损伤或者跌落有关。

(1)X 线检查：腹背位和侧位 X 光片可用来评价骨折平面。斜位的 X 光片常能帮助评价骨折。有时 X 光片显示出的髋臼骨折可能引起误诊，如看上去是粉碎性骨折，其实际上可能只是穿过关节面的单一骨折线，这些案例中的骨片来自髋臼内腹侧的关节窝，而不是来自髋臼的负重关节面。

(2)治疗。

①药物治疗或保守治疗：为了维持关节的协调性以及维持施加于关节表面压力的正常分配，所有髋臼骨折的案例都需要整复和固定。如果就诊者不能负担外科费用，则考虑使用保守治疗。然而结果可能无法恢复最佳的肢体机能。髋臼骨折的保守治疗类似于髂骨骨折的保守治疗。

②手术治疗：为了保持关节功能并使发生退行性关节疾病的概率降到最低，必须进行关节面解剖结构的整复和固定。有观点认为，骨折包括髋臼后侧的第三关节面的骨折都不需要整复，但这种观点被长期的临床研究否定，研究证实这些案例中的大多数动物，在保守治疗后表现出疼痛，同时经 X 线检查出现骨关节病。无论骨折评估分值如何，接骨板和骨螺钉都是髋臼整复和固定的首选。曾有使用骨螺钉和矫形钢丝并配合聚甲基丙烯酸甲酯整复髋臼骨折成功的报道。髋臼骨折无法修复的犬，可进行股骨头和股骨颈的切除术，但是髋臼仍然要使用接骨板进行桥接和固定，以减少疼痛和促进其提早运动，这对手术成功来说非常重要。

③接骨板的应用：术中应充分暴露术部和后侧髋臼碎片，以利于解剖结构的整复和接骨板的使用，准确地使用接骨板修复对维持解剖结构的整复十分重要。有一种特殊设计的弯曲状的犬用接骨板，比标准的接骨板更符合髋臼背侧缘的轮廓，因此推荐在髋臼骨折手术时使用。

或选择使用一种重建接骨板，它的特殊设计使其在长短轴向上都能符合髋臼的弯曲角度。预先准备一块与骨盆的骨骼标本同样大小的接骨板，帮助骨折整复，同时尽量将外科手术的时间减到最短。小狗用 2.7 T 形或 L 形的接骨板固定(图 7-7-1)。

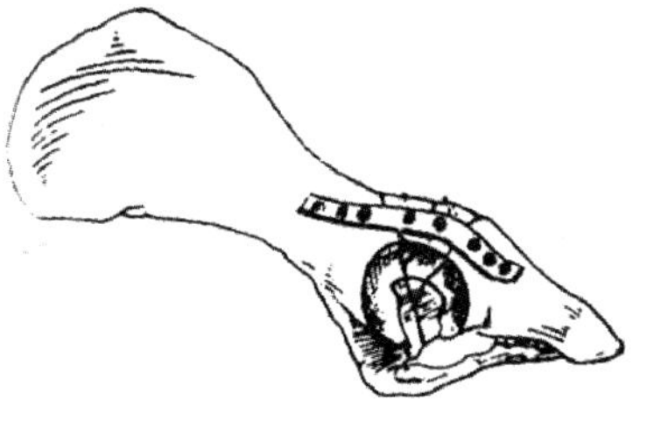

图 7-7-1 髋臼骨折——接骨板固定

④手术技术：以大转子前缘为中心做皮肤切口。从大转子背缘的近端延伸 3～4 cm，沿股骨前缘向远端弯曲切开 3～4 cm，切开股二头肌前缘的浅层阔筋膜。切开深层的阔筋膜，穿过大转子的阔筋膜张肌近端，沿着臀浅肌前缘切开。在第三转子处切开臀浅肌，向近端牵拉臀浅肌，向远端牵引股二头肌，找到坐骨神经。用骨凿、骨锤或季格利(氏)钢丝切开大转子。使用骨凿在第三转子处的臀浅肌近端，与股骨长轴成 45°角切开臀浅肌和臀中肌附着的转子粗隆。用骨膜剥离器从关节囊处翻转臀肌和大转子，可见闭孔内肌的肌腱。穿过邻近的转子窝放置预置缝线，使用骨膜剥离器，从髋臼的后外侧面提起肌肉。从近端和远端缝合肌肉。

当暴露坐骨结节时，可用持骨钳夹持后部骨片对其进行操作。在进行骨折整复时，要注意对齐关节面。可切开关节囊以方便操作。将接骨板置于髋臼的背侧缘，至少使用 2 颗螺钉于远端骨片，同时放置 3 颗接骨板螺钉于近端骨片。在整复和固定之后，缝合肌肉和闭孔内肌肌腱的附着点。缝合关节囊。用 2 根基尔希讷(氏)针和张力钢丝带整复固定大转子。间断缝合臀浅肌，结节缝合阔筋膜张肌和阔筋膜深叶。结节缝合浅筋膜和皮下组织常规闭合皮肤。

二、髂骨骨折

单纯的坐骨或耻骨骨折较少见。坐骨或耻骨骨折通常与骨盆骨折并发，整复和固定的主要负重骨是坐骨和耻骨。绝大多数对耻骨或坐骨进行手术治疗是因为软组织发生了疝。耻骨联合的分离或者前韧带撕裂都可能导致腹腔疝，疝很少会出现在髋臼的后侧。髂骨骨折可能导致腰荐神经丛的感觉和运动机能障碍或者坐骨神经的损伤。

(1)X线检查：正位和侧位的X光片可用于评估半个骨盆损伤的程度并且可显示骨折面。其他诊断性试验如膀胱X光片、尿道造影可用于证明是否有软组织损伤。

(2)手术治疗：当髂骨骨折伴有神经损伤或者动物有中度到剧烈的骨折错位及不稳定时，要进行手术治疗。动物两侧下肢患持续性损伤时，只需适当进行手术治疗，可以很快恢复行走，并且不需要严格的术后护理。伴有软组织疝的坐骨骨折或即将生产的母猫、母犬进行骨盆完整性的再次修复时，需要手术治疗。伴有软组织疝的耻骨骨折也需要手术治疗。

(3)接骨板及螺钉的应用：接骨板是唯一能够屈曲吻合髂骨外侧面的固定物，并且在植入后可以使髂骨长期维持整复后的形状。对髂骨曲线的修补可以避免骨盆腔的塌陷。当髂骨体和同侧髋臼同时发生骨折时可以用重建接骨板。伴随有长斜向错位的髂骨骨折也可以用加压骨螺钉固定。

(4)手术技术。

①髂骨体的手术径路：在靠近髂骨体的位置做切口，切口从前侧延伸到髂骨嵴，超过大转子后部1～2 cm。切口中心在髂骨翼腹侧1/3处。切开皮下组织以及臀部的脂肪组织，直到能看见臀中肌和阔筋膜张肌的长头之间的肌中隔。暴露出臀浅肌和阔筋膜张肌后端的短头之间的肌中隔。继续分离，分离阔筋膜张肌和臀中肌前端及阔筋膜张肌和臀浅肌后端。锐性分离臀中肌和阔筋膜张肌的长头。触诊臀中肌的腹侧缘，在臀中肌的腹侧缘做一切口。分离并结扎髂腰静脉，从髂骨外侧面牵引臀深肌和臀中肌。如果需要扩大暴露范围，可以切开支配阔筋膜张肌的臀前神经分支，也可以从髂骨翼前端切开臀中肌的根部，以扩大暴露范围并且方便整复。

②接骨板固定髂骨：用持骨钳夹住髂骨碎片的远端背侧缘并向后牵引来修复骨折。在处理碎片的过程中，注意不要伤到坐骨神经。使接骨板的形状符合正常的骨外侧面的曲率，可用对侧的髂骨腹背位X光片作为安置接骨板的参照。用持骨钳修复骨片，先将接骨板附着在骨片远端，以便髂骨近端骨片的整复。用骨钳钳夹接骨板的前端覆盖在髂骨近端的骨折碎片上，然后把骨螺钉植入近端骨片。

远端髂骨碎片的分离较容易，但远端碎片的外侧一些散片分离较困难。

用形状适合的接骨板辅助髂骨内外侧部的修复。预先使接骨板屈曲到适合的形状，然后先放置到远端骨片。对近端骨片至少安置3颗螺钉，远端骨片2颗(图7-7-2(a))。闭合切口缝合阔筋膜张肌的近端和臀中肌的筋膜，臀浅肌和阔筋膜张肌的远端。常规缝合臀部脂肪组织、皮下组织和皮肤。

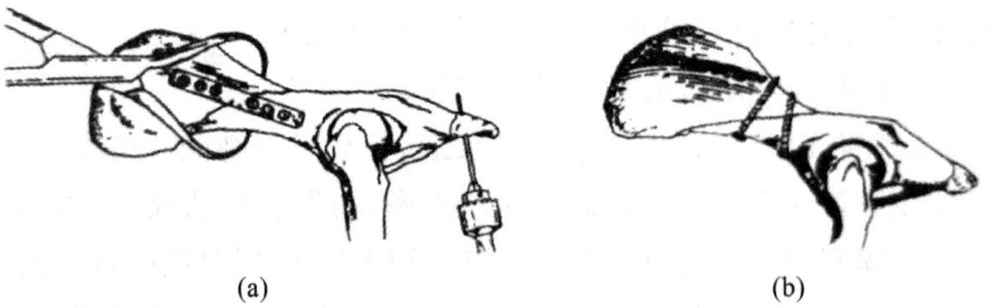

(a)　　(b)

图7-7-2　髂骨干骨骨折固定法

(a)接骨板固定；(b)骨螺丝固定

③螺钉固定髂骨：如上述操作整复骨折，并且用持骨钳暂时固定。旋转单侧骨盆以看到髂骨体的腹侧面，从腹侧面到近端，嵌入2根小基尔希纳(氏)针，再嵌入2颗螺钉以加强固定(图7-7-2(b))。

④坐骨骨折的固定和手术径路：在靠近大转子后侧缘的位置做切口。牵引股二头肌，以暴露坐骨神经和外回旋肌(见前所述的术部解剖)。切开并向后牵引外回旋肌，暴露出坐骨体。用小型接骨板和螺钉或者张力钢丝带整复固定骨片。

⑤耻骨骨折的固定和手术径路：沿腹正中线做皮肤切口。在可见的正中线前端到耻骨边缘，切开耻骨联合上的组织。如果显露出疝组织，要小心避免切到重要结构，将疝组织还纳回腹腔。用骨膜剥离器从耻骨处将内收肌群分离。在需要安置矫形钢丝的邻近骨片上钻孔并整复骨片。放置并拉紧钢丝以固定骨片。

三、荐髂部脱位和骨折

荐髂部脱位是荐骨翼和髂骨翼联合发生破裂。荐骨骨折可能伴随荐髂部脱位而发生。

荐髂部脱位和骨折绝大多数是由机动车车祸等外力撞击导致的。

1. X 线检查 背腹位和侧位 X 光片可以检查单侧骨盆和骨折面的损伤程度。

2. 治疗

(1)药物治疗或保守治疗：大多数髋关节前后不对称的动物，其功能仍保持正常。保守治疗可以减少动物的不适感，而且当单侧骨盆错位的范围极小，或者当畜主因经济问题不能承担手术时，也可使用保守治疗。大多数动物在治疗后可以适当恢复其正常机能。但跛行可能持续存在 1～2 周。

(2)手术治疗：荐髂部分离性骨折的手术固定，可以用螺钉或者小型髓内针完成，大多数整形兽医喜欢使用成形器。

(3)手术技术：以背侧的髂骨嵴为起点做皮肤切口，向后继续延长切口，平行于脊柱到达髂关节尖部。切开皮下组织，并沿同一条线切开骨盆的脂肪组织，暴露出髂骨嵴。穿过骨膜切开附着于髂骨嵴侧缘的臀中肌的起点。穿过骨膜，在附着于髂骨嵴中部缘的荐棘肌的起点做第 2 个切口。两切口在后端相交，在这里可能有必要切开臀浅肌的纤维。

髂骨和荐骨间的支持韧带组织，通常会由于最初的创伤而断裂。因此，可以向外侧牵引腰部筋膜切口显露髂骨，以暴露荐髂关节。

从髂骨的外侧面提起臀中肌以充分暴露髂骨，使安置和嵌入固定物变得更容易。闭合切口，用可吸收缝线，间断缝合臀中肌的筋膜和荐棘肌。常规缝合皮下组织和皮肤。

当暴露关节时，在髂骨和荐骨骨架的腹侧放置牵引器，用牵引器牵引髂骨腹面。

这种操作可暴露出新月形的关节软骨和荐骨关节面的纤维软骨联合。在荐骨的适当位置放置螺钉，优先选择能直接看到荐骨翼外侧面的位置。

选择适当的钻头在距新月形关节中央远端和近端 2 mm 的位置钻孔，荐骨体钻孔的深度，应该能使螺钉沿荐骨体正中线顺利进入。通过触摸髂骨翼近中部的关节隆凸在髂骨上确定合适的钻孔位置。用适当大小的钻头在预定位置钻孔。如果使用局部有螺纹的螺钉，就不需要钻可滑动的孔。用适当长度的螺钉旋入钻孔，其尖端应到达髂骨内侧面的近中部侧面。使髂骨后端与荐髂关节的关节面对齐。将螺钉嵌入荐骨上准备好的孔，拧紧螺钉。

四、髋关节发育异常

髋关节发育异常是指髋股关节的异常发育，其特征是青年犬关节的亚脱位和完全脱位，老年犬的退行性关节病。髋股关节脱位是股骨头和髋臼的完全分离。

1. X 线检查 要做到确诊，X 线诊断需要标准的髋关节和骨盆的腹背位片。拍摄时，后肢向后牵引、内旋，使得膝盖在滑车沟中间。患犬必须深度镇静或麻醉，以便于肌肉松弛和保定。动物矫形基金会(OFA)根据 X 光片上股骨头和髋臼之间的切合程度，将 2 岁后的犬髋关节分为 7 个等级。髋关节正常的犬又进一步分为“优秀、好、一般接近正常度”，此外还有轻微、中等、严重的等级。对可疑案例在 4 月龄时可进行加压 X 线检查。加压 X 线检查时，动物需要深度镇静或浅麻，使肌肉完全放松。应获得髋关节在中间位置和背牵拉位置(在两腿之间放置牵引器)的 X 光片。

2. 手术治疗 成年犬，手术治疗(整个髋部移位、股骨头和股骨颈的骨切除)适用于药物治疗无效的犬。在未成年犬，为得到更好的治疗效果必须早做骨盆部切开术的决定。但在做决定时必须考虑有许多诊断出患髋关节发育不良的青年犬在此后很长时间内并未出现临床症状。对青年患犬施行骨盆切开术有助于髋臼轴向转动和横向移动，以增大股骨头背侧的接触面积。这种手术方法用于以后还要进行运动的犬(如工作犬)或者是当事人想阻止或减缓其骨关节炎发展的时候。最好的预后见于有以下情况的患犬。

(1)X 线诊断显示髋关节不完全脱位且在连接处仅有轻微的退行性病变。

(2)髋臼转动角小于 30°且亚脱位角小于 10°。

(3)股骨头复位后感觉很牢靠。

当髋臼边缘被损伤时,不完全脱位的角度会增大,髓臼边缘缺失也可理解为当股骨头滑过髋臼的边缘进入髋臼时会有骨头摩擦或碎裂似的感觉。复位度是表示关节囊松弛程度的一个指标,关节囊松弛度随髋部不完全脱位的增加而增大,但关节囊因纤维变性时会逐渐减小。股骨头复位时应发出一声结实沉闷的声响。一个明显的复位提示髋臼内有填充物。在上面所述的方法中用犬骨盆切开来进行的斯洛克姆骨切开术是取得轴向转动和髋臼侧向移动的最有效的方法。用这种方法,轴向转动的程度根据事先确定的复位角和亚脱位角通过选择一块有角的板设定。通常髋臼转动角略小于测定的复位角,一般不超过 30°,实验结果表明髋臼 20°～30°的旋转能有效增大髋部的关节接触面。

全髋骨修复术是指用一个假髋臼杯和股骨组件替换退化的髋关节,这种手术常用于保守治疗无效的成年患犬。手术成功率很高,但与施行此手术的医生的经验有很大关系,因此全髋骨替换应当由经过此手术训练的经验丰富的医生来施行。

股骨头和股骨颈切除术减少了股骨头与髋臼之间的接触,使得纤维性的假关节能够形成。此方法可在保守治疗无效时使用,但也应考虑经济因素。用此方法治疗幼年动物时应该特别注意,因为这些动物的病情大都会随着发育成熟而改变。由于纤维性的假关节是不稳定的关节,因此术后其临床功能无法预知。因此,一般认为股骨头和股骨颈切除术是一个没有办法时才用的手术。然而,许多有疼痛性髋关节炎的患犬在进行股骨头和股骨颈切除术后,腿部功能有所恢复。

3. 手术技术

(1)骨盆切开术:在耻骨边缘、坐骨终板和髂骨体部位进行切口。切开耻骨的最好位置在髋臼的内侧壁附近。

患犬侧卧,腿外展,同时保持股骨与髋臼垂直。找到耻骨肌的起点位置,以这一点为中点做一 6 cm的皮肤切口。分离皮下组织,在髂耻骨粗隆处进一步分离耻骨肌起点。剥离耻骨肌起点,进一步暴露耻骨前缘。耻骨肌可以被提起牵引开或者切除。

从耻骨前端面、外侧面、后端面剥离骨膜。在骨切开手术期间为保护软组织,可在耻骨前面和尾侧闭孔肌内放置匙形的霍曼拉钩。在髋臼内侧壁的附近进行耻骨切开,也可切除耻骨的一部分。用常规方法缝合软组织和皮肤。

接下来进行坐骨终板的切开。在坐骨内侧隆起和外侧粗隆之间的中线上做一皮肤切口。在顶端平面上从坐骨终板近端 4 cm 处开始,延伸到远端 3 cm 处终止。分离皮下组织和深筋膜。在坐骨终板背侧嵴的闭孔内肌做一 3 cm 长的切口。在闭孔前方提起闭孔内肌。然后切开闭孔外肌在坐骨终板腹侧嵴上的起点,向前牵引闭孔外肌。从闭孔背侧和腹侧安置 2 把霍曼拉钩以保护软组织。用骨凿由后向前与霍曼拉钩的中心成一条直线切开坐骨终板进入闭孔,也可用骨锯锯开骨头。髂骨切开手术完成后闭合切口。手术时,如有需要,也可在骨切开部位的每一边上钻两个相对应的小孔。用不锈钢丝从小孔孔内穿过行"8"字固定骨切开部位。将闭孔内肌的筋膜缝合到闭孔外肌的筋膜上,然后常规闭合皮下组织和皮肤。

施行髂骨切开术以使髋臼能轴向转动。从髂骨嵴前端向后越过大转子做 1～2 cm 的皮肤切口。分离皮下组织和臀部脂肪暴露臀浅肌和阔筋膜张肌小头之间的肌沟。切开肌间隔膜、分离阔筋膜张肌和前端的臀中肌以及后端的臀浅肌。在前端,锐性分离臀中肌和阔筋膜张肌长头。触到髂骨腹侧缘,在臀中肌、臀深肌腹侧附着点附近做一个到髂骨的切口。分离和结扎髂腰部的血管,从髂骨外侧面翻开臀深肌。切开髂骨腹侧缘的髂肌起点,从腹侧面翻开髂肌。用骨膜剥离器从髂骨内侧剥离骨膜。安置两把霍曼拉钩以保护软组织,一把放置在髂骨内侧以翻开髂肌,一把放置在髂骨背侧嵴的上方以牵拉臀肌。根据接骨板判定骨切开的位置，确保接骨板上最后一孔距离髋臼前端2 cm。在与外侧骨盆长轴垂直的线上用振动锯锯开髂骨。用骨钳将后部拉向外侧将大小合适的接骨板固定到髂骨上面。接着使骨复位，在前端部分上骨螺丝。如果前面的接骨板螺丝穿入骶骨，它们应当完全穿透骶骨内以避免螺丝过早松掉。移动髂骨尖端到背侧的接骨板，打碎骨片用作骨切开部位的填充物。为闭合切口，在臀中肌筋膜与阔筋膜张肌前侧筋膜之间、臀浅肌与阔筋膜张肌后面筋膜之间进行缝合。常规缝合肌肉筋膜皮下组织和皮肤。

(2)股骨头和股骨颈切开术：经前外侧手术径路到达髋关节，使髋关节脱位。如果圆韧带完好，将其切开，用骨钳牵引大转子，使股骨头脱离髋臼，利于组织剪进入关节内剪断圆韧带。转动患肢至膝关节线与手术台平行的位置，进行骨切开在股骨颈和股骨干骺端连接处确定骨切除线。为保证骨切开的准确度，沿骨切除线预先连续钻3个或3个以上的孔。用骨凿和骨锤来切断股骨颈。也可用振动锯切断该骨。

手术时将股二头肌翻向腹侧利于骨凿或骨锯条的操作。一旦股骨头和股骨颈被切掉，要触诊股骨颈的断面看切得是否整齐。

最常见到的是股骨颈的一部分残留在股骨的后侧。用咬骨钳剔去断端毛边。缝合关节囊，如果可以，缝合髋臼上方的臀深肌。术后软组织如臀深肌插在股骨颈断面和髋臼之间时，腿部功能会有所恢复。闭合创口时，常规缝合股二头肌和臀深肌、阔筋膜张肌、皮下组织和皮肤。

五、髋股关节脱位

髋股关节脱位是指股骨头因外伤而从髋臼移位。患病动物常表现出单侧性的支跛，有时动物有外伤史。

1. X线检查 髋关节脱位的诊断应当拍腹背位和侧位X光片，在选择治疗方案之前应对X光片进行仔细评价以找出前窝撕脱的证据、与髋关节骨折有关的证据以及继发的退行性变化的证据。

2. 前背侧脱位的闭合复位 麻醉状态下动物侧卧保定。术者一手抓住患肢的跗关节附近，另一手放在腿下紧贴身体提供支撑。从内侧压迫大转子，同时屈伸关节帮助从髋臼杯内排出碎屑，这对复位维持是至关重要的。在病肢打上一个绷带。如果髋部很稳定，或者动物的形态或腿多处受伤不能使用吊带，将其关在笼子里限制活动就行了。限制动物在笼子里和颈上系上牵引绳控制活动直至4～7天后除去绷带。拿掉绷带后，还要给动物拴上牵引绳限制其活动2周。

3. 后下方脱位的闭合整复 动物侧卧保定，患肢与脊柱垂直。术者一手抓住患肢的跗关节附近，另一手保持动物身体的稳定。在牵拉患肢的同时将腿外展，以使股骨头被拉过髋臼的内侧缘，股骨头一旦出了髋臼边缘，立即施加一侧面的力将股骨头放在髋臼的外侧。向旁边推使股骨头落入髋臼内。整复后，给动物打上绷带以防止患肢外展。给动物拴上牵引绳让其在人控制下活动直到4～7天后除去绷带。拿掉绷带后，还要限制其活动2周。

4. 手术治疗 开放整复见于股骨头小窝撕脱或者闭合整复失败的案例。对髋关节进行检查以评价软组织以及通过重建维持整复的可能性。如果通过重建能使髋关节变得稳定，那么将有许多种方法可供选择。如果一种稳定方法用后没有能维持髋关节的长期复位，那就要考虑另一种替代方法，例如股骨头和股骨颈切开术、全髋关节置换术。

关节周围的肌肉常常发青、肿胀。在手术开始之前建立正常组织之间的联系对髋关节复位是有利的。大转子前缘可被用于手术定位。臀深肌凸出的腱附着点也能被用于手术，如果关节囊完整，可通过关节囊的重建来固定髋关节。

当关节囊不能被完整闭合或者需要加强稳定性时，必须进行其他重建手术以确保髋关节稳定3～4周直至关节囊愈合。重建步骤包括用缝合线和螺钉或缝合股骨头小窝进行人造关节囊重建，放置套箍针或使用透囊钉。也可通过大转子易位增加关节的稳定性。如果髋关节发育异常，也可进行三次骨盆切开术以进行髋关节的整复。

(1)髋关节的探查：经前外侧径路暴露髋关节。如果还需要额外暴露，可切开大转子。翻开臀深肌以暴露髋关节前背侧的股骨头。去除圆韧带的残留及股骨头和髋臼的骨碎片，使股骨头可完全复位于髋臼内。髋关节复位后，立即检查髋臼覆盖股骨头的程度及通过髋关节在完整的活动中来评价复位后的稳定性。选择稳定关节的方法。

（2）关节囊重建：通常关节囊只有一个小的裂缝，股骨头通过此裂缝脱位，或者关节囊从它在股骨颈的附着处撕裂松弛。在这两种情况下，如果改变股骨头位置后，髋臼对其覆盖提高，在一定幅度的活动中关节是稳定的，那么关节囊的简单缝合即是唯一的重建步骤。用不可吸收的单丝缝线结节缝合关节囊。如果关节囊从它的附着处撕裂，在股骨颈上钻一个孔，通过这个孔穿过缝线或者用缝合锚使关节囊重新附着。

（3）大转子移位：如果髋部不稳定、臀部肌群没有受损，可切开股骨大转子使大转子向远端和后方轻微移位以增加整复的稳定性。大转子移位使臀部肌肉收缩，引起股骨头外展和内旋。

切开大转子，翻开近端的臀部肌肉。对髋臼内的碎片进行清理，将髋关节复位，使病肢呈外展状。在大转子正常情况下，在所处点的远端和后方用骨凿和骨锤创造出一个新的表面。然后将大转子移到它的新附着点，用张力大的材料将其固定在这一位置。

展示与评价

一、任务分配单

骨盆骨折的诊断与治疗任务分配表

<table>
<tr><td>任务名称</td><td colspan="4"></td></tr>
<tr><td>班级</td><td></td><td>组号</td><td></td><td>指导教师</td><td></td></tr>
<tr><td>组长</td><td></td><td>实训时间</td><td></td><td>实训地点</td><td></td></tr>
<tr><td>组员</td><td colspan="5"><table><tr><td>姓名</td><td>学号</td><td>姓名</td><td>学号</td></tr><tr><td></td><td></td><td></td><td></td></tr><tr><td></td><td></td><td></td><td></td></tr><tr><td></td><td></td><td></td><td></td></tr></table></td></tr>
<tr><td>任务分工</td><td colspan="5"></td></tr>
<tr><td>实训材料准备</td><td colspan="5"></td></tr>
</table>

二、任务问题引导单

骨盆骨折的诊断与治疗任务问题引导表

任务名称	
引导问题 1	宠物骨盆骨折的原因有哪些？
答案	

Note

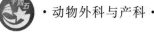

续表

引导问题 2	在临床中，宠物常见的骨盆骨折有哪些类型？
答案	
引导问题 3	宠物骨盆骨折的处理方法有哪些？
答案	
引导问题 4	在宠物临床中，骨盆骨折手术技术要点都有哪些？
答案	

三、任务工作单

骨盆骨折的诊断与治疗任务工作表

任务名称	
操作过程描述	
操作照片	操作过程或项目成果照片粘贴处
任务反思	

四、任务评价单

骨盆骨折的诊断与治疗任务评价表

任务名称				
任务评价	小组评语	小组评价	评价日期	组长签名
	组间互评评语	组间互评评价	评价日期	组长签名
	指导教师评语	指导教师评价	评价日期	指导教师签名

Note

续表

	优秀标准	合格标准	不合格标准
考核标准	操作规范，安全有序 步骤正确，按时完成 全员参与，分工合理 结果准确，分析有理 保护环境，爱护设施	基本规范 基本正确 部分参与 分析不全 混乱无序	存在安全隐患 无计划，无步骤 个别人或少数人参与 不能完成，没有结果 环境脏乱，桌面未收
小组思政评价			
教师思政评价			

五、任务总评单

骨盆骨折的诊断与治疗任务总评表

任务名称：	班级：	姓名：	学号：
评价方式	分评得分	所占比例	终评得分
学生自评		40%	
学生互评		20%	
教师评价		40%	
合计			

任务八　股骨头骨折的诊断与治疗

案例导入

罗威纳犬，6 岁，公，体重 40 kg。在训练过程中不慎摔伤，导致左后肢跛行，不敢负重，触碰痛感明显，髋关节触诊有骨摩擦音。X 光片显示：股骨头骨折。拟实施手术治疗。通过对本案例的学习，首先需要对动物股骨头的解剖结构有详细的学习和了解，同时需要学会术前检查、麻醉监护、骨科手术器械使用，并熟知股骨头骨折的诊断方法、治疗原则及术后护理。

学习目标

熟悉动物股骨头解剖结构、股骨头骨折的诊断方法；配合影像学、血液学等相关技术对股骨头骨折进行评估，在教师的指导下练习使用股骨头骨折相关的骨科手术器械。牢固树立救死扶伤的世界观，敬畏生命，作为新时代大学生更要不断学习、掌握技能、提高自己，尽可能地救助生命，为社会生产提供服务，树立良好的价值观，端正学习态度。

股骨是长骨中最大的骨，是负重骨，呈管状，它的方向与肱骨相反，分为一体两端，呈后上方向前下方斜立位。股骨头与髋臼相连接，为上端的末端膨大部，呈球形，股骨头韧带的附着处为其中央下方的一个凹陷，叫作股骨头凹，股骨颈就是股骨头外下方较细的部分，而在颈干交接处的外侧有一个向上的隆起，叫作大转子，在其内侧面有一个凹陷，为大转子窝，其内下方有一较小一些的隆起叫作小转子；股骨体很粗壮，为圆柱形，前面较光滑，在其后面有一纵行的骨嵴为粗线，粗线有外侧、内侧两唇，两唇向下、向上两端则逐渐分离，而在股骨体的中部慢慢靠近。腘平面为两唇在股骨体下端围成的三角形骨面，下端有两个膨大的隆起，分别为外侧髁和内侧髁，两髁与胫骨上端相连接的为关节面，前面的光滑关节面为髌面，接髌骨；而在后方，两髁之间有一个深凹陷，称为髁间窝，在外侧髁的外侧面和内侧髁的内侧面分别有一个粗糙的隆起，分别为外上髁和内上髁，内上髁的上游有一个三角形的凸起，为骨收肌结节，是内侧肌腱的附着处，股骨周围肌肉非常丰富，股骨下端附着下肢外展肌，内上髁是大收肌、肠肌内侧头的附着部，而外上髁则是腓肠肌外侧头、腘肌腱以及腓侧副韧带的起点。同时在膝关节内有韧带维持稳定以及股二头肌、半腿肌、半膜肌等经过。

1. 股骨骨折 成年犬、猫常见股骨干和大转子骨折，而幼年犬、猫常发生股骨颈和股骨远端骨骼的骨折。股骨骨折时，犬、猫突然出现重度跛行，股部肿胀，无法屈曲，肢体明显缩短。被动运动时，大腿部出现异常活动，有骨摩擦音以及剧烈疼痛。大转子骨折时，骨折部出现疼痛性肿胀，呈现悬跛，肢体运步缓慢，站立时肢体外展。股骨颈或股骨上部骨折时，出现严重跛行和局部肿胀，诊断本病时注意与关节脱臼或膝关节损伤相区别。可在大转子和膝部听诊有无骨摩擦音，同时进行局部触诊，并与健康肢体做对比，帮助诊断。治疗时多以内固定为主，并加以保守疗法。

（1）股骨颈骨折：手术径路一般选用髋关节前侧通路，此通路臀肌不受损伤。在大转子外面从臀中部向股骨中部做一弧形皮肤切口。皮肤切开后，分离皮下组织和筋膜，切开阔筋膜张肌和股二头肌间的筋膜，暴露股外直肌、股直肌和臀浅肌。在股外直肌和股直肌间钝性分离，分离时注意避开股前动脉、股前静脉和股神经。前后牵引股外直肌和股直肌，充分暴露髋关节囊。然后切开关节囊，露出骨折的股骨颈和大转子。将其复位后，选用螺丝和钢针固定（图 7-8-1）。也有股骨颈和大转子同时骨折的情况，如图 7-8-2 所示。

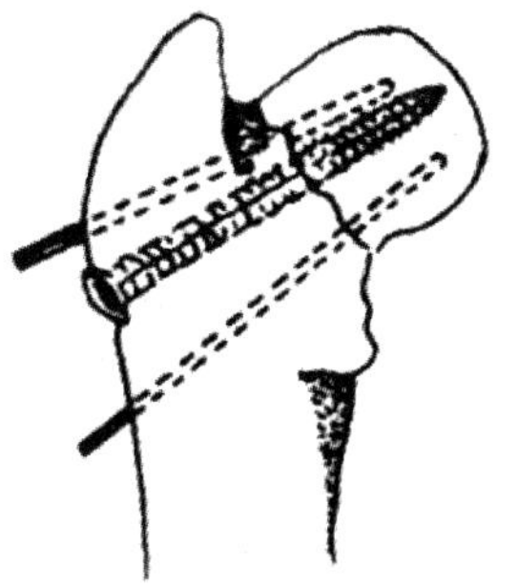

图 7-8-1 股骨颈骨折用骨螺丝和钢针固定

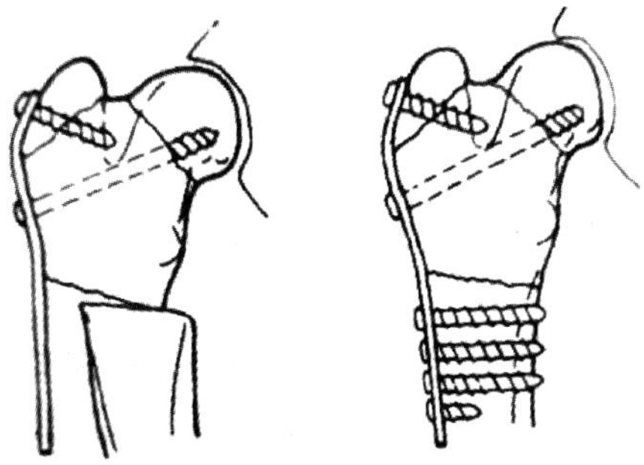

图 7-8-2 股骨大转子撕脱与股骨颈骨折——支持接骨板固定

（2）股骨干骨折：以斜骨折、横骨折多见，而且经常为粉碎性骨折。大多伴有骨折段的重叠。手术通路在大腿外侧，皮肤切口在大转子和股骨外体之间的连线上，沿股骨外轮廓的弯曲和平行股二头肌的前缘切开，分离皮下脂肪和浅筋膜，于股二头肌前缘分离阔筋膜。然后向后牵引股二头肌，向前牵引股外侧肌和阔筋膜，暴露股骨干。并沿股骨干前、后缘分离股直肌和外展肌，使其充分游离，使股骨或骨折区明显暴露。在分离组织时要注意股动脉分支，发现后及时结扎。

切口打开后，先对患部进行检查和清理，除去血凝块、坏死组织以及骨碎片。将骨折片复位并暂时固定。股骨干骨折一般选择接骨板和髓内针做内固定，同时注意使用一些外固定方法作为辅助，接骨板应与股骨干等长（图 7-8-3(a)）。穿入髓内针时，可于大转子的顶端内侧后部皮肤做一切口，经此切口，将髓内针插至大转子隐窝，针的方向是沿着后侧皮质层向下延伸，尖端从骨折近端骨片的远端露出，必要时可钻入两根髓内针（图 7-8-3(b)、图 7-8-3(c)）；髓内针插入的方式也可以先逆行插入，再改成顺行插入。

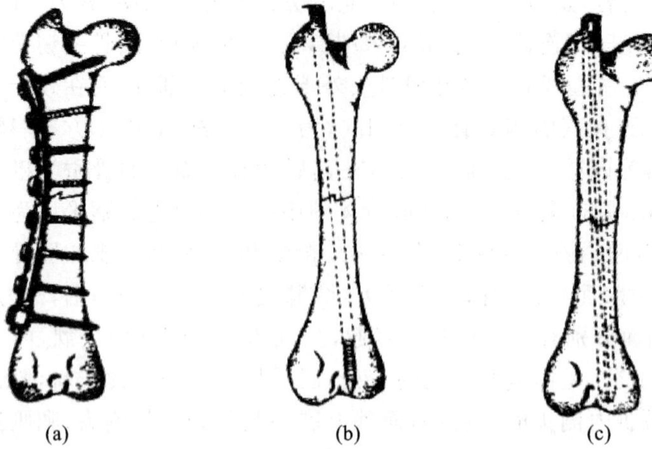

图 7-8-3　股骨干骨折的固定

(a)接骨板固定法；(b)髓内针固定法；(c)钻入两根髓内针

若股骨干呈现斜骨折，可在斜骨折段用全环结扎金属丝辅助固定(图 7-8-4)。应用全环结扎时，骨折的斜长要求至少是骨折部直径的 2 倍，否则会降低金属丝的效果。股骨干骨折也可以使用接骨板和骨螺丝固定。打开骨折部位后，清理血凝块和骨折碎片，先对骨折片进行整复，复位后用延迟螺钉固定，再装接骨板。为不影响骨的愈合，一般不剥离骨膜(图 7-8-5)。

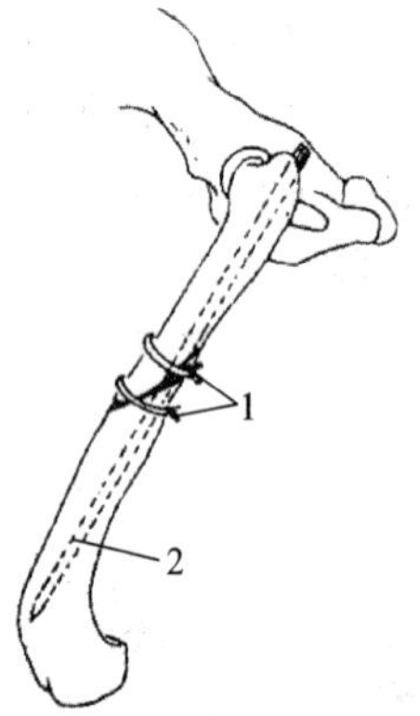

图 7-8-4　股骨干骨折的金属丝固定法

1. 金属丝　2. 髓内针

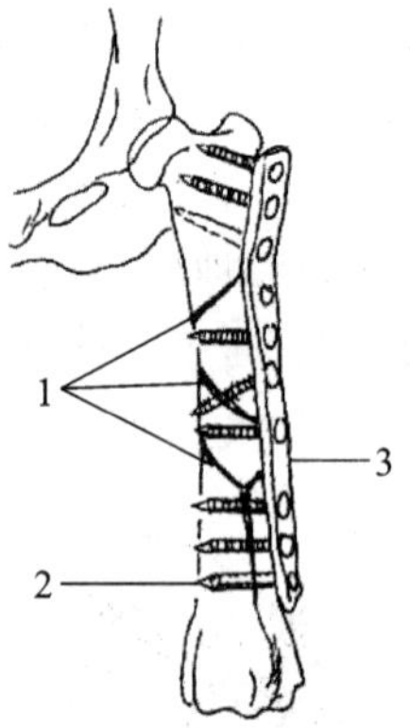

图 7-8-5　股骨干粉碎性骨折固定法

1. 粉碎性骨折　2. 骨螺丝　3. 接骨板

(3)股骨远端骨胛骨折：其手术径路与股骨干骨折相同，其切口可向下延伸至膝关节。股四头肌止腱和髌骨向内移，暴露其髁端。内固定多选用髓内针或钢针固定(图 7-8-6)，仅髁斜骨折可选长螺钉固定。接骨完毕，清理并闭合切口。

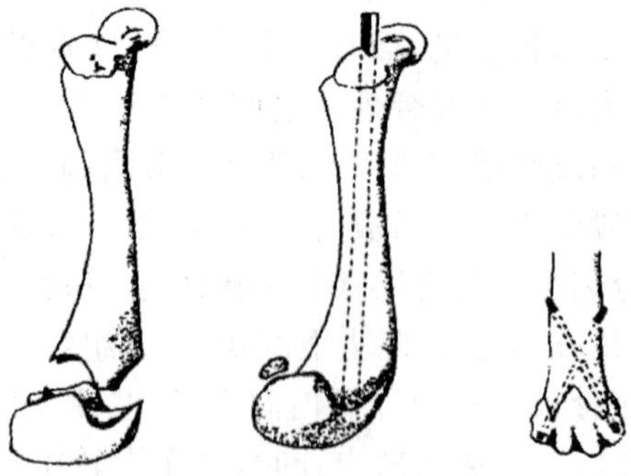

图 7-8-6　股骨远端骨髁骨折的固定

(a)股骨远端骨折；(b)髓内针固定；(c)钢针交叉固定

Note

股骨骨折存在自愈可能，有时不加固定，采取悬吊或自由活动的方法也能自愈。尤其是幼龄动物，即便是骨折端错位，也有恢复的可能，并且到成年后不出现畸形和跛行。整复后，在骨折愈合早期应限制关节的活动，外部使用夹板绷带固定，到骨连接为止。

(4)股骨头和股骨颈切开术：同前文，不再赘述。

展示与评价

一、任务分配单

股骨头骨折的诊断与治疗任务分配表

<table>
<tr><td>任务名称</td><td colspan="5"></td></tr>
<tr><td>班级</td><td></td><td>组号</td><td></td><td>指导教师</td><td></td></tr>
<tr><td>组长</td><td></td><td>实训时间</td><td></td><td>实训地点</td><td></td></tr>
<tr><td>组员</td><td colspan="5"><table>
<tr><td>姓名</td><td>学号</td><td>姓名</td><td>学号</td></tr>
<tr><td></td><td></td><td></td><td></td></tr>
<tr><td></td><td></td><td></td><td></td></tr>
<tr><td></td><td></td><td></td><td></td></tr>
</table></td></tr>
<tr><td>任务分工</td><td colspan="5"></td></tr>
<tr><td>实训材料准备</td><td colspan="5"></td></tr>
</table>

二、任务问题引导单

股骨头骨折的诊断与治疗任务问题引导表

任务名称	
引导问题 1	动物股骨骨折的原因有哪些？
答案	
引导问题 2	在临床中，动物常见的股骨骨折有哪些类型？
答案	
引导问题 3	动物股骨头骨折的处理方法有哪些？
答案	
引导问题 4	在临床中，股骨头骨折手术技术要点都有哪些？
答案	

三、任务工作单

股骨头骨折的诊断与治疗任务工作表

任务名称	
操作过程描述	
操作照片	操作过程或项目成果照片粘贴处
任务反思	

四、任务评价单

股骨头骨折的诊断与治疗任务评价表

<table>
<tr><td>任务名称</td><td colspan="4"></td></tr>
<tr><td rowspan="6">任务评价</td><td>小组评语</td><td>小组评价</td><td>评价日期</td><td>组长签名</td></tr>
<tr><td></td><td></td><td></td><td></td></tr>
<tr><td>组间互评评语</td><td>组间互评评价</td><td>评价日期</td><td>组长签名</td></tr>
<tr><td></td><td></td><td></td><td></td></tr>
<tr><td>指导教师评语</td><td>指导教师评价</td><td>评价日期</td><td>指导教师签名</td></tr>
<tr><td></td><td></td><td></td><td></td></tr>
<tr><td rowspan="2">考核标准</td><td>优秀标准</td><td colspan="2">合格标准</td><td>不合格标准</td></tr>
<tr><td>操作规范，安全有序
步骤正确，按时完成
全员参与，分工合理
结果准确，分析有理
保护环境，爱护设施</td><td colspan="2">基本规范
基本正确
部分参与
分析不全
混乱无序</td><td>存在安全隐患
无计划，无步骤
个别人或少数人参与
不能完成，没有结果
环境脏乱，桌面未收</td></tr>
<tr><td>小组思政评价</td><td colspan="4"></td></tr>
<tr><td>教师思政评价</td><td colspan="4"></td></tr>
</table>

Note

五、任务总评单

股骨头骨折的诊断与治疗任务总评表

任务名称：	班级：	姓名：	学号：
评价方式	分评得分	所占比例	终评得分
学生自评		40%	
学生互评		20%	
教师评价		40%	
合计			

任务九　大转子撕脱的诊断与治疗

案例导入

泰迪犬，2岁，公，体重2.5 kg，免疫完全，定期驱虫。在中午12时，尾随主人下楼时不慎跌倒，从楼上摔下，狂吠，左后肢蜷缩、不能触地，呈悬吊状，无法四肢站立、行走，有异常尖叫，持续数小时。到医院检查，DR结果显示该犬大转子撕脱，拟实施手术治疗。通过本案例的学习，了解动物骨盆部位解剖结构，学会术前检查、动物麻醉及监护，会使用骨科手术器械使用，掌握大转子撕脱的诊断方法、治疗原则及术后护理。

学习目标

了解动物大转子解剖结构；掌握动物大转子撕脱的诊断方法；配合影像学、血液学等相关技术对动物大转子撕脱进行评估，在教师的指导下练习使用动物大转子撕脱相关的骨科手术器械。牢固树立救死扶伤的世界观，敬畏生命，作为新时代大学生更要不断学习进步、掌握技能、提高自己，尽可能地救助生命，不断为社会生产提供服务，树立良好的价值观，端正学习态度。

股骨颈与股骨体连接处上外侧的方形隆起的地方，称为大转子，是测量下肢长度，判断股骨颈骨折或髋关节脱位的重要标志(图7-9-1)。

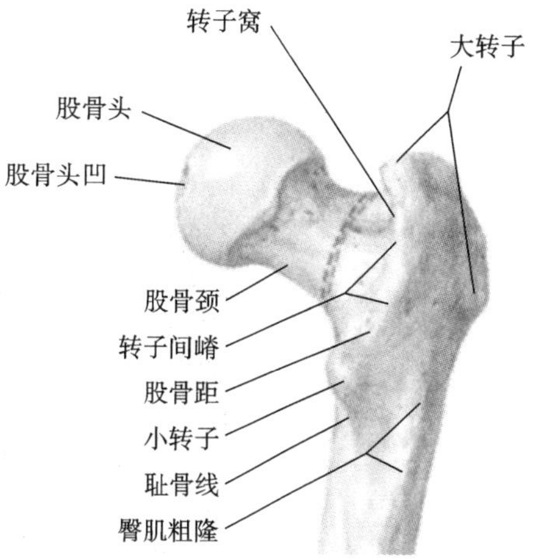

图7-9-1　大转子解剖结构(后面观)

股骨大转子后外部血供丰富，有多条血管分布，筋膜较厚，由致密结缔组织构成，分浅、深两层，与股方肌、臀中肌等附着于大转子的肌筋膜相连续，与臀大肌筋膜和大转子的骨膜通过疏松结缔组织相连。骨膜较厚，由致密结缔组织构成，与骨面附着紧密，不易分离。

骨膜血管位于骨膜的表面。筋膜与骨膜的血管来源具有多源性和同源性。同源性是指分布于大转子某一区的筋膜血管与骨膜血管来自同一动脉主干。

旋股内侧动脉深支和臀下动脉大转子支是股方肌蒂大转子筋膜骨膜骨瓣的主要营养血管。设计该组织瓣时，可以将这2条血管或其中之一作为主要营养血管。保留股方肌筋膜及其止点附近大转子筋膜的血管，即成为带筋膜血管的股方肌蒂大转子筋膜骨膜骨瓣。可切取筋膜、骨膜、骨瓣，植入时将筋膜和骨膜包绕骨瓣。这样切取的筋膜骨膜骨瓣有以下三方面的血供来源:①旋股内侧动脉深支和(或)臀下动脉大转子支;②股方肌营养血管;③股方肌筋膜血管。带筋膜血管的骨膜骨瓣在传统骨膜血管的基础上增加了筋膜血管的营养作用,因而带筋膜血管的骨膜骨瓣比不带筋膜血管的骨膜骨瓣血供丰富,有利于骨折的愈合。以深筋膜为蒂,骨膜骨瓣移位治疗胫骨不连接、用带筋膜的股方肌骨膜骨瓣移位及螺钉内固定治疗股骨颈骨折均有成功案例。用不带筋膜的股方肌蒂大转子骨膜骨瓣移植治疗股骨颈骨折时,有部分案例骨折不愈合。

解剖要点:

①取筋膜骨膜骨瓣时,应遵循筋膜的面积大于骨膜、骨膜的面积略大于骨瓣的原则;②分离臀大肌时注意保护股方肌筋膜血管和大转子筋膜血管及其连续性;③在骨膜骨瓣范围内,切勿将筋膜与骨膜分离,以免破坏筋膜血管与骨膜血管的吻合;④分离股方肌上缘外侧部时,不要损伤臀下动脉大转子支发出的股方肌支及旋股内侧动脉深支的大转子筋膜支和骨膜支;⑤在旋股内侧动脉的前方贴闭孔外肌分离股方肌,以免损伤旋股内侧动脉深支的股方肌支。

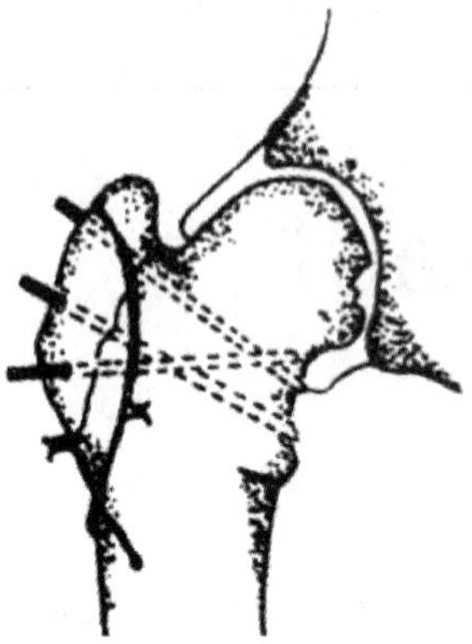

图 7-9-2 股骨大转子骨折——用钢针和金属丝固定

手术通路在大腿外侧,皮肤切口在大转子上,沿股骨外轮廓的弯曲的前缘切开,分离皮下脂肪和浅筋膜,分离阔筋膜,显露股骨头。并沿股骨头找到大转子,采用钢针和金属丝固定如图 7-9-2 所示,采用骨螺丝和支持接骨板固定如图 7-9-3 所示,采用张力金属丝固定如图 7-9-4 所示。

为更好地学习动物大转子撕脱,搜集临床案例如图 7-9-5 和图 7-9-6 所示。一只犬右侧大转子撕脱,采用髓内针和钢针固定。

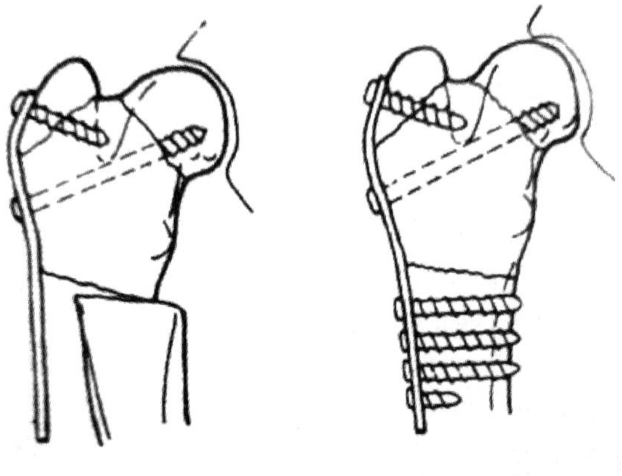

图 7-9-3 股骨大转子撕脱与股骨颈骨折——骨螺丝和支持接骨板固定

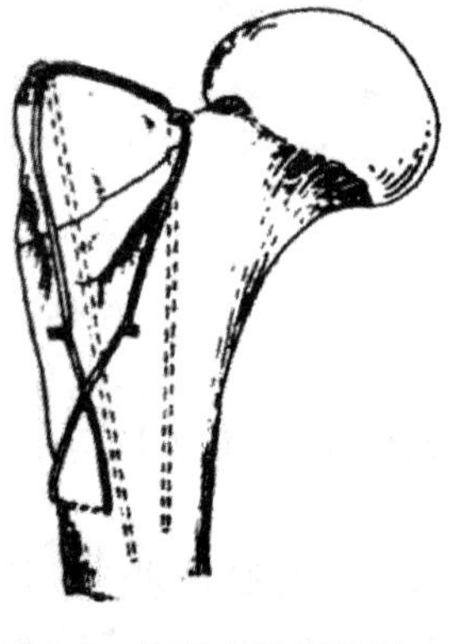

图 7-9-4 股骨大转子骨折——张力金属丝固定

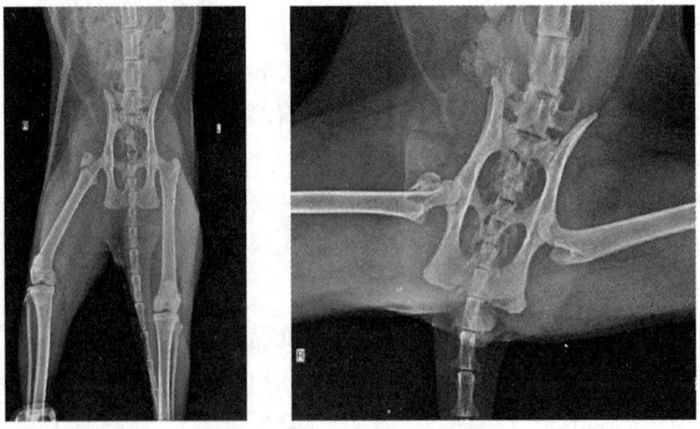

(a) (b)

图 7-9-5 大转子骨折 X 光片

(a)右侧位 X 光片;(b)放大后 X 光片

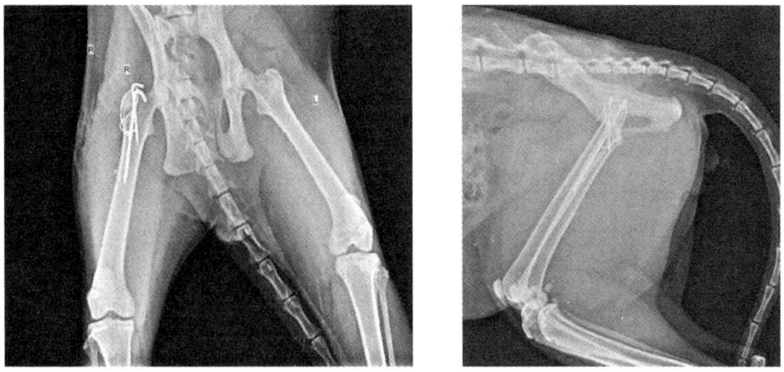

(a)　　　　(b)

图 7-9-6　大转子骨折后采用髓内针和钢针固定

(a)正位 X 光片;(b)侧位 X 光片

展示与评价

一、任务分配单

大转子撕脱的诊断与治疗任务分配表

<table>
<tr><td>任务名称</td><td colspan="5"></td></tr>
<tr><td>班级</td><td></td><td>组号</td><td></td><td>指导教师</td><td></td></tr>
<tr><td>组长</td><td></td><td>实训时间</td><td></td><td>实训地点</td><td></td></tr>
<tr><td>组员</td><td colspan="5"><table>
<tr><td>姓名</td><td>学号</td><td>姓名</td><td>学号</td></tr>
<tr><td></td><td></td><td></td><td></td></tr>
<tr><td></td><td></td><td></td><td></td></tr>
<tr><td></td><td></td><td></td><td></td></tr>
</table></td></tr>
<tr><td>任务分工</td><td colspan="5"></td></tr>
<tr><td>实训材料准备</td><td colspan="5"></td></tr>
</table>

二、任务问题引导单

大转子撕脱的诊断与治疗任务问题引导表

任务名称	
引导问题 1	动物大转子的解剖位置在哪里?
答案	

续表

引导问题 2	动物大转子撕脱的原因有哪些?
答案	
引导问题 3	动物大转子撕脱的处理方法有哪些?
答案	
引导问题 4	在临床中,动物大转子撕脱手术技术要点都有哪些?
答案	

三、任务工作单

大转子撕脱的诊断与治疗任务工作表

任务名称	
操作过程描述	
操作照片	操作过程或项目成果照片粘贴处
任务反思	

四、任务评价单

大转子撕脱的诊断与治疗任务评价表

任务名称				
任务评价	小组评语	小组评价	评价日期	组长签名
	组间互评评语	组间互评评价	评价日期	组长签名
	指导教师评语	指导教师评价	评价日期	指导教师签名

续表

考核标准	优秀标准	合格标准	不合格标准
	操作规范,安全有序 步骤正确,按时完成 全员参与,分工合理 结果准确,分析有理 保护环境,爱护设施	基本规范 基本正确 部分参与 分析不全 混乱无序	存在安全隐患 无计划,无步骤 个别人或少数人参与 不能完成,没有结果 环境脏乱,桌面未收
小组思政评价			
教师思政评价			

五、任务总评单

大转子撕脱的诊断与治疗任务总评表

任务名称: 班级: 姓名: 学号:			
评价方式	分评得分	所占比例	终评得分
学生自评		40%	
学生互评		20%	
教师评价		40%	
合计			

任务十　四肢骨长骨骨折的诊断与治疗

案例导入

英国短毛猫,公,1 岁,体重 3.6 kg,未做过绝育,常规疫苗免疫和驱虫正常,无病史,饮食排泄情况正常,平时饲喂配方猫粮,偶尔饲喂猫营养罐头。昨晚从高处摔下,发现左后腿不敢碰地,带到医院就诊。经医院检查,结果显示该猫胫腓骨骨折,拟实施手术治疗。通过本案例的学习,熟悉四肢骨长骨的组成、解剖结构、四肢骨长骨骨折的诊断方法与治疗原则,掌握术后护理方法。

学习目标

熟悉动物四肢骨长骨解剖结构、四肢骨长骨骨折的诊断方法;配合影像学、血液学等相关技术对四肢骨长骨骨折进行评估,在教师的指导下练习使用骨科手术器械。牢固树立救死扶伤的世界观,敬畏生命,作为新时代大学生,更要不断学习进步、掌握技能、提高自己,尽可能地救助生命,不断为社会生产提供服务,树立良好的价值观,端正学习态度。

Note

一、动物四肢骨长骨的组成

动物四肢骨包括前肢骨和后肢骨，其中四肢骨中长骨主要包括肱骨、桡骨、尺骨、股骨、胫骨和腓骨。

(1)肱骨：肱骨远端有内、外侧髁，髁间是肘窝(鹰嘴窝)，容纳鹰嘴(肘突)。

(2)在马、牛和羊等动物，桡骨发达；尺骨显著退化，仅近端发达，骨体向下逐渐变细，与桡骨愈合，近端有间隙，称前臂骨间隙。尺骨近端突出部称肘突。在猪、犬、兔和鼠等动物，尺骨比桡骨长。

二、制订骨折处理的方案

对于四肢骨骨折，术前制订详尽的手术计划及测量非常重要，由于四肢骨手术是小动物临床骨折手术中占比最大的，以下针对四肢骨的手术技术，按照常用的方案及常见器械加以说明。

在四肢骨骨折手术过程中，髓内针、骨板和钢丝是比较常用的骨科手术器材，这些器材的功能及使用方式如下。

(1)髓内针(克氏针)适应证及生物力学特性。

髓内针作为骨科手术常用器材之一，目前在宠物临床已经得到广泛的应用。髓内针常用于骨、股骨及胫骨等长骨骨折手术。与其他埋植物(如夹骨板、外固定器)相比，圆形的髓内针能够平衡来自各个方向的弯曲负荷。其生物力学优点在于能够抵抗弯曲负荷，缺点是抗轴压力或抗旋转负荷较弱，以及对骨折固定(连锁)效果差，尤其是无法解决旋转负荷。髓内针只能借助针和骨骼间的摩擦力来抵抗旋转负荷和轴向压力。通常情况下，这种摩擦力不能阻止骨折处的旋转和轴的断裂。虽然针骨之间的摩擦力能阻止骨折术后的早期位移，但仍然存在因骨折固定不稳，而引起骨折微移、骨吸收和针移动等问题。所以一般临床使用髓内针要辅以其他埋植物(如环扎钢丝、骨骼外固定器)来固定骨折。这些埋植物具有各自的特点，这些将在与髓内针联合应用之前加以应用。

一些外科医生建议使用多根髓内针来增加轴向和旋转向的支持。然而因为其旋转向支持力的增加还不确定。应用两根及以上针会增大并发症的发生率。而且并不能提供足够的机械支持。多针技术的应用在临床工作中已经有多年的经验，尤其是处理某些骨折部位的远端。

髓内针是光滑的，一般由不锈钢材料制成，临床应用髓内针主要是因其可插入髓腔以维持骨碎片的稳定性。小动物临床最常用的髓内针是克氏针。目前国内厂家生产的克氏针的型号从0.4到3.0不等。有削掉一头的(一头尖，一头钝)，也有两头都削的(每头都为尖)。最流行的设计是套管针型和平凿型。平凿型具有2个削面，其穿过高密度骨密质时效果较好，因为它较套管针型产生的热量少。套管针型具有3个削面，比较容易插入松质骨。髓内针也有在针尾有螺纹的，这是为增加针的支撑力而设计的，有时螺纹的作用至关重要，可以防止某些克氏针的脱出。目前，螺纹针的应用还具有争议。支持者认为，这种针能提高骨的支撑能力。然而，一些研究表明，这些针的支持作用不强，因为术后骨仅能生长进入螺纹。因此，在术后骨的早期愈合阶段，支持力并没有提高。另外，螺纹针与较光滑针相比，会增加骨潜在的过早衰竭。在针末端螺纹的制造过程中，会使针非螺纹部分的直径比螺纹部分增加，易于诱发针过早弯曲或折断。

(2)环扎钢丝。

一般宠物临床的矫形钢丝通常用于环扎术和半环扎术，大多数用于斜骨折的内固定治疗。矫形钢丝有时也与其他内固定器联用，来补充骨折轴向力支持、扭转支持和弯曲支持。环扎术是矫形钢丝围绕骨周围缠绕，半环扎钢丝指在预先打孔的骨骼上缠绕的矫形钢丝。联合使用环扎钢丝与克氏针，可以防止在骨直径改变的地方或骨长轴斜骨折固定时，环扎钢丝无法解决的抗弯曲力。环扎钢丝技术在宠物临床骨外科中，最常用于埋植物，合理配合其他骨科埋植物。

环扎钢丝应用得不恰当可能会导致并发症增多，包括环扎钢丝的型号和固定技术的不恰当等。环扎钢丝技术能增加长斜骨骨折、螺旋形骨折及粉碎性骨折的稳定性。在一些复杂骨折，环扎线常配合其他固定器(如IM针、外固定器、接骨板)来支撑重力负荷(主要是弯曲负荷)。当环扎钢丝用来固定骨折时，必须对骨折面产生足够的压力以防止骨在重负荷下的移动或错位。为实现此目标，必须达到以下 3 个条件：骨折线的长度应是骨髓腔直径的 2～3 倍；3 个（最好是 2 个）骨折片段中要有一个最大骨片；准确复位骨折。当这些条件达到时，环扎钢丝可对骨折片段产生足够大的压力，确保对骨折的固定。如果骨折处超过 2 个骨片或骨折线不够长，环扎术仅能把骨片固定在其位置上，但不能产生压力以抵抗重力负荷。环扎钢丝的错误使用有可能会导致骨折片的塌陷，骨折钢丝松动，将进一步延迟愈合或带来严重的并发症。

知识点：骨折延迟愈合和不愈合及异位骨化

视频：骨科延迟愈合

由钢丝和负重而引起的机械张力变化，取决于拉紧钢丝的程度（松紧）和线型（单缠绕或双缠绕的环扎术）。一般情况下，拧紧的张力越大，双缠绕对骨片产生更大的压力和对负重更大的耐力。只要遵循原则，2 种紧线程度和单缠绕、双缠绕都可使用。

矫形钢丝固定通常不用于短斜骨折或横骨折，当犬的骨折评价分值在中等以下时，应禁止使用。偶尔在骨折评价分值高的情况下，环扎术可用于辅助髓内针固定短斜骨折或横骨折。但在短斜骨折固定中，也推荐使用钢丝穿过骨折线，而环扎钢丝在其上下环绕这种方式。对于横骨折的固定，应用环扎钢丝辅助髓内针固定或用“8”字形矫形钢丝辅助能提供更有效的抗扭转能力。

（3）骨骼外固定器。

骨骼外固定器，即外固定支架系统，目前在宠物临床应用广泛，外固定器具有诸多优点。目前常见的外固定器功能多样，对长骨骨折、关节固定术和临时关节制动均可提供支持。但它不是治疗关节骨折的理想方法，也很少用于骨盆骨折的治疗。

外固定器适用于粉碎性骨折闭合复位后的固定。外固定器一般用于最初的骨折固定，并对治疗过程中所出现的变化和松动起到最佳固定。针（类型、大小、数量、位置、长度）和骨架构型（单侧、双侧、双平面）都会影响固定器的稳定性及抗轴向、抗弯曲、抗扭转负荷等与重力相关的作用。外固定器附带的螺纹针具有互锁作用，可用于防止骨的拉开和松弛。增大针的直径可增强固定强度，但是建议一般不超出骨直径的 20%。主要骨片上的固定针数量能影响固定器的强度和固定针间的负重分布。每个骨片的固定针数量越多，骨折裂痕和针-骨界面的稳定性就越好。一般每个骨片上有 4 根针是比较好的，两侧断端至少应该有 2 根针，超过这个数量，机械力学优越性就减弱了。在骨裂痕处和骨折末端插上针，能够增加固定器的强度，降低骨折部位的移动。减小骨和固定夹之间的距离，能够增加固定器的稳定性。通过改变夹子的方向，夹紧螺杆，使其最大限度地与皮肤接触，而达到减小此距离的目的。强度和稳定性随外部连接的支撑杆数量、大小的增加而增加。在术后复查阶段，宠物医生可以根据具体的愈合情况来调整外固定器。

一般在临床应用时，在防止弯曲负荷方面，双面固定器比单面固定器更有效。外支架常分为单侧单平面型、单侧双平面型、双侧单平面型、双侧双平面型。不同的支架结构决定支撑杆和板的数量，这些外固定器的强度和稳定性依次递增。近年来很流行将髓内针与外固定器结合使用。这些支架系统也被提及。单侧单平面型中，当轴向负荷作用时，支架易于弯曲。再增加一个支撑杆可增加稳定性。单侧双平面型中，支架能够抵抗轴向压力，曲应力和扭转力。双侧单平面型中，支架抵抗轴向压力、相同平面的曲应力及扭转力。而完全抵抗外平面的曲应力需要用双侧双平面型固定器。双侧双平面型固定器可为早期骨痂形成提供稳定环境。术后 6 周左右，由于杆和针的移动，固定器稳定性会降低，从而影响骨痂的形成和成熟，这时需要宠物医生根据具体情况来进行适度的调整。

常见外固定器包括 3 个部分：插入骨中固定主要骨片的固定针；支持骨折的外连接杆；连接固定针和外连接杆的连接器。目前我国国内厂家生产的一些适用于宠物的商用外固定器，具有小、中、大号等不同的型号。

（4）固定针。

固定针可根据埋植方法（如半针或全针）和结构设计（有螺纹或无螺纹）进行分类。半针插透双层皮质骨和一侧皮肤，而全针应插透双层骨皮质和两侧皮肤。无螺纹固定针具有光滑的杆，常用于外固定器。有螺纹的针可分为末端有螺纹的螺纹针和中部有螺纹的螺纹针。中部有螺纹的针常作为全针用于类型Ⅱ或类型Ⅲ的外固定架。中部的螺纹用来连接骨骼，而光滑的末端伸到皮表外。末

Note

端有螺纹的针常根据螺纹固定的骨皮质层数来分类(如 1 层或 2 层皮质)。1 层皮质的末端纹针,螺纹在针头,尽管针本身穿透 2 层皮质,但是螺纹仅固定 1 层皮质。2 层皮质的末端螺钉,具有一定的螺纹长度,可以固定双层皮质。螺纹针可根据螺纹截面(凸面或凹面)进一步分类。中央螺纹和末端螺纹处的直径小于光滑部分直径,螺纹剖面为凹面;光滑部分和螺纹部分的轴直径相等,螺纹剖面为凸面。螺纹高度和间距应根据皮质骨(螺纹皮质针)或松质骨密度(螺纹松质针)而设计。

(5)外连接杆。

外连接杆由不锈钢、合金钛、碳纤维、铝或丙烯酸树脂构成。碳纤维具有通透性,X 线检查可显示骨折愈合状况。不同的金属柱对应不同型号的夹子。随着丙烯酸针-外固定的应用,或者随着丙烯酸夹板的应用,外固定器和连接装置开始流行起来。骨盆前环外固定(APEF)系统包括光滑型和增强型螺纹固定针,此系统包含有可重复使用的临时调整支架。

(6)接骨板与螺钉。

接骨板与螺钉固定是骨折固定的一个通用方法,在宠物临床可以用于任何长骨的骨折。目前此方法常用于中轴骨骨折。之所以常用是因为安装接骨板与螺钉术后疼痛较少,肢体功能恢复较快(也用于关节面骨折和其他骨折疾病等)。

螺钉可以对骨折处产生压迫,这样可以增加骨断端之间的摩擦并且可以抵抗对骨折处的负重。两个或多个螺钉常用来支撑骨干弯曲,而如果负重过大,就必须依靠接骨板的帮助。在有的案例中,螺钉也常单独使用来修复关节骨折。螺钉承受弯曲力的大小取决于轴心直径,随着直径的增加,其承受力也增加。螺钉固定力的大小与螺纹直径的大小呈线性关系。

接骨板能有效地承受轴向负重、弯曲负重与骨折处的扭转力。接骨板不断地受到这种屈曲力是因为接骨板偏离长骨的轴心位置。过度的压力集中于此会导致固定失效。增加板的型号,使用更宽大的板或者板/针结合使用,能增大手术成功率,减小失败风险。

当确定使用接骨板时,必须选择合适的接骨板装置。钻孔引导器、套管、扳手、深度测量器与螺丝起子常用来安装螺钉。

皮质骨与松质骨螺钉均由 316 L 不锈钢或钛材料制成,有的自身有螺纹,有的没有。没有螺纹的钉子要被轻轻打进骨头里去;自身有的可以用螺丝刀轻轻拧进去。目前螺钉的使用还存在争论,常用的内固定钉为无螺纹钉。皮质螺钉为完全的螺纹钉,常用于高密致的皮质骨。且螺纹数目也比松质骨螺钉要多。这样就可以使得相对薄的皮质骨上有较多的螺纹。全螺纹或部分螺纹的松质骨螺钉主要用于干骺端。松质骨螺钉的螺纹比皮质骨螺钉要高,进入软组织更深。常以螺钉的外直径来命名,如 3.5 mm 的皮质螺钉,其外直径就是 3.5 mm。皮质骨与松质骨螺钉的型号从 1.5~6.5 mm 不等。

螺钉可以用于固定接骨板或者固定骨碎片,用于前者时称为接骨板螺钉,用于后者(防止骨碎片塌陷)时称为位置螺钉,后者既可以插入板孔中,又可单独置于骨上(又称加压螺钉)。加压螺钉可用于增加碎片间的压力。

不同的装置应使用不同的螺钉,不同尺寸的螺钉应使用与其外直径一致的钻头。

AO/ASIF 接骨板是 316 L 不锈钢或钛质材料,因为钛板和钛螺钉比不锈钢要贵,所以不锈钢材料为常用材料。按不同要求设计接骨板,包括螺钉长度与孔的尺寸,板和螺丝孔的形状和功能等。板的长度是由板的孔数决定的。不同尺寸范围的板都有。3.5 号板有 4~22 个孔,2.7 号板有 4~12 孔。板的尺寸取决于所配合的皮质骨螺钉的孔。例如,3.5 号板,孔径可以配合 3.5 mm 皮质骨螺钉,同样,2.7 号板为 2.7 mm 的螺钉,4.5 号为 4.5 mm 的螺钉。

接骨板上可以设计不同形状的孔,孔可以是圆形的也可以是椭圆形的。因为螺钉被拧紧时,可产生压缩力,所以椭圆形骨板常称为动力加压板。椭圆是以球滑动原理为模型的,圆锥形的螺钉头代表球,椭圆形板孔代表倾斜的平面。随着板孔的下降,当螺钉被拧紧时,螺钉头滑向椭圆形孔的中心,此时,板下的骨头水平运动。如果骨折线两边都发生以上过程,骨头就被从两侧挤到一起,对骨折线处产生压力。通过钻引导架钻孔,以使孔的中心位于负重的位置或中间位置。在负重位置时,每个拧紧的螺钉能压缩 1 mm，即使在中间位置也能到 0.1 mm。球滑动原理在限制接触的动力加压板由两端孔完成。

除了板孔设计，接骨板的形状也属于型号的设计。3.5～4.5 号板都有标准与加长型。后者更宽，强度和稳定性能更好。该板的一个重要的特点是当其用于大型或巨型犬时，钛和不锈钢都被设计为宽直型加压孔接骨板(LC-DCPs)。它们被制作成板与骨之间只有有限的接触，接骨板上螺孔之间有凹陷，可减少对血液循环的阻碍。而且有效地将压力分散于板上，减少板的压力聚合器的作用。板孔设计以动力压缩为原理，但又有别于椭圆形孔。有时凹陷的角度可以更大(40°)，有时在一些选择性的矫形手术中，可能还会用到一些比较特殊的接骨板，特别是用于矫形外科的接骨板。

一些接骨板专门设计用于小动物的骨折，这对某些特殊的损伤是有帮助的，可塑接骨板(VCPs)根据其配套螺钉的大小，可分为两个型号。2.0/2.7 VCPs 适于 2.0 mm 或 2.7 mm 的皮质骨螺钉，而 1.5/2.0 VCPs 适用于 2.0 mm 或 1.5 mm 的皮质骨螺钉，因为其长度范围比较大，最长有 50 个孔(300 mm)，因此 VCPs 在临床上应用非常广泛。因有时 VCPs 可能被断开，所以其上会有比较多的孔。VCPs 可以通过叠加的方式来连接小动物的粉碎性骨折、叠加两块 VCPs 可增加其长度和强度。犬髋臼接骨板被制作成与犬髋臼的背外侧面一致，也有两种大小。因其强度比较大，常用于大型或巨型犬。犬桡骨远端接骨板被设计成用来完成小型犬桡骨远端骨折的固定。这种骨折会有一个比较短的骨折远端。对于放置常规接骨板和螺钉比较困难，犬桡骨远端接骨板有一个"T"形结构，有一个小横杆来固定桡骨远端骨骺，这种形状可以允许合适的螺钉安置在比较短小的干骺断端。即使接骨板是按照其功能设计的，但在临床中还是需要正确使用以及确保骨板(加压板、平衡板、支持板)不变形。3.5 号宽板可作为加压板、平衡板或支撑板使用，需要通过适当地使用接骨板和螺钉对骨折线处施加压力时，接骨板此时可称为加压板；如果是横骨折或短斜骨折(不超过 45°)，动力加压钢板(DCP 板)只能作为加压板使用；当骨折线超过 45°或粉碎性骨折时，就不能作为加压板使用。平衡接骨板可平衡骨折固定过程中解剖结构和骨螺钉及钢丝固定产生的力，适用于可复位性粉碎性骨折和骨折线超过 45°的斜骨折。支撑接骨板可以连接骨折碎片或防止骨骼塌陷。其最常用于骨骼端骨折，这种骨折的手术复位和固定技术比较困难(如不可复性粉碎性骨折)。板的尺寸(2.0、2.7、3.5、4.5)选择依据是患病动物的体重与骨的长度。AO/ASIF 已经根据体重制定了表，以便根据体重选择合适的接骨板。板的长度应当能够阻止因螺钉松动引起板松动。最短长度应允许在主要的骨折上和下部有 6 个皮质孔，这个数目可以确保力在板螺钉间的分布。但事实没有想象的那样，比如一些短骨骨折固定时，就不能满足这些条件。与接骨板接触骨表面将影响骨折固定的稳定性。通常，长骨在正常情况下呈弯曲状，因为生理上的负重会向心性地集中在骨中心。当一根骨处于这种情况时，骨的凹面就会受到压力，而凸面会受到张力。因为其会引起骨折两端的分离，必须阻止这种张力。因此，可以将接骨板安置在张力面，以消除这个使骨折分裂的力。

三、四肢骨长骨骨折

(一)肱骨骨折

知识点：四肢骨与关节损伤术后康复与功能评分

1. 定义　肱骨骨折是肱骨骨干的皮质层遭到破坏的结果。安置髓内针和骨板是固定肱骨常见的内固定方式，从大结节插入穿过骨折线固定在上髁的中部。髓内针也可以后退形式从骨折线处插入，插至大结节的近端，当骨折变形时，要插到碎片的远端。

对于大多数宠物的病因，高速度性受伤(如车祸、枪伤、钝性外伤)是肱骨骨折的常见原因。当评估一个高速度性受伤患病动物时，不能只注意到明显的骨折，应通过对全身系统的检查找出并发性的损伤。常见的并发于肱骨骨折的损伤有胸壁外伤、气胸、肺部挫伤。在麻醉前应进行 X 线检查，查看胸部的损伤情况。桡神经位于肱部末梢的旋肌沟中，从中间延伸到侧部。肱部末梢骨折可以引起桡神经的损伤，因此仔细地检查动物的神经状况也是重点。骨折还可造成肌肉损伤和组织肿胀，所以神经反射和本体感应不易检查到。桡神经是否有损伤，可以从爪背表面的疼痛反应来判断。

Note

2. 手术治疗　髓内针和外科矫形钢丝、连锁针、髓内针加外科固定器、单用外科固定器和接骨板都可用于肱骨骨折整复。依据患病动物骨折评价分值选择合适的材料。影响愈合的因素包括出现多重损伤与患病动物活动量大，这时必须进行开放性整复，还原损伤的组织与压紧骨折碎片如果预计有较长的愈合期，那么植入体系需要安置 8 周或更长的时间以恢复其功能，通过螺纹来加强与骨的固定。愈合期较短的，植入体系应能提供足够的摩擦支撑（平滑的针和线）。

（二）肱骨骺长骨体生长部的和干骺端的骨折

1. 定义 骺骨骨折和干骺端骨折发生于肱骨近端或远端。长骨体生长部的骨折发生于未成熟动物的肱骨生长板，肱骨近端骺和干骺端的骨折不常见，但偶尔也会通过肱骨近端的长骨体生长部发生于年轻的动物。贯穿肱骨近端长骨体生长部的骨折可能是轻微外力作用的结果或只是由习惯性的轻微错位引起的。

详细的侧面射线检查和与对侧肢的 X 光片对照对正确的诊断是有必要的。肱骨远端骨节（肘）骨折比较常见，这种骨折包括骨节远端或中间的部分，或两者同时发生，以骨节 T 形或 Y 形骨折常见。这种骨折也常伴发于髁上的粉碎性骨折。骨节远端骨折会延续到中间骨节是因为下面的 2 个原因。首先，骨节远端部分是一放射状的关节头，可以分担体重的压力。其次，骨节远端部在解剖学上是多孔的圆柱形，这样可以通过不太牢固的髁上结节把体重转移到肱骨骨干。骨节远端部的骨折多发生于年轻的、观赏品种的犬，这些犬从家具或主人手臂坠落或跳跃时肘部是伸展的，当它们落地时，重力通过放射状的前外侧骨节轴转移，结果使骨节远端部发生分离。骨节远端和中部之间的骨折线，穿过长骨体生长部末端到达干骺端。因为长骨体生长部包含其中，所以骨折按索尔特（氏）V 骨折分类。如果骨折引起轻微的髁间错位，那么前后位的 X 光片是首要的。成年动物也可通过上述机理发生外侧髁骨折。横向的这些骨折可能是髁背侧和中部小骨片发育不完整引起的。发生在髁上结节松质骨或髁间松质骨的骨裂骨折，在 X 光片上显现骨折之前，动物可发生前肢跛行。

2. 手术治疗 依据动物的年龄、整体健康状况和骨折的结构来治疗骺和干骺端的骨折。骨折估分通常用来帮助决定治愈骨折所需的固定硬度。治疗索尔特Ⅰ和Ⅱ长骨体生长部骨折的手术过程包括解剖学上的整复和用基尔希讷（氏）钢丝或小号针固定骨折，小号针必须光滑不能影响长骨体生长部的功能。从力学角度来讲，松质骨上的长骨体生长部的骨折面的形状和松质骨之间的摩擦能够帮助阻止已整复的长骨体生长部的近端骨折处活动。这些骨折可以快速愈合，因为这些骨折发生于年轻动物的松质骨上，所以整复面一般是平整光滑的。骨折线闭合充分的动物，可用带有螺纹的埋植物来压紧骨折了的长骨体生长部。用加防护套的螺钉从解剖学上整复和严格固定，对于数段骨节的索尔特Ⅳ骨折并不是最佳选择。

（三）桡骨和尺骨骨干骨折

1. 定义 桡骨骨干骨折和尺骨骨干骨折是前肢受伤的结果。因其有较少的软组织覆盖，故开放性骨折（受伤的骨头穿过了皮肤）较常见。

2. 概况和病理生理学 在犬和猫的全部骨折中，桡骨和尺骨骨折占 8.5%～18%。骨干骨折最常见，通常包括桡尺骨骨干远端的中部，因为这些骨折通常是受外伤的结果，所以要仔细检查患病动物同时并发的损伤（如肺挫伤、气胸、肋骨骨折、损伤性心肌炎）。因为骨骼周围有很少的软组织覆盖，开放性骨折较为常见。

观赏品种的犬在跳跃或坠落过程中出现明显的、较小的损伤时，也易引发桡骨和尺骨骨折。这些骨折并发症的频率也很高。短斜向骨折造成一些机械的不稳定性，相比之下，体型大的品种犬则会因干骺端缺乏脉管系统和骨外脉管系统周围的软组织稀少而影响愈合时间。

3. 手术治疗 根据桡尺骨骨干骨折的形状和骨折估分选择闭合性或开放性复位术。少量的或中等的骨折碎片及较大区域的粉碎性骨折，能在解剖学上重建的，要用内固定器或外骨骼固定器或联合使用来固定。严重的粉碎性骨折不能完全复位时要用开放性整复术和外骨骼固定器或开放性整复术和支撑板及松质骨自体移植来固定。骨折是开放的还是闭合的与骨折在解剖学上能否复位相比并不重要。开放性和闭合性整复的优点和缺点要进行权衡，以选择每个个体骨折手术的最佳方法。尺骨通常可被固定的桡骨间接地支撑，但是，桡骨粉碎性骨折及大型犬需要额外支撑，在桡尺骨解剖学上整复后需要长期运动的犬来说，尺骨也要固定。桡尺骨骨干骨折的固定体系包括髓内针、外固定器、接骨板和螺钉。

（四）桡尺骨骨干和骨骺骨折

1. 定义 骨干骨折和骨骺骨折发生在柱状（桡尺）骨。关节骨折会破坏关节表面。

2. 概况和病理生理学 近端骨折也会罕见地发生或伴发桡骨头脱臼。骨折可能会波及关节滑车切迹的表面。三头肌的牵拉会使近端的尺骨碎片移位，必须内部固定加以控制并达到骨接合。

桡骨头部通常被肌肉保护得很好，所以近端尺骨的骨折是很少发生的。桡骨远端的骨折可能是关节外的也可能是关节内的。关节内骨折通常阻断上髁中部，使腕骨失去韧带的支持。连接在上髁的韧带会导致碎片的移位，必须用内固定来控制。尺骨柱状突的骨折会导致腕骨侧面的破坏。

3. 手术技术

（1）尺骨远端径路：在皮下和远端的皮下组织可触摸到尺骨远端。沿尺骨干切开皮肤和皮下组织。提起腕尺屈肌和指深屈肌的中部，尺骨侧肌在骨的侧表面暴露。找到腕尺屈肌的起始部以暴露滑车切迹。

（2）桡骨近端和尺骨骨折的固定：如果骨折的评价分值是8～10，通常用针和钢丝来固定骨折就足够了。近端的桡骨关节外骨折，如果评价分值是4～7，可以用交叉钢丝和小号髓内针来进行固定。严重的粉碎性骨折、近端尺骨的开放性骨折或是预期治疗时间很长（骨折评价分值在0～3）的骨折应该用接骨板和螺钉进行固定（支撑接骨板）。关节骨折必须在结构上复位并用绷带绷紧，用加压螺钉或是加压接骨板（张力宽接骨板）来恢复关节的功能和连续性，并限制关节退行性病变。

使用扁钢丝复原骨折（尺骨近端，尺骨柱状突，桡骨柱状突的内侧）并在骨折处用两股基尔希讷（氏）钢丝。钢丝通过骨折线穿过较大的骨折碎片。在大骨片上穿洞，穿过一根8号线，缠上基尔希讷（氏）钢丝并系紧。接骨板是固定近端尺骨骨折的最好方法。在鹰嘴后表面应用接骨板起到矫形钢丝的作用，增加骨折处的压力。在一些粉碎性骨折的情况下，在近端尺骨用接骨板或在尺骨后面或外侧面用接骨板起到支撑接骨板的作用。

（3）桡骨远端和尺骨骨折的固定：桡骨远端和尺骨骨折可以用加压螺钉或是张力钢丝带来进行固定。

放置一个全螺纹的加压螺钉，复原骨折并用基尔希讷（氏）钢丝固定住。在上髁碎片中钻个圆滑的孔（大小与加压螺钉螺纹直径相等）。钻头套插入光滑的孔里，穿过桡骨，钻一个更小的孔（和螺钉的核心直径相等）。量孔选择适当长度的螺钉，旋入螺钉。压紧骨折。基尔希讷（氏）钢丝应该留在上面，以提供转动的稳定性。

后肢骨常见的长骨骨折包括股骨骨折，胫腓骨骨折等。

（五）股骨骨折

1. 股骨骨干骨折

（1）定义：犬、猫的股骨骨干（femoral diaphysis）是股骨的中部，头尾弯曲，位于关节末端之间。一般对于股骨骨干骨折，常用的是髓内针配合骨板的内固定方式，简单的手术步骤是将髓内针以正向的方式从转子窝穿过骨折线，固定于股骨远端髁。另一种方法是，一根髓内针以逆向的方式嵌入骨折线，向近端推进，从转子窝出来，然后逆行推进，使其穿过骨折部，进入远端骨片。由于股骨骨折是非常常见的骨折，并且是初学者比较容易进行手术操作的骨折手术，因此下面重点讨论其手术技术，股骨骨折的很多手术技术也适用于其他长骨骨折。

（2）X线检查：股骨前后位和侧位的X线检查，可以确诊骨骼和软组织的损伤程度。大多数动物在活动肢体时会疼痛，因而需要镇静作用帮助固定位置，但是镇静同时也存在一定的风险性，需要在操作前和动物主人做好充分的沟通，尽量不选择在术前的麻醉状态下进行拍片。如果接骨板固定时需要模板，对侧健康肢的X光片可以观察到骨骼的长度和形状而获取资料。这些X光片都可用于在手术前辅助，以更精确地挑选出合适构型的接骨板或帮助对骨板进行塑形，从而减少手术时间。

(3)药物治疗或保守治疗：骨折必须进行固定，以帮助愈合。股骨骨折时，不推荐使用可塑性材料和夹板来固定，因为用这些方法很难使股骨得到充分固定。同时犬、猫有强大的愈合能力，稳定型或者不完全型骨折，以及生物学活性方面评价较好的动物，即使没有硬物固定，往往也可以愈合。在手术期间，可以给予镇痛药以减少疼痛带来的不适。

髓内针的进针方式：髓内针可以用正向或逆向的方式安置于股骨，正向推进的优点是可以使髓内针置于外侧，靠近大转子。这种定位方式，与逆向推进的方式相比，髓内针可以穿过较少的软组织，同时也可以确保髓内针被放置于坐骨神经外侧。正向方式的缺点是，判定骨骼上正确的进入点比较困难，因为把固定用的髓内针打进转子窝时，通常是采用盲操作。采用正向的方式推进髓内针时，在大转子上的骨骼隆凸处做一个小的皮肤切口，作为髓内针的进入点。如果肢体的肿胀继发于软组织外伤，触诊大转子可能会比较困难。可能需要在大转子上进行有限的切口暴露，来确定大转子粗隆。在通过触诊或直接暴露的方法对大转子定位之后髓内针的尖端穿透软组织，直到其能够穿过邻近的大部分转子嵴。髓内针尖端稍偏离大转子内侧缘进针，直到髓内针进入转子窝。在这个点，髓内针从稍偏背内侧的方位穿过邻近干骺端的网状骨质。当髓内针的尖端从骨折部位的骨髓腔穿出时，对骨折处进行整复，同时将髓内针穿过远端的碎片股骨。逆向安置的优点是能够在骨折部位见到髓内针嵌入的位置。但它的缺点是难以控制转子窝内髓内针的位置，因为髓内针可能离内侧太远，而导致软组织受到刺激，增加坐骨麻痹的风险。

采用正向安置时，要确定髓内针在转子窝内的位置靠向外侧，使用能够占据邻近峡部的骨直径70%的髓内针。当髓内针采用逆向安置方式时，用力使髓内针的针杆贴近邻近碎片的背内侧皮层。

逆向进针方式使髓内针的尖端沿着邻近骨碎片的皮层滑动，在转子窝内能处于更靠外侧的位置。这种操作对骨干中部以及邻近股骨的骨折更有效。越是远端的骨折，越难以控制。逆向安置的髓内针位置是当髓内针靠近转子窝时，保持肢体臀部的伸展和收缩方位，同时当髓内针处于转子窝时要注意避免穿透坐骨神经。当髓内针穿过转子窝，对骨折处进行整复时，将髓内针延伸至远端碎片。

无论髓内针是正向还是逆向进入，首先要将骨折部位整复好。对远端碎片的整复能够帮助股骨前背侧正常弯曲的代偿，并且使髓内针在远端可以处于更好的位置。通过利用皮质骨作为支点，将远端碎片牵拉集中完成整复。如果骨折处有轻度的错位或倾斜，则将所有的皮质骨相接到一起，这个连接点就形成了整复的支点。如果是粉碎性骨折，碎片皮质骨可作为髓内整复的参考点。估计髓内针使用的最适长度，可以用另一根与它等长的髓内针放在骨髓腔中作参考标记。髓内针在骨髓腔内延伸至远端，直到到达股骨髁骨松质的合适位置。用一根髓内针作为将被安置髓内针的位置参照。当参考髓内针的远端尖部接近髌骨近端水平线时，闭合手术切口，拍摄X光片，以确定髓内针放置的适当位置。对于猫，正向和逆向的位置都可以使用，而且对远端骨碎片的整复并不必要。始终保留一根与要嵌入的髓内针等长的针作参考。

(4)骨骼外固定器的应用：骨骼外固定器在股骨的内固定手术中非常常用，比较髓内针对弯曲的支持力度和外固定器能够提供的对轴及旋转的支持力，对于骨折整复时骨折处的生理运动是有意义的，主要是应力方面的作用。无论是正向还是逆向的方式，髓内针在第一次嵌入时要占据骨髓腔50%～60%的空间，这样才能够放置合适数目的固定髓内针。固定针的数目和型号有多种选择，目前国内生产此类外固定器的厂家较多，如何选择固定针则取决于固定针的硬度以及在嵌入处必须维持的时间。因为固定针要穿透大部分的大腿肌肉，这会导致患病动物的不适，所以要考虑尽可能少量使用固定针。固定针应该被放置在能穿过最少的软组织的区域。单一的外部连接杆联合2根横向固定针使用，一根横向固定针置于骨折近端，一根置于远端，这是适度稳定性骨折的常见构型。近端的横向固定针置于第三转子水平线的外侧。对于不稳定的骨折要增加横向固定针的数量。如果需要使用第3根横向固定针，在远端安置不如在近端安置舒适。第3根固定针安置于第三转子水平线的前外侧，并且与第1根固定针插成60°角。同样使用探针检测，以避免和髓内针交叉。2根近端固定针和1根远端固定针联合起来，形成一个三角形的外部支架，增强固定系统的力量。

(5)接骨板和螺钉的应用：目前宠物临床接骨板的种类很多，当可能延期愈合或者希望术后患肢能恢复最佳机能时，接骨板最适合用于整复复杂的股骨骨折或稳定型骨折。接骨板的尺寸取决于动物体格大小以及接骨板的功能。接骨板可分为加压接骨板、平衡接骨板和支撑接骨板。不考虑功能的话，接骨板应该安置于股骨张力面的外侧。使用加压或平衡接骨板时，最少应有3颗接骨板螺钉固定于骨折部的近端，3颗位于远端。使用支持接骨板时，建议最少应各有4颗螺钉固定于骨折部位的近端和远端。加压接骨板用于横骨折或者短斜骨折。当骨碎片能用加压螺钉或者环扎钢丝复位固定时，采用平衡接骨板整复长的斜骨折或者粉碎性骨折；当碎片不能复位，或者尝试整复固定可能导致大量软组织损伤时，选用拱形接骨板整复粉碎性骨折。接骨板轮廓应符合股骨的解剖外形，大多数能够很容易地通过对侧健肢在X光片上的影像来选择。插入髓内针有助于骨骼空间上的调整。髓内针可选用正向或者逆向的方式穿过骨骼完整部的近端，再穿过骨碎片部分，进入远端的完整骨骼部分。髓内针穿入远端碎片时，不要严格限制远端碎片的移动，使髓内针分布于近端和远端，恢复正常的股骨长度。保持通过骨接合术进行桥接，就不会影响粉碎区域的骨碎片。当在股骨上获得调整空间时，让接骨板附着于骨骼上，通过近端和远端的孔，用螺钉将接骨板固定住。如果调整后髓内针有所松动，则使用双边皮质接骨板螺钉。可将调整髓内针留在骨折处，形成一个拱形髓内针。在这种情况下，双边皮质螺钉位于近端和远端，单边皮质螺钉位于中间。接骨板和髓内针的联合使用增加了固定的力量，延长了抗劳损的寿命，并且可以保护早期断裂的骨骼。在6～8周后，移除髓内针，接骨板和髓内针系统的稳定性可能会降低。另外可以获取一种松质骨，并且移植于骨折区域。

(6)手术技术。

①股骨骨干的手术径路：沿大腿前外侧做切口。保证切口稍偏于前侧，因为需要暴露的术部位于二头肌的前侧。切口的长度取决于所用固定物的类型和骨折的形式。一般来说，插入接骨板和粉碎性骨折手术均需要做较长的切口。

沿股二头肌的前侧，切开阔筋膜的浅层。牵引股二头肌末端，暴露股外侧肌。如同嵌入股骨后外侧缘一样，切开股外侧肌的中筋膜。从股骨表面将股外侧肌反转，暴露股骨骨干。小心处理软组织和骨折处的血肿，以便骨折的整复和固定。

②固定骨干中部的横骨折或短斜骨折。

从力学保护的角度看，骨干中部骨折的构型在术后可以使骨骼和埋植物共同分担负荷。横骨折或者短斜骨折的固定需要能抗旋转和弯曲力。这个抗力能够通过接骨板、连锁针或者外固定器联合髓内针实现。

通常骨折评价分值低的动物，其固定物包括接骨板和螺钉以及连锁针。骨折评价分值中等的动物，其固定物包括接骨板和螺钉，连锁针或者与外固定器连接的髓内针。如果使用骨骼外固定器，固定针可以是有凸出螺纹的针或者有凸出螺纹的针和光滑针合用，使用哪种取决于固定器在患部的维持时间。骨折评价分值高的动物，所用的固定器包括髓内针以及联合2根固定针的外固定器。贯穿的固定针可以是光滑固定针或者是凹入螺纹的，骨干中部较长的斜骨折或是有1～2块蝶形碎片的粉碎性骨折的固定。从力学保护的角度看，能够用环扎钢丝和螺钉固定骨折中间的碎片进行整复。当中间碎片的骨折线被整复、压紧后，骨骼在术后固定物的支持下就可以负荷一定的重量。不适当的运动会压迫固定物及其附着点。对这类骨折的固定需要使用有抗轴向、抗旋转和抗弯曲作用的器械。这些支持力可以通过接骨板、连锁针、髓内针、环扎钢丝以及联合使用的骨骼外固定器或者髓内针加上环扎钢丝获得骨折评价。骨折评价分值低的动物所使用的固定系统包括对中间骨碎片产生压力的平衡接骨板与螺钉的联合使用或者保护重建的连锁针。骨折评价分值中等的动物所使用的固定系统包括连锁针或者对中间骨碎片产生压力的环扎钢丝与髓内针的联合使用。

髓内针和钢丝可以用骨骼外固定器支撑或者生物学评估良好时可以单独使用髓内针和钢丝。如果骨骼外固定器需要额外的支持，横向固定针应该有螺纹结构。骨折评价分值高的动物，其可靠的固定系统是由环扎钢丝联合的髓内针，以压迫骨折线。骨干中部有多块碎片的粉碎性骨折的固定，从力学角度看，粉碎性骨折的小碎片很难整复和牢固固定。即使没有显著的软组织撕裂，整复也很少成功，因为插入的固定物必须承受所有的负重，直到愈合组织形成并能提供额外的机械性支持，所以固定物要求有抗高压能力。如果生物学评估良好，强加的压力将持续很短的时间，固定失败的可能性很小。如果生物学评估不良，作用在固定物上的压力将延长作用时间，经常导致固定失败。推荐通过应用桥接骨连接，以及移植自体的松质骨，增强其生物应答能力。

2. 股骨颈骨折 股骨颈骨折通常发生在股骨颈的基部，与股骨近端的干骺部相连，又称股骨颈的前侧骨折。

(1)X 线检查：股骨颈的骨折不需要特殊的 X 线检查，但如果只做髋关节外侧面检查，可能会疏漏骨折的诊断。

(2)药物治疗或保守治疗：药物治疗和保守治疗不是最佳治疗方案，一般需要进行外科手术治疗。

(3)手术治疗：单一骨折面的骨折，最好使用加压螺钉。如果是不可修复的粉碎性骨折，可选择进行全髋关节置换或者股骨头、股骨颈的切除。如果受经济情况限制，可以进行股骨头和股骨颈的切除。

知识点：髋关节置换术后康复与功能评分

股骨颈和股骨干的接合处是一个有倾斜角度的平面，这个角度在 135°左右，当进行外科整复时要尽量达到这个角度。在正常情况下，前倾角度为 15°～20°。当要将螺钉或基尔希纳(氏)针插入股骨颈时，这个角度也需要考虑进去。

操作时要小心，确保股外侧肌的腹侧有足够的弯曲，以便看到骨折表面。股骨干位于股骨头和股骨颈的前背侧，股骨头和股骨颈形成髋臼。为了准确整复，必须在关节囊处做一个足够长的纵向切口。如果视觉上发现解剖结构没有足够的空间进行整复或者插入埋植物，就要切除大转子。保定动物采取患肢向外的侧卧保定，将患肢悬起，有助于在手术中进行整复。

(4)手术技术：常常采用前外侧径路到达髋关节。如果对骨片的位置校正比较困难，就要截除大转子，以便易于接近骨折部位。除非其生物功能评估相当理想，当插入基尔希纳(氏)钢丝时，股骨颈最好用加压螺钉固定，用局部有螺纹的松质骨螺钉固定。

2 根基尔希纳(氏)针分别嵌入骨折表面的最远端和最近端水平线。由近内侧将基尔希纳(氏)针向外侧表面推进，从骨折表面，或者从骨内侧表面开始，直到从骨折面穿出。减少骨折，将基尔希纳(氏)钢丝插入股骨骺。操作时要避免穿透关节面。在股骨骺处用适当型号的钻头打出相应的带螺纹的孔，此孔平行并位于基尔希纳(氏)钢丝孔之间。测量所需要的螺钉的长度和孔的扩张力。嵌入一个局部带螺纹的螺钉，并钻入比测量值少 2 mm 的长度，穿过骨折面，固定于股骨头内。留置 1～2 根基尔希纳(氏)针提供抗转动的固定。

用基尔希纳(氏)钢丝三角形固定从骨折面，嵌入三根互相平行的针牵拉基尔希纳(氏)钢丝，形成一个三角形。在靠近小转子处要逆向穿针出骨。也可选择使用正向方式进针，在小转子处进针，在骨折处穿出。整复骨折后，将髓内针推入股骨骺。小心操作，避免穿透关节面。

股骨转子间的骨折常常是复杂的，并且涉及股骨颈大转子以及近端的股骨骺。整复的方法取决于骨折的评估分值，包括螺钉对股骨颈的固定，以及股骨近端的其他一些固定方法。有良好生物学评估的幼年动物例外，它们可以使用多种小的基尔希纳(氏)针固定股骨骺和股骨颈。在成年动物，一般不用髓内针，因为螺钉横穿过股骨髁而无法嵌入髓内针。成年动物最好的固定方法是使用接骨板。如果干骺端的骨折是横骨折或是短斜骨折，接骨板的功能就是压力接骨板。如果粉碎性部位在环形钢丝和加压螺钉的帮助下可以重建，骨板作为平衡接骨板发挥作用。粉碎性部位也可以选择支撑接骨板或者板/杆联用进行桥接，而不用处理骨折碎片。用于固定股骨颈的加压螺钉，可嵌入接骨板的孔中，或者偏移到接骨板末端。

3. 股骨生长部的骨折

(1)定义：股骨生长部的骨折通常发生在股骨近端和远端的软骨生长板上。股骨的长骨体生长部是近端的长骨生长部，也是转子的长骨生长部。

Note

股骨生长部的骨折通常发生在股骨生长面的软骨上，所以股骨长骨生长部的损伤常常没有明显外伤。从外表看,股骨颈通常是旋转的,并且向前背侧移位,靠近髂骨翼。大转子的生长部也可能发生骨折,导致股骨干向背侧移位。

(2)X线检查:可用标准的腹背位和中外侧位X线检查进行确诊。动物保持镇静状态有利于找到骨骼正确的投射位置。移位程度较小的股骨长骨生长部骨折,在标准的X线片上可能难以检查出来,在此情况下,四肢呈"蛙位"的腹背位X光片可以帮助确诊。如果大转子生长部的骨折也被显现出来,大转子的头部影像就会与股骨干重叠,并且在腹背位的X光片上显示出半月形的不透X线的区域。在外侧位X光片上,大转子的头部在股骨近端显现出一个X线不能穿透的碎片。远端生长部骨折时,股骨干会向前侧和远端移位,然后可能和股骨髁重叠。如果是轻度错位,在单一的前后位X线检查时,错位就有可能被忽略。另外倾斜位和水平位的X光片,用于检查滑车和股骨髁表面等可疑部位是否有裂痕或者折断。

(3)手术治疗:生长部骨折的外科治疗包括解剖结构的整复以及用基尔希讷(氏)针和小型髓内针固定,为了不影响其生长机能,髓内针要用光滑型的。这种骨折能很快愈合,因为它多发生于幼年动物的松质骨,所以一般光滑的埋植物已足够。对于接近成年的动物,要用带螺纹的埋植物将断裂的生长部压紧。解剖结构的整复,是长骨生长板头部骨折固定手术成功的关键。从力学角度来讲,可利用折断的松质骨之间的摩擦力和骨折的生长板表面的形状,辅助性地防止近端的股骨长骨生长部和远端生长部复位后的相对运动。如果骨折骨已分离,大转子的生长部也必须进行解剖结构的整复,并且用压力绷带固定,以抵抗臀部肌肉产生的分离力。

(4)股骨近端的手术径路:在大转子近端,切开一个5 cm的皮肤切口。切口呈曲线形,使切口远端到达大转子的前缘,然后向远端延伸切口,越过近端股骨约5 cm切开皮下组织以及阔筋膜浅层和股二头肌前缘的结合处。切开阔筋膜张肌和股二头肌深侧缘以及臀浅肌之间的阔筋膜深层。分离阔筋膜张肌的前侧和臀浅肌以及股二头肌的后侧,牵引臀中肌近端,使臀深肌的肌腱得以暴露。用骨膜剥离器剥离插入点附近的臀深肌。并用骨膜刺离器从关节囊分离臀深肌。在大转了上方的肌腱一端,切开臀深肌,大转子上方的肌腱保留1~2 mm,便于后面缝合,但要使切口穿过肌腱而接近骨骼。

(5)股骨远端的手术径路:触诊可辨认出的大部分结构均为股骨干的远端,它们可作为切口的中心。

在膝关节的前外侧做一切口,切口的中点在股骨干。距离中点4~5 cm处,作为切口的起点,并向远端延长4~5 cm。延这条线分离皮下组织,找到阔筋膜和髌韧带。穿过远端阔筋膜和关节囊做内侧髌骨切开术。沿着股外侧肌的末端边缘做一个穿过阔筋膜肌间中隔的切口。

绝大部分远端股骨骺位于股骨髁的前外侧,并且在切开关节囊和阔筋膜的时候能够暴露出来。分离股四头肌、髌骨、髌韧带内侧,暴露股骨髁的关节面。为了整复远端骨折的股骨,用匙形的牵拉器从骨折碎片的前侧撬起股骨髁的远端。

基尔希讷(氏)针三角形固定近端股骨生长部的骨折,这种技术是将3根基尔希讷(氏)针穿过股骨颈,将这3根基尔希讷(氏)针以互相平行的方向插入股骨颈,形成一个三角形。基尔希讷(氏)针从与股骨颈角度平行的股骨外侧面嵌入,在骨折表面能看到针尖。对骨折部进行整复,然后将基尔希讷(氏)针打入股骨骺端。

这种操作通常出现的问题是,基尔希讷(氏)针有可能在术者看不到的位置穿透关节软骨。股骨头是个圆形的结构,所以基尔希讷(氏)针的长度应该刚好位于这个圆形结构的中间。估计所需的髓内的长度,将第1根基尔希讷(氏)针插入股骨骺端,并使其在可见到的位置能够穿透关节软骨。为了选择适当长度的基尔希讷(氏)针,把第1根基尔希讷(氏)针插入骨骺端,穿过关节软骨。测量不需穿过关节软骨的基尔希讷(氏)针的长度,并把它作为保留基尔希讷(氏)针的标尺。将保留的基尔希讷(氏)针插入骨骺,在关节正常活动范围内固定关节,并确保基尔希讷(氏)针没有穿过关节面。将基尔希讷(氏)针向外侧面弯曲并截去多余的部分。常规闭合小切口。

(6)加压螺钉固定股骨近端生长部的骨折:从股骨颈的外侧和中间位置打入2根基尔希讷(氏)

Note

针，使它们互相平行。将其中 1 根基尔希讷(氏)针调整到股骨颈的背侧部分，另 1 根调整到腹侧。在 2 根骨针之间钻一个孔，位置在骨折表面的中间。使基尔希讷(氏)针弯曲并与股骨颈曲度一致。整复骨折部，然后将基尔希讷(氏)针打入股骨骺端。将钻头置于孔内，准确地钻取一个带螺纹的孔，可以穿透股骨骺端。测量从大转子的外侧面到股骨骺端的关节面的长度，以选择所需要的螺钉的长度，并钻取合适的孔。选择比测量的深度短 2 mm 的螺钉。将螺钉旋入带螺纹的孔。基尔希讷(氏)针可以提供附加的抗旋转力。常规闭合小切口，张力钢丝带固定大转子的生长部整复大转子，用 2 根基尔希讷(氏)针，使其穿过长骨生长部到达近端股骨，检查固定是否足够阻止骨折部移动。如果固定不确实，需使用张力钢丝带，即使它有可能妨碍生长部的生长。放置张力钢丝带。

在主要的骨片上钻取一个横向的孔，将一个"8"字形钢丝穿过这个孔，缠绕在基尔希讷(氏)针周围，拉紧钢丝。施氏针整复索尔特 1 和索尔特 2 型股骨生长部骨折，施氏针可以单独使用，或者与小型基尔希讷(氏)钢丝联合使用。放置施氏针的方法可以像髓内针一样，也可以像髓内针或者交叉的骨针一样。当使用拉什针型的施氏针时，采用逆向进针法从骨折面进针，出口在转子窝。将 1 根髓内针置于外侧骺端，另 1 根置于中部骺端。使用小直径的基尔希讷(氏)针，以便它们能够弯曲并符合股骨的曲率。随着针尖退入骺端来整复骨折，然后将基尔希讷(氏)针向远侧推入股骨髁的中部和外侧。在转子窝处，截除皮肤下面多余的部分。当像基尔希讷(氏)针那样使用施氏针时，先整复骨折处，然后使施氏针穿过关节软骨前侧，到达十字韧带背侧的起点。以正行进针法使施氏针直接穿过骨折部，由近端进入股骨，出口位于转子窝。截除针的远端部分，然后使其嵌于关节软骨的水平线下。切除转子窝上方多余的皮下组织。使用小直径的基尔希讷(氏)针，以便在其通过近端股骨的时候能够弯曲并符合股骨的曲率。如果有必要，在骨折处增加 1 根交错的基尔希讷(氏)针以确保旋转的稳定。当要将施氏针作为交错的髓内针使用时，先将它们定位，以便它们能够在前侧到中侧以及外上髁的位点进入股骨骺端，然后将它们从近端打入一个从骨折处可以看到的部位。整复骨折，然后将髓内针打入股骨骺端，穿透皮质骨。间断缝合关节囊。常规闭合组织皮肤切口。

(7)股骨远端生长部粉碎性骨折的固定：股骨远端生长部的粉碎性骨折，常常涉及滑车和股骨髁的关节面。骨折面的 X 线检查对于完成其解剖学上的整复以及股骨髁所要求的坚实固定是必需的。通过胫骨前缘截骨术和中侧关节切开术所描述的标准手术径路的结合，可以很好地完成外科暴露。对髌韧带、骨以及股四头肌肌群可以进行良好的显像。

使用局部带螺纹的松质骨螺钉作为加压螺钉，与基尔希讷(氏)针结合，重建关节面。当关节面的骨折完成重建后整复股骨髁，用骨圆针或者接骨板使之固定。虽然常常用到施氏针，但是对接近成年的大型或中等体型犬，使用重建接骨板可给其更好的固定。使用时将接骨板平行放置于股骨远端和股骨髁的外侧缘。

(六)胫骨和腓骨的骨折

1. 定义 胫骨骨干骨折和腓骨骨干骨折由后肢外伤引起。由于该部位覆盖的软组织薄，可能发生开放性骨折(覆盖骨的皮肤创伤)。

2. X 线检查 骨和软组织的破坏程度，应通过患肢胫骨关节近端和远端的前后和侧面 X 光片来诊断。易怒的或非常疼痛的动物做 X 线检查时可能需要镇静，在确定其没有禁忌证(休克、低血压、严重呼吸困难)的情况下给予镇静药。进行胸部的 X 线检查，检查肺部变化。

3. 药物治疗和保守治疗 对于开放性胫骨和腓骨骨折，药物疗法包括镇痛药和抗生素。幼龄动物的闭合性、未错位的胫骨和腓骨骨干骨折的保守治疗包括用夹板和可塑形材料进行外固定。

4. 手术治疗 髓内针、连锁针与外固定器联用、外固定器单独使用和接骨板均可用来整复胫骨骨干骨折。埋植物要根据骨折评估分值高低来选择。骨折修复愈合的影响因素包括损伤部位的多少、动物活泼性，及为了减少内部碎片压迫而进行的开放性整复和组织处理。如果骨折的愈合期要延长，埋植物要留置 8 周以上，所以埋植物最好是带螺纹的。如果骨折愈合期比较短，埋植物只靠摩擦固定即可。

进行开放性复位术还是闭合复位术取决于骨折形状和埋植物的选择情况。可用于胫骨骨干骨折复位和固定的技术如下。

(1)用外固定夹板或外固定器的闭合复位术：用钢针和矫形钢丝，连锁针，外固定器或接骨板和螺钉进行开放性复位和内固定。复位方法和固定技术的选择取决于骨折类型和位置，特征描述，骨折判定、是否有其他骨骼骨折和外科医生对各种固定器械的熟悉程度。

(2)外固定夹板应用：为了使骨折部位充分修复和快速愈合，采用可塑形夹板固定作为幼龄犬、猫稳定性骨折固定的唯一方法。胫骨的不完全骨折，只需进行很小的修复即可。可塑形夹板覆在石膏绷带垫上，固定后在内外两侧切开，然后用绷带固定以辅助支持内固定。两半可塑形夹板不能提供像管型可塑形夹板那样坚实的固定，但是可以为螺钉或接骨板固定提供辅助支持，且容易拆换，方便伤口处理。采用可塑形夹板后，膝和踝关节不能移动。

(3)髓内针的应用：克氏针可用来固定胫骨骨折。用 1 根克氏针处理横骨折或短斜骨折时，要求同时运用单侧的外固定夹板来控制其运动。螺旋骨折或斜骨折的骨折线长度是骨干直径的 2～3 倍时，可用 1 根克氏针和多重钢丝环扎。正确放置克氏针可以避免妨碍膝关节活动。钢针由胫骨近端内侧面插入皮肤，再在胫骨坪内侧脊处胫骨结节和胫骨髁之间穿入骨。钢针的直径应在不破坏骨折复位的情况下，使其能够通过骨髓腔。如果使用骨骼外固定器同时使用髓内针，髓内针应足够小以使横穿的固定针能够通过胫骨骨干。

(4)外固定器的应用：骨骼外固定器对治疗多种普遍的胫骨骨干骨折非常有效。对于骨折评估分值较低的动物，其骨折固定器的稳定性可以通过使用固定针和利用两侧、两面框架来增强。由于胫骨骨折通常是开放性的，使用外固定器可以避免金属埋植物刺激骨折部位。

(5)接骨板与螺钉的应用：使用接骨板是胫骨骨干骨折很好的固定方法。接骨板通常用在宽而平的胫骨内侧面。骨折修复和接骨板安置，需要充分暴露骨折的部位和周围完好的骨。必须小心处理接骨板前边的皮肤，避免埋植物刺激愈合组织。接骨板也可以用作横骨折的固定。对长斜骨折或螺旋形骨折进行重建，还需用螺钉压紧骨折线，用平衡接骨板来保护重建的骨折。无法重建的粉碎性骨折可以用分散的骨折碎片重新排列骨干，并在桥连方法中运用接骨板(附在没有破裂受损的骨上)。接骨板和连接杆也可联合用于粉碎性骨折。在设计粉碎性骨折使用的接骨板时，弯曲接骨板使它与对侧健肢胫骨正位 X 光片相匹配。

展示与评价

一、任务分配单

四肢骨长骨骨折的诊断与治疗任务分配表

<table>
<tr><td>任务名称</td><td colspan="5"></td></tr>
<tr><td>班级</td><td></td><td>组号</td><td></td><td>指导教师</td><td></td></tr>
<tr><td>组长</td><td></td><td>实训时间</td><td></td><td>实训地点</td><td></td></tr>
<tr><td>组员</td><td colspan="5"><table>
<tr><td>姓名</td><td>学号</td><td>姓名</td><td>学号</td></tr>
<tr><td></td><td></td><td></td><td></td></tr>
<tr><td></td><td></td><td></td><td></td></tr>
<tr><td></td><td></td><td></td><td></td></tr>
</table></td></tr>
<tr><td>任务分工</td><td colspan="5"></td></tr>
</table>

续表

实训材料准备	

二、任务问题引导单

四肢骨长骨骨折的诊断与治疗任务问题引导表

任务名称	
引导问题 1	动物四肢骨长骨包括哪些?
答案	
引导问题 2	动物四肢骨长骨骨折有哪些类型?
答案	
引导问题 3	动物四肢骨长骨骨折的处理方法有哪些?
答案	
引导问题 4	动物四肢骨长骨骨折手术技术要点都有哪些?
答案	

三、任务工作单

四肢骨长骨骨折的诊断与治疗任务工作表

任务名称	
操作过程描述	
操作照片	操作过程或项目成果照片粘贴处

Note

续表

任务反思	

四、任务评价单

四肢骨长骨骨折的诊断与治疗任务评价表

<table>
<tr><td>任务名称</td><td colspan="4"></td></tr>
<tr><td rowspan="6">任务评价</td><td>小组评语</td><td>小组评价</td><td>评价日期</td><td>组长签名</td></tr>
<tr><td></td><td></td><td></td><td></td></tr>
<tr><td>组间互评评语</td><td>组间互评评价</td><td>评价日期</td><td>组长签名</td></tr>
<tr><td></td><td></td><td></td><td></td></tr>
<tr><td>指导教师评语</td><td>指导教师评价</td><td>评价日期</td><td>指导教师签名</td></tr>
<tr><td></td><td></td><td></td><td></td></tr>
<tr><td rowspan="2">考核标准</td><td>优秀标准</td><td colspan="2">合格标准</td><td>不合格标准</td></tr>
<tr><td>操作规范,安全有序
步骤正确,按时完成
全员参与,分工合理
结果准确,分析有理
保护环境,爱护设施</td><td colspan="2">基本规范
基本正确
部分参与
分析不全
混乱无序</td><td>存在安全隐患
无计划,无步骤
个别人或少数人参与
不能完成,没有结果
环境脏乱,桌面未收</td></tr>
<tr><td>小组思政评价</td><td colspan="4"></td></tr>
<tr><td>教师思政评价</td><td colspan="4"></td></tr>
</table>

五、任务总评单

四肢骨长骨骨折的诊断与治疗任务总评表

<table>
<tr><td colspan="4">任务名称： 班级： 姓名： 学号：</td></tr>
<tr><td>评价方式</td><td>分评得分</td><td>所占比例</td><td>终评得分</td></tr>
<tr><td>学生自评</td><td></td><td>40%</td><td></td></tr>
<tr><td>学生互评</td><td></td><td>20%</td><td></td></tr>
<tr><td>教师评价</td><td></td><td>40%</td><td></td></tr>
<tr><td colspan="3">合计</td><td></td></tr>
</table>

Note

任务十一　四肢骨短骨骨折的诊断与治疗

案例导入

中华田园犬，5 岁，公，体重 3 kg。未做过绝育，常规疫苗免疫和驱虫正常，无病史，昨晚从高处摔下，发现左后腿不敢碰地，带到医院就诊。经医院检查，结果显示该犬胫腓骨骨折，拟实施手术治疗。通过本案例的学习，掌握动物四肢骨短骨构成及解剖结构、诊断方法与治疗原则，掌握手术具体操作方法和术后护理。

学习目标

掌握动物四肢骨短骨解剖结构、四肢骨短骨骨折的诊断方法；配合影像学、血液学等相关技术对四肢骨短骨骨折进行评估，在教师的指导下练习使用股骨头骨折相关的骨科手术器械。牢固树立救死扶伤的世界观，敬畏生命，作为新时代大学生，更要不断学习进步、掌握技能、提高自己，尽可能地救助生命，不断为社会生产提供服务，树立良好的价值观，端正学习态度。

一、短骨概况和病理生理学

短骨为形状各异的短柱状或立方形骨块，多位于能承受较大压力而又能灵活运动的部位，多成群分布于四肢的长骨之间，如腕骨、掌骨、跗骨、跖骨、趾骨、籽骨，具有支持、分散压力和缓冲震动的作用。

(1)腕骨：第 1 和第 2 腕骨在马合为一块；牛缺第 1 腕骨，而第 2 和第 3 腕骨合为一块。

(2)掌骨：马有 3 个，中间是大掌骨(第 3 掌骨)，内侧和外侧是小掌骨(即第 2 和第 4 掌骨)，第 1 和第 5 掌骨退化。牛和羊有发达的大掌骨(第 3、第 4 掌骨相合而成)，远端分别与第 3 指、第 4 指形成关节，其他掌骨退化。猪有 4 个掌骨，第 3、第 4 掌骨大，第 2、第 5 掌骨小，缺第 1 掌骨。犬、猫、兔和鼠有 5 个掌骨。

(3)指骨：马只有第 3 指。牛、羊的第 3、第 4 指发育完全，第 2、第 5 指仅留痕迹。猪的第 3、第 4 指发达，第 2、第 5 指小。犬、猫、兔和鼠有 5 指，但第 1 指仅含 2 个指节。

短骨能承受较大的压力，常具有多个关节面与相邻的骨形成微动关节，并常辅以坚韧的韧带，构成适于支撑的弹性结构。

掌骨和跖骨骨折在犬和猫常见，是犬在遭受打击和暴力过程中爪受伤或因爪落入陷阱的结果。根据掌骨和跖骨骨折部位分为生长部骨折、骨近端骨折、骨干骨折、骨远端末端骨折。生长部的撕裂性骨折通常发生于第 2 和第 5 根骨头。幼猫、犬常见趾骨骨折，但是骨折碎片较小不容易固定。籽骨是一个小的、圆形或椭圆形的邻近关节的骨。每个掌籽关节或跖籽关节由两个掌骨或脚籽骨组成。籽骨骨折通常是指伸肌肌腱过分用力的结果。前肢或后肢的第 2 到第 7 籽骨最常发病。掌籽关节或籽骨内关节的脱位在工作犬或比赛灰犬中易发。对骨折早期的手术修复比闭合性整复和使用夹板要好，因为长期的不稳定性可以导致退行性关节疾病和关节功能的下降。

二、手术治疗

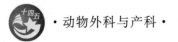

动物发生掌骨或跖骨骨折时，通常要解剖学上的整复和牢固的固定(接骨板和螺钉)以恢复最佳的比赛功能。从第 2 或第 5 跖骨撕脱的碎片一般需要开放性整复和内固定，因为插入的韧带常引起碎片的分离。1 根或 2 根掌骨或跖骨的轴向骨折可用外科接骨术治疗，因为内固定能防止患病动物的畸形。第 3 或第 4 掌骨或跖骨骨折可能需要内固定，以达到最佳的排列和治疗结果。趾骨骨折很少见，但处理和掌骨趾骨骨折相似。掌趾关节和跖指关节最前端的籽骨骨折可引起慢性跛行，一般用移除骨折碎片来治疗急性脱位，用开放性外科术整复治疗，缝合关节囊和邻近的韧带。最初的手

术整复失败和慢性关节脱臼时，可采用截肢术（第 2 或第 5 脚趾）或矫形术（中部承担体重的第 3 和第 4 趾）治疗。

掌骨、跖骨和趾骨骨折的固定体系包括矫形钢丝、髓内针、外固定器和接骨板及螺钉。最有效的固定方法应依据骨折评价分值和骨折位置决定。如果骨折评价分值预示能快速愈合，可用保守治疗；但如果三四根骨出现全错位或脚掌出现折叠，那么应考虑使用开放性整复和髓内针固定。如果希望恢复运动功能，应考虑正确的整复和使用接骨板和螺钉固定。生长部或骨末端没有错位的撕裂性骨折时，可以用一个两半可塑形夹板治疗，但是这样的错位性骨折通常发生在愈合期。开放性整复和加压螺钉或扁钢丝对于恢复正常的功能是最好的选择。如果骨折估分为 4～7（如年老的大型犬，这些犬的愈合期可能会延期；第 3 或第 4 掌骨和跖骨骨干粉碎性骨折并错位；多重肢体骨折），应考虑使用开放性整复和接骨板及螺钉固定。骨折估分小于 4 预示着延期愈合。采用切开复位进行关节的松质骨自体移植的方法进行治疗可以促进骨折的愈合。

案例分享：一只犬前肢掌骨骨折如图 7-11-1 所示，X 光片见图 7-11-2，手术采用髓内针固定（图 7-11-3），术后恢复良好。（李清淼医生馈赠）

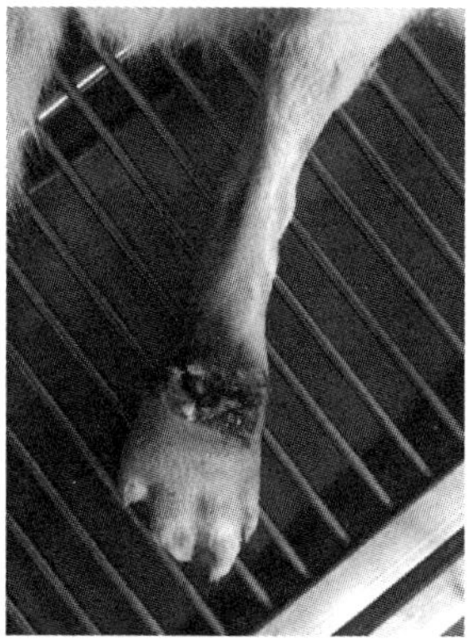

图 7-11-1　犬前肢掌骨骨折

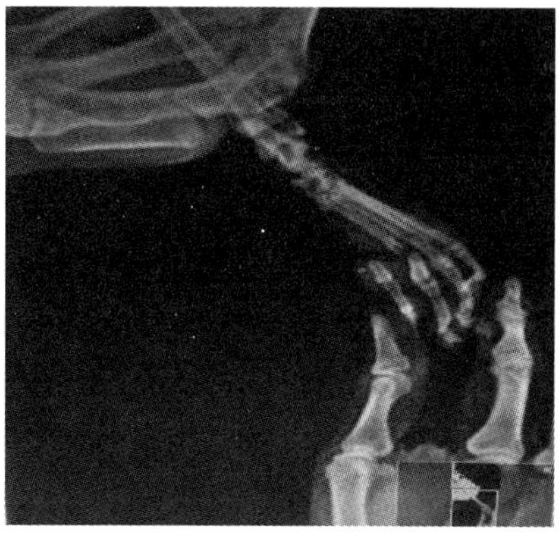

图 7-11-2　犬掌骨骨折 X 光片

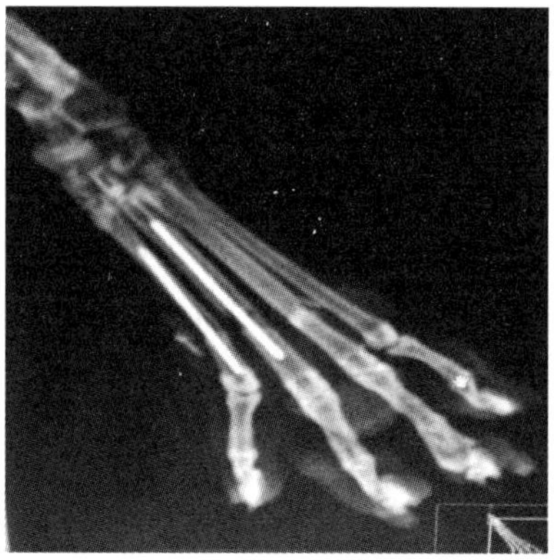

图 7-11-3　犬掌骨骨折的髓内针固定

展示与评价

一、任务分配单

四肢骨短骨骨折的诊断与治疗任务分配表

任务名称					
班级		组号		指导教师	
组长		实训时间		实训地点	

续表

<table>
<tr><td rowspan="4">组员</td><td>姓名</td><td>学号</td><td>姓名</td><td>学号</td></tr>
<tr><td></td><td></td><td></td><td></td></tr>
<tr><td></td><td></td><td></td><td></td></tr>
<tr><td></td><td></td><td></td><td></td></tr>
<tr><td>任务分工</td><td colspan="4"></td></tr>
<tr><td>实训材料
准备</td><td colspan="4"></td></tr>
</table>

二、任务问题引导单

四肢骨短骨骨折的诊断与治疗任务问题引导表

任务名称	
引导问题 1	动物四肢骨短骨主要包括哪些?
答案	
引导问题 2	在临床中,动物常见的四肢骨短骨骨折有哪些类型?
答案	
引导问题 3	动物四肢骨短骨骨折的处理方法有哪些?
答案	
引导问题 4	四肢骨短骨骨折手术技术要点都有哪些?
答案	

三、任务工作单

四肢骨短骨骨折的诊断与治疗任务工作表

任务名称	
操作过程描述	

Note

续表

<table>
<tr><td>操作照片</td><td>操作过程或项目成果照片粘贴处</td></tr>
<tr><td>任务反思</td><td></td></tr>
</table>

四、任务评价单

四肢骨短骨骨折的诊断与治疗任务评价表

<table>
<tr><td>任务名称</td><td colspan="4"></td></tr>
<tr><td rowspan="6">任务评价</td><td>小组评语</td><td>小组评价</td><td>评价日期</td><td>组长签名</td></tr>
<tr><td></td><td></td><td></td><td></td></tr>
<tr><td>组间互评评语</td><td>组间互评评价</td><td>评价日期</td><td>组长签名</td></tr>
<tr><td></td><td></td><td></td><td></td></tr>
<tr><td>指导教师评语</td><td>指导教师评价</td><td>评价日期</td><td>指导教师签名</td></tr>
<tr><td></td><td></td><td></td><td></td></tr>
</table>

<table>
<tr><td rowspan="2">考核标准</td><td>优秀标准</td><td>合格标准</td><td>不合格标准</td></tr>
<tr><td>操作规范,安全有序
步骤正确,按时完成
全员参与,分工合理
结果准确,分析有理
保护环境,爱护设施</td><td>基本规范
基本正确
部分参与
分析不全
混乱无序</td><td>存在安全隐患
无计划,无步骤
个别人或少数人参与
不能完成,没有结果
环境脏乱,桌面未收</td></tr>
<tr><td>小组思政评价</td><td colspan="3"></td></tr>
<tr><td>教师思政评价</td><td colspan="3"></td></tr>
</table>

五、任务总评单

四肢骨短骨骨折的诊断与治疗任务总评表

<table>
<tr><td colspan="4">任务名称：　　　　班级：　　　　姓名：　　　　学号：</td></tr>
<tr><td>评价方式</td><td>分评得分</td><td>所占比例</td><td>终评得分</td></tr>
<tr><td>学生自评</td><td></td><td>40%</td><td></td></tr>
<tr><td>学生互评</td><td></td><td>20%</td><td></td></tr>
<tr><td>教师评价</td><td></td><td>40%</td><td></td></tr>
<tr><td colspan="3">合计</td><td></td></tr>
</table>

Note

数字资源拓展与链接

动画视频

股骨复杂性骨折 修复手术动画	股骨骨折骨板 修复手术动画	犬半月板损伤 修复手术动画	犬髌骨移位 手术动画	犬股骨骨折髓内针 修复手术动画
犬骨盆骨折 修复手术动画	犬胫腓骨 骨折手术动画	犬胫腓骨混合性骨折 骨板修复手术动画	犬髋关节 切除手术动画	犬髋关节 置换手术动画
犬内窥镜切除膝关节 软骨手术视频	犬十字韧带断裂 修复手术动画	犬外固定架 手术动画	犬肘关节骨折 手术动画	犬肘关节骨折 修复手术动画
犬肘关节软骨 碎片内窥镜手术视频	犬椎间盘突出 手术修复动画			

Note

项目八　产科疾病的诊断与治疗

项目简介

常见产科疾病诊治技术主要是对子宫内膜炎、卵巢囊肿、持久黄体等常见产科疾病进行诊断和治疗。主要内容包括常见产科疾病诊治技术，如胎衣不下、阴道脱出、子宫脱出、子宫内膜炎、卵巢机能减退、产前截瘫、生产瘫痪、流产、剖宫产、难产、卵巢囊肿、持久黄体、产后感染及脐炎、乳房疾病等的发病原因及类型、临床症状、诊断方法、治疗方法、预防措施及注意事项等基本技能。在教学中注意发挥学生的主观能动性，并将各种诊治等操作示教训练方法应用于教学过程中，使学生建立严格的无菌观念，学会正确的常见产科疾病诊治方法，为学生今后考取执业兽医师、进入动物医学临床工作打下良好的基础。

项目目标

知识目标：本项目主要学习各种产科疾病特点；能判断胎衣不下、子宫脱出、子宫内膜炎、生产瘫痪、流产等常见疾病的发病原因，能记住各类产科疾病的临床特征及治疗的注意事项。

能力目标：能进行诊断和识别常见动物胎衣不下、子宫脱出、子宫内膜炎、生产瘫痪、流产等常见病；能进行动物卵巢囊肿、持久黄体的治疗；能够进行动物产后感染及脐炎、乳房疾病的临床治疗。

素质目标：培养学生深厚的家国情怀、国家认同感、民族自豪感和社会责任感；培养学生献身“三农”的强国复兴情怀；培养学生参与动物产科疾病防治学习活动的积极性，培养学生良好学习兴趣和求知欲；在学习活动中帮助学生获得成功的体验，培养克服困难的意志，建立自信心；培养学生严格遵守安全操作规程的安全意识；培养学生吃苦耐劳、爱岗敬业的职业道德；树立职业意识，严格遵循企业的“6S”(整理、整顿、清扫、清洁、素养、安全)质量管理体系；培养良好的心理品质，具备建立和谐的人际关系的能力，表现出人际交往的能力与合作精神；培养科学严谨的探索精神和实事求是、独立思考的工作态度；培养求真务实、勇于实践的工匠精神和创新精神。

视频：妊娠期疾病的诊断与治疗

任务一　子宫内膜炎的诊断与治疗

扫码学课件 8.1

案例导入

2022 年 1 月 10 日，伊宁市某动物门诊接诊一头奶牛，该牛为 6 岁，第三胎，据主诉，该牛产后 3 个月没发情，患过胎衣不下症，并进行人工剥离，但未剥干净。此后患牛经常努责，努责时从阴门排出带黄色的分泌物。

Note

学习目标

掌握子宫内膜炎的常见病因、临床症状、诊断要点、治疗和预防措施，能够根据病因分析病情，制订科学、合理的防治措施；培养爱岗、敬业、博学、务实的职业素质。

子宫内膜炎是指子宫黏膜发生黏液性、黏液脓性、脓性炎症的常见母畜生殖器官疾病，是导致母畜不育的主要原因之一。根据病程可分为急性和慢性两种，临床上以慢性较为多见，常由急性未及时或未彻底治疗转化而来；根据其炎症性质可分为卡他性、卡他性脓性和化脓性子宫内膜炎。临床上牛、猪、犬多见。

一、子宫内膜炎的病因

子宫内膜炎常因配种、分娩、助产、阴道检查时病原微生物侵入所致，也可由阴道炎、子宫颈炎、子宫复旧不全、产科手术、子宫脱出、胎衣不下、胎儿腐败分解等引起。阴道内存在的某些条件性致病菌，在机体抵抗力降低时，亦可以引起本病发生，此外，本病也可继发于结核、布鲁氏菌病、副伤寒病、牛胎儿弧菌病、牛鼻气管炎病毒病等传染病。

二、子宫内膜炎的临床症状

子宫内膜炎根据病程长短可分为急性子宫内膜炎和慢性子宫内膜炎两种。

（一）急性子宫内膜炎

产后发生的子宫内膜炎多为急性，通常发生在产后 21 天内，患病动物可能出现全身症状，如体温升高、精神沉郁、食欲及产乳量明显降低、鼻镜干燥、尿频。反刍动物反刍减弱或停止，并有轻度臌气。常伴有大量恶臭、红棕色、水样液体的子宫分泌物（图 8-1-1）。直肠检查可感到子宫角比正常产后期的大，壁厚，子宫呈面团样感觉，如果渗出物多则有波动感，子宫收缩反应减弱。

（二）慢性子宫内膜炎

慢性子宫内膜炎的临床症状不是很明显，但发情时可见到排出的黏液中有絮状脓液，黏液呈云雾状或乳白色，而且有大量白细胞。有时并发子宫颈炎。

慢性子宫内膜炎按症状可分为以下 4 种类型。

（1）隐性子宫内膜炎：没有临床症状，直肠检查及阴道检查也查不出任何异常变化，发情期正常，但屡配不孕。发情时子宫排出的分泌物较多，有时分泌物不清亮透明，略微混浊。

（2）慢性卡他性子宫内膜炎：从子宫及阴道中常排出一些黏稠混浊的黏液，子宫黏膜松软肥厚，有时甚至发生溃疡和结缔组织增生，而且个别子宫腺可形成小的囊肿。患这种子宫内膜炎的动物一般没有全身症状，有时体温稍升高，食欲及产乳量略降低，患病动物的发情周期正常，有时也发生紊乱。有时发情周期虽然正常，但屡配不孕，或者发生早期胚胎死亡。

（3）慢性卡他性脓性子宫内膜炎：患病动物往往有精神不振、食欲降低、逐渐消瘦、体温略高等轻微的全身症状。发情周期不正常，阴门中经常排出灰白色或黄褐色的稀薄脓液或黏稠脓性分泌物。

（4）慢性化脓性子宫内膜炎：阴门中经常排出脓性分泌物，在卧下时排出较多。排出物污染尾根及后躯，形成干痂。患病动物可能消瘦和贫血。

三、子宫内膜炎的诊断要点

子宫内膜炎临床诊断时可考虑以下特点：母畜发情周期不正常，屡配不孕，从阴门流出黏液性或脓性分泌物，阴道及直肠检查即可临床确诊。慢性子宫内膜炎可以根据临床症状、发情时分泌物的性状、阴道检查、直肠检查和实验室检查的结果进行诊断。

1. 临床诊断 阴道内经常流出脓性分泌物，有时内含血液或假膜，卧地后流出量更多（仅患阴道炎时，站立和卧地后其流出量基本一致），患畜常拱背、努责；急性子宫内膜炎患畜体温升高，食欲降低，反刍缓慢，但有些患畜全身症状不明显；慢性子宫内膜炎全身症状多不明显，经常从阴门内流出少量稀薄、污白色或混有脓液的液体，患畜渐渐消瘦，性周期紊乱，有的多次配种而不受孕或妊娠后发生隐性流产或习惯性流产；隐性子宫内膜炎多无外在症状，仅见发情时子宫排出略微浑浊的分泌物，屡配不孕。

2. 直肠检查 直肠检查时，子宫角变大，有渗出液时，压之有波动感和轻微疼痛。慢性子宫内膜炎直肠检查还可发现子宫壁增厚。

3. 阴道检查 阴道检查比直肠检查准确，是现在较为常用的诊断方法。轻度子宫内膜炎表现为子宫颈扩大、有脓性液体、伴有絮状物的清亮黏液。重度子宫内膜炎表现为随着子宫颈变大，子宫壁变薄，充满脓性液体，有恶臭(图 8-1-2)。应用此方法需要注意与子宫颈炎、阴道炎(仅患阴道炎时，子宫颈紧闭，阴道黏膜充血水肿，阴道壁上粘有脓液)、脓性肾炎及膀胱炎进行区分。

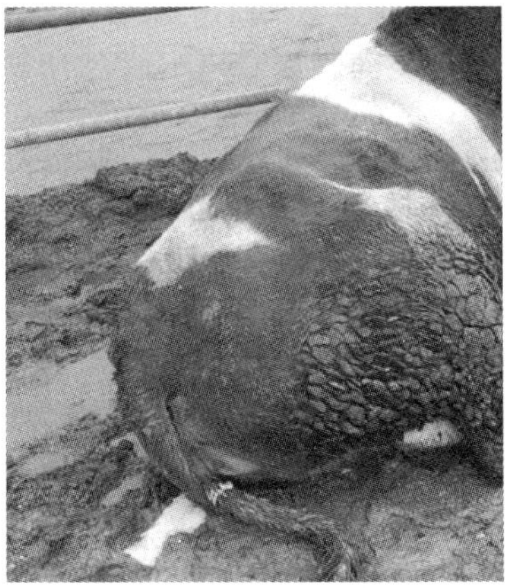

图 8-1-1 牛子宫内膜炎

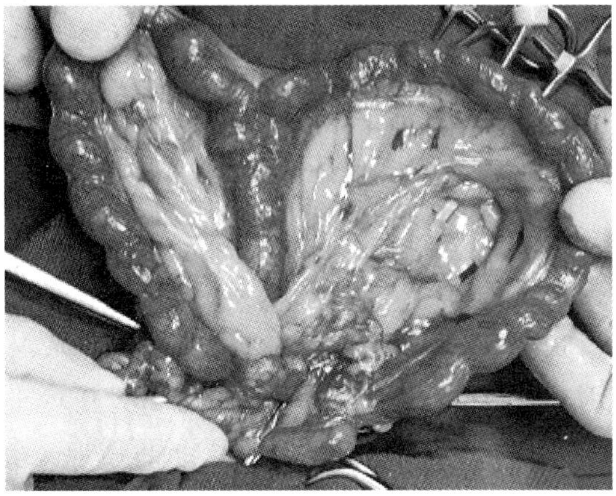

图 8-1-2 犬子宫内膜炎

4. 实验室诊断

(1)子宫回流液检查。冲洗子宫，用显微镜检查回流液，可见脱落的子宫黏膜上皮细胞、白细胞或脓细胞。

(2)发情时分泌物化学检查。取 4%氢氧化钠 2 ml 置于试管中，加等量的分泌物混合，煮沸冷却后无色为正常，呈微黄或柠檬黄色为阳性。

(3)分泌物生物学检查。在加温的玻片上分别滴 2 滴精液，一滴加被检分泌物，一滴加生理盐水作为对照，镜检精子活动情况。精子很快死亡或被凝集者为阳性。

(4)尿液化学检查。取 5%硝酸银溶液 1 ml，加被检动物尿液 2 ml，混匀，煮沸 2 min。出现黑色沉淀者为阳性，呈褐色或淡褐色为阴性。

(5)细菌学检查。进行细菌分离鉴定，化脓性链球菌和革兰阴性厌氧菌的存在与子宫内膜炎的严重程度呈正相关。脓性白带与化脓性链球菌、类杆菌的存在相关，当子宫颈脓液增多时，坏死杆菌、大肠埃希菌、链球菌等开始减少。

5. 鉴别诊断

(1)与阴道炎的鉴别：相似点是阴门都会流出分泌物，尾部附有干结分泌物，时有拱背、翘尾、努责现象。不同点是阴道炎在阴道检查时，阴道黏膜潮红、肿胀，严重时有糜烂。

(2)与正常恶露排泄的区别：相似点是产后数日内阴道排泄浆性、黏性分泌物，尾部附有黏液干结物。不同点是正常恶露排泄时排泄物无臭味，经几天排泄即停止，直肠检查时子宫无异常。

四、治疗与预防措施

1. 治疗原则 抗菌消炎，防治感染扩散；促进炎性产物的排出和子宫功能的恢复。

2. 治疗措施 目前常用的治疗方法主要有子宫冲洗疗法、子宫内给药、激素疗法、全身治疗等。如有胎衣未排出，应先排出胎衣。

(1)子宫冲洗疗法。采用子宫冲洗疗法清除子宫内渗出物，是治疗急、慢性子宫内膜炎的有效方法。冲洗应在母畜发情时进行。对不发情的母畜要事先注射苯甲酸雌二醇或己烯雌酚，促使子宫颈松弛开张后再进行冲洗。冲洗子宫应严格遵守无菌操作。

奶牛子宫冲洗液的种类有1%氯化钠溶液1000～5000 ml、1%明矾溶液2000～2500 ml、在1000 ml生理盐水中加入2%碘酊20 ml等。操作方法为将冲洗液加温后冲洗子宫，每天1次，连用2～4次；较为严重的患牛，可用0.1%～0.3%高锰酸钾溶液1000～2000 ml加温后冲洗子宫，冲洗后在子宫放入10 g磺胺粉，每天1次，连用2～4次；在子宫内有较多分泌物时，可采用0.1%高锰酸钾溶液、0.1%依沙吖啶溶液等冲洗子宫，全身症状很快可得到改善，但应禁止用刺激性药物冲洗子宫。对伴有严重全身症状的患病动物，为了避免引起扩散使病情加重，应禁止采用冲洗疗法。

(2)子宫内给药。子宫冲洗后，宜选用抗菌范围广的药物直接注入或投放，如青霉素、链霉素、四环素、庆大霉素、卡那霉素、红霉素、金霉素等。如青霉素320万IU、链霉素200万U混合溶于30 ml蒸馏水中，用输精管注入子宫内，每天1次，连用3天。也可选用头孢类药物或专用中西药合成制剂注入子宫内，效果更好。

(3)激素疗法。缩宫素、己烯雌酚、雌二醇、前列腺素等可用于奶牛子宫内膜炎的治疗。若患病动物的卵巢中存在黄体，给动物注射前列腺素及其类似物对于治疗子宫内膜炎非常有效。在产后的早期(产后6天)使用小剂量雌二醇苯甲酸酯(5～6 mg)治疗胎衣已排出或胎衣不下的中度子宫内膜炎有很好的效果。

(4)全身治疗。当伴有体温升高，食欲下降等全身症状时，首先要进行全身治疗。以猪为例，一是肌内注射青霉素320万IU，链霉素200万U、地塞米松10 ml，二是注射缩宫素注射液40 IU，每天2次，连用3天。一个疗程没有治愈的可增加一个疗程。也可运用中药方剂灌服，如生化汤、益母草膏等。

3. 预防措施

(1)预防本病应加强饲养管理，注意保持圈舍和产房的清洁卫生，给予全价营养饲料，适当增加日照和运动，提高牛只抵抗力。

(2)临产前后，对阴门及周围部位进行消毒。

(3)在配种、人工授精和助产时，应注意器械、术者手臂和外生殖器的消毒。及时正确地治疗流产、难产、胎衣不下、子宫脱出及阴道炎等疾病，以防损伤和感染。

展示与评价

一、任务分配单

子宫内膜炎的诊断与治疗任务分配表

<table>
<tr><td>任务名称</td><td colspan="6"></td></tr>
<tr><td>班级</td><td></td><td>组号</td><td></td><td>指导教师</td><td colspan="2"></td></tr>
<tr><td>组长</td><td></td><td>实训时间</td><td></td><td>实训地点</td><td colspan="2"></td></tr>
<tr><td rowspan="4">组员</td><td>姓名</td><td>学号</td><td colspan="2">姓名</td><td colspan="2">学号</td></tr>
<tr><td></td><td></td><td colspan="2"></td><td colspan="2"></td></tr>
<tr><td></td><td></td><td colspan="2"></td><td colspan="2"></td></tr>
<tr><td></td><td></td><td colspan="2"></td><td colspan="2"></td></tr>
<tr><td>任务分工</td><td colspan="6"></td></tr>
</table>

续表

实训材料准备	

二、任务问题引导单

子宫内膜炎的诊断与治疗任务引导表

任务名称	
引导问题 1	子宫内膜炎的病因有哪些?
答案	
引导问题 2	子宫内膜炎的临床症状有哪些?
答案	
引导问题 3	子宫内膜炎的治疗措施有哪些?
答案	
引导问题 4	子宫内膜炎的预防措施有哪些?
答案	

三、任务工作单

子宫内膜炎的诊断与治疗任务工作表

任务名称	
操作过程描述	
操作照片	操作过程或项目成果照片粘贴处
任务反思	

Note

四、任务评价单

子宫内膜炎的诊断与治疗任务评价表

<table>
<tr><td>任务名称</td><td colspan="6"></td></tr>
<tr><td rowspan="6">任务评价</td><td>小组评语</td><td colspan="2">小组评价</td><td>评价日期</td><td colspan="2">组长签名</td></tr>
<tr><td></td><td colspan="2"></td><td></td><td colspan="2"></td></tr>
<tr><td>组间互评评语</td><td colspan="2">组间互评评价</td><td>评价日期</td><td colspan="2">组长签名</td></tr>
<tr><td></td><td colspan="2"></td><td></td><td colspan="2"></td></tr>
<tr><td>指导教师评语</td><td colspan="2">指导教师评价</td><td>评价日期</td><td colspan="2">指导教师签名</td></tr>
<tr><td></td><td colspan="2"></td><td></td><td colspan="2"></td></tr>
<tr><td rowspan="2">考核标准</td><td colspan="2">优秀标准</td><td colspan="2">合格标准</td><td colspan="2">不合格标准</td></tr>
<tr><td colspan="2">操作规范，安全有序
步骤正确，按时完成
全员参与，分工合理
结果准确，分析有理
保护环境，爱护设施</td><td colspan="2">基本规范
基本正确
部分参与
分析不全
混乱无序</td><td colspan="2">存在安全隐患
无计划，无步骤
个别人或少数人参与
不能完成，没有结果
环境脏乱，桌面未收</td></tr>
<tr><td>小组思政评价</td><td colspan="6"></td></tr>
<tr><td>教师思政评价</td><td colspan="6"></td></tr>
</table>

五、任务总评单

子宫内膜炎的诊断与治疗任务总评表

<table>
<tr><td colspan="4">任务名称：　　　　班级：　　　　姓名：　　　　学号：</td></tr>
<tr><td>评价方式</td><td>分评得分</td><td>所占比例</td><td>终评得分</td></tr>
<tr><td>学生自评</td><td></td><td>40%</td><td></td></tr>
<tr><td>学生互评</td><td></td><td>20%</td><td></td></tr>
<tr><td>教师评价</td><td></td><td>40%</td><td></td></tr>
<tr><td colspan="3">合计</td><td></td></tr>
</table>

扫码学课件
8.2

任务二　卵巢囊肿的诊断与治疗

案例导入

2021年1月14日，伊宁市某动物医院接诊一只中华田园犬，6.6岁，母，未绝育，未生育，体内外驱虫按时进行，疫苗定期接种，之前发情周期正常，20多天前该犬的外阴部出现肿胀，伴有红色分泌

Note

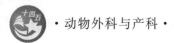

物流出，近几天精神状态欠佳，食欲下降，今天出现呕吐，遂到医院就诊。

学习目标

掌握卵巢囊肿的病因、临床症状、诊断要点、治疗与预防措施，能够根据病因分析病情，制订科学、合理的防治措施；培养爱岗、敬业、博学、务实的职业素质。

卵巢囊肿是引起动物发情异常和不孕的常见原因之一。卵巢囊肿分为卵泡囊肿和黄体囊肿。卵泡囊肿是由于卵巢中未排卵的卵泡上皮变性，卵泡壁结缔组织增生变厚，卵细胞死亡，卵泡液未被吸收或增多而形成；黄体囊肿是由未排卵的卵泡壁上皮黄体化而形成，或排卵后由于黄体化不足，在黄体内形成空腔，腔内积聚液体而形成。卵巢囊肿的主要危害是造成母畜发情异常、屡配不孕，从而导致母畜空怀时间增长，生产效率降低，成本增加，严重影响牧场的经济效益。

一、病因

卵巢囊肿的病因目前尚未完全清楚，目前认为，卵巢囊肿的致病因素主要有以下几个方面。

1. 激素 内分泌失调或人工激素使用不当，造成母畜促黄体素（LH）分泌减少或促卵泡素（FSH）分泌增多，导致二者之间的平衡被打破，导致黄体不能正常发育、排卵受到抑制等。

2. 营养 经营者盲目提高饲料中精料比例，导致母畜采食饲料中蛋白质和原料中所含的雌激素比例过高，而缺乏维生素 A、维生素 B、维生素 E 等，加之运动量不足，泌乳量过高，容易发生卵巢囊肿。实践证明，高产奶牛在泌乳盛期尤多发生卵巢囊肿。另外，干乳期过肥的奶牛在下一个泌乳期也易发生卵巢囊肿。

3. 应激 当母畜受到环境应激（气温骤变、过度劳役、虚弱等）时，会影响其体内激素的正常分泌，从而引发卵巢囊肿。奶牛卵泡在发育后的 60 天十分敏感，极易受应激的影响而造成卵泡发育异常。如热应激，热应激通常发生在 7—9 月（不同地区热应激时间不同），随后的 9—11 月奶牛卵巢囊肿的发病率往往会增高。据统计，夏季时分娩的奶牛患卵巢囊肿的概率是冬季时分娩的2.6倍。

4. 产后疾病 动物子宫内膜炎、输卵管炎、卵巢疾病及胎衣不下等常继发卵巢囊肿，特别是化脓性子宫内膜炎常可伴发卵泡囊肿。

二、临床症状

1. 牛 奶牛发生卵泡囊肿时，会出现发情不规律，间情期缩短，发情期延长，奶牛常表现出哞叫、不安、经常爬跨，出现典型的慕雄狂症状，频繁排尿排粪，食欲和产奶量明显下降。受卵泡囊肿持续分泌雌激素的影响，奶牛出现尾根高举，尾根与坐骨结节间形成深的凹陷，荐坐韧带松弛，阴门水肿，阴道内流出黏性分泌物等症状。有经验的配种员会根据奶牛后驱的特定变化，发现疑似患卵泡囊肿的奶牛。应注意黄体囊肿的主要表现为长期不发情或出现发情周期长、发情不规律，当奶牛长期表现出乏情时，可能会造成配种员误判，所以需要有完善的配种记录并对重点牛只及时检查并合理治疗。

2. 犬和猫 大多数犬卵巢囊肿的案例均无明显的临床症状，有些卵泡囊肿的案例有以下临床表现：母犬性欲亢奋，出现慕雄狂症状，持续发情，阴门红肿，偶尔见有血性分泌物。血性分泌物是因卵泡囊肿造成雌激素分泌过多引起子宫内膜增生、异常、出血，子宫颈口开放，发炎脱落的内膜组织及血液，不断通过子宫颈口流出体外所致。当母犬发情表现超过 21 天时应考虑卵泡囊肿的可能性，表现为神经过敏，性情凶恶，经常爬跨其他犬、玩具或家庭成员，但却拒绝交配。当卵泡囊肿足够大时，可能在腹部触诊到团块。患黄体囊肿的母犬则表现为长期不发情。猫的卵巢囊肿表现为发情异常、持久发情、精神急躁、贫血、身形消瘦，还会表现出外阴出现血性或者脓性分泌物，个别患猫伴有囊性乳腺病、子宫内膜增生等。

3. 猪 患有卵泡囊肿的病母猪多肥壮，发情周期紊乱。个别病母猪性欲亢进，长时间持续发情（达 7～10 天），病母猪外阴充血、肿胀，常流出大量透明黏液分泌物，但屡配不孕或个别受孕但产仔

Note

多在 7 头以下。黄体囊肿的病母猪临床表现为缺乏性欲或长期不发情，容易误判为怀孕。

三、诊断要点

视频：卵巢囊肿诊治

根据病史、临床症状、B 超检查和 X 线检查(犬和猫)可初步诊断，此外血清雌二醇浓度也有重要诊断意义。

1. 牛 卵泡囊肿是最为典型和常见的卵巢囊肿类型，有经验的配种员可通过奶牛的后驱、尾根的特定变化进行判断。但卵泡囊肿的最终确诊还需要直肠检查结合 B 超检查。通过直肠检查可发现卵巢上有 1～2 个大的卵泡囊肿，直径可达 3～5 cm(是正常卵泡大小的 2～3 倍)，卵泡壁较薄，紧绷，波动感明显，卵泡内富含大量卵泡液。有时卵巢上会同时存在多个小囊肿与正常卵泡相似，应隔 4 天再检查，如果正常排卵，这时卵泡应破裂消失，子宫增大、松软，内膜增厚，如果是长期囊肿，可能发生子宫内膜萎缩，子宫腺囊肿型扩张，同时激发子宫积液，使子宫内蓄积 100～1000 ml 黏液。通过 B 超可以清晰观察到卵巢情况，包括囊肿卵泡的大小，卵泡壁的厚度等。在囊肿直径和存在时间方面，有学者认为，B 超显示卵巢上直径超过 20 mm，卵泡壁厚＜3 mm，且在没有活性黄体组织时能存在 7 天以上的卵泡结构就是卵泡囊肿。

直肠检查黄体囊肿数量上多为 1 个，大小与卵泡囊肿差不多，一般是一侧发病，囊腔多数含有液体，黄体囊肿与卵泡囊肿不同，多数没有固定形态，一旦发生破裂后会导致黄体组织出血。如果两侧都发生黄体囊肿，往往是多发性小囊肿，囊肿呈圆球形，囊壁光滑，不存在正常排卵后黄体出现的排卵窝。黄体壁较厚而软，没有波动感，直肠检查实质感明显。通过 B 超检查卵巢，可见卵巢增大，卵巢上直径超过 20 mm，一般情况下囊肿直径 2～4 cm，囊腔壁薄而光滑，黄体壁厚＞3 mm，囊腔内有不规则弱回声或强回声。

2. 犬和猫 卵泡囊肿的患犬、患猫表现为频繁或持续发情，有时爬跨公犬、公猫，即慕雄狂症状。精神急躁，行为反常甚至攻击主人。若一侧发病，另一侧卵泡可正常发育，但多不排卵，或排卵但不能受孕。腹腔探查可见卵泡囊壁很薄，充满水样液体。黄体囊肿时性周期完全停止。卵泡囊肿犬只血浆雌二醇水平升高。大的卵巢囊肿能形成可以触知的腹部团块。含有大囊肿的卵巢可能发生扭转。如囊肿较大，行腹部 X 线检查，可显示肾后液体密度的团块。行 B 超检查，肾后区卵巢位置可见局限性液性暗区(囊肿)(图 8-2-1、图 8-2-2)。

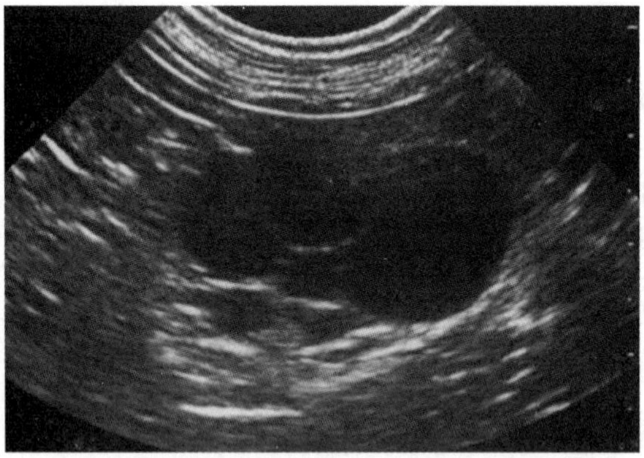

图 8-2-1 犬卵巢囊肿 B 超检查，发现卵巢体积增大，薄壁无回声组织结构，远侧回声增强

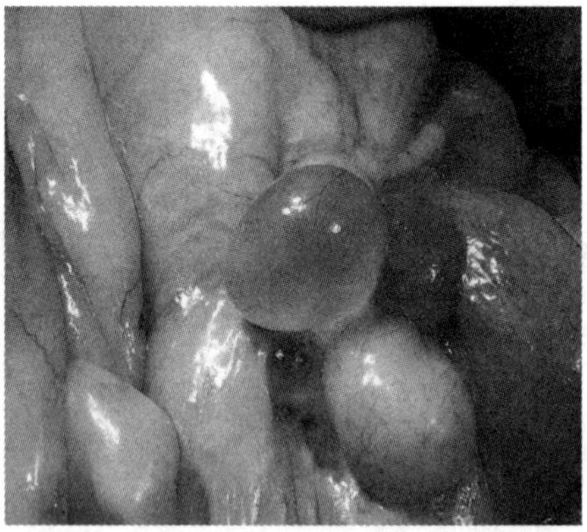

图 8-2-2 犬的卵巢囊肿(手术摘除卵巢和子宫)

四、治疗与预防措施

1. 治疗措施

(1)直肠内压破囊肿：本法只要直肠检查熟练，多能成功。方法是先抓住卵巢，趁肠壁松弛时将有囊肿的卵巢握于手心中即可捏破囊肿，为防止出血，用手指压住凹陷处 5～10 min(有引起大出血死亡的报道)。也可用手在直肠固定住囊肿卵巢，于尻部用 17 cm 或 27 cm 长针与皮肤成 45°角刺入，针尖刺入囊肿，抽取囊肿液后注入绒毛膜促性腺激素 2500～4000 IU，有良好疗效。

Note

(2)肌内注射促黄体素：牛肌内注射促黄体素 100～200 IU，每天 1 次，连用 3 天，一般停药后 15 天左右即可正常发情排卵。也可静脉注射人绒毛膜促性腺激素 5000 IU 或肌内注射 10000 IU。

(3)肌内注射黄体酮：牛肌内注射黄体酮 50～100 mg，隔天 1 次，连用 2～7 次，但疗效较差。最好将黄体酮注射液 100 mg、硫酸卡那霉素注射液 50 mg 混合后注入子宫内，每隔 2 日 1 次，连用 2～3 次为一个疗程，一般一个疗程即愈，应同时结合按摩卵巢 2～3 min。黄体囊肿肌内注射或子宫注射氯前列烯醇 0.2 mg。

(4)肌内注射地塞米松：牛肌内注射地塞米松 0.1 mg/kg，静脉注射绒毛膜促性腺激素 2500～6000 IU 或肌内注射 1 万～2 万 IU(如结合肌内注射维生素 AD 效果更好)。碘化钾 3～9 g 拌料喂，每天 1 次，7 天为 1 疗程，间隔 5 天，连用 2～3 个疗程。

(5)手术疗法：犬、猫卵巢囊肿一旦发现，最好的方法是进行卵巢子宫全切术(绝育手术)，不建议采用保守治疗，因为保守治疗会有子宫蓄脓及乳房肿瘤等风险。

2. 预防措施

(1)提高奶牛的饲养管理水平，尤其是泌乳牛，根据不同阶段奶牛的营养需求，制订均衡全面的饲料配方，合理控制饲料精粗比，提高维生素 A 的摄入量。尤其是对于处于空怀期的经产奶牛，要适当控制膘情，既要满足奶牛的营养需求，又要合理控制体重，以免影响卵巢的排卵功能，从而在最大限度上减少卵巢囊肿的发生。

(2)加强产后牛管理，减少产后感染的风险，对于胎衣不下的奶牛及时进行子宫灌药和青霉素治疗，必要时可进行胎衣的人工剥离，以防造成更大的危害。通过观察分泌物和直肠检查等确定子宫复旧情况，及时发现亚临床疾病并进行处理，对于子宫恢复不好的奶牛，必须及时进行治疗。奶牛饲养过程中合理使用药物，尤其是激素类药物，防止影响机体正常的内分泌水平。

(3)不可给犬、猫喂食抑制发情的药物。对犬、猫而言，频繁发情和生育可能引起子宫蓄脓、乳房肿瘤、卵巢肿瘤、子宫肌瘤等疾病，适龄绝育可以延长犬、猫生命，减少发情的痛苦。

展示与评价

一、任务分配单

卵巢囊肿的诊断与治疗任务分配表

任务名称					
班级		组号		指导教师	
组长		实训时间		实训地点	
组员	姓名	学号	姓名	学号	
任务分工					
实训材料准备					

Note

二、任务问题引导单

卵巢囊肿的诊断与治疗任务问题引导表

任务名称	
引导问题 1	卵巢囊肿的常见病因有哪些?
答案	
引导问题 2	卵巢囊肿的症状有哪些?
答案	
引导问题 3	卵巢囊肿的治疗措施包括哪些?
答案	
引导问题 4	卵巢囊肿的预防措施有哪些?
答案	

三、任务工作单

卵巢囊肿的诊断与治疗任务工作表

任务名称	
操作过程描述	
操作照片	操作过程或项目成果照片粘贴处
任务反思	

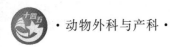

四、任务评价单

卵巢囊肿的诊断与治疗任务评价表

任务名称				
任务评价	小组评语	小组评价	评价日期	组长签名
	组间互评评语	组间互评评价	评价日期	组长签名
	指导教师评语	指导教师评价	评价日期	指导教师签名
考核标准	优秀标准	合格标准	不合格标准	
	操作规范，安全有序 步骤正确，按时完成 全员参与，分工合理 结果准确，分析有理 保护环境，爱护设施	基本规范 基本正确 部分参与 分析不全 混乱无序	存在安全隐患 无计划，无步骤 个别人或少数人参与 不能完成，没有结果 环境脏乱，桌面未收	
小组思政评价				
教师思政评价				

五、任务总评单

卵巢囊肿的诊断与治疗任务总评表

任务名称：	班级：	姓名：	学号：
评价方式	分评得分	所占比例	终评得分
学生自评		40%	
学生互评		20%	
教师评价		40%	
合计			

扫码学课件
8.3

任务三　持久黄体的诊断与治疗

案例导入

某奶牛养殖场的奶牛产犊后第一个情期发情没配种，此后两个情期没有发情表现，精神状态良好，体况、饮食和反刍均正常，经过临床检查确诊为持久黄体。通过本案例的学习，掌握牛持久黄体的诊断及治疗方法。

Note

学习目标

熟悉母畜持久黄体的病因；掌握母畜持久黄体临床症状并且做出正确的诊断，通过诊断进行准确的临床防治；牢固树立救死扶伤的世界观；敬畏生命；作为新时代大学生，也要不断学习进步、掌握技能、提高自己，尽可能地救助生命，不断为社会生产提供服务，树立良好的价值观，端正学习态度。

一、持久黄体的概念

在性周期或分娩之后，性周期黄体或妊娠黄体持续存在而不消失的，称为持久黄体。

在组织结构与机体的生理作用方面，持久黄体与妊娠黄体或性周期黄体没有区别。持久黄体同样可以分泌孕酮，抑制卵泡发育，使发情周期停止循环，而引起不育。此病多发于母牛，而且多数继发于某些子宫疾病，原发性的持久黄体和其他家畜患此病的较少见。

二、持久黄体的病因

舍饲时，家畜运动不足、饲料单纯、缺少矿物质及维生素等，都可引起黄体滞留；持久黄体容易发生于产乳量高的母牛；冬季寒冷且饲料不足，常常发生持久黄体；此病也和子宫疾病有密切关系，子宫炎、子宫蓄脓及积水、胎儿死亡未被排出、产后子宫复旧不全、部分胎衣滞留及子宫肿瘤，都会使黄体不能正常消退，而成为持久黄体。

三、持久黄体的临床症状

持久黄体的主要特征是发情周期停止循环，母畜表现为长期不发情。阴道检查发现阴道黏膜苍白、干涩，子宫颈关闭；直肠检查可发现一侧(有时为两侧)卵巢增大，感到一侧或两侧卵巢上有黄体存在，黄体略突出于卵巢表面，呈蘑菇状，触之粗糙而坚硬，可感受到它们的质地比卵巢实质硬。

视频：持久黄体诊治

四、持久黄体的诊断

如果母畜超过了应当发情的时间而不发情，间隔一定时间(10～14 天)，经过两次以上的检查，在卵巢的同一部位触到同样的黄体，即可诊断为持久黄体。为了和妊娠黄体区别，必须仔细触诊子宫。有持久黄体存在时，子宫可能没有变化，但有时松软下垂，稍为粗大，触诊没有收缩反应。

五、持久黄体的治疗

持久黄体可以看作是在母畜健康不佳的情况下，防止母畜怀孕的自然保护现象。因而治疗持久黄体应从改善饲养、管理及利用并治疗所患疾病着手，才能收到良好效果。

1. 激素疗法 前列腺素 F2α 及其合成的类似物是疗效确实的溶黄体剂，患畜应用之后多数可于 3～5 天之内发情，有些配种后也能受孕。现将这类药品中常见的几种及其参考剂量分列于下。

(1)前列腺素 F2α：牛肌内注射 5～10 mg，马 2.5～8 mg，猪、羊 1～2 mg，每天 1 次，连用 2 次。前列腺素 F2α 于阴唇黏膜下注射，效果尤为明显，且用量仅为肌内注射的一半；若在有黄体的卵巢一侧的黏膜下注射，则疗效更为突出。或者按每千克体重 9 μg 用药。

(2)氟前列烯醇：又名 fluprostenol 或 ICI-81008，主要用于马，肌内注射 0.125～0.25 mg；也可用于牛，肌内注射 0.5～1 mg。必要时隔 7～10 天再行注射。

(3)氯前列烯醇：又名 cloprostenol 或 ICI-80996。牛用氯前列烯醇，一次肌内注射 0.5～1 mg；或子宫内灌注 0.2～0.3 mg；还可用 0.1%碘溶液冲洗子宫进行辅助治疗。猪用氯前列烯醇，2 ml 安瓿含主药 175 μg，一次肌内注射。

(4)15-甲基前列腺素 F2α：此药为国内目前常用的前列腺素类似物，其 2 ml 安瓿含主药 2 mg，牛肌内注射 2～3 mg。

上述 4 种药品治疗持久黄体一般注射一次即可奏效，如有必要可隔 10～12 天再注射一次。

(5)促卵泡素：肌内注射促卵泡素 100～200 IU，溶于 5～10 ml 生理盐水中，每隔 3 天注射一次，连续三次为一个疗程，疗效也较好。

Note

前列腺素 F2α 对马，特别是剂量较大时，易于发生腹痛、腹泻、食欲减退和出汗等副作用，但大多数经过数小时可自行消失。其合成的类似物如氟前列烯醇、氯前列烯醇等，超过治疗剂量 5～6 倍才会出现副作用。

2. 中草药疗法

（1）处方一：黄芪、当归、党参、陈皮、益母草各 30 g，川芎、炮姜各 24 g，白术、吴茱萸、炙香附各 15 g，红花 10 g。共研末，黄酒、红糖各 120 g，用开水冲调，候温灌服，连用 3 天。

（2）处方二：益母草 65 g，淫羊藿 30 g，茯苓 24 g，当归 45 g，白芍 18 g，陈皮 20 g，菟丝子 80 g，红花 30 g。用水煎灌服或拌料，连用 3 天。

3. 中成药治疗 应用促孕一剂灵进行治疗。用法用量：奶牛、水牛 450 g，黄牛、肉牛、马、驴 300 g，猪、羊 200 g 或每千克体重 1～1.5 g。用开水冲调为粥状，候温灌服。用药后见母畜发情时，还需要重复给药一次才可进行配种。

六、预防

母畜的饲料营养要全面，要合理搭配一些矿物质及维生素等，防止过度使役、过度挤奶和饥饿，冬季注意防寒保暖和补料，及时治疗生殖系统疾病等。

展示与评价

一、任务分配单

持久黄体的诊断与治疗任务分配表

任务名称						
班级		组号		指导教师		
组长		实训时间		实训地点		
组员	姓名	学号	姓名	学号		
任务分工						
实训材料准备						

二、任务问题引导单

持久黄体的诊断与治疗任务问题引导表

任务名称	
引导问题 1	持久黄体的病因有哪些？
答案	

Note

续表

引导问题 2	持久黄体的概念是什么?
答案	
引导问题 3	持久黄体的临床症状包括哪些?
答案	
引导问题 4	持久黄体的治疗方法都有哪些?
答案	

三、任务工作单

持久黄体的诊断与治疗任务工作表

任务名称	
操作过程描述	
操作照片	操作过程或项目成果照片粘贴处
任务反思	

四、任务评价单

持久黄体的诊断与治疗任务评价表

任务名称				
任务评价	小组评语	小组评价	评价日期	组长签名
	组间互评评语	组间互评评价	评价日期	组长签名
	指导教师评语	指导教师评价	评价日期	指导教师签名

Note

续表

	优秀标准	合格标准	不合格标准
考核标准	操作规范，安全有序 步骤正确，按时完成 全员参与，分工合理 结果准确，分析有理 保护环境，爱护设施	基本规范 基本正确 部分参与 分析不全 混乱无序	存在安全隐患 无计划，无步骤 个别人或少数人参与 不能完成，没有结果 环境脏乱，桌面未收
小组思政评价			
教师思政评价			

五、任务总评单

持久黄体的诊断与治疗任务总评表

任务名称：	班级：	姓名：	学号：
评价方式	分评得分	所占比例	终评得分
学生自评		40%	
学生互评		20%	
教师评价		40%	
合计			

扫码学课件
8.4

任务四　卵巢机能减退的诊断与治疗

案例导入

某奶牛养殖场的奶牛产犊后第一个情期发情没配种，此后两个情期没有发情表现，精神状态良好，体况、饮食和反刍均正常，经过临床检查及 B 超确诊为卵巢机能减退。通过本案例的学习，掌握卵巢机能减退的诊断及治疗方法。

学习目标

熟悉母畜卵巢机能减退的病因；掌握母畜卵巢机能减退的临床症状并且做出正确的诊断，通过诊断进行准确的临床防治；牢固树立救死扶伤的世界观；敬畏生命；作为新时代大学生，也要不断学习进步、掌握技能、提高自己，尽可能地救助生命，不断为社会生产提供服务，树立良好的价值观，端正学习态度。

一、卵巢机能减退的概念

卵巢机能减退是卵巢发育或卵巢机能发生暂时性的或长期性的减退，致使母畜无发情周期，表现为不发情。本病可以发生于各种家畜，以牛、马多见。

二、卵巢机能减退的病因

卵巢机能减退的原因比较复杂，凡能引起性机能障碍的因素都可使卵巢机能减退。母畜的性周期活动受中枢神经系统控制，先由下丘脑分泌促性腺激素释放激素，后进入垂体前叶使其分泌促性腺激素，以此来控制卵巢的机能活动，促进卵泡生长、发育、成熟并完成排卵。这样就形成了一个"下丘脑-垂体前叶-卵巢"性机能的复杂调节系统。当这个系统的任何一个环节受到某些不良因素影响时，就会发生卵巢机能障碍，引起性机能混乱，如长期饲料单一或饲料质量不好，特别是维生素 A、维生素 D、维生素 E 及硒的缺乏；蛋白质不足或氨基酸不平衡；过度使役，长期哺乳或慢性消耗性疾病，使家畜过多的营养消耗，使脑垂体分泌促卵泡激素(FSH)降低；精料过多或运动不足，造成母畜过胖。此外，气温过冷过热或气候骤变，长途运输等应激因素以及其他生殖器官疾病，如子宫炎、布鲁氏菌病等都可以引发卵巢机能减退。

三、卵巢机能减退的临床症状

本病的特征是不发情，表现为有的母畜达到发情年龄而不表现发情；有的后备母畜外阴较正常母畜要小；有的母畜在分娩后长期不见发情；有的母畜在分娩后发情一两次，但配种后又不受孕，以后能发情或长期不发情；有的发情不明显，配种后不妊娠等。采食量和体温都正常。根据卵泡发育和发情表现，卵巢机能减退有以下几种类型，其症状也有不同。

(1)卵巢发育不全：性成熟后不见发情，外阴较小，卵巢触诊时很小并且无卵泡。喜食贪睡，一般偏肥。

(2)卵泡交替发育：母畜发情期延长，卵巢中有卵泡发育，但不排卵。一侧卵巢中有发育到一定阶段的卵泡，出现发育停止乃至萎缩，不能形成黄体。另一侧卵巢中有新卵泡发育，有的另一卵泡也陷入萎缩，在对侧卵巢也有新的卵泡发育的现象。有的母畜不发情或发情微弱，在一侧或两侧有一个或几个发育的小卵泡，称为多卵泡发育。

(3)卵巢静止：卵巢机能处于静止状态，一般母畜不发情，卵泡大小正常，有弹性，无卵泡和黄体，有的母畜分娩后，仅出现 1～2 次发情，但以后长期不发情。马、驴卵巢的体积与质地都正常，无卵泡发育。牛的卵巢质地较硬，表面有时不规则，多伴有黄体残迹。

(4)卵巢萎缩：母畜分娩后不见发情，卵巢体积变小(牛如豌豆、马如鸽蛋、驴如核桃)、质地变硬，卵巢上既无黄体又无发育卵泡。子宫往往也萎缩变小。

(5)卵巢硬化：长期不见发情，卵巢质地硬如木，既无卵泡发育，又无黄体形成。

四、卵巢机能减退的防治

视频：卵巢机能减退的诊断与治疗

原则是改善饲养管理，消除病因，调节卵巢机能。

1. 改善饲养管理　根据母畜的营养需要，提供配合日粮，注意维生素、蛋白质、微量元素的供给，要求各阶段精料和粗饲料搭配合理，建立青绿多汁饲料轮供体系，适当增加青绿、青贮饲料的饲喂量，禁用变质饲料，以维持机体最佳生理机能。停乳后要特别注意乳房的充盈及收缩情况，发现异常应立即检查处理。在停乳后期和分娩前，应减少多汁饲料和精料的饲喂量，以减轻乳房的膨胀。在分娩后乳房过度膨胀时，也应适当减少多汁饲料和精料的饲喂量，还应酌情挤奶 1～2 次，同时控制饮水，增加放牧次数。维生素 E 在干乳期前 7 周添加 1000 IU/d，在干乳期的后 2 周为 4000 IU/d；所有日粮均添加 0.1 mg/kg 的硒；在干乳期的后 2 周日粮中添加高含量维生素 E，对乳房的健康有实质性改善作用。可以提高机体抵抗病原微生物的能力，降低乳腺炎的发病率。同时注意规范化饲养，加强卫生消毒工作。

2. 治疗原发性疾病　对于由生殖器官疾病或其他方面的原发性疾病所引起的卵巢机能障碍，应先治疗生殖器官疾病或其他方面的原发性疾病，特别注意子宫炎的预防与治疗。

Note

3. 公畜催情 公畜对母畜的生殖机能是一种天然的刺激，通常将健康公畜，最好是做过输精管结扎的公畜（马可用阴茎后转术，羊可戴试情兜布）放入母畜群中，以刺激母畜发情。如果母畜有生殖道炎症，则不要使用这种方法。

4. 卵巢刺激 通过直肠对卵巢进行按摩，机械地刺激卵巢的血管和神经，可以增加卵巢的血液循环和机能代谢，促进卵巢机能的恢复，也是卵巢静止和持久黄体常用的方法。按摩应先从卵巢的游离端开始，渐渐到卵巢系膜，如此反复 3～5 min，每天 1 次，连续 5～7 次。

5. 激素疗法

（1）促卵泡素：牛 100～200 IU，肌内注射，隔天 1 次，连续注射 3～4 天，卵巢静止时要适当加大剂量，发情后，肌内注射促黄体素（LH）效果更好。

（2）绒毛膜促性腺激素：马 2500～5000 IU，牛 3000～4000 IU，猪 500～1000 IU，肌内注射，必要时间隔 1～2 天重复注射一次。

（3）孕马血清促性腺激素（PMSG）：马、牛 2000～3000 IU，猪 500～1000 IU，肌内注射或皮下注射，每天 1 次，共用 2 次。妊娠母马 40～90 天的血清含大量孕马血清促性腺激素，主要作用类似促卵泡素，小部分类似促黄体素。每天 1 次，共用 2～3 次。

（4）雌性激素：常用苯甲酸雌二醇、己烯雌酚、己烷雌酚。苯甲酸雌二醇：牛、驴 10～20 mg，马 15～30 mg，猪 4～6 mg，羊 1～2 mg。己烯雌酚：牛、驴 20～30 mg，马 35～50 mg，猪 3～8 mg，羊 1～3 mg，肌内注射，一般在用药后 2～4 天出现发情，但一般无卵泡发育和不排卵，故在前 1～2 个发情期不宜配种。随着雌性激素的应用，母畜生殖器官血管开始增生，血液供应旺盛，机能增强，打破卵巢的静止状态，促使其卵巢机能慢慢恢复。

（5）胎盘组织液疗法：一般用胎盘组织液，马、牛一次用量为 30～50 ml，皮下或肌内注射，隔天 1 次，4 次为一个疗程。

五、卵巢机能减退的预防

加强饲养，提供营养平衡日粮，特别应注意供给足够的蛋白质，维生素，钙、磷等微量元素。改善管理，合理使役，防止过劳和不运动。特别是哺乳期要提供一些精料，并适时断奶，做好安全越冬工作，做好防寒保暖工作，特别是要防止贼风袭击，储备足够的青绿饲料或青贮饲料，以备冬末春初饲用。及时防治各种母畜生殖器官疾病。

展示与评价

一、任务分配单

卵巢机能减退的诊断与治疗任务分配表

<table>
<tr><td>任务名称</td><td colspan="6"></td></tr>
<tr><td>班级</td><td></td><td>组号</td><td colspan="2"></td><td>指导教师</td><td></td></tr>
<tr><td>组长</td><td></td><td>实训时间</td><td colspan="2"></td><td>实训地点</td><td></td></tr>
<tr><td rowspan="4">组员</td><td colspan="2">姓名</td><td>学号</td><td colspan="2">姓名</td><td>学号</td></tr>
<tr><td colspan="2"></td><td></td><td colspan="2"></td><td></td></tr>
<tr><td colspan="2"></td><td></td><td colspan="2"></td><td></td></tr>
<tr><td colspan="2"></td><td></td><td colspan="2"></td><td></td></tr>
<tr><td>任务分工</td><td colspan="6"></td></tr>
</table>

续表

实训材料准备	

二、任务问题引导单

卵巢机能减退的诊断与治疗任务问题引导表

任务名称	
引导问题 1	卵巢机能减退的病因有哪些?
答案	
引导问题 2	卵巢机能减退的概念是什么?
答案	
引导问题 3	卵巢机能减退临床症状包括哪些?
答案	
引导问题 4	卵巢机能减退治疗方法有哪些?
答案	

三、任务工作单

卵巢机能减退的诊断与治疗任务工作表

任务名称	
操作过程描述	
操作照片	操作过程或项目成果照片粘贴处

续表

任务反思	

四、任务评价单

卵巢机能减退的诊断与治疗任务评价表

<table>
<tr><td>任务名称</td><td colspan="4"></td></tr>
<tr><td rowspan="6">任务评价</td><td>小组评语</td><td>小组评价</td><td>评价日期</td><td>组长签名</td></tr>
<tr><td></td><td></td><td></td><td></td></tr>
<tr><td>组间互评评语</td><td>组间互评评价</td><td>评价日期</td><td>组长签名</td></tr>
<tr><td></td><td></td><td></td><td></td></tr>
<tr><td>指导教师评语</td><td>指导教师评价</td><td>评价日期</td><td>指导教师签名</td></tr>
<tr><td></td><td></td><td></td><td></td></tr>
<tr><td rowspan="2">考核标准</td><td>优秀标准</td><td colspan="2">合格标准</td><td>不合格标准</td></tr>
<tr><td>操作规范,安全有序
步骤正确,按时完成
全员参与,分工合理
结果准确,分析有理
保护环境,爱护设施</td><td colspan="2">基本规范
基本正确
部分参与
分析不全
混乱无序</td><td>存在安全隐患
无计划,无步骤
个别人或少数人参与
不能完成,没有结果
环境脏乱,桌面未收</td></tr>
<tr><td>小组思政评价</td><td colspan="4"></td></tr>
<tr><td>教师思政评价</td><td colspan="4"></td></tr>
</table>

五、任务总评单

卵巢机能减退的诊断与治疗任务总评表

<table>
<tr><td colspan="4">任务名称： 班级： 姓名： 学号：</td></tr>
<tr><td>评价方式</td><td>分评得分</td><td>所占比例</td><td>终评得分</td></tr>
<tr><td>学生自评</td><td></td><td>40%</td><td></td></tr>
<tr><td>学生互评</td><td></td><td>20%</td><td></td></tr>
<tr><td>教师评价</td><td></td><td>40%</td><td></td></tr>
<tr><td colspan="3">合计</td><td></td></tr>
</table>

Note

扫码学课件
8.5

任务五 产前截瘫的诊断与治疗

案例导入

一农户饲养的黑白花奶牛约 6.5 岁，第 4 胎，预产期为 2 月 17 日，2 月 6 日农户给奶牛肌内注射黄体酮 1 次，2019 年 2 月 10 日傍晚奶牛卧地不起，在此之前 1 周左右出现站立不持久，交替踏步，胎动明显，其他无变化，经过临床检查确诊为产前截瘫。通过本案例的学习，掌握牛产前截瘫的诊断及治疗方法。

学习目标

熟悉母畜产前截瘫的病因；掌握母畜产前截瘫的临床症状并且做出正确的诊断，通过诊断进行准确的临床防治；牢固树立救死扶伤的世界观；敬畏生命；作为新时代大学生，也要不断学习进步、掌握技能、提高自己，尽可能地救助生命，不断为社会生产提供服务，树立良好的价值观，端正学习态度。

一、产前截瘫的概念

产前截瘫是母畜在妊娠末期，后肢不能站立的一种疾病，没有其他明显的临床症状。各种动物均可发生，猪及牛多见。牛主要发生在分娩前 1 个月，猪在产前几天至数周发病。此病带有地域性，有的地区的动物常大量发生。母畜乏弱衰老，容易发病。

二、产前截瘫的病因

产前截瘫的发病原因十分复杂，尚未明确。有许多研究表明，产前截瘫与以下因素有关。

(1)饲养不当，如饥饿，饲料单纯，缺乏钙、磷等矿物质及维生素，或饲料中钙、磷比例失调等。血钙浓度下降，促进甲状旁腺分泌增加，刺激破骨细胞的活动，从而使骨中钙盐释放入血，以维持血浆中钙的水平，骨钙动员加速，导致骨骼的结构受到损害。有文献报道，铜、钴、铁严重缺乏的动物，会因贫血及衰弱而不能起立。胃肠机能紊乱、慢性消化不良、维生素 D 不足等也会妨碍钙从小肠吸收。

(2)妊娠末期动物负担过重，患有某些全身性疾病，如营养不良、胎水过多、严重的子宫捻转、损伤性胃炎(伴有腹膜炎)、风湿等。

三、产前截瘫的临床症状

发病初期表现为站立时无力，两后肢常交替负重；行走时后躯摇摆，步态不稳；卧地起立困难。后期症状增重，后肢不能站立。

临床检查，后躯痛感反应正常，全身症状不明显。发病后期，长久卧地导致患肢肌肉出现萎缩，易引起褥疮，继发败血症。有些案例还出现阴道脱出的现象。患猪常有异食癖、消化紊乱、大便干燥等表现。

四、产前截瘫的诊断

站立时无力或后肢不能站立、后躯痛感反应正常、全身症状不明显可以初步诊断。应注意与子宫捻转、胎水过多、风湿以及髋关节脱臼、骨盆骨折、损伤性胃炎等鉴别。

视频：产前截瘫的诊断与治疗

五、产前截瘫的治疗

本病以补充钙剂，加强护理，防止褥疮发生为治疗原则。

由缺钙引起的，可静脉注射 10%葡萄糖酸钙，牛 250～500 ml，猪 50～100 ml，隔天 1 次，也可用 10%氯化钙，牛 100～300 ml，猪 20～50 ml，加 5%的葡萄糖溶液(牛 500～1000 ml、猪 100～500 ml)

Note

缓慢一次静脉注射。为了促进钙盐吸收，可肌内注射骨化醇或维生素 AD。猪肌内注射维丁胶性钙 1～4 ml，隔天 1 次，也有一定良好效果。如有其他症状如消化紊乱、便秘等，可采用对症治疗，必要时也可配合使用抗生素。

治疗的同时应耐心护理，并给予含矿物质及丰富维生素的易消化的饲料。卧地不起的案例，须给患畜多垫褥草，每日翻转患畜数次，并用草把擦腰荐部及后肢，促进后躯的血液循环，或者用吊床吊起后躯，防止发生褥疮。

六、产前截瘫的预防

加强饲养，给妊娠母畜的精、粗、青绿饲料要合理搭配，补充足够的钙、磷等矿物质，保证动物有充足的运动量和光照，人为控制动物的配种与分娩时间。

展示与评价

一、任务分配单

产前截瘫的诊断与治疗任务分配表

任务名称					
班级		组号		指导教师	
组长		实训时间		实训地点	
组员	姓名	学号	姓名	学号	
任务分工					
实训材料准备					

二、任务问题引导单

产前截瘫的诊断与治疗任务问题引导表

任务名称	
引导问题 1	产前截瘫的病因有哪些？
答案	
引导问题 2	产前截瘫的概念是什么？
答案	

续表

引导问题 3	产前截瘫如何诊断？
答案	
引导问题 4	产前截瘫治疗方法有哪些？
答案	

三、任务工作单

产前截瘫的诊断与治疗任务工作表

任务名称	
操作过程描述	
操作照片	操作过程或项目成果照片粘贴处
任务反思	

四、任务评价单

产前截瘫的诊断与治疗任务评价表

<table>
<tr><td>任务名称</td><td colspan="4"></td></tr>
<tr><td rowspan="6">任务评价</td><td>小组评语</td><td>小组评价</td><td>评价日期</td><td>组长签名</td></tr>
<tr><td></td><td></td><td></td><td></td></tr>
<tr><td>组间互评评语</td><td>组间互评评价</td><td>评价日期</td><td>组长签名</td></tr>
<tr><td></td><td></td><td></td><td></td></tr>
<tr><td>指导教师评语</td><td>指导教师评价</td><td>评价日期</td><td>指导教师签名</td></tr>
<tr><td></td><td></td><td></td><td></td></tr>
</table>

<table>
<tr><td rowspan="2">考核标准</td><td>优秀标准</td><td>合格标准</td><td>不合格标准</td></tr>
<tr><td>操作规范，安全有序
步骤正确，按时完成
全员参与，分工合理
结果准确，分析有理
保护环境，爱护设施</td><td>基本规范
基本正确
部分参与
分析不全
混乱无序</td><td>存在安全隐患
无计划，无步骤
个别人或少数人参与
不能完成，没有结果
环境脏乱，桌面未收</td></tr>
</table>

续表

小组思政评价	
教师思政评价	

五、任务总评单

产前截瘫的诊断与治疗任务总评表

任务名称：	班级：	姓名：	学号：
评价方式	分评得分	所占比例	终评得分
学生自评		40%	
学生互评		20%	
教师评价		40%	
合计			

扫码学课件

8.6

任务六　胎衣不下的诊断与治疗

案例导入

2021 年 10 月 22 日，伊宁市巴彦岱镇马某饲养场的 1 头西门塔尔牛，母，6.5 岁。该母牛于 10 月 19 日 21:00 左右正常产犊，但胎衣未完全排出，今日出现体温升高、精神沉郁、食欲减退，从阴门流出红褐色液体及少量胎衣碎片，遂到医院就诊。

学习目标

掌握胎衣不下的病因、临床症状、诊断方法、治疗理念和预防措施，能够根据病因分析病情，制订科学、合理的防治措施；培养爱岗、敬业、博学、务实的职业素质。

胎衣不下又称胎衣滞留，是指母畜在分娩后，胎衣在一定时间内没有完全排出。正常情况下，马于产后 1.5 h 内，牛于产后 12 h 内，羊于产后 4 h 内，猪于产后 1 h 内，犬、猫于产后 6 h 内排出胎衣，如果超过上述正常排出时间，则叫胎衣不下。胎衣不下主要发生于牛，正常奶牛分娩后胎衣不下的发生率为 5%～10%，而异常分娩母牛(剖宫产、难产、流产和早产等)及感染布鲁氏菌的母牛发病率可达 20%～50%，甚至更高。胎次、产犊季节、双胎、死胎及胎位异常等对胎衣不下的发病率均有影响。

胎衣不下通常不影响奶牛的健康，仅食欲和体温发生轻微变化；少数严重案例，可继发产后急性子宫内膜炎，出现典型的毒血症和败血症，导致不孕甚至危及患畜生命。

一、胎衣不下的病因

产后胎衣的分离和排出是一种正常的生理过程。胎盘的正常成熟和松弛过程在产后期就开始启动，并以胎盘内胶原物质的结构改变（变性）为标志。在分娩时，子宫收缩引起子宫内压增大、血流减少、物理性牵拉，最终使胎衣脱落并排出。

胎衣不下受流产、难产、低血钙、双胎、高温、母牛年龄和胎次、早产、引产、子宫炎症、内分泌失调、中性粒细胞功能减退和营养缺乏等多种因素的影响，其确切的发病机制尚不太清楚。目前认为胎衣不下主要是胎膜绒毛与母体子宫肉阜分离受阻或子宫张力不足、无力造成的，可能与以下几个方面有关。

1. 产后子宫收缩无力

（1）缺乏运动，消瘦、过肥或其他疾病。

（2）饲料单纯，缺少钙、硒、维生素。如干奶期维生素 A、维生素 E 和硒的缺乏，也可导致胎衣不下。维生素 A 水平低下与胎衣不下、子宫炎和流产有关。在缺硒地区，缺硒的牛胎衣不下、子宫炎和卵巢囊肿的发病率可能升高。维生素 E 可提高中性粒细胞的功能，缺乏维生素 E 可能与胎衣不下的发生有关。

（3）子宫肌过度伸张、胎儿过大、胎水过多、水肿胎膜、宫缓等。

2. 胎盘炎症-胎儿胎盘与母体胎盘粘连

（1）妊娠期间子宫受到感染（子宫内膜炎，如李氏杆菌、胎儿弧菌、沙门氏菌、支原体、霉菌、毛滴虫、弓形虫等），发生子宫内膜炎及胎盘炎使结缔组织化。上一胎手术剥离过胎衣的，以后发生率高。

（2）传染病（流产或未流产）引起的炎症反应，造成母体组织和胎儿组织粘连，如布鲁氏菌病、结核病、传染性鼻气管炎、病毒性腹泻等。

3. 胎盘结构　牛、羊为子叶型胎盘，胎儿胎盘与母体胎盘的联系比较紧密，炎症发生率高，故高发。马、猪为弥散胎盘或上皮绒毛膜胎盘，胎衣易于脱落，故少发。

二、胎衣不下的临床症状

胎衣不下可分为全部不下及部分不下两种。

1. 胎衣全部不下　胎衣全部不下即整个胎衣未排出，胎儿胎盘的大部分仍与母体胎盘连接，仅见一部分已分离的胎衣悬吊于阴门之外。脱露出的部分主要为尿膜绒毛膜，呈土红色，表面有许多大小不等的胎儿胎盘。严重子宫弛缓的案例，胎衣则可能全部都滞留在子宫内；有时悬吊于阴门外的胎衣可能断离；在这些情况下，只有进行阴道或子宫触诊，才能发现子宫内是否还有胎衣滞留。

经过 1～2 天，滞留的胎衣开始腐败分解，夏天时腐败速度更快，表现为从阴道内排出污红色恶臭液体，内含腐败的胎衣碎片，患畜卧下时排出得多。由于感染及腐败胎衣的刺激，可能发生急性子宫内膜炎，腐败分解产物被吸收后，出现典型的毒血症和败血症症状。患畜表现为精神不振，拱背、常常努责，体温稍高，食欲及反刍略微减少；胃肠机能紊乱，有时发生腹泻、瘤胃弛缓、积食及臌气。

2. 胎衣部分不下　胎衣部分不下即胎衣大部分已经排出，只有一部分胎儿胎盘残留在子宫内，从外部不易发现。诊断的主要依据为恶露的排出时间延长，有臭味，其中含有腐烂胎衣碎片。如不进行治疗，大多数滞留的胎衣会在产后 3～12 天分离排出。部分牛由于子宫颈口闭锁，完全滞留在子宫内的胎衣可能在子宫内滞留更长的时间，直至第一次发情后才能排出。因此，应根据产房胎衣排出的记录和临床表现、阴道检查等情况，及时诊断（图 8-6-1）。

三、胎衣不下的诊断

根据临床症状即可做出诊断。产后经几个小时甚至十几个小时胎衣还未排出或排出的胎衣不完整，常悬挂于阴门外，严重者胎衣腐败于子宫内，有恶臭。

四、胎衣不下的防治

1. 治疗

（1）子宫内治疗：为了防止胎衣腐败、延缓腐败物溶解吸收，可向子宫内直接投注抗生素。对于

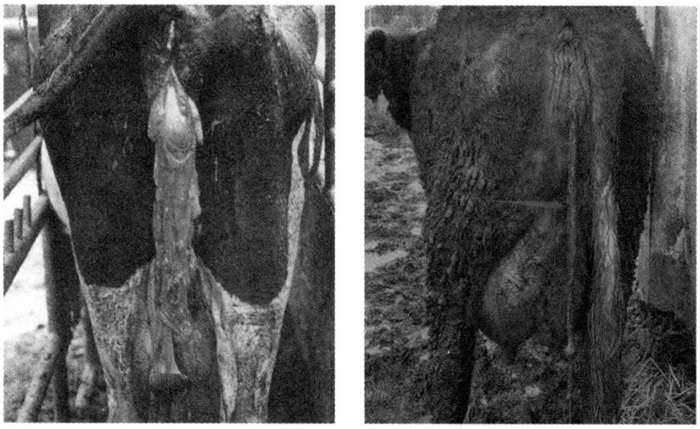

图 8-6-1　牛胎衣不下

牛或马，可取土霉素 2 g 或金霉素 1 g，溶于 250 ml 生理盐水中，一次灌注，隔日 1 次；羊和猪药量减半；犬、猫一次可注入相应药物 30 ml。也可用其他抗生素或选用市售的治疗子宫内膜炎的专用药物进行子宫内投药治疗。为了促进胎盘绒毛脱水收缩、促进母体胎盘和胎儿胎盘分离，还可向子宫中灌注 10%氯化钠溶液，牛一次用量为 1000～1500 ml，猪、羊等中小动物酌减。

(2)注射促进子宫收缩药物。

(3)激素治疗：为了加强子宫收缩，促进母体胎盘和胎儿胎盘分离，促进胎衣排出，可在产后早期注射促进子宫收缩的药物进行治疗。例如，皮下或肌内注射催产素，牛 50～100 IU，猪、羊 5～20 IU，马 40～50 IU，犬、猫 5～30 IU，2 h 后重复一次。除此之外还可选用氯前列烯醇、雌激素或麦角新碱等能够促进子宫收缩的药物进行治疗。

(4)全身治疗：少数继发急性子宫内膜炎的胎衣不下母牛，出现毒血症等全身症状，体温升高，可视黏膜红染，呼吸加快，精神沉郁，食欲减退或废绝。对于此类牛，应及时采取全身疗法，并结合子宫内灌注抗生素进行治疗。常选用青霉素类药物进行静脉输液，也可选用头孢噻呋类药物，肌内注射，每千克体重 2.2 mg，间隔 24 h 用药 1 次，连续使用 3～5 天。

(5)人工剥离胎衣：人工剥离胎衣一直颇受争议，即人工去除仍紧贴于肉阜的胎衣，但这一方法所造成的危害较大，而且对子宫内膜的进一步损伤或刺激可导致子宫严重感染或创伤。因此一般不建议使用这种“激进型”的方法。

2. 预防措施

(1)合理搭配日粮：根据当地饲料饲草资源，合理配合日粮，以满足妊娠奶牛的营养需要。日粮中应特别重视与奶牛胎衣不下相关的维生素 A、维生素 D、维生素 E，以及微量元素碘、硒等的补充。

(2)加强奶牛的运动：每天运动时间不短于 5 h，在妊娠前期和干奶期每天运动 1～2 h，可增强母牛体质，减少和预防难产、胎衣不下。同时延长日照时间，有利于维生素 D 的合成。

(3)加强传染性疾病的防疫、检疫与控制：李氏杆菌病、布鲁氏菌病、传染性鼻气管炎、病毒性腹泻等均可引起胎盘炎症，使胎衣不下发病率升高，应注意预防。同时在人工授精、阴道检查、子宫检查、助产分娩时，按操作规程进行，严格消毒，预防奶牛阴道炎、子宫内膜炎等传染性生殖系统疾病的发生。

展示与评价

一、任务分配单

胎衣不下的诊断与治疗任务分配表

任务名称					
班级		组号		指导教师	
组长		实训时间		实训地点	

续表

<table>
<tr><td rowspan="4">组员</td><td>姓名</td><td>学号</td><td>姓名</td><td>学号</td></tr>
<tr><td></td><td></td><td></td><td></td></tr>
<tr><td></td><td></td><td></td><td></td></tr>
<tr><td></td><td></td><td></td><td></td></tr>
<tr><td>任务分工</td><td colspan="4"></td></tr>
<tr><td>实训材料准备</td><td colspan="4"></td></tr>
</table>

二、任务问题引导单

胎衣不下的诊断与治疗任务问题引导表

任务名称	
引导问题 1	胎衣不下的病因有哪些?
答案	
引导问题 2	胎衣不下的症状有哪些?
答案	
引导问题 3	胎衣不下的治疗措施有哪些?
答案	
引导问题 4	胎衣不下的预防措施有哪些?
答案	

三、任务工作单

胎衣不下的诊断与治疗任务工作表

任务名称	
操作过程描述	

Note

续表

操作照片	操作过程或项目成果照片粘贴处
任务反思	

四、任务评价单

胎衣不下的诊断与治疗任务评价表

任务名称				
任务评价	小组评语	小组评价	评价日期	组长签名
	组间互评评语	组间互评评价	评价日期	组长签名
	指导教师评语	指导教师评价	评价日期	指导教师签名
考核标准	优秀标准	合格标准	不合格标准	
	操作规范，安全有序 步骤正确，按时完成 全员参与，分工合理 结果准确，分析有理 保护环境，爱护设施	基本规范 基本正确 部分参与 分析不全 混乱无序	存在安全隐患 无计划，无步骤 个别人或少数人参与 不能完成，没有结果 环境脏乱，桌面未收	
小组思政评价				
教师思政评价				

五、任务总评单

胎衣不下的诊断与治疗任务总评表

任务名称： 班级： 姓名： 学号：			
评价方式	分评得分	所占比例	终评得分
学生自评		40%	
学生互评		20%	
教师评价		40%	
合计			

扫码学课件
8.7

任务七　生产瘫痪的诊断与治疗

案例导入

荷斯坦奶牛，5 产，产后第 3 天突然卧地不起。临床检查发现：该牛体温 36.8 ℃，心音微弱，心率 116 次/分。舌体绵软，四肢末梢发凉，不愿站立，两腿屈曲。强行驱赶时起立困难，站立不稳，步态摇摆。皮肤反射和肛门反射均减弱，诊断为生产瘫痪。通过本案例的学习，掌握生产瘫痪的诊断及治疗，熟悉乳房送风疗法及血液生化学中离子指标的判读。

学习目标

熟悉生产瘫痪的发病原因；掌握生产瘫痪的临床症状并能做出正确的诊断，通过诊断进行准确的临床防治；并能正确操作乳房送风技术，牢固树立救死扶伤的世界观；敬畏生命；作为新时代大学生，也要不断学习进步、掌握技能、提高自己，尽可能地救助生命，不断为社会生产提供服务，树立良好的价值观，端正学习态度。

一、生产瘫痪的概念

生产瘫痪是母畜在产后突然发生的以血钙含量急剧下降、知觉消失、肌肉麻痹为特征的代谢疾病，也称产后瘫痪，亦称乳热症或低钙血症。本病常见于奶牛及犬和猫，奶山羊、水牛也有发生，黄牛及猪则少见。

本病的发生与年龄、胎次、产奶量及品种有关。奶牛在 2～11 产均可发生，最常发生在 5～8 岁或 3～6 产的高产奶牛；母牛多在顺产后 72 h 内(多发生在产后 12～48 h)发病，分娩前和产后数日至数周的发病极少。高产奶山羊多发生在 2～5 产，头产几乎不发病，成年母羊大都在妊娠的最后一个月和泌乳的前 6 周发病。

二、生产瘫痪的病因

分娩前后血钙浓度剧烈降低是本病发生的主要原因，本病的发生也可能是由大脑皮质缺氧所致。

1. 低血钙　所有患病母畜在分娩后血钙浓度都有不同程度的降低。目前认为引起血钙浓度下降的因素主要有以下两种。

(1)分娩前后大量血钙进入初乳，且动员骨钙的能力和吸收钙的量不能满足需要是主要原因。干乳期母畜(如期饲喂高钙饲料的情况下)甲状旁腺功能减退，使甲状旁腺激素分泌减少，因而动员骨钙的能力降低。

(2)分娩前后从肠道吸收的钙量减少，也是引起血钙浓度降低的原因。妊娠末期胎儿迅速增大，影响胃肠活动，降低消化机能，致使从肠道吸收的钙量显著减少。

2. 大脑皮质能量供应不足　产后大量血糖进入乳房合成乳糖，使得血糖降低，脑供能不足，可使大脑皮层受到抑制，影响甲状旁腺的功能，使其分泌激素的功能减退，不能很快动员骨钙以维持血钙的正常水平。

3. 脑皮质缺氧　分娩后腹内压突然降低，血液重新分配，内脏器官相对充血，同时大量血液进入乳房，引起脑组织暂时性贫血，神经兴奋性下降。

4. 血清镁含量降低　镁在钙代谢途径的许多环节中具有调节作用。血液镁含量降低时，机体从骨骼中动员钙的能力降低。因此，低血镁时，生产瘫痪的发病率高，特别是产前饲喂高钙饲料，以致

Note

分娩后血镁过低而妨碍机体从骨骼中动员钙，难以维持血钙水平，从而发生生产瘫痪。

三、生产瘫痪的临床症状

发生生产瘫痪时，表现的症状不尽相同，有典型症状与非典型(轻型)症状两种。

1. 典型症状 病程发展很快，从开始发病至出现典型症状，整个过程不超过 12 h。发病初通常是食欲减退或废绝，反刍、瘤胃蠕动及排粪、排尿停止，泌乳量迅速降低，精神沉郁，轻度不安；不愿走动，后肢交替负重，后躯摇摆，站立不稳，四肢肌肉震颤。有些案例一开始就出现神经兴奋症状，表现为骚动不安、惊慌、哞叫、目光凝视和感觉过敏症状，头部及四肢肌肉震颤、痉挛，静止性共济失调。所有案例开始时鼻镜即变干燥，四肢及身体末端发凉，体温正常或降低，随后很快出现意识抑制和知觉丧失等典型症状，患牛昏睡，眼睑反射微弱或消失，瞳孔散大，对光反射消失，皮肤对疼痛的刺激亦无反应，肛门松弛、反射消失，心音减弱，心跳频率增大，深大呼吸，听诊有啰音，有时会发生喉头麻痹及舌麻痹，吞咽困难等。患牛常以一种特殊的姿势卧地，即伏卧，四肢屈于躯干下，头向后弯向胸的一侧，人为可将头拉直，但松手后又重新向胸部弯曲，头可以人为地向两侧弯曲。精神兴奋与抑制可先后或交替发生，多在麻痹中死亡。

如本病发生在分娩过程中，则努责和阵缩停止，胎儿不能娩出。

2. 非典型(轻型)症状 在临床上多见，产前和产后较长时间内发生的生产瘫痪也多为非典型案例。其症状主要是头颈姿势不自然，头颈部呈现“S”状弯曲，患牛精神极度沉郁，但不昏睡，食欲废绝，各种反射减弱，但不完全消失。患牛有时能勉强站立，但站立不稳，且行动困难，步态摇摆。体温正常，一般不低于 37 ℃。

奶山羊的生产瘫痪多发生在产羔后 1～3 天内，症状与牛相似，但多呈非典型症状。

四、生产瘫痪的诊断

牛生产瘫痪的诊断主要依据如下：发病多为 3～6 产的高产母牛，且多在分娩 3 天内，并出现瘫痪和低血钙，牛正常血钙为 8～12 mg/100 ml，临近分娩时略有下降，患牛血钙含量大都低于 6 mg/100 ml，有的可低至 1 mg/100 ml，根据牛血钙浓度即可做出诊断。

非典型症状的生产瘫痪必须与酮血症进行鉴别诊断。酮血症虽然有半数左右也发生在产后数天，但在泌乳期间的任何时间都可发生，妊娠末期也可发病。酮血症患畜的奶、尿及血液中的丙酮数量增多，呼出的气体有丙酮气味。另外，酮血症对静脉注射钙剂，尤其是对乳房送风疗法没有效果。

如果同时发生酮血症和生产瘫痪，诊断就比较困难，如果用静脉补钙和乳房送风的方法治疗生产瘫痪有效，但患畜仍不能很好采食，此时应检查有无酮血症。伴有早期生产瘫痪的神经型酮血症患畜常表现为肌肉震颤、步态蹒跚，行走时类似麻醉和酒醉，随后倒地，并可能出现感觉过敏和惊厥。

产后截瘫与生产瘫痪的区别是除后肢不能站立以外，其他情况，如精神、食欲、体温、各种神经反射、粪尿等均无异常。

五、生产瘫痪的防治

静脉注射钙剂及乳房送风疗法是治疗生产瘫痪最常用、最有效的疗法，治疗越早，疗效越好。

视频：生产瘫痪诊治

1. 静脉注射钙剂 静脉注射钙剂同时可采用补糖和对症治疗。牛按含钙量 2.2 g/100 kg 体重直接补钙，最佳钙剂为 20%～25%硼葡萄糖酸钙，可用 500 ml 一次缓慢静注，6～12 h 后重复注射。亦可用 10%葡萄糖酸钙 300～500 ml 加 10%葡萄糖 2000 ml 一次静脉滴注；如无葡萄糖酸钙，可改用 5%～10%的氯化钙。如 3 次注射无效，说明补钙可能与低血磷和低血镁有关，因此在第一次注射钙剂无效时，第二次再注射钙剂时可同时注射磷酸二氢钠和硫酸镁溶液，如 20%磷酸二氢钠 200 ml(或 30%次磷酸钙 1000 ml)及 25%硫酸镁 50～100 ml、25%葡萄糖 1000 ml 缓慢静注。

羊可用 10%硼葡萄糖酸钙 50～100 ml 静脉注射。

2. 乳房送风疗法 用乳房送风器向每个乳区内打入足量的空气，使用之前应将送风器的金属筒消毒并在其中放置干燥消毒棉花，以便过滤空气，防止感染。没有乳房送风器时，也可利用大号连续注射器或普通打气筒，但过滤空气和防止感染比较困难。

打入空气之前，使牛侧卧，挤净乳房中的乳汁并消毒乳头，然后将消过毒且在尖端涂有少许润滑剂的乳导管插入乳头管内，注入青霉素 10 万 IU 及链霉素 0.25 g(溶于 20～40 ml 生理盐水内)。乳房均应打满空气。打入的空气量以乳房皮肤紧张，乳腺基部的边缘显著隆起，轻敲乳房呈现鼓响音时为宜。打入空气之后，用宽纱布条将乳头轻轻扎住，防止空气逸出。待患牛起立后，经过 1 h，将纱布条解除。应当注意，若打入的空气不够，不会产生效果。打入空气过量，可使腺泡破裂，发生皮下气肿。扎勒乳头不可过紧及过久，也不可用细线结扎。

3. 其他疗法 用钙剂治疗效果不明显或无效时，可考虑应用肾上腺皮质激素，同时配合应用高糖和 5%碳酸氢钠注射液。对怀疑血磷及血镁也降低的案例，在补钙的同时静脉注射 25%磷酸二氢钠 300～500 ml、5%葡萄糖 500～1000 ml、25%硫酸镁 100 ml、5%氯化钾 50 ml。

4. 预防 研究证明在牛的干奶期，特别是在产前 1～2 周内一定要注意饲料中钙磷的量和比例，日粮中钙磷的比例应在 1∶1 以下，这样可以刺激甲状旁腺激素的分泌，减少降钙素的分泌，以提高钙的吸收和利用。增加饲料维生素 D 的供给，同时适当增加运动和光照，产前 2～8 天肌内注射维生素 D_3 有预防作用。

对经常发生本病的牛，在产后挤奶的时间要推迟到 8～12 h，并在产后立即注射钙剂，或在饲料中添加镁盐、磷制剂，这些措施对预防血钙降低时发生抽搐有预防作用。

展示与评价

一、任务分配单

生产瘫痪的诊断与治疗任务分配表

<table>
<tr><td>任务名称</td><td colspan="6"></td></tr>
<tr><td>班级</td><td></td><td>组号</td><td></td><td>指导教师</td><td colspan="2"></td></tr>
<tr><td>组长</td><td></td><td>实训时间</td><td></td><td>实训地点</td><td colspan="2"></td></tr>
<tr><td>组员</td><td colspan="6"><table>
<tr><td>姓名</td><td>学号</td><td>姓名</td><td>学号</td></tr>
<tr><td></td><td></td><td></td><td></td></tr>
<tr><td></td><td></td><td></td><td></td></tr>
<tr><td></td><td></td><td></td><td></td></tr>
</table></td></tr>
<tr><td>任务分工</td><td colspan="6"></td></tr>
<tr><td>实训材料准备</td><td colspan="6"></td></tr>
</table>

二、任务问题引导单

生产瘫痪的诊断与治疗任务问题引导表

任务名称	
引导问题 1	生产瘫痪的发病原因有哪些?
答案	

续表

引导问题 2	生产瘫痪的临床症状有哪些？
答案	
引导问题 3	生产瘫痪怎么进行诊断？
答案	
引导问题 4	生产瘫痪如何进行治疗？
答案	

三、任务工作单

生产瘫痪的诊断与治疗任务工作表

任务名称	
操作过程描述	
操作照片	操作过程或项目成果照片粘贴处
任务反思	

四、任务评价单

生产瘫痪的诊断与治疗任务评价表

任务名称				
任务评价	小组评语	小组评价	评价日期	组长签名
	组间互评评语	组间互评评价	评价日期	组长签名
	指导教师评语	指导教师评价	评价日期	指导教师签名

续表

	优秀标准	合格标准	不合格标准
考核标准	操作规范，安全有序 步骤正确，按时完成 全员参与，分工合理 结果准确，分析有理 保护环境，爱护设施	基本规范 基本正确 部分参与 分析不全 混乱无序	存在安全隐患 无计划，无步骤 个别人或少数人参与 不能完成，没有结果 环境脏乱，桌面未收
小组思政评价			
教师思政评价			

五、任务总评单

生产瘫痪的诊断与治疗任务总评表

任务名称：	班级：	姓名：	学号：
评价方式	分评得分	所占比例	终评得分
学生自评		40%	
学生互评		20%	
教师评价		40%	
合计			

任务八　阴道脱出、子宫脱出的诊断与治疗

案例导入

荷斯坦奶牛，5 岁，产后第 8 天，频频努责，阴门外有一球形脱出物，脱出物上有多量子宫肉阜，经过临床检查诊断为子宫脱出。通过本案例的学习，掌握牛子宫脱出的诊断及治疗方法。

学习目标

熟悉子宫脱出的发病原因；掌握子宫脱出的临床症状并且做出正确的诊断，通过诊断进行准确的临床防治；并能正确操作子宫整复法，牢固树立救死扶伤的世界观；敬畏生命；作为新时代大学生，也要不断学习进步、掌握技能、提高自己，尽可能地救助生命，不断为社会生产提供服务，树立良好的价值观，端正学习态度。

扫码学课件
8.8.1

技能一　阴 道 脱 出

一、阴道脱出的概念

阴道壁全部或部分脱出于阴门之外，称为阴道脱出。前者称为完全脱出，后者称为不完全脱出。

Note

本病多发生于牛及羊妊娠中后期。发生于妊娠中期的多为不完全脱出，发生于妊娠后期的多为完全脱出。水牛及犬发情期偶尔亦能发生阴道脱出。阴道脱出是动物常见病之一，牛的阴道脱出约占产科病的1%左右，但海福特牛的发病率高达产犊牛的10%；绵羊阴道脱出的发病率为5%，有些羊群高达20%。经产牛比初产牛发病率高。

二、阴道脱出的病因

阴道脱出主要是由固定阴道的组织弛缓，腹内压增高及强度努责而引起。

(1)孕畜老龄经产、饲料不足、矿物质缺乏、瘦弱及运动不足等易使固定阴道的组织弛缓无力。

(2)孕畜长期卧于前高后低的畜床上，或胎儿过大、胎水过多、多胎怀孕等，使韧带持续伸张，亦易发生。

(3)孕畜由于腹压持续增高，过度努责，压迫松软的阴道壁也可引起阴道脱出，如瘤胃膨气、便秘等疾病，或者患产前截瘫、严重骨软症的家畜，长期卧地不起，使腹压增高，压迫阴道壁，使之脱出于阴门之外。

(4)雌激素过多。妊娠后期，胎盘产生较多的雌激素；产后患卵泡囊肿，也能产生大量的雌激素；水牛及犬发情期卵巢分泌雌激素过多；给动物使用雌激素时间过长或剂量过大等。上述原因均可导致体内雌激素过多，使骨盆腔内固定阴道的组织弛缓、阴道及外阴松弛，发生阴道脱出。

(5)饲养管理不良。长期喂单一饲料，营养成分不全，加之缺乏适当运动，容易发生阴道脱出。特别是年老、体弱、膘情差的动物，妊娠后若饲养管理不良，骨盆腔内支持组织张力减退，更容易发生阴道脱出，甚至同时发生直肠脱出。

(6)遗传因素。海福特牛和绵羊及犬的某些品系容易发生阴道脱出。患病动物一般无全身症状，主要表现为不安、回头观腹、拱背及常做排尿姿势，每当努责时排出少量尿液。

(7)难产、不正确的助产以及胎衣不下时强力牵拉，常会导致本病的发生。

三、阴道脱出的临床症状

视频：阴道脱出的诊断

1. 阴道部分脱出 发病初期仅在动物卧下时见有拳头大的粉红色瘤状物，夹在阴门之中，或露出阴门外，站立后，脱出部分可自行缩回。如病因未除，经常脱出，而且脱出部分逐渐增大，以致患畜站起后，脱出部分经过较长时间才能缩回，脱出部分的黏膜变得红肿干燥。

2. 阴道完全脱出 多由阴道壁部分脱出发展而成。此时阴道壁全部翻转，脱出于阴门之外。脱出的阴道壁呈囊状或球形。牛的阴道完全脱出，如排球至篮球大，不能自行复位。若子宫颈也随之脱出，宫颈外口紧缩，有黏液塞，宫颈位于脱出阴道末端的凹陷内。严重患牛的阴道下壁前端还可见到尿道外口，膀胱及胎儿的前置部分进入脱出的阴道壁囊内；有时膀胱经尿道外翻而脱出，呈苍白色球状，位于脱出的阴道壁下面。个别案例可继发直肠脱出。

由于长时间不能回缩，受到风吹、日晒、摩擦、污染，脱出的阴道黏膜发生淤血、水肿，变为紫红色，黏膜表面破裂、发炎、坏死，流出带血的液体。

四、阴道脱出的防治

视频：阴道脱出的防治

防治阴道脱出的原则是清除阴道黏膜上粪土及坏死组织、消炎及整复固定。

1. 阴道部分脱出 妊娠期阴道脱出的患牛，每10天注射一次缓释孕酮500 mg，直到分娩前10天停药。临产患牛要单独饲养，供给柔软易消化的全价饲料，使患牛站立时保持前低后高姿势。对便秘、下痢、瘤胃膨气等伴有腹压增高的疾病，应当及时治疗。

母犬在发情期因卵巢产生雌激素过多而发生的阴道脱出，局部清理后涂敷抗生素软膏，然后加以整复即可。

2. 阴道完全脱出 对于阴道完全脱出和不能复位的患畜，应尽早进行整复，并加以固定，防止再次脱出。

(1)准备：患畜站立保定取前低后高姿势，小动物可提起后肢保定。当努责强烈，妨碍整复时，应进行一、二尾椎间隙轻度硬膜外腔麻醉。大动物注射2%盐酸普鲁卡因溶液5～10 ml，中等动物2～

Note

5 ml，可于后海穴注射。

(2)局部清理：对于脱出部分用防腐消毒液(0.1%高锰酸钾液、0.1%新洁尔灭液等)冲洗消毒，彻底清理粪土及坏死组织。若脱出的阴道黏膜水肿剧烈，可用消过毒的针头穿刺，排出液体，再用5%明矾或硫酸镁溶液温敷 10～20 min，使脱出部分柔软，体积缩小，然后再涂敷一层抗生素软膏或消过毒的植物油，使其光滑。

(3)整复：助手用消毒毛巾或纱布将脱出的阴道托起与阴门等高，趁患畜不努责时，术者用拳头将脱出的阴道从子宫颈开始向阴门内推送，待全部送入后，用手将阴道壁舒展，手臂在阴道内停留一定时间，当患畜不再努责时，将手臂缓慢抽出。然后向阴道内撒入抗生素或在阴门两旁注入抗生素，也可温敷阴门等，以抑制炎症，减轻努责。

(4)固定：整复后为防止阴道再次脱出，应进行固定。常用的固定方法有双内翻缝合固定法、袋口缝合固定法和阴道侧壁与臀部缝合固定法。袋口缝合固定法具体操作如下：距阴门裂 2.5 cm 处进针，与阴门裂平行，在距进针点 3 cm 处出针，按同样距离和方法，围绕阴门缝合一周，将两线头束紧，打一活结，松紧适中，以既不影响排尿，努责时阴道又不能脱出为度。

轻度的阴道脱出，可在阴门两侧深部组织内及上壁各注射 70%酒精 10～20 ml(大动物)，刺激阴部周围组织，使其发炎肿胀，压迫阴门，有防止阴道再脱出的作用。

3. 中兽医治疗方法 经临床多次验证，中兽医电针疗法和中药疗法具有很好的治疗效果。

(1)电针疗法：将两根长针距阴门裂 2 cm 处分别水平刺入两侧阴唇内，进针 10 cm 左右，勿将针刺入阴道内。然后接通电疗机，通电 30 min 即可，必要时可进行第二次电疗。

(2)中药疗法：黄芪 50 g、党参 30 g、白术 30 g、柴胡 30 g、升麻 20 g、熟地黄 30 g、枳壳 40 g、陈皮 20 g、生姜 20 g、大枣 20 g、甘草 20 g。水煎 2 次，取汁，一次灌服，每天 1 次，连服 3 天。本方对因饲养管理不良，老年、体弱、膘情差，骨盆内支持组织张力减退所致的马、牛阴道脱出，效果较好。

对站立后仍能自行回缩的部分阴道脱出，要加强护理，防止脱出部分的继续增大和损伤及感染。因此，将患畜饲养在前低后高的畜床上，适当增加运动，减少卧地时间，同时改善饲养管理，增强营养。并要注意防止脱出部分的摩擦损伤。一般分娩后可自行恢复。

扫码学课件
8.8.2

技能二　子宫脱出

一、子宫脱出的概念

子宫角前端翻入子宫腔或阴道内，称为子宫内翻；子宫角的前端全部翻出于阴门之外，称为子宫脱出，二者实际上是程度不同的同一个病理过程。本病多发生于产后数小时内，产后一天之后发病者极为少见。牛尤其奶牛多发生，羊、猪也常发生，马、驴、犬、猫较少发生，如若发生，常为分娩时随胎儿一起脱出。

二、子宫脱出的病因

视频：子宫内翻及脱出的诊断与治疗

子宫内翻及脱出是由产后不久，子宫肌和子宫阔韧带紧张性降低，加之强力努责及外力牵引所致。常见于以下情况：妊娠母畜产仔过多及衰老、营养不良、运动不足，可使子宫弛缓无力；胎儿过多、过大、单胎家畜怀双胎，可使子宫过度扩张导致产后子宫弛缓及子宫阔韧带松弛收缩不全；分娩时产道及子宫受到过强刺激，发生急性炎症及水肿，或者发生严重损伤；产后继续强力努责；在脐带过短而且较坚韧的情况下，易在产出胎儿的同时，将子宫牵拉翻转；助产方法不当也容易引起子宫脱出，如助产时不与母畜合作，在阵缩的间歇期急速将胎儿抽出，使子宫腔内压突然降低，同时由于腹压很大，容易使子宫脱出；或者发生难产时，分娩时间过长，母畜体力消耗过大，导致机体衰弱，子宫肌弛缓，产道干涩，胎儿与产道壁摩擦力增大，此时若强行牵拉胎儿，往往在拉出胎儿的同时，将子宫牵拉脱出；亦有当胎衣不下时，在胎衣上系以重物，或人工用力牵拉，再加上母畜努责，可使子宫被牵引脱出。

三、子宫脱出的临床症状

子宫内翻及脱出是同一病理过程的两种表现，只是发生的程度轻重不同。

(1)子宫内翻:多见于牛、马。牛多发生在孕角,马多发生在空角。牛发生子宫内翻时,表现为轻度不安,频繁举尾,努责,食欲及反刍减少或停止;马往往出现强烈的努责和疝痛症状。产道检查可发现子宫角套叠于子宫、子宫颈或阴道内。患畜卧下时,可看到阴道内的子宫角。若内翻的子宫角未能恢复原位,又未及时发现和治疗,患畜可发生浆膜粘连、坏死性或败血性子宫炎,从阴道流出污红色发臭的液体,并出现明显的全身症状。

(2)子宫脱出:可见到子宫脱出于阴门之外,其形态依家畜的种类不同而异。

①牛、羊:脱出的子宫悬垂于阴门之外,似囊状,柔软,初期为红色,如胎衣已脱离,可看到黏膜上有许多大小不等暗红色的子叶,极易出血。

牛的母体胎盘为圆形或长圆形,如海绵状;绵羊的为浅杯状;山羊的为圆盘形。子宫脱出后血液循环受阻,若脱出的子宫暴露过久,子宫黏膜及胎盘会发生淤血、水肿、坏死,冬季常因冻伤而发生坏死,或者继发腹膜炎、败血症。还有的出现排尿困难和腹痛症状等变化,甚至表现出严重的全身症状。

②猪:脱出的子宫像两条粗大肠管,黏膜表面似平绒,并有横向皱襞,颜色紫红,血管很多,容易出血。患猪卧地不起,表现出严重的全身症状,有的可迅速发生败血症而死亡。

③马:脱出部分主要是子宫体,表面光滑,黏膜表面似平绒,脱出的两个较短的子宫角,大的是孕角,小的是空角,每一个角的末端都有一凹陷。患马除有拱腰、努责、不安外,常在脱出很短时间内出现全身症状,如体温升高,脉搏增快,呼吸加快,食欲废绝。

④犬和猫:脱出的子宫呈不规则的长圆形,初为红色,时间稍久,则会因黏膜发生淤血、水肿而呈暗红色,并发生干裂,从裂口中渗出血液。起初,可见患病动物不安,卧于暗处,并用舌舔脱出部分;时间稍久,常因发生感染而出现全身症状。

四、子宫脱出的诊断

根据病史及临床症状即可做出诊断。

视频:子宫脱出诊治

五、子宫脱出的防治

子宫脱出的治疗以尽早还纳子宫,抑菌消炎,防止继发感染为原则。

1. 子宫内翻 应立即整复,手臂消毒涂油后伸入阴道及子宫内,轻轻向前推压套叠的子宫角,或将并拢的手指伸入套叠部的凹陷内,左右摇动向前推送,并使之展平,当感觉到子宫壁收缩变厚而体腔变小时,说明子宫已经复位。中、小家畜可用手指伸入阴道还纳子宫,使其复位。

2. 子宫脱出

(1)保定:大家畜如能站立,使其后肢站于高处,前肢站于低处,并用绳子固定两后肢,以防蹴踢。发生子宫脱出的患畜,大多数不愿或不能站立,这时可用粗绳将其臀部及后肢捆紧,将后躯抬高。中、小家畜可将两后肢提起来,并加以固定。使其保持前低后高的姿势。

(2)清洗:先用消毒液充分清洗子宫、外阴及尾根区,除去子宫上黏附的污物及坏死组织,再用2%的明矾冲洗,然后涂上抗生素药膏,子宫黏膜有较大伤口时应进行缝合。

(3)硬膜外麻醉:作腰荐硬膜外腔麻醉。牛、马用2%~3%盐酸普鲁卡因注射液20~30 ml,猪、羊用1%盐酸普鲁卡因注射液5~10 ml,犬、猫用0.5%盐酸普鲁卡因注射液3~5 ml。

(4)整复子宫:有下述两种方法。

①从子宫基部开始整复法:助手将子宫托至与阴门同高或稍高,术者两手的手指并拢,趁患畜不努责时,依次将阴道壁、子宫颈、子宫体和子宫角送入骨盆腔,然后术者将手握拳,把子宫推入腹腔,并矫正位置,使其展开。此后,将手臂在子宫内停留几分钟,待患畜不努责时,缓缓将手抽出。

②从子宫角开始整复法:助手将子宫托起,术者用拳头伸入脱出的子宫角凹陷内,趁患畜不努责时,轻轻用力向骨盆腔内推送。其后操作方法与从子宫基部开始整复法相同。整复后向子宫内撒入抗生素,必要时肌内注射子宫收缩剂。整复后将母畜系于前低后高的地面上,注意看护。如母畜仍有努责,为防止再脱出,可在阴门上做2~3个钮孔缝合,2~3天后母畜不努责时,再拆除缝线。同时

Note

注意观察全身反应及子宫变化，随时采取对症治疗。

（5）如果子宫脱出时间较长，发炎、水肿、坏死现象严重，或者患畜强烈努责，无法整复时，可采取手术切除子宫。

操作方法：将患畜横卧保定，用消毒液彻底清洗脱出的子宫，施行腰荐硬膜外腔麻醉，然后认真检查脱出的子宫腔内有无肠管及膀胱，有则先将它们送回原位。在距子宫颈 10～15 cm 处用绳索作一双套结缚在子宫上，在结扎线的前方用普鲁卡因肾上腺素作局部浸润麻醉，把结扎线分 3～5 次扎紧，每次间隔 5 min，这样既不至于将子宫勒断，又可将子宫束紧，达到完全止血的目的。然后分别将子宫阔韧带上及子宫上的粗大血管进行结扎，在距结扎子宫线的后方 5 cm 处将子宫切除，断端先作全层连续缝合，再进行内翻缝合；最后将缝合好的子宫送回阴道内。

无论采用上述何种方法均要根据情况配合药物疗法。整复子宫后，要向子宫内置入抗生素类药物，防止感染；再肌内注射青霉素和链霉素，控制感染；出现酸中毒现象时，静注碳酸氢钠注射液；脱出子宫切除术后必要时进行强心补液。

展示与评价

一、任务分配单

阴道脱出、子宫脱出的诊断与治疗任务分配表

<table>
<tr><td>任务名称</td><td colspan="6"></td></tr>
<tr><td>班级</td><td></td><td>组号</td><td></td><td>指导教师</td><td colspan="2"></td></tr>
<tr><td>组长</td><td></td><td>实训时间</td><td></td><td>实训地点</td><td colspan="2"></td></tr>
<tr><td>组员</td><td colspan="6"><table>
<tr><td>姓名</td><td>学号</td><td>姓名</td><td>学号</td></tr>
<tr><td></td><td></td><td></td><td></td></tr>
<tr><td></td><td></td><td></td><td></td></tr>
<tr><td></td><td></td><td></td><td></td></tr>
</table></td></tr>
<tr><td>任务分工</td><td colspan="6"></td></tr>
<tr><td>实训材料
准备</td><td colspan="6"></td></tr>
</table>

二、任务问题引导单

阴道脱出、子宫脱出的诊断与治疗任务问题引导表

任务名称	
引导问题 1	阴道脱出、子宫脱出的发病原因有哪些？
答案	

Note

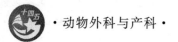

续表

引导问题 2	阴道脱出、子宫脱出的临床症状有哪些？
答案	
引导问题 3	阴道脱出、子宫脱出怎么进行诊断？
答案	
引导问题 4	阴道脱出、子宫脱出如何进行治疗？
答案	

三、任务工作单

阴道脱出、子宫脱出的诊断与治疗任务工作表

任务名称	
操作过程描述	
操作照片	操作过程或项目成果照片粘贴处
任务反思	

四、任务评价单

阴道脱出、子宫脱出的诊断与治疗任务评价表

任务名称				
任务评价	小组评语	小组评价	评价日期	组长签名
	组间互评评语	组间互评评价	评价日期	组长签名
	指导教师评语	指导教师评价	评价日期	指导教师签名

续表

	优秀标准	合格标准	不合格标准
考核标准	操作规范,安全有序 步骤正确,按时完成 全员参与,分工合理 结果准确,分析有理 保护环境,爱护设施	基本规范 基本正确 部分参与 分析不全 混乱无序	存在安全隐患 无计划,无步骤 个别人或少数人参与 不能完成,没有结果 环境脏乱,桌面未收
小组思政评价			
教师思政评价			

五、任务总评单

阴道脱出、子宫脱出的诊断与治疗任务总评表

任务名称:	班级:	姓名:	学号:
评价方式	分评得分	所占比例	终评得分
学生自评		40%	
学生互评		20%	
教师评价		40%	
合计			

扫码学课件
8.9

任务九　流产的诊断与治疗

案例导入

荷斯坦奶牛,3 岁,妊娠 7 个半月,早上起来畜主发现该牛突然站立不安,大声哞叫,时起时卧,爬跨其他牛,乳房突然增大,屡做排尿姿势。经检查呼吸 48 次/分,心率 104 次/分,频频起卧,阴门肿胀,从阴门排出少量蛋清样黏液,诊断为临床型流产。通过本案例的学习,掌握流产的诊断及治疗。

学习目标

熟悉流产的发病原因;掌握流产的临床症状并且能做出正确的诊断,通过诊断进行准确的临床防治;牢固树立救死扶伤的世界观;敬畏生命;作为新时代大学生,也要不断学习进步、掌握技能、提高自己,尽可能地救助生命,不断为社会生产提供服务,树立良好的价值观,端正学习态度。

一、流产的概念

流产是指动物胚胎或胎儿与母体的正常生理关系被破坏,而使妊娠中断。

流产可发生在妊娠的各个阶段，但以妊娠早期为多见。各种动物均能发生，而以马、牛较多。流产所造成的损失甚大，不仅使胎儿夭折或发育不良，而且常损害母体健康，使其生产能力降低，严重影响畜牧业发展。因此要特别重视对流产的防治。

二、流产的病因

引起流产的原因很多，大致可分为非传染性流产、传染性流产和寄生虫性流产三类。

1. 非传染性流产（普通流产）

（1）饲养性流产：包括饲料品质不佳，饲喂量不足或营养成分不全。如饲喂发霉、腐败、有毒的饲料，常能引起妊娠动物流产；草料严重不足，妊娠动物长期处于饥饿状态，胎儿得不到所需的营养，就会造成流产或早产；日粮中缺乏某种维生素、矿物质和微量元素时，胎儿的生长发育受到影响，可引起流产或胎儿出生后孱弱。

（2）损伤性流产：管理或使役不当性流产，妊娠动物与其他动物角斗或被挫伤、撞伤、挤伤，妊娠后剧烈奔跑或使役过度，强行配种或人工授精，均可诱发子宫收缩而引起流产。

（3）药物性流产：母畜在妊娠时大量服用泻剂、利尿剂、驱虫剂或误服子宫收缩药、催情药等妊娠禁忌药。错误地使用麻醉药以及肾上腺皮质激素类药物，均能引起流产。

（4）习惯性流产：有的妊娠动物每当妊娠至一定时期就发生流产，称为习惯性流产。多半是由子宫内膜变性、硬结及瘢痕，子宫发育不全，近亲繁殖及卵巢机能障碍等引起。

（5）症状性流产：妊娠动物某些疾病的症状之一，主要见于妊娠动物生殖器官疾病、胎儿及胎盘发育异常、生殖激素失调及某些非传染性全身性疾病的经过之中。生殖器官疾病如阴道脱出、阴道炎及子宫颈炎时，炎症可以破坏子宫颈黏液塞，炎症向子宫蔓延，引起胎膜发炎，危害胎儿，导致胎儿死亡或流产；胎儿及胎盘发育异常如精子或卵子发生缺陷，所形成的受精卵生命力低下，胚胎发育至某个阶段而死亡；胎膜水肿、胎盘上的绒毛变性、胎水过多等病变，可影响胎儿的生长发育或导致胎儿死亡而流产；生殖激素失调如妊娠以后，雌性动物子宫的机能状况及内环境的变化受激素的影响，当激素紊乱时，子宫的机能活动和内环境变化不能适应胚胎发育的需要，胚胎发育会受到影响或出现早期死亡；非传染性全身性疾病如马属动物疝痛及牛、羊的瘤胃臌气，可反射性地引起子宫收缩；牛顽固性前胃弛缓及真胃阻塞，拖延日久，导致机体衰竭，胎儿得不到营养。此外，凡是能引起妊娠动物体温升高、呼吸困难、高度贫血的疾病，均可能引起流产。

2. 传染性流产 如牛、羊及猪的布鲁氏菌病、沙门氏菌病、牛结核病、病毒性下痢及胎儿弧菌病等会发生自发性流产，又如马病毒性鼻肺炎、牛和羊钩端螺旋体病、犬和猫细小病毒病等会发生症状性流产。

3. 寄生虫性流产 如毛滴虫病、弓浆虫病、鞭虫病、梨形虫病等，常会导致妊娠动物流产。

三、流产的临床症状

由于流产发生的时期、原因及妊娠动物反应能力不同，因此流产的病理过程、胎儿的变化及症状也不一样，归纳起来有四种：隐性流产、排出不足月的活胎儿、排出死胎和延期流产。

1. 隐性流产 妊娠中断而不出现症状称为隐性流产。包括完全隐性流产和不完全隐性流产。

（1）完全隐性流产：妊娠早期（妊娠～1.5 个月），胚胎死亡，组织液化被母体吸收，子宫内不残留任何痕迹；或者死胎及其附属胎膜随着发情时排出的黏液随尿而一起排出来，不容易被发现，看不到明显的症状，只是发情周期延长，故称为隐性流产。

（2）不完全隐性流产：多胎动物妊娠后，一个胚胎死亡，而其他同胎的胚胎仍然正常发育，只是在分娩时发现排出的胎儿中有死胎。此种流产多见于猪。

2. 排出不足月胎儿 这类流产多发生在妊娠后期，排出的胎儿是活的，因其不足月即产出，所以又称为早产。流产前的征兆及产出过程和正常分娩相似，但不像正常分娩那样明显，仅在排出胎儿的前 2～3 天乳房突然膨大，阴唇稍微肿胀，乳头可挤出清亮的液体，从阴门排出清亮的黏液。

3. 排出死胎 胎儿死亡后成为异物刺激子宫，引起子宫收缩反应，将死胎排出。可根据症状进

Note

行诊断:有些妊娠动物,胎儿死亡后未能排出,但乳房增大,能挤出初乳;在腹部看不到胎动所引起的腹壁颤动;大家畜直肠检查时,触摸子宫感觉不到胎动;中小家畜,在腹壁触诊感觉不到胎动;阴道检查,可发现子宫颈口稍开张,子宫颈黏液塞发生溶解等。

4. 延期流产 胎儿死亡后,由于子宫收缩无力,子宫颈口未开或开口不大,未能将死胎排出,死胎长期停留于子宫内,即称为延期流产。延期流产主要有以下三种情况。

(1)胎儿干尸化:胎儿死亡后,如果黄体不萎缩、子宫不强烈收缩、子宫颈口也不开张,则胎儿仍停留于子宫内。因为子宫腔与外界隔绝,阴道中的细菌不能进入子宫,如果细菌也未能通过血液进入子宫,胎儿就不会腐败分解。日久,胎水及胎儿组织中的水分逐渐被母体吸收,胎儿变干、体积缩小,头及四肢缩在一起,称为胎儿干尸化。干尸化胎儿一般在妊娠期满后数周内,黄体作用消失而再发情时,才被母体排出;也有的干尸化胎儿在妊娠期满之前被排出;有的则长久停留于子宫内。其干尸化胎儿在妊娠期满后仍不被排出,可根据妊娠现象逐渐消退后仍不发情,直肠检查时感觉子宫膨大,像一圆球,内容物很硬,摸不到胎动做出诊断。

(2)胎儿浸溶:妊娠中断后,死胎被非腐败性细菌发酵分解,软组织变为液体被排出,而骨骼仍留在子宫内,称为胎儿浸溶。患病动物精神沉郁,体温升高,食欲减退,久之逐渐消瘦;经常从阴门流出红褐色黏稠液体,气味恶臭,努责时流出量更大,其中常有小骨片;最后仅排出脓液。阴道检查,可见阴道黏膜有炎症,子宫颈口开张;直肠检查,可摸到子宫内凹凸不平的骨块。

(3)胎儿腐败:腐败细菌通过开张的子宫颈口侵入子宫内,使胎儿组织腐败分解,产生大量气体(如硫化氢、氨、氮及二氧化碳等),积存于胎儿皮下组织、胸腹腔及阴囊腔内,使胎儿体积显著增大。患病动物腹围增大,精神不振,呻吟不安,频频努责,从阴门流出污红色恶臭液体。阴道检查,产道黏膜发炎,子宫颈口开张;触摸胎儿时,有捻发音,胎儿被毛容易脱落。

视频:流产的诊断

四、流产的诊断

1. 临床检查 排出不足月胎儿或死胎、延期流产(死胎滞留)均属于临床型流产,其临床症状明显,可据此做出临床诊断。

2. 调查材料 为了查清流产的病因,首先应做详细的调查,内容包括流产母畜的数量、胎儿的大小与变化、流产母畜的表现、饲养管理及使役情况,是否受过伤害、惊吓,流产发生的季节及气候变化,母畜是否发生过普通病,畜群中是否出现过传染性及寄生虫性疾病,对疾病的防治情况如何,流产时的妊娠月份,以及母畜是否有习惯性流产等。

3. 病理检查 自发性流产,胎膜及胎儿常有病理变化。对排出的胎儿及胎膜,要细致地观察有无病理变化及发育异常。传染性疾病引起的症状性流产,或由于饲养管理不当、损伤、母畜本身的普通病、医疗事故引起的流产,胎膜及胎儿多没有明显的病理变化。

4. 血清学检查 传染性及寄生虫性流产,可在病理学检查的基础上,将胎儿、胎膜以及子宫或阴道分泌物送实验室检验并进行血清学检查。

五、流产的防治

视频:流产的防治

应首先确定流产的类型以及妊娠是否继续下去,在此基础上确定相应的治疗原则。

(1)先兆性流产。妊娠动物未到分娩期,出现腹痛,起卧不安,呼吸脉搏加快等流产征兆,但子宫颈口黏液塞尚未液化,子宫颈口紧闭,直肠检查胎儿仍活着,应全力保胎,及时采取制止阵缩及努责措施,并选择安胎药物,使母畜安静,减少不良刺激,避免发生流产。可用黄体酮注射液:牛、马 50~100 mg,猪、羊、犬 15~25 mg,猫 5~10 mg,肌内注射,每天或隔天用药一次,连用 2~3 次。同时可内服白术安胎散,效果更好。白术安胎散:炒白术 25 g、当归 30 g、川芎 20 g、白芍 30 g、熟地黄 30 g、炮阿胶 20 g、党参 30 g、紫苏梗 25 g、黄芩 20 g、艾叶 20 g、甘草 20 g,上药共煎取汁,候温灌服。隔天 1 剂,连服 3 剂。此方具有补气、养血、清热、安胎作用,适用于冲任不固,不能摄血养胎之胎动不安及习惯性流产。

(2)经上述处理病情仍未好转,阴道排出物继续增多,起卧不安或加剧,胎囊已进入阴道或已破水,应尽快促使排出胎儿,可肌内注射垂体后叶素,牛、马 50~80 IU,猪、羊 5~10 IU,或注射己烯雌酚 20~200 mg,促使胎儿排出。或按助产原则引出胎儿,以免胎儿腐败,诱发子宫内膜炎,导致母畜不育。如引出困难，可行截胎术。

(3)延期流产。以迅速排空子宫及控制感染扩散为治疗原则。

①胎儿干尸化：若子宫颈口开张不足，可肌内或皮下注射己烯雌酚，马、牛 20～30 mg，中小家畜 5～15 mg，隔天注射一次；子宫颈口开张后，再注射催产素，马、牛 30～100 IU，中小家畜 5～15 IU，增强子宫收缩，将胎儿排出。用药后子宫颈口已开张，但仍不能将死胎排出时，可向子宫及阴道内灌注植物油以润滑产道，然后将死胎拉出，再用防腐消毒液冲洗子宫。

②胎儿浸溶及腐败：首先将死胎组织及胎骨取净，再用复方碘溶液 400 倍稀释后冲洗子宫，导出冲洗液，放入金霉素胶囊或将青霉素、链霉素溶解后注入。同时对全身症状给以必要的治疗，可用抗生素控制感染扩散，静脉注射碳酸氢钠注射液以防止自体酸中毒。

经上述方法处理后，可灌服加味生化汤：当归 60 g、益母草 100 g、党参 40 g、川芎 25 g、桃仁 25 g、红花 20 g、炮干姜 20 g、甘草 20 g，上药共煎取汁，候温冲黄酒 100 ml 灌服。中小家畜剂量酌减。该方药具有祛瘀生新、促进子宫复原的作用。

六、流产的护理

流产不仅可导致胎儿死亡，对母体也有很大危害，甚至造成母子双亡。因此，必须查明流产的发生原因，对流产的胎儿、胎衣及胎盘，要进行仔细检查，有无异常和病变，并应销毁掩埋。必要时可进行实验室检查，并深入调查研究，以查清引起流产的原因，及时采取有效的预防措施。

非传染性流产：要向饲养管理人员传授孕畜的饲养管理知识，改善妊娠动物的饲养环境；及时治疗生殖器官疾病和非传染性全身疾病；禁止使用妊娠禁忌药。

传染性流产和寄生虫性流产：搞好驱虫防疫工作，保持圈舍、饲具、役具清洁卫生，发现传染病及寄生虫病时及时治疗。

总之，要针对流产的发生原因，采取积极有效措施，把流产的发病率控制到最低，以减少流产造成的损失。

展示与评价

一、任务分配单

流产的诊断与治疗任务分配表

<table>
<tr><td>任务名称</td><td colspan="6"></td></tr>
<tr><td>班级</td><td></td><td>组号</td><td></td><td>指导教师</td><td></td></tr>
<tr><td>组长</td><td></td><td>实训时间</td><td></td><td>实训地点</td><td></td></tr>
<tr><td>组员</td><td colspan="5"><table><tr><td>姓名</td><td>学号</td><td>姓名</td><td>学号</td></tr><tr><td></td><td></td><td></td><td></td></tr><tr><td></td><td></td><td></td><td></td></tr><tr><td></td><td></td><td></td><td></td></tr></table></td></tr>
<tr><td>任务分工</td><td colspan="5"></td></tr>
<tr><td>实训材料准备</td><td colspan="5"></td></tr>
</table>

二、任务问题引导单

流产的诊断与治疗任务问题引导表

任务名称	
引导问题 1	流产的发病原因有哪些?
答案	
引导问题 2	流产的临床症状有哪些?
答案	
引导问题 3	流产怎么进行诊断?
答案	
引导问题 4	流产如何进行治疗?
答案	

三、任务工作单

流产的诊断与治疗任务工作表

任务名称	
操作过程描述	
操作照片	操作过程或项目成果照片粘贴处
任务反思	

Note

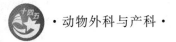

四、任务评价单

流产的诊断与治疗任务评价表

<table>
<tr><td>任务名称</td><td colspan="12"></td></tr>
<tr><td rowspan="6">任务评价</td><td colspan="3">小组评语</td><td colspan="3">小组评价</td><td colspan="3">评价日期</td><td colspan="3">组长签名</td></tr>
<tr><td colspan="3"></td><td colspan="3"></td><td colspan="3"></td><td colspan="3"></td></tr>
<tr><td colspan="3">组间互评评语</td><td colspan="3">组间互评评价</td><td colspan="3">评价日期</td><td colspan="3">组长签名</td></tr>
<tr><td colspan="3"></td><td colspan="3"></td><td colspan="3"></td><td colspan="3"></td></tr>
<tr><td colspan="3">指导教师评语</td><td colspan="3">指导教师评价</td><td colspan="3">评价日期</td><td colspan="3">指导教师签名</td></tr>
<tr><td colspan="3"></td><td colspan="3"></td><td colspan="3"></td><td colspan="3"></td></tr>
<tr><td rowspan="2">考核标准</td><td colspan="4">优秀标准</td><td colspan="4">合格标准</td><td colspan="4">不合格标准</td></tr>
<tr><td colspan="4">操作规范，安全有序
步骤正确，按时完成
全员参与，分工合理
结果准确，分析有理
保护环境，爱护设施</td><td colspan="4">基本规范
基本正确
部分参与
分析不全
混乱无序</td><td colspan="4">存在安全隐患
无计划，无步骤
个别人或少数人参与
不能完成，没有结果
环境脏乱，桌面未收</td></tr>
<tr><td>小组思政评价</td><td colspan="12"></td></tr>
<tr><td>教师思政评价</td><td colspan="12"></td></tr>
</table>

五、任务总评单

流产的诊断与治疗任务总评表

<table>
<tr><td colspan="4">任务名称：　　　　班级：　　　　姓名：　　　　学号：</td></tr>
<tr><td>评价方式</td><td>分评得分</td><td>所占比例</td><td>终评得分</td></tr>
<tr><td>学生自评</td><td></td><td>40%</td><td></td></tr>
<tr><td>学生互评</td><td></td><td>20%</td><td></td></tr>
<tr><td>教师评价</td><td></td><td>40%</td><td></td></tr>
<tr><td colspan="3">合计</td><td></td></tr>
</table>

扫码学课件

8.10

任务十　剖宫产术

案例导入

斗牛犬，4 岁，体重 18 kg，妊娠 64 天。经过临床诊断学检查未发现明显宫锁情况，主人怕影响母体及胎儿，决定行剖宫产术。通过本案例的学习，掌握剖宫产术操作步骤。

Note

学习目标

熟悉剖宫产术的手术时机；掌握剖宫产术的操作步骤；牢固树立救死扶伤的世界观；敬畏生命；作为新时代大学生，也要不断学习进步、掌握技能、提高自己，尽可能地救助生命，不断为社会生产提供服务，树立良好的价值观，端正学习态度。

一、剖宫产术的概念

剖宫产术是指切开母体腹壁及子宫取出胎儿的手术。在救治难产时，如果药物催产无效、无法牵引拉出胎儿、不能矫正胎儿或不宜施行截胎术，或者这些方法的后果不及剖宫产术的，则可采用此手术。尤其在小动物和胎儿还活着的情况下，多采用该手术。

二、剖宫产术的适应证

剖宫产术适用于以下几个方面：

(1)经产道难以通过胎儿助产术达到助产目的的难产，包括产道严重狭窄(骨盆发育不全或骨盆变形、子宫颈狭窄且不能有效扩张、子宫捻转、阴道极度肿胀或狭窄)、胎儿严重异常(胎向、胎位或胎势严重异常、胎儿过大或水肿、胎儿畸形、胎儿严重气肿)等。

(2)犬、猫等中小型动物的难产，且催产或助产无效。

(3)子宫已发生破裂的难产。

(4)妊娠期满，母畜因患其他疾病生命垂危，必须剖宫抢救仔畜或以保全胎儿生命为首要选择的难产救助案例。剖宫产术主要适用于救助活的胎儿以及难以经产道有效实施胎儿助产术的难产案例。如果难产时间已久，胎儿腐败以及母畜全身状况不佳，施行剖宫产术须谨慎。

三、剖宫产术的保定和麻醉

牛、羊采用手术台或地面上左侧卧保定。取腰旁神经干传导麻醉，配合术部浸润麻醉或全身麻醉。

犬、猫采用仰卧保定，全身麻醉或全身麻醉(浅麻醉)配合局部麻醉。

四、剖宫产术的手术部位

牛、羊在右侧腹壁，髋结节至脐部连线，牛在髋结节前下方 10～15 cm 处切开 30～35 cm；羊在髋结节前下方 3～5 cm 处切开 12～15 cm。或者采用下腹壁切口，腹白线乳房至脐部之间或腹白线至乳静脉之间平行白线切开。

犬、猫在脐后腹正中线切口，切口大小根据犬、猫的体型确定。

五、剖宫产术的基本方法

视频：剖宫产术

(一)牛、羊剖宫产术

(1)切开腹壁：同开腹术。

(2)拉出子宫：切开腹壁后，双手伸入腹腔，拨开网膜和肠管，再伸入子宫下方，隔着子宫壁握住胎儿的两前肢，缓慢地将子宫角大弯的一部分拉至腹壁切口外，在子宫角与腹壁切口之间使用大块生理盐水纱布隔离。

(3)切开子宫：沿子宫角大弯避开母体子叶切开子宫，牛 30～35 cm，羊 12～15 cm，剥离切口附近胎衣并提出腹壁切口外。

(4)拉出胎儿：切开子宫后由助手固定子宫切口两侧，术者撕破胎膜，排出胎水，拉出胎儿，扯断脐带。

(5)剥离胎衣：将子宫壁切口附近的胎衣稍加剥离并扯断，尽可能剥净胎衣，但不可强剥，防止子宫出血。排净胎水，撒入抗生素。

Note

(6)缝合子宫:洗净子宫内胎水,用生理盐水和青霉素冲洗子宫壁切口,用可吸收缝线全层螺旋缝合子宫壁切口,冲洗后再做浆膜肌层内翻缝合,再冲洗,涂抹抗生素,还回腹腔,将网膜复位。

(7)闭合腹壁:同开腹术。

(8)术后护理:按一般腹腔手术进行常规的术后护理。

(二)犬、猫剖宫产术

(1)切开腹壁(同开腹术)。

(2)拉出子宫:切开腹壁后,隔着子宫壁抓住子宫体附近的一个胎儿,连同子宫体一同牵拉至切口外。

(3)切开子宫:在子宫体与子宫角交界处做一切口,通过同一切口取出双侧子宫角内的胎儿。

(4)拉出胎儿:子宫角尖端的胎儿,可用手抓着子宫角轻轻捏挤,使胎膜破裂或剥离,当胎儿的四肢或头部或胎衣露出切口后,用手指抓住,撕破胎衣,拉出胎儿。如果骨盆腔中有胎儿,可用牵引术从阴道中拉出,也可自切口取出。

(5)取出胎衣:取完胎儿后,在子宫外的胎盘附着处轻轻压迫子宫壁,用手指或止血钳牵拉胎盘并取出。

(6)缝合子宫:子宫腔内放置抗生素。子宫切口用可吸收缝线全层螺旋缝合,冲洗后再做浆膜肌层内翻缝合,再冲洗,涂抹抗生素,还回腹腔。

(7)闭合腹壁:同开腹术。

(8)术后护理:按一般腹腔手术进行常规的术后护理。

展示与评价

一、任务分配单

剖宫产术任务分配表

<table>
<tr><td>任务名称</td><td colspan="6"></td></tr>
<tr><td>班级</td><td></td><td>组号</td><td></td><td>指导教师</td><td colspan="2"></td></tr>
<tr><td>组长</td><td></td><td>实训时间</td><td></td><td>实训地点</td><td colspan="2"></td></tr>
<tr><td rowspan="4">组员</td><td>姓名</td><td>学号</td><td>姓名</td><td>学号</td><td colspan="2"></td></tr>
<tr><td></td><td></td><td></td><td></td><td colspan="2"></td></tr>
<tr><td></td><td></td><td></td><td></td><td colspan="2"></td></tr>
<tr><td></td><td></td><td></td><td></td><td colspan="2"></td></tr>
<tr><td>任务分工</td><td colspan="6"></td></tr>
<tr><td>实训材料
准备</td><td colspan="6"></td></tr>
</table>

二、任务问题引导单

剖宫产术任务问题引导表

任务名称	
引导问题 1	剖宫产术的适应证有哪些?
答案	
引导问题 2	剖宫产术采用哪种保定和麻醉方法?
答案	
引导问题 3	如何进行牛、羊剖宫产术的操作?
答案	
引导问题 4	如何进行犬、猫剖宫产术的操作?
答案	

三、任务工作单

剖宫产术任务工作表

任务名称	
操作过程描述	
操作照片	操作过程或项目成果照片粘贴处
任务反思	

Note

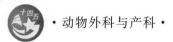

四、任务评价单

剖宫产术任务评价表

<table>
<tr><td>任务名称</td><td colspan="4"></td></tr>
<tr><td rowspan="6">任务评价</td><td>小组评语</td><td>小组评价</td><td>评价日期</td><td>组长签名</td></tr>
<tr><td></td><td></td><td></td><td></td></tr>
<tr><td>组间互评评语</td><td>组间互评评价</td><td>评价日期</td><td>组长签名</td></tr>
<tr><td></td><td></td><td></td><td></td></tr>
<tr><td>指导教师评语</td><td>指导教师评价</td><td>评价日期</td><td>指导教师签名</td></tr>
<tr><td></td><td></td><td></td><td></td></tr>
<tr><td rowspan="2">考核标准</td><td>优秀标准</td><td>合格标准</td><td colspan="2">不合格标准</td></tr>
<tr><td>操作规范,安全有序
步骤正确,按时完成
全员参与,分工合理
结果准确,分析有理
保护环境,爱护设施</td><td>基本规范
基本正确
部分参与
分析不全
混乱无序</td><td colspan="2">存在安全隐患
无计划,无步骤
个别人或少数人参与
不能完成,没有结果
环境脏乱,桌面未收</td></tr>
<tr><td>小组思政评价</td><td colspan="4"></td></tr>
<tr><td>教师思政评价</td><td colspan="4"></td></tr>
</table>

五、任务总评单

剖宫产术任务总评表

<table>
<tr><td colspan="4">任务名称：　　　　班级：　　　　姓名：　　　　学号：</td></tr>
<tr><td>评价方式</td><td>分评得分</td><td>所占比例</td><td>终评得分</td></tr>
<tr><td>学生自评</td><td></td><td>40%</td><td></td></tr>
<tr><td>学生互评</td><td></td><td>20%</td><td></td></tr>
<tr><td>教师评价</td><td></td><td>40%</td><td></td></tr>
<tr><td colspan="3">合计</td><td></td></tr>
</table>

任务十一　难产的诊断与治疗

扫码学课件

8.11

案例导入

荷斯坦奶牛,3 岁,已到分娩日期,并能挤出初乳,分娩 3 h 未成功,临床检查:胎水已破,阵缩和努责微弱,骨盆腔无异常,荐坐韧带后缘松软,手伸入产道可摸到胎儿前肢,对其进行难产助产。

Note

学习目标

熟悉动物难产的常见发病原因；掌握难产的助产方法，通过引产与助产顺利将胎儿排出；牢固树立救死扶伤的世界观；敬畏生命；作为新时代大学生，也要不断学习进步、掌握技能、提高自己，尽可能地救助生命，不断为社会生产提供服务，树立良好的价值观，端正学习态度。

视频：难产的特点

一、难产检查

（一）病史调查

（1）了解产畜是经产还是初产：初产畜应重点考虑产道狭窄、胎儿过大；经产畜应重点考虑胎向、胎位、胎势情况或是否有双胎难产、胎儿畸形。

（2）了解产畜妊娠是否足月或是否超期妊娠：妊娠不足月时应重点考虑子宫颈开张不全；超期妊娠时应重点考虑胎儿过大。

（3）了解胎水排出时间及阵缩、努责强度：重点考虑产道干涩、产力不足。

（4）经产畜应了解过去是否发生过难产，产道有无损伤，重点考虑由于子宫颈瘢痕化引起的子宫颈狭窄。

（5）多胎动物应了解胎儿排出间隔时间及产仔数。

（二）产道检查

（1）骨盆韧带松弛程度。

（2）子宫颈开张程度，有无子宫捻转。

（3）产道是否干涩，有无损伤等以确定助产方法。

（三）胎儿检查

（1）胎儿的大小。

（2）双胎难产。

（3）胎向、胎位、胎势情况。

（四）全身检查

注意检查母畜的全身状况，以便采取适当措施保护母畜安全。

视频：难产的治疗

二、难产助产基本方法

（一）难产原因

1. 由于产畜异常引起的难产

（1）产力性难产（阵缩及努责微弱）。

（2）产道性难产（软产道、硬产道狭窄，产道干涩）。

2. 胎儿异常引起的难产

（1）胎儿过大。

（2）双胎难产。

（3）胎儿的胎向、胎位、胎势不正。

（二）难产助产的基本原则

（1）难产助产应尽早进行，并尽可能地确保母仔平安，在二者不能全保时应确保母畜安全。

（2）助产时应将母畜置于前低后高的姿势，本着推、整、拉、护的原则进行助产。

（3）产道干涩时必须向产道内涂润滑剂后方可行胎儿牵引术。

（4）助产时应保护好器械的锐端和胎儿的切齿，防止损伤产道。

（5）助产后应用0.1%高锰酸钾冲洗子宫，注入抗生素，防止产后感染。

（三）难产助产前的准备

（1）产前消毒：对产房、产畜的外阴部、胎儿外露部分、产科器械、术者手臂严格消毒。

（2）保定：最好取前低后高站立保定，必要时可取前低后高侧卧保定。

（3）麻醉：必要时为防止产畜努责，可行荐尾硬膜外麻醉或交巢穴封闭。

（四）产科器械及使用方法

1. 推送胎儿的器械 产科梃：用手握住叉端带入产道，顶在不易滑脱的部位用手固定，指导助手趁产畜不努责时推回胎儿，以利于矫正胎儿姿势。

2. 截胎器械

（1）隐刃刀：用于切割胎儿的皮肤、关节韧带、摘除胎儿的内脏等，先将刀刃退回刀鞘内带入产道，再推出刀刃，防止损伤产道。

（2）产科凿：用于分离胎儿皮下结缔组织、凿断胎儿骨骼及铲断韧带。

（3）豁皮铲：用于豁开胎儿的皮肤。

（4）产科锯：由导绳器、通条、锯管、锯条、锯柄组成，用于锯断胎儿肢体、头颈等。

3. 拉出胎儿的器械 由产科绳、导绳器、产科钩组成。

（五）助产方法

1. 胎儿牵引术 用于产力不足、胎儿过大、双胎难产、产道轻度狭窄等，正生时用产科绳系于胎儿两前肢，术者用手握住胎儿下颌，必要时用产科钩钩住胎儿眼眶共同拉出胎儿；倒生时握（系）住两后肢拉出即可。

2. 胎儿矫正术 用于胎向、胎位、胎势不正引起的难产。

3. 截胎术

（1）胎头截断术。

①方法一：当肩关节屈曲，而胎头露出阴门外时，经耳前、眼眶后至下颌切开皮肤，并剥离至寰枕关节，切断项韧带，结扎皮肤，推回胎儿，再矫正胎儿。

②方法二：当胎头侧转时用导绳器将锯条经弯曲的颈部绕出，锯断胎颈，护好骨的断端，取出胎头，再行牵引术拉出胎儿。

（2）前肢截断术。

①方法一：当胎头侧转时，先拉出一前肢或两前肢用产科绳固定，于系关节或腕关节处环形切开皮肤，剥离至肩关节之上，强力拉出即可截断一前肢，再矫正胎头。

②方法二：在肩胛骨周围环形切开皮肤，即可拉出一前肢。

③方法三：当肩关节、肘关节、腕关节屈曲无法矫正时，用隐刃刀环形切开关节周围皮肤、肌肉、韧带或用产科锯锯断屈曲的部分。

（3）后肢截断术。

①方法一：当坐生时用导绳器将产科锯经膝关节上方绕出，锯管顶于尾根部或对侧坐骨结节上固定，锯断一条后肢，必要时可用同样方法截断另一后肢。

②方法二：倒生胎儿过大时，可于髋结节前做一个深而大的弧形切口，将装好的产科锯经蹄尖套入，窜至腿根部，将锯条放于切口内即可锯断一条后肢。

4. 剖宫产术 用于严重的产道狭窄，胎儿过大，胎向、胎位、胎势不正，子宫捻转等。

视频：难产诊治一

三、产畜异常引起的难产

（一）阵缩及努责微弱

由于分娩时子宫肌、腹肌收缩无力，收缩时间短、幅度小，间隔时间长，而不能将胎儿排出称阵缩及努责微弱。

（1）病因：长期舍饲、运动不足，饲料品质差，缺乏维生素、矿物质等，以及年老体弱或过肥，引起子宫肌、腹肌收缩无力;胎儿过大、胎水过多、单胎动物怀多胎等,引起子宫肌过度伸张导致子宫肌收缩无力;腹壁下垂、腹壁外伤等引起腹壁肌肉收缩无力;分娩时间过长引起全身无力。

(2)症状:动物妊娠期满并出现分娩预兆(动物徘徊不安、挤出初乳、荐坐韧带后缘松软、排出胎水等),产畜努责次数少、幅度小,不见胎儿产出,产道内检查子宫颈松软、开张,骨盆腔及胎向、胎位、胎势无异常。

(3)治疗:大家畜应尽早实施胎儿牵引术;小家畜在确定子宫颈、胎向、胎位、胎势均无异常时,早期实施药物助产,催产素 30～80 mg 或己烯雌酚 1～2 mg,肌内注射。

(二)产道狭窄

产道狭窄包括软产道狭窄和硬产道狭窄。

1. 软产道狭窄

(1)子宫颈狭窄。

病因:分娩前子宫肌阵缩过早、雌激素分泌不足,子宫颈肌软化不充分;母畜分娩时受到惊吓引起子宫颈痉挛;分娩时间过长,子宫颈收缩变小;单胎动物多胎妊娠或胎水过多,导致子宫下沉使子宫颈受到牵张而狭窄;经产母畜过去难产时子宫颈受到损伤,形成结缔组织瘢痕而不能开张。

症状:产畜具备分娩预兆,阵缩、努责正常,不见胎儿产出;产道检查,阴道与子宫颈之间有明显界线或子宫颈紧张、弯曲或能摸到瘢痕;有时能摸到胎囊或胎儿的前置部分。

治疗:对阵缩过早引起子宫颈狭窄者可肌内注射己烯雌酚 5～20 mg,6～12 h 子宫颈开张后实施胎儿牵引术或截胎术;对子宫颈肌瘢痕化而轻度狭窄者可实施截胎术,严重狭窄时应尽早实施剖宫产术。

(2)子宫捻转:妊娠子宫绕其自体纵轴旋转。

①分类及症状。

产前子宫捻转:由于孕畜急剧起卧或转动身体,因重力作用子宫不随孕畜运动而发生捻转。表现为母畜妊娠后期突然腹痛不安或卧地不起,拱背,频频努责,腹腔穿刺物内混有红细胞,其他无异常。

产中子宫捻转:胎水排出后,腹腔较空虚,子宫的活动性增大,在母畜不安起卧时易发生捻转。不完全捻转时可见胎水排出,完全捻转时不见胎水排出。

子宫颈前捻转:产前捻转阴道内无明显变化;产中捻转时,不完全捻转子宫颈微开张,完全捻转时子宫颈闭锁,子宫阔韧带紧张,由两侧向中间交叉。

子宫颈后捻转:阴道壁紧张,有大小不等的螺旋状皱襞,阴道腔由后向前呈圆锥状,可根据皱襞方向判断子宫捻转的方向。

②治疗:产前捻转可先矫正,待足月后自然产出;产中捻转可矫正后拉出胎儿。

产道内矫正法:用于轻度子宫捻转(90°以内),产畜取前低后高站立保定,术者手臂伸入子宫,握住胎儿的肢或蹄向上抬同时向对侧推、借翻转胎儿矫正子宫。

产道外固定胎儿翻转母畜矫正法:用于轻度子宫捻转,产畜取侧卧保定,于阴门外固定胎儿的肢体,翻转母畜。

直接翻转母畜矫正法:动物取前低后高横卧保定,向扭转方向急速翻转母畜 180°,再缓慢向回翻转,可反复数次。

剖腹矫正法:切开腹壁,确定捻转方向,隔子宫壁握住胎儿的肢蹄翻转子宫,再经产道产出胎儿。

剖宫产术矫正法:行剖宫产术取出胎儿,再矫正子宫。

2. 硬产道狭窄

(1)病因:①过早妊娠:骨盆发育不全而狭窄,骨盆骨骨折,骨质增生物向骨盆腔方向生长引起狭窄。②骨软症:引起骨盆变形等,不能顺利产出胎儿。

(2)症状:产畜的努责、软产道及胎向、胎位、胎势无异常,产道检查时可发现骨盆过于狭窄或有骨质增生物或骨盆变形。

(3)治疗:向产道内灌注润滑剂,试行拉出胎儿;如拉出胎儿确有困难,不可强行拉出,应尽早实施截胎术或剖宫产术。

视频:难产诊治二

四、胎儿异常引起的难产

(一)胎儿过大

产畜的骨盆、软产道,胎儿的胎向、胎位、胎势均正常,只是由于胎儿过大而不能顺利通过产道引起难产。助产方法如下。

方法一:向产道内灌注润滑剂,交替牵引两前肢或两后肢,使胎儿的肩围、臀围斜向通过骨盆腔。

方法二:上述方法无效时应尽早实施截胎术,方法是正生时截去一前肢或两前肢,再实施胎儿牵引术,必要时可实施胎儿骨盆缩小术;倒生时可截去一后肢,再实施胎儿牵引术。

方法三:用上述方法确有困难时应尽早实施剖宫产术。

(二)双胎难产

两个胎儿同时进入产道或嵌入骨盆腔入口处而不能顺利产出。

(1)诊断:两个胎儿,其中一个为正生,另一个为倒生时,阴门外可看到或产道内可摸到两个蹄心向下的前肢和两个蹄心向上的后肢及一个胎头。两个胎儿均为正生时可看到或摸到四个蹄心向下的前肢。两个胎儿均倒生时可看到四个蹄心向上的后肢。

(2)鉴别诊断:在诊断双胎难产时应与胎向不正相鉴别,可用四条不同颜色的产科绳分别系于进入产道的四个肢体上,分别拉动,以便分清关系。

(3)治疗:原则是先推回一个(下面的或后面的),再拉出一个(上面的或前面的)。

(三)胎势不正引起的难产

1. 胎头不正引起的难产

(1)胎头侧转:由于胎头转向胸侧,使胸围显著增大而不能顺利产出,阴门外可见到一长一短两前肢,产道内可摸到转向短侧肢的胎颈及胎头。

(2)胎头下弯:由于胎头转向胎儿胸下使胎儿胸围显著增大而不能顺利产出,产道内可摸到两前肢,骨盆入口处可摸到胎颈,胎儿胸下可摸到胎头。

(3)助产方法。

①徒手矫正法:术者将手臂伸入子宫,握住胎儿的下颌或鼻端,在助手向子宫内推送胎儿的同时向上抬向外拉胎头即可矫正,再拉出胎儿。

②器械矫正法:用双股产科绳绕过胎颈拉出阴门外,将另一端穿过绳套,送回胎颈部,其中一绳套推至胎儿耳后,另一绳套推至胎儿鼻部,由助手牵引产科绳的同时,术者握住胎儿下颌向上抬向外拉,与助手共同矫正。

③截胎术:如用上述方法确有困难时,可截去一前肢或两前肢,再行矫正拉出胎儿。

2. 前肢屈曲引起的难产

(1)腕关节屈曲引起的难产:由于腕关节屈曲的同时伴发肩关节、肘关节屈曲,使胸围显著增大而不能顺利产出。

①症状:一个腕关节屈曲时,阴门外或阴道内可看到或摸到一伸直的前腿,在耻骨前缘附近可摸到屈曲的腕关节;两个腕关节屈曲时,只能在耻骨前缘摸到两个屈曲的腕关节。

②助产方法:先将胎儿推回子宫,术者用手握住屈曲肢的系(掌)部,向内推送胎儿的同时,向上抬屈曲肢,再趁势下滑握住蹄部,护好蹄尖,向产道内牵引即可矫正。必要时可用产科绳系于屈曲肢的系部或掌部,术者握住蹄尖向上抬的同时,在助手的配合下共同拉直屈曲的前肢。

(2)肩关节屈曲引起的难产:由于肩关节以下的部分伸于胎儿躯体下,使胸围增大而难产。

①症状:一肩关节屈曲时,阴道内能摸到一伸直的前腿和胎头,在胎儿躯体下能摸到另一前腿;两肩关节屈曲时,阴道内只能摸到胎头。

②助产方法:一肩关节屈曲时,如胎儿进入产道深时可先推回胎儿,握住屈曲肢的前臂部下端,

Note

向上抬向外拉，使其变成腕关节屈曲，再按腕关节屈曲进行整复；如胎儿进入产道较深，且胎儿不大时可灌注润滑剂后强行拉出；两肩关节屈曲时，如胎儿尚未进入产道则需整复后拉出胎儿，如胎头露出阴门外时，可行胎头截断术，送回胎儿后再整复。

(3)肘关节屈曲：由于肘关节屈曲的同时伴发肩关节屈曲，使胸围增大，不能顺利产出。

①症状：阴门外可看见胎唇及一个或两个前蹄，产道内可发现一个或两个屈曲的肘关节。

②助产方法：一手推屈曲肢的肩端，另一手向外牵引屈曲肢即可矫正。

3. 后肢屈曲引起的难产

(1)跗关节屈曲：由于跗关节屈曲的同时，伴发膝关节屈曲，使后躯体积增大无法顺利产出。

①症状：一跗关节屈曲时，阴门外可见一蹄心向上的后腿；两跗关节屈曲时阴门外什么也看不见，产道内检查可发现一个或两个全屈曲的跗关节。

②助产方法：由助手向内推送胎儿的同时，术者握住屈曲肢的系(蹄)部向上抬向外拉，当蹄尖接近耻骨前缘时保护好蹄尖，当蹄部越过耻骨前缘即可矫正；必要时可将产科绳系于系部，由两趾间经过引出阴门外，术者护好蹄尖，在助手的配合下共同向外拉即可矫正。

(2)髋关节屈曲：倒生时由于髋关节呈屈曲状态，使后肢伸于自身躯干下，因臀、股叠于一处引起后躯体积增大不能顺利产出。

①症状：一髋关节屈曲时，阴门外可见一蹄心向上的后腿，两髋关节屈曲(称坐生)时阴门外什么也看不见，产道内可摸到胎尾和肛门。

②助产方法：由助手用产科梃顶于坐骨弓处向内推送胎儿的同时，术者握住屈曲肢的小腿远端向上抬向外拉使其变成跗关节屈曲，再按跗关节屈曲进行整复。当胎儿不大时，产道宽松的经产母牛也可不经矫正，试行胎儿牵引术。

(四)胎位不正引起的难产

1. 下胎位 由于胎儿脊柱在下，不能适应母畜骨盆轴而造成难产。

(1)症状：正生时阴门外可见两个蹄心向上的前蹄，倒生时阴门外可见蹄心向下的后腿，产道检查可分别摸到肛门、胎头等。

(2)助产方法。

①方法一：阴门外固定外露胎儿并翻转胎儿，使其变成上胎位或轻度侧胎位。

②方法二：产畜横卧，阴门外固定胎儿翻转母畜，使其变成上胎位或轻度侧胎位。

2. 侧胎位 由于胎儿的胸围或臀围不能适应母畜骨盆横径而引起难产。

(1)症状：阴门外可见蹄心朝向一侧的两前腿或两后腿，产道内可摸到横卧于子宫内的胎儿。

(2)助产方法：同下胎位。

(五)胎向不正引起的难产

1. 腹部前置的竖胎向和横胎向 四肢均进入产道，深部检查可摸到脐带和腹部。助产方法如下。

①胎头在上的竖胎向：推回后肢，拉出胎头和前肢使其变成正生上胎位。

②胎头在下的竖胎向：推回前肢，拉出后肢使其变成倒生上胎位。

③横胎向：推回前肢，使其变成倒生侧胎位，再变成倒生上胎位。

2. 背部前置竖胎向和横胎向 只能在子宫内摸到前置的脊柱，建议尽早实施剖宫产术。

展示与评价

一、任务分配单

难产的诊断与治疗任务分配表

任务名称					
班级		组号		指导教师	
组长		实训时间		实训地点	

Note

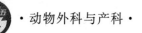

续表

<table>
<tr><td rowspan="4">组员</td><td>姓名</td><td>学号</td><td>姓名</td><td>学号</td></tr>
<tr><td></td><td></td><td></td><td></td></tr>
<tr><td></td><td></td><td></td><td></td></tr>
<tr><td></td><td></td><td></td><td></td></tr>
<tr><td>任务分工</td><td colspan="4"></td></tr>
<tr><td>实训材料
准备</td><td colspan="4"></td></tr>
</table>

二、任务问题引导单

难产的诊断与治疗任务问题引导表

任务名称	
引导问题 1	难产的发病原因有哪些?
答案	
引导问题 2	难产的临床症状有哪些?
答案	
引导问题 3	难产怎么进行诊断?
答案	
引导问题 4	难产如何进行治疗?
答案	

三、任务工作单

难产的诊断与治疗任务工作表

任务名称	
操作过程 描述	

Note

续表

<table>
<tr><td>操作照片</td><td>操作过程或项目成果照片粘贴处</td></tr>
<tr><td>任务反思</td><td></td></tr>
</table>

四、任务评价单

难产的诊断与治疗任务评价表

<table>
<tr><td>任务名称</td><td colspan="4"></td></tr>
<tr><td rowspan="6">任务评价</td><td>小组评语</td><td>小组评价</td><td>评价日期</td><td>组长签名</td></tr>
<tr><td></td><td></td><td></td><td></td></tr>
<tr><td>组间互评评语</td><td>组间互评评价</td><td>评价日期</td><td>组长签名</td></tr>
<tr><td></td><td></td><td></td><td></td></tr>
<tr><td>指导教师评语</td><td>指导教师评价</td><td>评价日期</td><td>指导教师签名</td></tr>
<tr><td></td><td></td><td></td><td></td></tr>
<tr><td rowspan="2">考核标准</td><td>优秀标准</td><td>合格标准</td><td colspan="2">不合格标准</td></tr>
<tr><td>操作规范,安全有序
步骤正确,按时完成
全员参与,分工合理
结果准确,分析有理
保护环境,爱护设施</td><td>基本规范
基本正确
部分参与
分析不全
混乱无序</td><td colspan="2">存在安全隐患
无计划,无步骤
个别人或少数人参与
不能完成,没有结果
环境脏乱,桌面未收</td></tr>
<tr><td>小组思政评价</td><td colspan="4"></td></tr>
<tr><td>教师思政评价</td><td colspan="4"></td></tr>
</table>

五、任务总评单

难产的诊断与治疗任务总评表

<table>
<tr><td colspan="4">任务名称： 班级： 姓名： 学号：</td></tr>
<tr><td>评价方式</td><td>分评得分</td><td>所占比例</td><td>终评得分</td></tr>
<tr><td>学生自评</td><td></td><td>40%</td><td></td></tr>
<tr><td>学生互评</td><td></td><td>20%</td><td></td></tr>
<tr><td>教师评价</td><td></td><td>40%</td><td></td></tr>
<tr><td colspan="3">合计</td><td></td></tr>
</table>

任务十二　产后感染及脐炎的诊断与治疗

扫码学课件
8.12

案例导入

泰迪犬，5 岁，分娩后精神沉郁，食欲不振，体温升高，经问诊和血常规检查诊断为产后感染。

学习目标

熟悉产后感染、脐炎的病因；掌握产后感染、脐炎的临床症状并且做出正确的诊断，通过诊断进行准确的临床防治；牢固树立救死扶伤的世界观；敬畏生命；作为新时代大学生，也要不断学习进步、掌握技能、提高自己，尽可能地救助生命，不断为社会生产提供服务，树立良好的价值观，端正学习态度。

产后感染是指动物在分娩过程中以及分娩后，由于子宫及软产道有不同程度的损伤，加之产后子宫颈开张、子宫内滞留恶露以及胎衣不下等给微生物的侵入和繁殖创造了条件，从而引起的感染。

视频：产后感染、脐炎诊治

产后感染的病理过程是受到病原菌侵害的部位或其邻近器官发生各种急性炎症，甚至坏死；或者感染扩散，引起全身性疾病。常见的产后感染有产后阴门炎及阴道炎、产后子宫内膜炎、产后败血症及脓毒血症等。

脐炎是新生仔犬、猫脐血管及周围组织的炎症，犬、猫偶有发生。

技能一　产后阴门炎及阴道炎

一、产后阴门炎及阴道炎的概念

在正常情况下，动物产后阴门闭合，阴道壁黏膜紧贴在一起，将阴道腔封闭，阻止外界微生物侵入，抑制阴道内细菌的繁殖。当阴门及阴道发生损伤时，细菌即侵入受损组织，引起产后阴门炎及阴道炎。

二、产后阴门炎及阴道炎的病因

微生物通过各种途径侵入阴门及阴道组织，是发生本病的主要原因。初产、产道狭窄、胎儿通过困难或强行拉出胎儿，使产道受到过度挤压或撕裂伤，难产助产时间过长或受到手术助产的刺激，均易导致阴门炎及阴道炎的发生。少数案例是由高浓度、强刺激性防腐剂冲洗阴道所致。坏死性厌氧丝状杆菌感染则引起坏死性阴道炎。

三、产后阴门炎及阴道炎的临床症状

由于损伤及程度不同，表现的症状也不完全一样。

黏膜表层受到损伤而引起的炎症，无全身症状，仅见阴门内流出黏液性或黏液脓性分泌物，尾根及外阴周围常黏附有这种分泌物的干痂。阴道检查可见黏膜微肿、充血或出血，黏膜上常有分泌物黏附。

黏膜深层受到损伤时，患畜拱背，尾根举起，努责，并常做排尿动作，有时在努责之后，从阴门中流出污红、腥臭的稀薄液体；有时见到创伤、糜烂和溃疡。阴道前庭发炎者，往往在黏膜上可以见到结节、疱疹及溃疡。感染严重时出现体温升高，食欲减退，泌乳量稍降低。

技能二　产后子宫内膜炎

一、产后子宫内膜炎的概念

产后子宫内膜炎为子宫内膜的急性炎症。常发生于分娩后的数天内，如果不及时治疗，炎症易于扩散，引起子宫浆膜层及子宫周围组织的炎症，并常转归为慢性过程，最终致长期不孕。

Note

二、产后子宫内膜炎的病因

分娩时或产后期，微生物可以通过各种感染途径侵入子宫。当患病动物产后首次发情时，子宫可排除其腔内的大部分或全部感染菌。而首次发情延迟或子宫弛缓不能排出感染菌的动物，可能发生子宫炎。尤其是在发生难产、胎衣不下、子宫脱出、流产或当死胎遗留在子宫内时，子宫弛缓、复旧延迟，均易引起子宫发炎。

三、产后子宫内膜炎的临床症状

致病微生物在未复旧的子宫内繁殖，一旦其产生的毒素被吸收，将引起严重的全身症状，有时出现败血症或脓毒血症，全身症状明显。患畜频频从阴门排出少量黏液或黏液脓性分泌物，重者分泌物呈污红色或棕褐色，且带有臭味，卧下时排出量增多。

阴道检查所见变化不明显，子宫颈稍开张，有时可见胎衣或有分泌物排出。阴门及阴道肿胀并极度充血。子宫探查时，可引起患病动物高度不安和持续性努责。直肠检查，感到子宫角比正常产后期的大，壁厚，子宫收缩反应减弱。

四、产后子宫内膜炎的防治

主要是应用抗菌消炎药物，防止感染扩散，促进子宫收缩，清除子宫腔内病理性产物。

对胎衣不下者应轻轻牵拉露在外面的胎衣，将胎衣除掉，但禁止用手探查子宫和阴道，因为此时子宫壁质地脆并含有大量的腐败物质。如果出现强烈、持续努责，可用硬膜外麻醉缓解。

对患畜应用广谱抗生素进行全身治疗及其他辅助治疗。可直接向子宫内注入或投放抗生素；用温热的、非刺激性的消毒液冲洗子宫，反复冲洗几次，尽可能将子宫腔内容物冲洗干净。各种家畜常用的子宫冲洗液有0.1%高锰酸钾溶液、0.1%依沙吖啶溶液、0.05%～0.1%新洁尔灭溶液等。对伴有严重全身症状的患畜，为了避免引起感染扩散使病情加重，禁止应用冲洗疗法。

为了促进子宫收缩，排出子宫腔内容物，可静脉注射50 IU催产素，也可注射麦角新碱、PGF2等。禁止使用雌激素，因为其可增加子宫的血液流量，从而加速细菌毒素的吸收。

技能三　产后败血症及脓毒血症

一、产后败血症及脓毒血症的概念

产后败血症和脓毒血症是局部炎症感染扩散而继发的严重全身感染性疾病。产后败血症的特点是细菌进入血液并产生毒素；脓毒血症的特点是静脉中有血栓形成，血栓受到感染，化脓软化，并随血流进入其他器官和组织中，发生迁移性脓性病灶或脓肿。有时二者同时发生。

二、产后败血症及脓毒血症的病因

本病通常由难产、胎儿腐败或助产不当，软产道受到损伤和感染而引发；严重的子宫炎、子宫颈炎及阴道阴门炎，胎衣不下、子宫脱出以及严重的脓性坏死性乳腺炎有时也可继发此病。病原菌通常是溶血性链球菌、葡萄球菌、化脓棒状杆菌和梭状芽胞杆菌，而且常为混合感染。

三、产后败血症及脓毒血症的临床症状

产后败血症发病初期，体温突然上升至40～41 ℃，四肢末端及两耳变凉。临近死亡时，体温急剧下降，且常发生痉挛。整个病程中出现稽留热是败血症的一种特征症状。体温升高的同时，患畜精神极度沉郁。患牛常卧地、呻吟、头颈弯于一侧，呈半昏迷状态；反射迟钝，食欲废绝，反刍停止，但喜饮水。泌乳量骤减，2～3天后完全停止泌乳。眼结膜充血，且微带黄色，病的后期结膜发绀，有时可见小出血点。脉搏微弱，每分钟90～120次，呼吸浅快。患犬、猫往往还表现腹膜炎的症状，出现腹泻，粪中带血，常从阴道内流出少量带有恶臭的污红色或褐色液体，内含组织碎片且有恶臭。

产后脓毒血症的临床症状表现常不一致，但都是突然发生的。在开始发病及病原微生物转移、引起急性化脓性炎症时，体温升高1～1.5 ℃；待脓肿形成或化脓灶局限化后，体温又下降，甚至恢复正常。在整个患病过程中，体温呈现时高时低的弛张热型。脉搏常快而弱。大多数患犬、猫的四肢

关节、腱鞘、肺脏、肝脏及乳房发生迁徙性脓肿。

四、产后败血症及脓毒血症的防治

治疗原则是处理病灶，消灭侵入体内的病原微生物和增强机体的抵抗力。因为本病的病程发展迅速，所以必须及时治疗。

对生殖道的病灶，可按子宫内膜炎及阴道炎治疗或处理，但绝对禁止冲洗子宫，并须尽量减少对子宫和阴道的刺激，以免炎症扩散，使病情加剧。为了促进子宫内聚集的病理产物迅速排出，可以使用催产素、前列腺素等。及时全身应用抗生素及磺胺类药物，抗生素的用量要比常规剂量大，并连续使用，至体温降至正常 2～3 天后为止。为了增强机体的抵抗力，促进血液中有毒物质排出和维持电解质平衡，防止组织脱水，可静脉注射葡萄糖液和生理盐水；补液时分别添加 5%碳酸氢钠溶液及维生素 C，同时肌内注射复合维生素 B。另外，根据病情还可以应用强心剂、子宫收缩剂等。注射钙剂可作为败血症的辅助疗法，对改善血液渗透性、增强心脏活动有一定的作用。

技能四　脐　　炎

一、脐炎的概念

脐炎是新生仔犬、猫脐血管及周围组织的炎症。

二、脐炎的病因

接产时断脐太短，使残端不能完全封闭而引起感染；生产时，母犬、猫咬断脐带时将细菌传播到幼犬、猫，或脐带受到污染及尿液浸渍而感染；脐带闭合不全或有脐尿瘘时，受到感染。

三、脐炎的临床症状

病初脐孔周围发热、充血、肿胀，有疼痛反应。幼犬、猫由于疼痛而经常弓腰，不愿行走，有时脐部形成脓肿。发生脐坏疽时，脐带残段呈污红色，有恶臭味。严重者化脓菌及其毒素沿血管侵入肝脏引起败血症，出现体温升高，呼吸、心跳加快，脱水，代谢紊乱，甚至衰竭、死亡。

四、脐炎的防治

脐炎以局部处理、抗菌消炎为治疗原则。

(1)局部处理：对感染脐部进行外科处理，已化脓或局部坏死严重者，先用 3%过氧化氢冲洗，再用 0.1%新洁尔灭溶液反复冲洗，最后涂碘或抗生素；局部肿胀未成熟时，外敷鱼石脂软膏，成熟后切开排脓。

(2)抗菌消炎：为防止炎症扩散或已有全身感染的，应全身给予抗生素以及在脐孔周围用 0.25%盐酸普鲁卡因青霉素溶液封闭治疗。

展示与评价

一、任务分配单

产后阴门炎及阴道炎任务分配表

<table>
<tr><td>任务名称</td><td colspan="6"></td></tr>
<tr><td>班级</td><td></td><td>组号</td><td></td><td>指导教师</td><td colspan="2"></td></tr>
<tr><td>组长</td><td></td><td>实训时间</td><td></td><td>实训地点</td><td colspan="2"></td></tr>
<tr><td rowspan="4">组员</td><td>姓名</td><td>学号</td><td></td><td>姓名</td><td>学号</td><td></td></tr>
<tr><td></td><td></td><td></td><td></td><td></td><td></td></tr>
<tr><td></td><td></td><td></td><td></td><td></td><td></td></tr>
<tr><td></td><td></td><td></td><td></td><td></td><td></td></tr>
</table>

续表

任务分工	
实训材料准备	

二、任务问题引导单

产后阴门炎及阴道炎任务问题引导表

任务名称	
引导问题 1	产后阴门炎及阴道炎的发病原因有哪些？
答案	
引导问题 2	产后阴门炎及阴道炎的临床症状有哪些？
答案	
引导问题 3	产后阴门炎及阴道炎怎么进行诊断？
答案	
引导问题 4	产后阴门炎及阴道炎如何进行治疗？
答案	

三、任务工作单

产后阴门炎及阴道炎任务工作表

任务名称	
操作过程描述	

续表

操作照片	操作过程或项目成果照片粘贴处
任务反思	

四、任务评价单

产后阴门炎及阴道炎任务评价表

<table>
<tr><td>任务名称</td><td colspan="4"></td></tr>
<tr><td rowspan="6">任务评价</td><td>小组评语</td><td>小组评价</td><td>评价日期</td><td>组长签名</td></tr>
<tr><td></td><td></td><td></td><td></td></tr>
<tr><td>组间互评评语</td><td>组间互评评价</td><td>评价日期</td><td>组长签名</td></tr>
<tr><td></td><td></td><td></td><td></td></tr>
<tr><td>指导教师评语</td><td>指导教师评价</td><td>评价日期</td><td>指导教师签名</td></tr>
<tr><td></td><td></td><td></td><td></td></tr>
<tr><td rowspan="2">考核标准</td><td>优秀标准</td><td>合格标准</td><td colspan="2">不合格标准</td></tr>
<tr><td>操作规范,安全有序
步骤正确,按时完成
全员参与,分工合理
结果准确,分析有理
保护环境,爱护设施</td><td>基本规范
基本正确
部分参与
分析不全
混乱无序</td><td colspan="2">存在安全隐患
无计划,无步骤
个别人或少数人参与
不能完成,没有结果
环境脏乱,桌面未收</td></tr>
<tr><td>小组思政评价</td><td colspan="4"></td></tr>
<tr><td>教师思政评价</td><td colspan="4"></td></tr>
</table>

五、任务总评单

产后阴门炎及阴道炎任务总评表

<table>
<tr><td colspan="4">任务名称：　　　　班级：　　　　姓名：　　　　学号：</td></tr>
<tr><td>评价方式</td><td>分评得分</td><td>所占比例</td><td>终评得分</td></tr>
<tr><td>学生自评</td><td></td><td>40%</td><td></td></tr>
<tr><td>学生互评</td><td></td><td>20%</td><td></td></tr>
<tr><td>教师评价</td><td></td><td>40%</td><td></td></tr>
<tr><td colspan="3">合计</td><td></td></tr>
</table>

Note

扫码学课件
8.13

任务十三　乳房疾病的诊断与治疗

案例导入

拉布拉多犬，1 岁，体重 30 kg，产后第 8 天发现其幼犬精神沉郁有饥饿感，同时母犬拒绝哺乳。该母犬精神轻度沉郁，体温 41 ℃，呼吸、心跳未见异常。结膜潮红，喘息，流涎，全身出现轻微颤抖。宠物主诉其喜卧，食欲减少，仅喝少量的水。腹部检查发现腹下两侧乳房红、肿、热、痛明显。其中右侧后面 2 个乳房肿胀严重，体积增大，质地坚硬，乳房实质内形成大小不一、界限分明、坚硬的结节。乳头干燥，挤压可流出黄色水样乳汁，含絮状小块，有腥臭味，乳房及周围皮肤呈紫褐色，腹壁紧张，腋下和腹股沟等淋巴结明显肿胀，乳房外部未见伤痕。根据病史、临床检查及乳汁检查可初步诊断为犬急性乳腺炎。

学习目标

熟悉乳房疾病的病因；掌握乳房疾病的临床症状并且做出正确的诊断，通过诊断进行准确的临床防治；牢固树立救死扶伤的世界观；敬畏生命；作为新时代大学生，也要不断学习进步、掌握技能、提高自己，尽可能地救助生命，不断为社会生产提供服务，树立良好的价值观，端正学习态度。

视频：乳房疾病诊治

视频：乳房浮肿

一、乳腺炎的概念

乳腺炎是指因微生物或理化刺激引起乳腺的炎症，其特点是乳汁发生理化性质及细菌学变化，乳腺组织发生病理学变化。

二、乳腺炎的病因

引起乳腺炎的病因极为复杂，可由下列一种或多种因素所致。

1. 病原微生物的感染　这是乳腺炎发生的主要原因。引起乳腺炎的病原微生物，包括细菌、霉菌、病毒和支原体等，共有 130 多种，较常见的有 20 多种。根据其来源和传播方式，通常分为传染性微生物和环境性微生物两大类。前者主要包括金黄色葡萄球菌、无乳链球菌、停乳链球菌和支原体等，此类微生物定植于乳腺；后者常见的有链球菌、大肠埃希菌、克雷伯菌和铜绿假单胞菌等，这些微生物通常寄生在体表皮肤及其周围环境中，并不引起乳腺的感染，但当环境、乳头、乳房被病原微生物污染时，病原微生物就会进入乳头池而引起乳腺感染。各种微生物的感染因地理环境、卫生条件不同而有差异，其中，以葡萄球菌、链球菌和大肠埃希菌为主，这三种细菌引起的乳腺炎占发病的 90%以上。

2. 遗传因素　乳腺炎具有一定的遗传性，发病率较高的动物，其后代往往也具有较高的发病率。乳房的结构和形态对乳腺炎发生有很大影响，漏斗形的乳头（倾斜度大的乳头）比圆柱形乳头（倾斜度小的乳头）更容易感染病原微生物。

3. 饲养管理因素　犬、猫舍卫生消毒不严格；其他继发感染性疾病未及时治疗；对已到干乳期的动物不能及时、科学地进行干乳；未及时淘汰久治不愈患慢性临床型乳腺炎的犬、猫等，都是引发乳腺炎的常见病因。另外，饲喂高能量、高蛋白质日粮虽提高了产奶量，但相对增加了乳房负担，使机体抵抗力降低，亦容易诱发乳腺炎。

4. 环境因素　乳腺炎的发生率随温度、湿度的变化而变化。高温、高湿季节，动物处于热应激状态，食欲减退，机体抵抗力降低，常常导致乳腺炎发生。犬、猫舍通风不良、不整洁，运动场低洼不平、粪尿蓄积，身体不洁，常常导致环境性病原微生物在犬、猫体表繁殖，从而引起乳腺炎。

Note

5. 其他因素 随年龄的增长，胎次、泌乳期的增加，动物的体质逐渐减弱，免疫功能下降，增加了乳腺炎发病率；结核病、布鲁氏菌病、胎衣不下、子宫炎等多种疾病，在不同程度上也可继发乳腺炎；应用激素治疗生殖系统疾病而引起激素失衡，也是本病的诱因。

三、乳腺炎的临床症状

乳腺炎的分类是随着人们对乳腺炎认识的深入和临床治疗的方便而逐步发展的。有以病原微生物、病理、病程、发病部位及临床症状分类的，也有以乳汁细胞数、乳腺和乳汁有无肉眼变化分类的。由于以乳房和乳汁有无肉眼可见变化的分法很适合临床治疗，因此，国内目前多采用此法。

1. 非临床型(亚临床型)乳腺炎 又称隐性乳腺炎。乳腺和乳汁通常无肉眼可见的变化，但乳汁电导率、体细胞数、pH 等理化性质已发生变化，必须采用特殊的理化方法才可检出。大约 90%的乳腺炎为隐性乳腺炎。

2. 临床型乳腺炎 乳腺和乳汁有肉眼可见的临床变化，发病率为 2%～5%。根据临床病变程度，可分为轻度临床型、重度临床型和急性全身性乳腺炎。

(1)轻度临床型乳腺炎：乳腺组织病理变化及临床症状较轻微，触诊乳房无明显异常，或有轻度发热、疼痛或肿胀。乳汁有絮状物或凝块，有的变稀，酸碱性偏碱性，体细胞计数和氯化物含量均增加。从病程看，相当于亚急性乳腺炎。这类乳腺炎只要治疗及时，治愈率高。

(2)重度临床型乳腺炎：乳腺组织有较严重的病理变化，患病乳区急性肿胀，皮肤发红，触诊乳房发热、有硬块、疼痛敏感，常拒绝触摸。产量减少，乳汁为黄白色或血清样，内有乳凝块。全身症状不明显，体温正常或略高，精神、食欲基本正常。从病程看，相当于急性乳腺炎。这类乳腺炎如治疗早，可以较快痊愈，预后一般良好。

(3)急性全身性乳腺炎：乳腺组织受到严重损害，常在两次挤奶间隔突然发病，病情严重，发展迅猛。患病乳区肿胀严重，皮肤发红发亮，乳头也随之肿胀。触诊乳房发热、疼痛，全乳区质硬。患病宠物伴有全身症状，体温持续升高(40～41 ℃)，心率增加，呼吸增加，精神萎靡，食欲降低，进而拒食、喜卧。从病程看，相当于最急性乳腺炎。如治疗不及时，可危及患病动物生命。

3. 慢性乳腺炎 慢性乳腺炎通常是由于急性乳腺炎没有及时处理或由于持续感染，而使乳腺组织处于持续性发炎的状态。一般局部临床症状可能不明显，全身也无异常，但产奶量下降。反复发作可导致乳腺组织纤维化，乳房萎缩，这类乳腺炎治疗价值不大。

四、乳腺炎的诊断

临床型乳腺炎案例根据其乳汁、乳腺组织和出现的全身反应，即可做出诊断。隐性乳腺炎的诊断需要采用一些特殊的仪器和检测手段，并根据具体情况确定标准。

1. 临床型乳腺炎的诊断 主要是对个体犬、猫的临床诊断。方法仍然是一直沿用的乳房视诊和触诊、乳汁的肉眼观察及必要的全身检查，有条件的可在治疗前采集奶样进行微生物学鉴定和药敏试验。

2. 隐性乳腺炎的诊断 根据隐性乳腺炎的特征性变化(即乳汁体细胞数增加、pH 升高和电导率的改变等)，采用不同的方法进行隐性乳腺炎的诊断。

(1)物理检验法：乳腺感染后，血乳屏障的渗透性改变，Na^+、Cl^- 进入乳汁，使乳汁电导率升高，因此用物理学方法检测乳汁中电导率的变化，可诊断隐性乳腺炎。常用的有 AHI 乳腺炎检测仪，此仪器简便、快速，只需几秒钟，就能显示隐性乳腺炎阴性、阳性和可疑，但不能显示炎症轻重程度。

(2)其他指标检测。

①pH：正常乳汁 pH 略偏酸，随着乳腺炎性反应加重，乳汁中体细胞数量增多，纤维蛋白溶解酶、碱性乳蛋白酶的活性增高，血浆蛋白进入乳汁中的量增加，血液与乳汁之间的 pH 梯度差缩小，导致乳汁 pH 逐渐升高，趋向于血液 pH。因此，检测乳汁碱性的高低可用于判定炎症的程度。

②ATP：ATP 存在于所有的活细胞中，因此也存在于乳汁的体细胞中。乳汁 ATP 与体细胞数呈高度正相关关系，因此可作为检测体细胞数的一种替代方法，用于乳腺炎的诊断。

③乳糖：乳腺炎会引起组织损伤，使分泌细胞酶系统的合成能力降低。由于乳糖的浓度在同一泌乳期内不同泌乳阶段差别很小，因此其变化有助于乳腺炎的诊断。

五、乳腺炎的治疗

乳腺炎的治疗主要是针对临床型的，对隐性乳腺炎则主要是控制和预防。乳腺炎的疗效判定标准：①临床症状消失；②乳汁体细胞计数降至正常范围(每毫升 50 万以下)；③乳汁菌检阴性。

抗生素仍然是治疗乳腺炎广泛使用的药物，但随着抗生素的长期大量使用，病原菌耐药菌株增加，以致一些乳腺炎案例变得难以治疗。选择抗生素治疗乳腺炎须遵循的基本原则如下：根据药敏试验选择药物；在不能查清病原菌的情况下，先采用广谱抗生素，或选两种抗生素合用(联合用药)；选择杀灭专性病原菌最有效的抗生素或各种细菌不易产生耐药性的抗生素。治疗乳腺炎常用的抗生素有青霉素、链霉素、红霉素、新生霉素、四环素类、头孢菌素、多西环素以及喹诺酮类等。此外，磺胺类药也是常用抗生素。为了避免病原菌对抗生素产生耐药性和抗生素在乳汁中残留，提倡使用中草药制剂或其他替代品治疗乳腺炎，并已成为今后开拓研究的重要方向。临床型乳腺炎的治疗越早越好，以免转为慢性炎症，更难以治疗。

1. 全身治疗　全身症状明显时，宜肌内注射或静脉注射大剂量抗生素，以抗感染。

2. 局部治疗　可做乳房灌注，根据当地流行病原菌选择敏感药物。临床上一般选用环丙沙星、青霉素、链霉素、氨苄西林、阿米卡星等。用 0.25%利多卡因 150～250 ml 加入适量抗生素，一次乳房灌注，每天 1～2 次，4 天为一个疗程。乳房灌注时，应先挤尽乳汁；药液注入后，退出乳导管针，轻捏乳头，防止药液流出，并向乳房上部推送药液。

展示与评价

一、任务分配单

乳房疾病的诊断与治疗任务分配表

<table>
<tr><td>任务名称</td><td colspan="6"></td></tr>
<tr><td>班级</td><td></td><td>组号</td><td></td><td>指导教师</td><td colspan="2"></td></tr>
<tr><td>组长</td><td></td><td>实训时间</td><td></td><td>实训地点</td><td colspan="2"></td></tr>
<tr><td>组员</td><td colspan="6"><table>
<tr><td>姓名</td><td>学号</td><td>姓名</td><td>学号</td></tr>
<tr><td></td><td></td><td></td><td></td></tr>
<tr><td></td><td></td><td></td><td></td></tr>
<tr><td></td><td></td><td></td><td></td></tr>
</table></td></tr>
<tr><td>任务分工</td><td colspan="6"></td></tr>
<tr><td>实训材料
准备</td><td colspan="6"></td></tr>
</table>

二、任务问题引导单

乳房疾病的诊断与治疗任务问题引导表

任务名称	
引导问题 1	乳腺炎的发病原因有哪些?
答案	
引导问题 2	乳腺炎的临床症状有哪些?
答案	
引导问题 3	隐性乳腺炎怎么进行诊断?
答案	
引导问题 4	隐性乳腺炎如何进行治疗?
答案	

三、任务工作单

乳房疾病的诊断与治疗任务工作表

任务名称	
操作过程描述	
操作照片	操作过程或项目成果照片粘贴处
任务反思	

Note

四、任务评价单

乳房疾病的诊断与治疗任务评价表

任务名称				
任务评价	小组评语	小组评价	评价日期	组长签名
	组间互评评语	组间互评评价	评价日期	组长签名
	指导教师评语	指导教师评价	评价日期	指导教师签名
考核标准	优秀标准	合格标准	不合格标准	
	操作规范，安全有序 步骤正确，按时完成 全员参与，分工合理 结果准确，分析有理 保护环境，爱护设施	基本规范 基本正确 部分参与 分析不全 混乱无序	存在安全隐患 无计划，无步骤 个别人或少数人参与 不能完成，没有结果 环境脏乱，桌面未收	
小组思政评价				
教师思政评价				

五、任务总评单

乳房疾病的诊断与治疗任务总评表

任务名称：	班级：	姓名：	学号：
评价方式	分评得分	所占比例	终评得分
学生自评		40%	
学生互评		20%	
教师评价		40%	
合计			

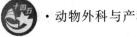

项目九　新生仔畜疾病的诊断与治疗

扫码学课件
项目九

项目简介

常见新生仔畜疾病诊治技术主要是能够对新生仔畜窒息、胎便停滞、新生仔畜脐炎、新生仔畜直肠及肛门闭锁等进行诊断和治疗。

主要内容包括常见新生仔畜疾病诊治技术，如新生仔畜窒息、胎便停滞、新生仔畜脐炎、新生仔畜直肠及肛门闭锁的发病原因及类型、临床症状、诊断方法、治疗方法及其注意事项等基本技能。在教学中注意发挥学生的主观能动性，并将各种诊治等操作示教训练方法应用于教学过程中，使得学生建立严格的无菌观念，学会正确的常见新生仔畜疾病诊治方法，为学生今后考取执业兽医师、进入动物医学临床工作打下良好的基础。

项目目标

知识目标：了解各种新生仔畜疾病特点；能判断新生仔畜窒息、胎便停滞、新生仔畜脐炎、新生仔畜直肠及肛门闭锁等常见疾病的发病原因，能记住各类产科疾病的临床特征性变化，治疗的注意事项。

能力目标：能诊断和识别常见家畜（马、牛、羊、猪、犬、猫等）新生仔畜窒息、胎便停滞、新生仔畜脐炎、新生仔畜直肠及肛门闭锁等常见病，并能进行临床治疗。

素质目标：培养学生深厚的家国情怀、国家认同感、民族自豪感和社会责任感；培养学生献身“三农”的强国复兴情怀；培养学生参与新生仔畜疾病防治学习活动的积极性，培养学生良好学习兴趣和求知欲；在学习活动中帮助学生获得成功的体验，锻炼学生克服困难的意志，建立自信心；培养学生严格遵守安全操作规程的安全意识；培养学生吃苦耐劳、爱岗敬业的良好职业道德；树立职业意识，严格遵循企业的“6S”（整理、整顿、清扫、清洁、素养、安全）质量管理体系；培养良好的心理品质，具备建立和谐的人际关系的能力，表现出人际交往的能力与合作精神；培养科学严谨的探索精神和实事求是、独立思考的工作态度；培养求真务实、勇于实践的工匠精神和创新精神。

任务一　新生仔畜窒息的诊断与治疗

案例导入

老龄母猪，出现产力性难产，经人工助产娩出 10 头仔猪，4 头已死亡，另外 6 头呼吸及心跳微弱，经过临床检查确诊为新生仔猪窒息。通过本案例的学习，掌握新生仔畜窒息的诊断及治疗方法。

学习目标

熟悉新生仔畜窒息的病因；掌握新生仔畜窒息临床症状并且做出正确的诊断，进行准确的临床防治；牢固树立救死扶伤的世界观；敬畏生命；作为新时代大学生，也要不断学习进步、掌握技能、提高自己，尽可能地救助生命，不断为社会生产提供服务，树立良好的价值观，端正学习态度。

一、新生仔畜窒息的概念

仔畜刚出生后，呼吸发生障碍或完全停止，心脏尚在跳动的现象，称为新生仔畜窒息或假死。如不及时采取措施，新生仔畜会因窒息而死亡。多见于猪、马，牛、羊也有发生。

二、新生仔畜窒息产生原因

（1）母畜在分娩过程中，由于产道干燥，产道狭窄，胎儿过大，胎位及胎势不正，子宫收缩过强或收缩无力等，使胎儿不能及时排出而停滞于产道；倒产，脐带受到压迫或自身缠绕，使胎儿血液循环受阻；产后高热、贫血及大出血等，使胎儿胎盘过早脱离母体，而尿膜、羊膜未及时破裂，造成胎儿严重缺氧，刺激胎儿过早发生呼吸反射，致使胎儿在产道把羊水吸入呼吸道等，而引起新生仔畜窒息。

（2）母畜患有全身性疾病，如高热等，使胎儿和胎衣过早脱离母体，胎儿缺氧，二氧化碳在胎儿体内急剧增加，引起胎儿过早自主呼吸，将羊水吸入呼吸道而窒息。分娩过程中有分泌物进入呼吸道，阻塞了呼吸道，也是造成新生仔畜窒息的原因。

视频：新生仔畜的窒息与诊断 1

三、新生仔畜窒息的临床症状

根据窒息程度及症状的不同，新生仔畜窒息可分为青色窒息和白色窒息。青色窒息是轻度窒息，表现为呼吸微弱而短促，吸气时张口并强烈扩张胸壁，两次呼吸间隔延长，结膜发绀。舌垂于口腔外，全身发软，口鼻充满黏液。听诊肺部呈湿啰音，特别是喉和气管更明显。心跳和脉搏快而无力，四肢活动能力很弱，或无活动能力，但角膜反射还存在。白色窒息是严重窒息，表现为呼吸停止，结膜苍白，全身发软，口鼻充满黏液。反射消失，心跳微弱，脉不感于手。

视频：新生仔畜的窒息与诊断 2

四、新生仔畜窒息的治疗

1. 治疗原则　一是兴奋仔畜的呼吸中枢，使其自主呼吸；二是使新生仔畜的呼吸道畅通。

2. 治疗方法　清理呼吸道，速将新生仔畜倒提，或抬高后躯，用干净纱布或毛巾揩净口鼻内的黏液，还可以用细胶管将口鼻内的黏液吸出，使呼吸道畅通，呼吸道畅通后，立即做人工呼吸，人工呼吸的方法有三种：①有节律地拍打或按压仔畜腹部；②从两侧捏住季肋部，交替地扩张和压拍胸壁，同时助手扩张和压拍腹部；③握住两前肢，前后拉动，以助于扩张和压拍胸壁。人工呼吸使仔畜出现呼吸后，常在短时间内又可能出现停止，所以做人工呼吸时，应有耐心，不能急躁，要坚持一段时间，直至仔畜出现正常呼吸。

视频：新生仔畜的窒息与诊断 3

3. 刺激　可将仔畜倒提并抖动，用手拍打仔畜的颈部和臀部，或用冷水突然喷到仔畜的头部，或将浸酒精或氨溶液的棉球放在仔畜的鼻子边；将头部以下的部分浸泡在 45 ℃左右的温水中，徐徐从鼻孔中吹入空气，用针刺人中、蹄头、耳尖和尾尖等穴位，这些穴位都有刺激呼吸反射诱发呼吸的作用，同时可以注射 25%尼可刹米 1.5 ml，也可用肾上腺素、樟脑磺酸钠、咖啡因等药物，从脐带血管注入效果较好。

视频：新生仔畜的窒息与诊断 4

五、新生仔畜窒息的预防

1. 做好产前准备工作　详细记录每头母畜的配种日期，计算好预产日期，提前将母畜转到分娩舍，并做好产前准备工作，调整日粮的营养水平，对产房、产床、接产用具严格消毒，加强母畜产前饲养管理。

视频：新生仔畜的窒息与诊断 5

2. 做好产道和胎儿检查　首先清洗和消毒母畜的外阴和检查者的手臂，然后在检查者的手臂涂上干净消毒润滑油或擦上肥皂，再伸手入产道，检查产道、骨盆腔是否狭窄，子宫颈是否完全开张，产道是否干燥以及有无水肿和损伤等。检查者将手伸入胎衣，主要检查胎儿进入产道的程度，正生或倒生，胎势、胎位、胎向等。在做产道和胎儿检查时，切忌急躁，切忌将手强行伸入。

3. 正确接产 母畜在分娩过程中，要有专人守护、接产。准备好常用的接产用具，并严格消毒。仔畜出生后，应立即擦干仔畜身上的羊水，清理呼吸道，用消毒好的干毛巾把口腔、鼻腔黏液掏出，以畅通呼吸道，若出现窒息，立即抢救。

展示与评价

一、任务分配单

新生仔畜窒息的诊断与治疗任务分配表

<table>
<tr><td>任务名称</td><td colspan="5"></td></tr>
<tr><td>班级</td><td></td><td>组号</td><td></td><td>指导教师</td><td></td></tr>
<tr><td>组长</td><td></td><td>实训时间</td><td></td><td>实训地点</td><td></td></tr>
<tr><td>组员</td><td colspan="5"><table><tr><td>姓名</td><td>学号</td><td>姓名</td><td>学号</td></tr><tr><td></td><td></td><td></td><td></td></tr><tr><td></td><td></td><td></td><td></td></tr><tr><td></td><td></td><td></td><td></td></tr></table></td></tr>
<tr><td>任务分工</td><td colspan="5"></td></tr>
<tr><td>实训材料准备</td><td colspan="5"></td></tr>
</table>

二、任务问题引导单

新生仔畜窒息的诊断与治疗任务问题引导表

任务名称	
引导问题 1	新生仔畜窒息的发病原因有哪些？
答案	
引导问题 2	新生仔畜窒息的临床症状有哪些？
答案	
引导问题 3	新生仔畜窒息怎么进行诊断？
答案	

续表

引导问题 4	新生仔畜窒息如何进行抢救?
答案	

三、任务工作单

新生仔畜窒息的诊断与治疗任务工作表

任务名称	
操作过程描述	
操作照片	操作过程或项目成果照片粘贴处
任务反思	

四、任务评价单

新生仔畜窒息的诊断与治疗任务评价表

任务名称				
任务评价	小组评语	小组评价	评价日期	组长签名
	组间互评评语	组间互评评价	评价日期	组长签名
	指导教师评语	指导教师评价	评价日期	指导教师签名
考核标准	优秀标准	合格标准	不合格标准	
	操作规范,安全有序 步骤正确,按时完成 全员参与,分工合理 结果准确,分析有理 保护环境,爱护设施	基本规范 基本正确 部分参与 分析不全 混乱无序	存在安全隐患 无计划,无步骤 个别人或少数人参与 不能完成,没有结果 环境脏乱,桌面未收	

Note

续表

小组思政 评价	
教师思政 评价	

五、任务总评单

新生仔畜窒息的诊断与治疗任务总评表

任务名称：	班级：	姓名：	学号：
评价方式	分评得分	所占比例	终评得分
学生自评		40%	
学生互评		20%	
教师评价		40%	
合计			

任务二　胎便停滞的诊断与治疗

案例导入

羊羔出生后超过 24 h 没有排出粪便，经过临床检查确诊为胎便停滞。通过本案例的学习，掌握胎便停滞的诊断及治疗方法。

学习目标

熟悉胎便停滞的病因；掌握胎便停滞临床症状并且做出正确的诊断，通过诊断进行准确的临床防治；牢固树立救死扶伤的世界观；敬畏生命；作为新时代大学生，也要不断学习进步、掌握技能、提高自己，尽可能地救助生命，不断为社会生产提供服务，树立良好的价值观，端正学习态度。

一、胎便停滞的概念

新生仔畜出生后，超过 24 h 不排胎粪，称为新生仔畜便秘或胎粪秘结，也叫胎便停滞，本病多见于幼驹和羔羊。

二、胎便停滞的病因

(1)新生仔畜未及时哺喂初乳或初乳质量不高，母畜缺乳或无乳，仔畜体弱，都可以使仔畜哺获初乳不足而引起新生仔畜肠道弛缓，胎便不能及时排出而秘结于肠道。

(2)母畜患有全身性疾病，如败血症、高热性疾病等，仔畜患有热性疾病也会引起胎便停滞。

三、胎便停滞的临床症状

新生仔畜出生后 1～2 天不见排出胎便(注意肛门或直肠闭锁除外)，渐渐表现为腹痛不安，常弓

Note

背努责，回头顾腹，举尾做排便状。食欲不振或不吃奶，精神萎靡，消瘦、被毛无光，脉搏快而弱，肠音微弱而消失。直肠检查，可见肛门端有浓稠蜡样黄褐色胎便或粪块。

四、胎便停滞的治疗

一般选用以下方法多可以治愈，顽固性胎便停滞应考虑手术治疗。

1. 直肠灌注　可选用温肥皂水（猪、羊 500 ml，牛、马 1000 ml），食用油或液状石蜡（猪、羊 50～100 ml，牛、马 200～300 ml），3%过氧化氢（猪、羊 50 ml，牛、马 100 ml）作直肠灌注，效果较好。

2. 内服轻泻药　选用食用油或液状石蜡（猪、羊 50～100 ml，牛、马 200～300 ml），蓖麻油（猪、羊 25～50 ml，牛、马 50～100 ml）灌服也有良好效果。

3. 单方治疗

（1）猪胆或牛胆 1～2 个，加水适量，一半内服，一半灌肠，或胆汁 20～60 ml 灌肠。

（2）巴豆两粒，去皮炒黄捣碎，去油后调水灌服。

（3）皂角蜜箭：蜂蜜 45 g、皂角末 5 g，在火上熬成黄褐色后，取出制成长指条状，涂上润滑油塞入直肠。

（4）细辛 6 g、皂角 12 g，研末加蜂蜜适量，制成枣核大小，塞入肛门 3～5 粒。

4. 辅助疗法　腹部按摩，热敷、包扎保温可以减轻腹痛，促进胃肠蠕动，有利于疾病恢复。

五、胎便停滞的预防

仔畜出生后，及时哺喂初乳；母乳缺乏或无乳时，尽早治疗母畜和寄养仔畜，加强母畜饲养，以提高初乳的品质和数量。注意仔畜护理，扶助体弱瘦的仔畜哺乳，必要时输液补糖。同时防止母畜产前发生热性疾病。

展示与评价

一、任务分配单

胎便停滞的诊断与治疗分配表

<table>
<tr><td>任务名称</td><td colspan="6"></td></tr>
<tr><td>班级</td><td></td><td>组号</td><td></td><td>指导教师</td><td colspan="2"></td></tr>
<tr><td>组长</td><td></td><td>实训时间</td><td></td><td>实训地点</td><td colspan="2"></td></tr>
<tr><td>组员</td><td colspan="6"><table>
<tr><td>姓名</td><td>学号</td><td>姓名</td><td>学号</td></tr>
<tr><td></td><td></td><td></td><td></td></tr>
<tr><td></td><td></td><td></td><td></td></tr>
<tr><td></td><td></td><td></td><td></td></tr>
</table></td></tr>
<tr><td>任务分工</td><td colspan="6"></td></tr>
<tr><td>实训材料准备</td><td colspan="6"></td></tr>
</table>

二、任务问题引导单

胎便停滞的诊断与治疗任务问题引导表

任务名称	
引导问题 1	胎便停滞的概念是什么？
答案	
引导问题 2	胎便停滞的临床症状有哪些？
答案	
引导问题 3	胎便停滞怎么进行诊断？
答案	
引导问题 4	胎便停滞如何进行治疗？
答案	

三、任务工作单

胎便停滞的诊断与治疗任务工作表

任务名称	
操作过程描述	
操作照片	操作过程或项目成果照片粘贴处
任务反思	

Note

四、任务评价单

胎便停滞的诊断与治疗任务评价表

<table>
<tr><td>任务名称</td><td colspan="12"></td></tr>
<tr><td rowspan="6">任务评价</td><td colspan="3">小组评语</td><td colspan="3">小组评价</td><td colspan="3">评价日期</td><td colspan="3">组长签名</td></tr>
<tr><td colspan="3"></td><td colspan="3"></td><td colspan="3"></td><td colspan="3"></td></tr>
<tr><td colspan="3">组间互评评语</td><td colspan="3">组间互评评价</td><td colspan="3">评价日期</td><td colspan="3">组长签名</td></tr>
<tr><td colspan="3"></td><td colspan="3"></td><td colspan="3"></td><td colspan="3"></td></tr>
<tr><td colspan="3">指导教师评语</td><td colspan="3">指导教师评价</td><td colspan="3">评价日期</td><td colspan="3">指导教师签名</td></tr>
<tr><td colspan="3"></td><td colspan="3"></td><td colspan="3"></td><td colspan="3"></td></tr>
<tr><td rowspan="2">考核标准</td><td colspan="4">优秀标准</td><td colspan="4">合格标准</td><td colspan="4">不合格标准</td></tr>
<tr><td colspan="4">操作规范，安全有序
步骤正确，按时完成
全员参与，分工合理
结果准确，分析有理
保护环境，爱护设施</td><td colspan="4">基本规范
基本正确
部分参与
分析不全
混乱无序</td><td colspan="4">存在安全隐患
无计划，无步骤
个别人或少数人参与
不能完成，没有结果
环境脏乱，桌面未收</td></tr>
<tr><td>小组思政评价</td><td colspan="12"></td></tr>
<tr><td>教师思政评价</td><td colspan="12"></td></tr>
</table>

五、任务总评单

胎便停滞的诊断与治疗任务总评表

<table>
<tr><td colspan="4">任务名称：　　　　　班级：　　　　　姓名：　　　　　学号：</td></tr>
<tr><td>评价方式</td><td>分评得分</td><td>所占比例</td><td>终评得分</td></tr>
<tr><td>学生自评</td><td></td><td>40%</td><td></td></tr>
<tr><td>学生互评</td><td></td><td>20%</td><td></td></tr>
<tr><td>教师评价</td><td></td><td>40%</td><td></td></tr>
<tr><td colspan="3">合计</td><td></td></tr>
</table>

任务三　新生仔畜脐炎的诊断与治疗

案例导入

一黑白花新生犊牛脐部红肿，不愿吃奶，有轻微腹泻，其他变化不明显，经过临床检查确诊为脐炎。通过本案例的学习，掌握新生仔畜脐炎的诊断及治疗方法。

Note

学习目标

熟悉新生仔畜脐炎的病因；掌握新生仔畜脐炎的临床症状并且做出正确的诊断，通过诊断进行准确的临床防治；牢固树立救死扶伤的世界观；敬畏生命；作为新时代大学生，也要不断学习进步、掌握技能、提高自己，尽可能地救助生命，不断为社会生产提供服务，树立良好的价值观，端正学习态度。

一、新生仔畜脐炎的概念

脐炎是指仔畜出生后，脐带断端及其周围组织感染细菌而发生的一种炎症。可发生于各种仔畜，常见于幼驹和犊牛。

二、新生仔畜脐炎的病因

（1）接产、断脐消毒不严：新生仔畜的脐带残段一般在生后 3～6 天即干燥脱落，并在脐孔形成瘢痕和上皮，在此期间脐带断端不仅是细菌侵入的门户，也是细菌生长的良好环境，一旦受到感染而发炎。接产时，脐带断端消毒不严，不注意仔畜的卫生和护理，脐带感染而发炎。

（2）断脐时脐带留得过长或没有及时断脐：脐带过长时，脐带极易受到尿液及污水浸渍等污染，则感染病原微生物而发生脐炎。

（3）仔畜互相吮吸脐带，使脐带被细菌感染而发炎。

三、新生仔畜脐炎的临床症状

发病初期仔畜表现为食欲下降、消化不良、腹泻。随病程的延长，仔畜表现为精神沉郁，不吃奶，体温在 40 ℃以上，弓背收腹，不愿行走，被毛粗乱，无光泽。脐孔断端或周围充血、肿胀、湿润。触诊脐部疼痛，质地变硬。在脐带中央和其根部皮下，可以摸到铅笔杆样或手指粗的索状物，或流出浓稠脓汁，有臭味。重症时，肿胀波及脐带周围腹部组织，脐带部形成脓肿，脐部肿大，呈球状，触诊有波动感，表面湿润光滑，界限清楚。脐带坏疽时，脐带残留部分有污渍呈紫红色，有恶臭味，脐孔有肉芽赘生，形成溃疡面，其上附有脓性渗出物。有时脐带残段脱落，脐孔处湿润，形成瘘管，内有脓汁。如果炎症进一步发展，可引起严重的全身感染，细菌及其毒素沿血管侵入肝、肺、肾及其他脏器，继发脓毒败血症、败血症或破伤风。

四、新生仔畜脐炎的诊断

仔畜多发生腹泻，消化不良，食欲下降，脐带部肿胀、发炎。如果发现肿胀，应与脐疝相鉴别，可根据触诊检查有无疼痛、质地是否硬实、内容物是否可纳回腹腔等相鉴别，脐疝脐部肿大一般没有疼痛感，脐孔增大，无粘连，疝内容物柔软，并且可以纳回腹腔，触诊时可以发现肠道和疝孔。

五、新生仔畜脐炎的治疗

（1）初期，用青霉素 80 万～160 万 IU、0.25～0.5％普鲁卡因 10～20 ml，在脐孔周围分点注射普鲁卡因青霉素封闭，每天 1 次，连续 3 天。并在炎症的表面涂擦 5％碘酊或络合碘消毒，每天 3 次。同时做好栏舍卫生。

（2）如形成脓肿，做外科处理，先切开排脓，排脓后先用 3％的过氧化氢冲洗，再用生理盐水冲洗干净，后用 5％碘酊消毒，创口较大时应做结节缝合，如果创口较小可以不缝合。同时结合使用抗生素防止感染，直到创口愈合。

（3）脐孔形成瘘管时，用消毒药液洗净其脓汁，涂擦络合碘或碘酊。如果同时有脓肿，须切开排脓，按外科手术处理。

（4）脐带发生坏疽时，必须切除脐带残段，用 3％的过氧化氢除去坏死组织，用消毒药液清洗后，再涂以碘仿醚或 5％碘酊。特别注意防止炎症扩散，创伤部可撒上青霉素和链霉素，同时也需要全身抗感染，可以用阿莫西林、林可霉素、头孢西林钠等。

Note

(5)当食欲不振、体温升高，中毒时，可静脉补液，补葡萄糖、葡萄糖酸钙、维生素C、复合维生素B要结合抗生素一起使用。下痢者，可口服磺胺脒和小苏打，10%新霉素，利高霉素等。

六、新生仔畜脐炎的预防

仔畜生后，只要脐带不出血，就不必结扎，以促其迅速干燥和脱落。有些畜主习惯将脐带留得很长，不但结扎，而且用破布、棉花严密包裹，常使脐带不易干燥脱落，导致脐炎发生。正确的断脐方法是仔畜出生后，用清洁消毒好的干毛巾，擦干口、鼻及身体上的羊水和黏液，用碘酊消毒脐部，将脐带内的血液推向体内，然后离脐带基部3～8 cm钝性分离，根据情况决定是否需要结扎，但不要包裹脐带，然后每天用碘酊涂擦1～2次即可。保持圈舍的清洁干燥，垫草要经常更换。同时加强仔畜护理，防止仔畜间相互吮吸脐带。

展示与评价

一、任务分配单

新生仔畜脐炎的诊断与治疗任务分配表

任务名称					
班级		组号		指导教师	
组长		实训时间		实训地点	

组员：

姓名	学号	姓名	学号

任务分工	
实训材料准备	

二、任务问题引导单

新生仔畜脐炎的诊断与治疗任务问题引导表

任务名称	
引导问题1	新生仔畜脐炎的发病原因有哪些？
答案	
引导问题2	新生仔畜脐炎的临床症状有哪些？
答案	

续表

引导问题3	新生仔畜脐炎怎么进行诊断？
答案	
引导问题4	新生仔畜脐炎如何进行治疗？
答案	

三、任务工作单

新生仔畜脐炎的诊断与治疗任务工作表

任务名称	
操作过程描述	
操作照片	操作过程或项目成果照片粘贴处
任务反思	

四、任务评价单

新生仔畜脐炎的诊断与治疗任务评价表

任务名称				
任务评价	小组评语	小组评价	评价日期	组长签名
	组间互评评语	组间互评评价	评价日期	组长签名
	指导教师评语	指导教师评价	评价日期	指导教师签名

考核标准	优秀标准	合格标准	不合格标准
	操作规范，安全有序 步骤正确，按时完成 全员参与，分工合理 结果准确，分析有理 保护环境，爱护设施	基本规范 基本正确 部分参与 分析不全 混乱无序	存在安全隐患 无计划，无步骤 个别人或少数人参与 不能完成，没有结果 环境脏乱，桌面未收

Note

续表

小组思政评价	
教师思政评价	

五、任务总评单

新生仔畜脐炎的诊断与治疗任务总评表

任务名称：	班级：	姓名：	学号：
评价方式	分评得分	所占比例	终评得分
学生自评		40%	
学生互评		20%	
教师评价		40%	
合计			

任务四　新生仔畜直肠及肛门闭锁的诊断与治疗

案例导入

一母猪分娩后有一头仔猪没有粪便排出，经检查外观看不到肛门，确诊为新生仔猪直肠及肛门闭锁。通过本案例的学习，掌握新生仔畜直肠及肛门闭锁的诊断及治疗方法。

学习目标

熟悉新生仔畜直肠及肛门闭锁的病因；掌握新生仔畜直肠及肛门闭锁临床症状并且做出正确的诊断，进行准确的临床防治；牢固树立救死扶伤的世界观；敬畏生命；作为新时代大学生，也要不断学习进步、掌握技能、提高自己，尽可能地救助生命，不断为社会生产提供服务，树立良好的价值观，端正学习态度。

一、新生仔畜直肠及肛门闭锁的概念

仔畜出生后无肛门，肛管、直肠下端闭锁，外观上看不到肛门，该病为先天性疾病，该病在哺乳动物中均有发生。

二、新生仔畜直肠及肛门闭锁产生原因

本病的发生一般与遗传及妊娠期受病毒感染、化学物质、环境及营养等因素影响有关，胚胎在母

体子宫发育早期，胎儿的直肠和膀胱是相互连通的，沟通处称为肛腔，随后肛腔分为前、后两个部分，前面发育成泌尿生殖系统（膀胱、尿道、阴道），后面向会阴部发育形成直肠，直肠和膀胱成为两个独立的、互不连通的脏器。进一步发育时，肛门部的肛膜消失形成肛门。当胚胎在发育过程中，如遇到各种病因，引起胚胎发育异常，或发育终止时，就导致了肛门、直肠的畸形。

三、新生仔畜直肠及肛门闭锁的临床症状

新生仔畜出生后 1 天无胎便排出，吃奶后腹胀、呕吐、呻吟及烦躁不安等，观察到无肛门或仅有肛门痕迹；直肠探诊时不通，先天性肛门及直肠闭锁，可引起肠梗阻。如发现或治疗不及时，6～7 天就会死亡，所以当新生仔畜出生后，应仔细检查有没有肛门及胎便排出情况。

四、新生仔畜直肠及肛门闭锁的治疗

本病的治疗主要是手术疗法。

手术方法：倒提患畜，背向术者，取前低后高姿势。用 5%新洁尔灭溶液清洗手术部位污垢，将肛门周围的毛剪掉，用 0.1%高锰酸钾溶液清洗肛门及其周围，擦干，用 5%碘酊消毒，75%酒精脱碘，0.25%普鲁卡因肌内注射进行局部浸润麻醉。于肛门区域凸起部位找到中心点，用止血钳夹起，按照正常肛门孔的大小，用手术刀的尖部以“十”字形切开覆盖的上皮，注意切口的四个端点，勿伤及括约肌，用剪刀剪除四个皮瓣顶部的部分皮肤，使之呈“口”字形。然后顺着直肠盲端的位置向深部探索直肠盲端，钝性分离直肠盲端，向外牵拉至创口位置做一环状切口，去除胎便，放掉气体，用生理盐水清洗创口，然后用 160 万 IU 青霉素、100 万 IU 链霉素敷创口。再将直肠切口外翻，与肛门周围的皮肤创缘做结节缝合，使其形成一个圆形的人工肛门通道。最后用生理盐水冲洗创口，用青霉素、红霉素软膏或碘酊消毒。

展示与评价

一、任务分配单

新生仔畜直肠及肛门闭锁的诊断与治疗任务分配表

<table>
<tr><td>任务名称</td><td colspan="6"></td></tr>
<tr><td>班级</td><td></td><td>组号</td><td></td><td colspan="2">指导教师</td><td></td></tr>
<tr><td>组长</td><td></td><td>实训时间</td><td></td><td colspan="2">实训地点</td><td></td></tr>
<tr><td rowspan="4">组员</td><td>姓名</td><td>学号</td><td colspan="2">姓名</td><td colspan="2">学号</td></tr>
<tr><td></td><td></td><td colspan="2"></td><td colspan="2"></td></tr>
<tr><td></td><td></td><td colspan="2"></td><td colspan="2"></td></tr>
<tr><td></td><td></td><td colspan="2"></td><td colspan="2"></td></tr>
<tr><td>任务分工</td><td colspan="6"></td></tr>
<tr><td>实训材料
准备</td><td colspan="6"></td></tr>
</table>

二、任务问题引导单

新生仔畜直肠及肛门闭锁的诊断与治疗任务问题引导表

任务名称	
引导问题 1	新生仔畜直肠及肛门闭锁的发病原因有哪些?
答案	
引导问题 2	新生仔畜直肠及肛门闭锁的临床症状有哪些?
答案	
引导问题 3	新生仔畜直肠及肛门闭锁怎么进行诊断?
答案	
引导问题 4	新生仔畜直肠及肛门闭锁如何进行治疗?
答案	

三、任务工作单

新生仔畜直肠及肛门闭锁的诊断与治疗任务工作表

任务名称	
操作过程描述	
操作照片	操作过程或项目成果照片粘贴处
任务反思	

Note

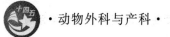

四、任务评价单

新生仔畜直肠及肛门闭锁的诊断与治疗任务评价表

<table>
<tr><td>任务名称</td><td colspan="12"></td></tr>
<tr><td rowspan="6">任务评价</td><td colspan="3">小组评语</td><td colspan="3">小组评价</td><td colspan="3">评价日期</td><td colspan="3">组长签名</td></tr>
<tr><td colspan="3"></td><td colspan="3"></td><td colspan="3"></td><td colspan="3"></td></tr>
<tr><td colspan="3">组间互评评语</td><td colspan="3">组间互评评价</td><td colspan="3">评价日期</td><td colspan="3">组长签名</td></tr>
<tr><td colspan="3"></td><td colspan="3"></td><td colspan="3"></td><td colspan="3"></td></tr>
<tr><td colspan="3">指导教师评语</td><td colspan="3">指导教师评价</td><td colspan="3">评价日期</td><td colspan="3">指导教师签名</td></tr>
<tr><td colspan="3"></td><td colspan="3"></td><td colspan="3"></td><td colspan="3"></td></tr>
<tr><td rowspan="2">考核标准</td><td colspan="4">优秀标准</td><td colspan="4">合格标准</td><td colspan="4">不合格标准</td></tr>
<tr><td colspan="4">操作规范，安全有序
步骤正确，按时完成
全员参与，分工合理
结果准确，分析有理
保护环境，爱护设施</td><td colspan="4">基本规范
基本正确
部分参与
分析不全
混乱无序</td><td colspan="4">存在安全隐患
无计划，无步骤
个别人或少数人参与
不能完成，没有结果
环境脏乱，桌面未收</td></tr>
<tr><td>小组思政评价</td><td colspan="12"></td></tr>
<tr><td>教师思政评价</td><td colspan="12"></td></tr>
</table>

五、任务总评单

新生仔畜直肠及肛门闭锁的诊断与治疗任务总评表

<table>
<tr><td colspan="4">任务名称：　　　　班级：　　　　姓名：　　　　学号：</td></tr>
<tr><td>评价方式</td><td>分评得分</td><td>所占比例</td><td>终评得分</td></tr>
<tr><td>学生自评</td><td></td><td>40%</td><td></td></tr>
<tr><td>学生互评</td><td></td><td>20%</td><td></td></tr>
<tr><td>教师评价</td><td></td><td>40%</td><td></td></tr>
<tr><td colspan="3">合计</td><td></td></tr>
</table>

参考文献

[1] 谭胜国,杨云.动物外产科[M].武汉:华中科技大学出版社,2016.
[2] 顾剑新.宠物外科与产科[M].北京:中国农业出版社,2007.
[3] 吴敏秋,李国江.动物外科与产科[M].北京:中国农业出版社,2006.
[4] 王洪斌.家畜外科学[M].4版.北京:中国农业出版社,2001.
[5] 甘肃农业大学.家畜外科手术学[M].北京:中国农业出版社,1961.
[6] 李国江.动物普通病[M].2版.北京:中国农业出版社,2001.
[7] 赵兴绪.兽医产科学[M].5版.北京:中国农业出版社,2016.
[8] 赵兴绪.兽医产科学实习指导[M].5版.北京:中国农业出版社,2016.
[9] 甘肃省畜牧学校.家畜外科及产科学[M].北京:中国农业出版社,2014.
[10] 高作信.兽医学[M].3版.北京:中国农业出版社,2010.
[11] 李毓义,杨宜林.动物普通病学[M].长春:吉林科学技术出版社,1994.
[12] 山东省畜牧兽医学校.临床兽医学[M].北京:农业出版社,1987.
[13] 李玉冰.兽医临床诊疗技术[M].北京:中国农业出版社,2006.
[14] 马仲华.家畜解剖学及组织胚胎学[M].北京:中国农业出版社,2010.
[15] E.S.E哈弗士.农畜繁殖学[M].许怀让,译.重庆:科学技术文献出版社重庆分社,1982.
[16] 宣长和,葛立江,孙福先,等.当代牛病诊疗图说[M].北京:科学技术文献出版社,2002.
[17] Roger W. Blowey,A. David Weaver.牛病彩色图谱[M].2版.齐长明,译.北京:中国农业大学出版社,2004.
[18] 宣长和,王亚军,邵世义,等.猪病诊断彩色图谱与防治[M].北京:中国农业科学技术出版社,2010.
[19] 陈北亨,王建辰.兽医产科学[M].北京:中国农业大学出版社,2001.
[20] 北京农业大学.家畜繁殖学[M].北京:中国农业出版社,1980.
[21] 王建辰,曹光荣.羊病学[M].北京:中国农业出版社,2002.
[22] 刘长松.奶牛疾病诊疗大全[M].北京:中国农业出版社,2005.
[23] 谭学诗.动物疾病诊疗[M].太原:山西科学技术出版社,1999.
[24] 朱维正.新编兽医手册[M].北京:金盾出版社,2005.
[25] 高得仪.犬猫疾病学[M].2版.北京:中国农业大学出版社,2001.
[26] 弗雷萨.默克兽医手册[M].韩谦,译.北京:中国农业大学出版社,1997.